中国特色高水平高职学校项目建设成果
人才培养高地建设子项目改革系列教材

市政工程预算

SHIZHENG GONGCHENG YUSUAN

主　编　朱琳琳
副主编　于微微　马　明
主　审　王艳玉

中国铁道出版社有限公司
CHINA RAILWAY PUBLISHING HOUSE CO., LTD.

内容简介

本书是依据高等职业院校工程造价专业人才培养目标和定位要求,结合造价工程师岗位工作过程为导向构建的市政工程造价实务学习领域课程配套教材,采用最新标准、规范、定额及工程计价的最新通知与规定进行编写。全书包括市政工程造价理论解析、定额工程量解析、清单工程量解析、市政工程造价文件编制 4 个学习情境,学习情境下设 14 个任务,包括市政工程的认知、市政工程计量与计价理论解析、土石方工程定额计价工程量计算、道路工程定额计价工程量计算、桥涵工程定额计价工程量计算、管网工程定额计价工程量计算、其他工程及措施项目定额计价工程量计算、土石方工程清单工程量计算、道路工程清单工程量计算、桥涵工程清单工程量计算、管网工程清单工程量计算、其他工程及措施项目清单工程量计算、定额计价法市政工程造价文件编制、清单计价法市政工程造价文件编制。

本书适合作为高等职业院校工程造价专业学习用书,是中国特色高水平高职学校建设课程改革教材,也可作为职业技能培训教材及从事市政工程造价管理的技术人员参考使用。

图书在版编目(CIP)数据

市政工程预算/朱琳琳主编.—北京:中国铁道出版社有限公司,2022.9

中国特色高水平高职学校项目建设成果 人才培养高地建设子项目改革系列教材

ISBN 978-7-113-29176-1

Ⅰ.①市… Ⅱ.①朱… Ⅲ.①市政工程-建筑预算定额-高等职业教育-教材 Ⅳ.①TU723.34

中国版本图书馆 CIP 数据核字(2022)第 091371 号

书　　名:市政工程预算
作　　者:朱琳琳

策　　划:祁　云　　　　　　　　编辑部电话:(010)63560043
责任编辑:何红艳　包　宁
封面设计:刘　颖
责任校对:焦桂荣
责任印制:樊启鹏

出版发行:中国铁道出版社有限公司(100054,北京市西城区右安门西街 8 号)
网　　址:http://www.tdpress.com/51eds/
印　　刷:三河市航远印刷有限公司

版　　次:2022 年 9 月第 1 版　2022 年 9 月第 1 次印刷
开　　本:890 mm×1 240 mm　1/16　印张:24.25　字数:839 千
书　　号:ISBN 978-7-113-29176-1
定　　价:69.80 元

版权所有　侵权必究

凡购买铁道版图书,如有印制质量问题,请与本社教材图书营销部联系调换。电话:(010)63550836
打击盗版举报电话:(010)63549461

中国特色高水平高职学校项目建设系列教材编审委员会

顾　　问：刘　申　哈尔滨职业技术学院党委书记、校长
主　　任：孙百鸣　哈尔滨职业技术学院副校长
副 主 任：金　淼　哈尔滨职业技术学院宣传(统战)部部长
　　　　　杜丽萍　哈尔滨职业技术学院教务处处长
　　　　　徐翠娟　哈尔滨职业技术学院电子与信息工程学院院长
委　　员：黄明琪　哈尔滨职业技术学院马克思主义学院院长
　　　　　栾　强　哈尔滨职业技术学院艺术与设计学院院长
　　　　　彭　彤　哈尔滨职业技术学院公共基础教学部主任
　　　　　单　林　哈尔滨职业技术学院医学院院长
　　　　　王天成　哈尔滨职业技术学院建筑工程与应急管理学院院长
　　　　　于星胜　哈尔滨职业技术学院汽车学院院长
　　　　　雍丽英　哈尔滨职业技术学院机电工程学院院长
　　　　　张明明　哈尔滨职业技术学院现代服务学院院长
　　　　　朱　丹　中嘉城建设计有限公司董事长、总经理
　　　　　陆春阳　全国电子商务职业教育教学指导委员会常务副主任
　　　　　赵爱民　哈尔滨电机厂有限责任公司人力资源部培训主任
　　　　　刘艳华　哈尔滨职业技术学院汽车学院党总支书记
　　　　　谢吉龙　哈尔滨职业技术学院机电工程学院党总支书记
　　　　　李　敏　哈尔滨职业技术学院机电工程学院教学总管
　　　　　王永强　哈尔滨职业技术学院电子与信息工程学院教学总管
　　　　　张　宇　哈尔滨职业技术学院高建办教学总管

本书编委会

主　编：朱琳琳（哈尔滨职业技术学院）

副主编：于微微（哈尔滨职业技术学院）

　　　　马　明（哈尔滨职业技术学院）

参　编：葛贝德（哈尔滨职业技术学院）

　　　　张向辉（哈尔滨职业技术学院）

　　　　刘任峰（哈尔滨职业技术学院）

　　　　刘　清（哈尔滨职业技术学院）

　　　　姜博瀚（黑龙江省交投信息科技有限责任公司）

主　审：王艳玉（哈尔滨职业技术学院）

序

中国特色高水平高职学校和专业建设计划（简称"双高计划"）是我国为建设一批引领改革、支撑发展、中国特色、世界水平的高等职业学校和骨干专业（群）的重大决策建设工程。哈尔滨职业技术学院入选"双高计划"建设单位，对学院中国特色高水平学校建设进行顶层设计，编制了站位高端、理念领先的建设方案和任务书，并扎实开展了人才培养高地、特色专业群、高水平师资队伍与校企合作等项目建设，借鉴国际先进的教育教学理念，开发中国特色、国际水准的专业标准与规范，深入推动"三教"改革，组建模块化教学创新团队，实施"课程思政"，开展"课堂革命"，校企双元开发活页式、工作手册式、新形态教材。为适应智能时代先进教学手段应用，学校加大优质在线资源的建设，丰富教材的信息化载体，为开发工作过程为导向的优质特色教材奠定基础。

按照教育部印发的《职业院校教材管理办法》要求，教材编写总体思路是：依据学校双高建设方案中教材建设规划、国家相关专业教学标准、专业相关职业标准及职业技能等级标准，服务学生成长成才和就业创业，以立德树人为根本任务，融入课程思政，对接相关产业发展需求，将企业应用的新技术、新工艺和新规范融入教材之中。教材编写遵循技术技能人才成长规律和学生认知特点，适应相关专业人才培养模式创新和课程体系优化的需要，注重以真实生产项目、典型工作任务及典型工作案例等为载体开发教材内容体系，实现理论与实践有机融合。

本套教材是哈尔滨职业技术学院中国特色高水平高职学校项目建设的重要成果之一，也是哈尔滨职业技术学院教材建设和教法改革成效的集中体现，教材体例新颖，具有以下特色：

第一，教材研发团队组建创新。按照学校教材建设统一要求，遴选教学经验丰富、课程改革成效突出的专业教师任主编，选取了行业内具有一定知名度的企业作为联合建设单位，形成了一支学校、行业、企业和教育领域高水平专业人才参与的开发团队，共同参与教材编写。

第二，教材内容整体构建创新。精准对接国家专业教学标准、职业标准、职业技能等级标准确定教材内容体系，参照行业企业标准，有机融入新技术、新工艺、新规范，构建基于职业岗位工作需要的体现真实工作任务、流程的内容体系。

第三,教材编写模式形式创新。与课程改革相配套,按照"工作过程系统化""项目+任务式""任务驱动式""CDIO式"四类课程改革需要设计四大教材编写模式,创新新形态、活页式及工作手册式教材三大编写形式。

第四,教材编写实施载体创新。依据本专业教学标准和人才培养方案要求,在深入企业调研、岗位工作任务和职业能力分析基础上,按照"做中学、做中教"的编写思路,以企业典型工作任务为载体进行教学内容设计,将企业真实工作任务、真实业务流程、真实生产过程纳入教材之中,并开发了教学内容配套的教学资源,满足教师线上线下混合式教学的需要,本套教材配套资源同时在相关平台上线,可随时下载相应资源,满足学生在线自主学习课程的需要。

第五,教材评价体系构建创新。从培养学生良好的职业道德、综合职业能力与创新创业能力出发,设计并构建评价体系,注重过程考核和学生、教师、企业等参与的多元评价,在学生技能评价上借助社会评价组织的"1+X"考核评价标准和成绩认定结果进行学分认定,每种教材均根据专业特点设计了综合评价标准。

为确保教材质量,学校组建了中国特色高水平高职学校项目建设系列教材编审委员会,教材编审委员会由职业教育专家、专业团队负责人和企业技术专家组成。学校组织了专业与课程专题研究组,对教材持续进行培训、指导、回访等跟踪服务,通过常态化质量监控机制,能够为修订完善教材提供稳定支持,确保教材的质量。

本套教材是在学校骨干院校教材建设的基础上,经过几轮修订,融入课程思政内容和课堂革命理念,既具积累之深厚,又具改革之创新,凝聚了校企合作编写团队的集体智慧。本套教材的出版,充分展示了课程改革成果,为更好地推进中国特色高水平高职学校项目建设做出积极贡献!

哈尔滨职业技术学院
中国特色高水平高职学校项目建设系列教材编审委员会
2021年8月

前 言

《市政工程预算》是高等职业院校工程造价专业的核心课程市政工程预算的配套教材。本教材根据高职院校的培养目标，按照高职院校教学改革和课程改革的要求，以企业调研为基础，确定工作任务，明确课程目标，制定课程设计的标准。编写本教材的目的是培养学生具有造价员岗位的职业能力，在掌握工程计量、计价的基础上，着重培养学生造价方法的运用，以解决工程实际问题。在教学中，以理论够用为度，以全面掌握市政工程造价文件编制为基础，侧重培养学生的方法运用能力，以及分析解决问题的能力。

教材设计的理念与思路是按照学生职业能力成长的过程进行培养，选择真实的市政工程造价工作任务为主线进行教学。以行动任务为导向，以任务驱动为手段，注重理论联系实际，在教学中以培养学生的计量与计价方法运用能力为重点，以使学生全面掌握市政工程造价文件编制为基础，以培养学生分析解决问题的能力为终极目标，在教学过程中尽量实现实训环境与实际工作的全面结合，使学生在真实的工作过程中得到锻炼，为学生在生产实习及顶岗实习阶段打下良好的基础，实现学生毕业时就能直接顶岗工作。

教材的特色与创新有如下几个方面：

1. 采用"学习情境—任务"式的结构形式。本教材完全打破了传统知识体系章节的结构形式，校企合作开发了以市政工程造价员的工作任务为载体的任务结构形式；教材设计的教学模式对接岗位工作模式，开发了利于学生自主学习的任务单、资讯单、计划单、决策单、实施单、作业单、检查单、评价单、教学反馈单等能力训练的工作单，通过完成真实的工作任务掌握工作流程，实现学习过程与工作过程一致。

2. 全面融入黑龙江省建设工程计价依据。本教材依据最新的标准、规范、通知及相关规定，针对2013版《建设工程工程量清单计价规范》《市政工程工程量计算规范》颁布后的执行情况，根据建标〔2013〕44号文件的规定及2019年建筑安装等工程结算指导意见，为广大造价人员的学习而编写。另外，由于计价方式中的定额计价是由各个省市自行制定，计价基础有区别，本书结合最新黑龙江省建设工程计价依据《市政工程消耗量定额》(HLJD-SZ—2019)和《建筑安装工程费用定额》(HLJD-FY—2019)进行编制，适用于黑龙江省的市政工程计量与计价课程。

3."立体化"教学有效提升教学质量。整个教材的设计逻辑是以"学生学习为中心",内容循序渐进,融知识点、技能点和思政点于资讯思维导图、知识模块、自测训练中。同时,教材配套了完整的教学课件、自测训练答案、拓展资料、微课等立体化资源,以支持网络化及多媒体等现代化教学方式,有效提升教学质量,保障学生实时自学自测的需要。

4. 以案例为载体突出职业道德和能力培养。教材以市政工程造价员的岗位标准和职业能力需求为依据,将职业资格标准融入教材中,基于专业岗位对人才要求的专门化,加强了具有针对性的专业指导和训练,突出了职业道德和职业能力培养。大量的案例和例题贯穿于教材中,通过学生自主学习,在完成学习性工作任务中训练学生对于知识、技能和职业素养方面的综合职业能力,锻炼学生分析问题、解决问题的能力,注重多种教学方法和学习方法的组合使用,将学生素质教育与能力培养融入教材。

本教材共设4个学习情境,14个学习性工作任务,参考教学时数为60~75学时。

本教材由哈尔滨职业技术学院朱琳琳任主编,负责确定教材编制的体例及统稿工作,并负责编写学习情境一、学习情境二任务3、学习情境三任务3和任务5;由哈尔滨职业技术学院于微微、马明任副主编,辅助主编完成教材任务工单的实践性审核,于微微负责编写学习情境二任务4、任务5和附录,马明负责编写学习情境四;哈尔滨职业技术学院葛贝德负责编写学习情境三任务4;哈尔滨职业技术学院张向辉负责编写学习情境三任务1;哈尔滨职业技术学院刘任峰负责编写学习情境二任务1;哈尔滨职业技术学院刘清负责编写学习情境三任务2;黑龙江省交投信息科技有限责任公司姜博瀚负责编写学习情境二任务2。

本教材由哈尔滨职业技术学院王艳玉主审,给各位编者提出了很多专业技术性修改建议。在此特别感谢中国特色高水平高职学校项目建设系统教材编审委员会给予教材编写的指导和大力帮助。

由于编写组的业务水平和经验之限,书中难免有不妥之处,恳请指正。

编 者
2022年3月

目 录

学习情境一　市政工程造价理论解析 …… 1
- 任务 1　市政工程的认知 …… 2
- 任务 2　市政工程计量与计价理论解析 …… 31

学习情境二　定额工程量解析 …… 56
- 任务 1　土石方工程定额计价工程量计算 …… 57
- 任务 2　道路工程定额计价工程量计算 …… 87
- 任务 3　桥涵工程定额计价工程量计算 …… 109
- 任务 4　管网工程定额计价工程量计算 …… 133
- 任务 5　其他工程及措施项目定额计价工程量计算 …… 165

学习情境三　清单工程量解析 …… 193
- 任务 1　土石方工程清单工程量计算 …… 194
- 任务 2　道路工程清单工程量计算 …… 214
- 任务 3　桥涵工程清单工程量计算 …… 237
- 任务 4　管网工程清单工程量计算 …… 273
- 任务 5　其他工程及措施项目清单工程量计算 …… 294

学习情境四　市政工程造价文件编制 …… 324
- 任务 1　定额计价法市政工程造价文件编制 …… 325
- 任务 2　清单计价法市政工程造价文件编制 …… 347

附录　螺栓用量表 …… 375

参考文献 …… 377

学习情境一 市政工程造价理论解析

学习指南

【学习情境描述】

本学习情境是根据学生的就业岗位造价员的工作职责和职业要求而创设的第一个学习情境,主要要求学生了解市政工程的概念、特点,学习道路工程、桥涵工程、管道工程基础知识,学习市政工程计量与计价的相关知识,从而胜任岗位工作。以市政工程的认知和市政工程计量与计价理论解析两个工作任务为载体,采用任务驱动的教学做一体化教学模式,将学生分成小组,在教师的引导下通过资讯、计划、决策、实施、检查和评价六个环节完成工作任务,进而达到本学习情境设定的学习目标。

【学习目标】

1. 知识目标

(1)了解市政工程的概念、特点;

(2)掌握市政工程基础知识;

(3)掌握市政工程计量与计价的基本知识;

(4)掌握市政工程造价的构成。

2. 能力目标

(1)能够正确区分市政工程建设的项目组成;

(2)能够准确分辨不同类型的道路和桥梁;

(3)能够正确使用市政工程计量与计价的依据;

(4)用不同方式准确划分市政工程造价的构成;

(5)具备造价员应知应会的知识,能够独立完成完整的造价工作。

3. 素质目标

(1)培养爱国情怀及民族自豪感,增强团队协作意识和与人沟通的能力;

(2)具有精益求精的工匠精神,在学习中不断提升职业素质,树立起严谨认真、吃苦耐劳、诚实守信的工作作风。

【工作任务】

(1)市政工程的认知;

(2)市政工程计量与计价理论解析。

任务 1　市政工程的认知

任 务 单

课程	市政工程预算		
学习情境一	市政工程造价理论解析	学时	5
任务 1	市政工程的认知	学时	2
布置任务			
任务目标	(1) 了解市政工程的概念和特点； (2) 掌握市政工程建设的项目构成； (3) 掌握道路、桥涵、管道工程的构造； (4) 能够在完成任务过程中锻炼职业素养，做到工作程序严谨认真对待，完成任务能够吃苦耐劳主动承担，能够主动帮助小组落后的其他成员，有团队意识，诚实守信、不瞒骗，培养保证质量等建设优质工程的爱国情怀		
任务描述	分辨道路工程、桥涵工程、管道工程的构造。具体任务如下： (1) 根据任务要求，收集市政工程概念、特点、建设程序以及建设的项目组成等相关信息； (2) 确定道路的分类与基本组成，桥涵的类型与结构基本组成，管道工程中给水、排水以及燃气系统的分类与组成； (3) 分辨不同类型的道路、桥涵以及管道工程的构造		

学时安排	资讯	计划	决策	实施	检查	评价
	0.5 学时	0.25 学时	0.25 学时	0.5 学时	0.25 学时	0.25 学时

对学生学习及成果的要求	(1) 每名同学均能按照资讯思维导图自主学习，并完成知识模块中的自测训练； (2) 严格遵守课堂纪律，学习态度认真、端正，能够正确评价自己和同学在本任务中的素质表现，积极参与小组工作任务讨论，严禁抄袭； (3) 具备工程造价的基础知识； (4) 具备识图的能力；具备计算机知识和计算机操作能力； (5) 小组讨论市政工程的概念及特点，掌握市政工程建设程序及建设的项目组成，能够分辨不同类型的道路、桥涵及管道工程的构造； (6) 具备一定的实践动手能力、自学能力、数据计算能力、沟通协调能力、语言表达能力和团队意识； (7) 严格遵守课堂纪律，不迟到、不早退；学习态度认真、端正；每位同学必须积极动手并参与小组讨论； (8) 讲解市政工程的基础知识，接受教师与同学的点评，同时参与小组自评与互评

资讯思维导图

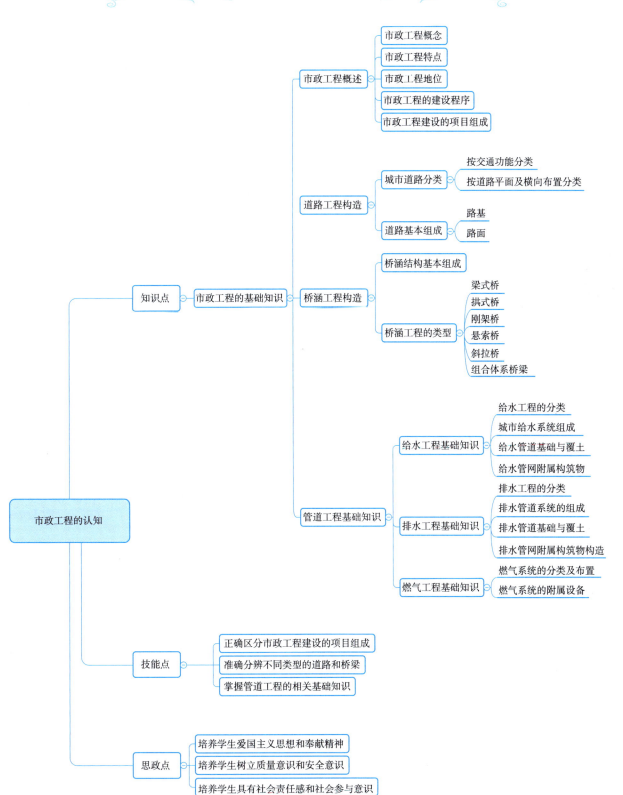

知识模块1:市政工程概述

一、市政工程概念

市政工程:以城市(城、镇)为基点的范围内,为满足政治、经济、文化及生产、人民生活的需要并为其服务的公共基础设施的建设工程。道路、桥涵、隧道、地铁、给水、排水、燃气、供热等市政管网工程的土建、管道、设备安装工程,一般称为市政公用设施,简称市政工程。

市政工程是一个相对概念,它与建筑工程、安装工程、装饰装修工程等一样,都是以工程实体对象为标准来相互区分的,都属于建设工程的范畴。

二、市政工程特点

(一)建设特点

(1)单项工程投资大,一般工程在千万元左右,较大工程要在亿元以上。

(2)产品具有固定性,工程建成后不能移动。

(3)工程类型多,工程量大。

(4)点、线、片形工程都有。

(5)结构复杂而且单一,每个工程的结构不尽相同,特别是桥梁、污水处理厂等工程更加复杂。

(6)干、支线配合、系统性强。

(二)施工特点

(1)施工生产的流动性。

(2)施工生产的一次性,产品类型不同,设计形式和结构不同,再次施工生产各有不同。

(3)工期长、工程结构复杂,工程量大,投入的人力、物力、财力多。

(4)开工后,各个工序必须根据生产程序连续进行,不能间断,否则会造成很大的损失。

(5)协作性强。需有地上地下工程的配合,材料、供应、水源、电源、运输及交通的配合,与工程附近的工程、市民的配合,彼此需要协作支援。

(6)露天作业。由于产品的特点,施工生产均在露天作业。

(7)季节性强。气候影响大,春、夏、秋、冬、雨、雾、风和气温低、气温高,都为施工带来很大困难。

三、市政工程地位

市政工程是国家的基本建设,是城市的重要组成部分。市政工程包括城市的道路、桥涵、隧道、给水排水、路灯、燃气、集中供热及绿化等工程。这些工程都是国家投资(包括地方政府投资)兴建的,是城市的设施,是供城市生产和人民生活的公用工程,故又称"城市公用设施工程"。

市政工程有着建设先行性、服务性和开放性等特点,在国家经济建设中起着重要的作用。它不但能解决城市交通运输、排泄水问题,促进工、农业生产,而且大大改善了城市环境卫生条件,提高了城市的文明建设。

市政工程是支柱工程,更是血管工程,它既输送着经济建设中的养料,又排除废物,沟通着城乡物质交流。促进工农业生产及科学技术的发展,改善城市面貌。自改革开放以来,各级政府大量投资兴建市政工程,不仅使城市林荫大道成网,给水排水管道成为系统,绿地成片,水源丰富,电源充足,堤防巩固,而且还逐步兴建煤气、暖气管道、集中供热、供气,使市政工程起到了为工农业生产服务,为人民生活服务,为交通运输服务,为城市文明建设服务的作用。有效地促进了工、农业生产的发展,改善了城市环境、美化了市容,使城市面貌焕然一新,经济效益、环境效益和社会效益不断提高。

想一想:

请列举身边的市政工程项目。

四、市政工程的建设程序

市政工程建设程序是指一个拟建项目从设想、论证、评估、决策、设计、施工到竣工验收、交付使用整个过程中各项工作进行的先后顺序。这个先后顺序是对市政工程建设工作的科学总结,是市政工程建设过程所固有的客观规律的集中体现,是市政工程建设项目科学决策和顺利建设的重要保证。其内容如下:

(一)项目建议书

项目建议书是对拟建市政工程项目的设想。项目建议书的主要作用在于市政建设部门根据国民经济和社会发展的长远规划,市、区、县城(镇)发展规划,结合工、农业等生产资源条件和现有给水、排水、供热等的供给能力和布局状况,城(镇)市公共交通运输能力和布局状况,在广泛调查、预测分析、收集资料、勘察地质,基本弄清项目建设的技术、经济条件后通过项目建议书的形式,向国家推荐项目。它是确定建设项目和建设方案的重要文件,也是编制设计文件的依据。项目建议书通常包括以下内容:

(1)提出建设项目的目的、意义和依据。
(2)建设规模、主要工程内容、工程用地、居民拆迁安置的初步设想。
(3)城市(镇)性质、历史特点、行政区划、人口规模及社会经济发展水平。
(4)建设所需资金的估算数额和筹措设想。
(5)项目建设工期的初步安排。
(6)要求达到的技术水平和预计取得的经济效益和社会效益。

(二)可行性研究

可行性研究,顾名思义,就是对工程项目的投资兴建在技术上是否先进,经济上是否合理,效益上是否合算的一种科学论证方法。可行性研究是建设项目前期工作的一项重要工作,是工程项目建设决策的重要依据,必须运用科学研究的成果,对拟建项目的经济效益、社会效益进行综合分析、论证和评价。国家规定:"所有新建、扩建大中型项目,不论是用什么资金安排的,都必须先由主管部门对项目的产品方案和资源地质情况,以及原料、材料、煤、电、油、水、运等协作配套条件,经过反复周密的论证和比较后,提出项目的可行性报告。"可行性研究报告的内容随项目性质和行业不同而有所差别,不同行业各有侧重,但基本内容是相同的。

市政工程建设的专业工种较多,各专业工种可行性研究的内容各不相同,以城市道路工程可行性研究报告来说,一般要求的内容如下:

①工程项目的背景,建设的必要性以及项目研究过程;②现状评价及建设条件;③道路规划及交通量预测;④采用的规范和标准;⑤工程建设必要性论证;⑥工程方案内容(进行多方案比选);⑦环境评价;⑧新技术应用及科研项目建议;⑨工程建设阶段划分和进度计划安排设想;⑩征地拆迁及主要工程数量;⑪资金筹措;⑫投资估算及经济评价;⑬结论和存在问题。

(三)工程设计

工程设计就是给拟建工程项目从经济和技术上做一个详细的规划。工程设计是指运用工程设计理论及技术经济方法,按照国家现行设计规范、技术标准以及工程建设的方针政策,对新建、扩建、改建项目的生产工艺、设备选型、房屋建筑、公用工程、环境保护、生产运行等方面所做的统筹安排及技术经济分析,并提供作为建设项目实施过程中直接为依据的设计图纸和设计文件的技术活动。

工程设计应根据批准的可行性研究报告书进行。大中型建设项目一般采用两阶段设计,即初步设计和施工图设计。对于技术上复杂而又缺乏经验的项目,经主管部门同意,可按三阶段进行设计,即初步设计和施工图设计之间增加技术设计阶段。

1. 初步设计

初步设计是从技术和经济上,对建设项目进行综合全面规划和设计,论证技术上的先进性、可行性和经济上的合理性。初步设计具有一定程度的规划性质,是拟建工程项目的"纲要"设计。建设项目不同,初步设计的内容也就不完全相同,以市政工程建设方面的城市道路工程初步设计来说,其内容主要包括:①设计说明书-道路地理位置图(显示出道路在地区交通网络中的关系及沿线主要建筑物的概略位置)、现状评价及沿线自然地理状况、工程状况、工程设计图;②工程概算;③主要材料及设备表;④主要技术经济指标;⑤设计图纸(包括平面总体设计图、平面设计图、纵断面设计图、典型横断面设计图等)。

经过批准的初步设计和总概算,是进行施工图设计或技术设计确定建设项目总投资,编制工程建设计划,签订工程总承包合同和工程贷款合同,控制工程价款,进行主要设备订货和施工准备等工作的依据。

经上级主管部门审查批准的初步设计及总概算,一般不得随意修改。凡涉及总平面布置(包括路面和路基宽度、路面结构种类及强度、交通流量情况、车速、排水方式等)、主要设备、建筑面积、技术标准及设计技术指标和总概算等方面的修改,必须经过原设计审批机关批准。

2. 技术设计

技术设计是对某些技术上复杂而又缺乏设计经验的项目,继初步设计之后进行的一个设计阶段。需要增加技术设计的工程项目,应经主管部门指定方可进行。技术设计是初步设计的深化,它使建设项目的设计工作更具体、更完善,其主要任务是解决类似以下几个方面的问题:

(1)特殊工艺流程、新型设备、材料等的试验、研究及确定。

(2)大型、特殊建(构)筑物中某些关键部位或构件的试验、研究和确定。

(3)某些新技术的采用中需慎重对待的问题的研究和确定。

(4)某些复杂工艺技术方案的逐项落实,关键工艺设备的规格、型号、数量等的进一步落实。

(5)对有关的建筑工程、公用工程和配套工程的项目内容、规格的进一步研究和确定。

技术设计的具体内容,国家没有统一规定,应根据工程项目的特点和具体需要情况而定,但其设计深度应满足下一步施工图设计的要求,技术设计阶段必须编制修正总概算。

3. 施工图设计

施工图设计是根据已批准的初步设计或技术设计进行的,也是初步设计或技术设计进一步的具体化。施工图设计是建设项目进行建筑安装施工的依据,设计深度必须满足以下要求:

(1)施工图必须绘制正确、完整,以便据以进行工程施工和安装。

(2)据以安排设备、材料的订货和采购以及非标设备的制造。

(3)满足工程量清单编制和施工图预算编制。

(四)工程施工

工程施工是市政工程建设项目的实施阶段,在做好施工前期工作和施工准备工作后,工程就可全面开工,进入施工和安装阶段。工程施工前期工作虽然千头万绪,但归结起来主要有编制施工组织设计和开工报告两方面内容。施工组织设计是施工准备、指导现场施工而编制的技术经济性文件。

施工组织设计可分为施工组织总设计和单位工程施工组织设计两类。单位工程的施工组织设计,要受施工组织总设计的约束和限制。

施工组织设计应根据工程的规模、种类、特点、施工复杂程度等编制,其在内容和深度上差异很大,但一般来说,施工组织设计应主要包括以下内容:

(1)工程概况、特点和主要工程量。

(2)工程施工进度、施工方法和施工质量。

(3)施工组织技术措施包括:①工程质量措施;②安全技术措施;③环境污染保护措施等。

(4)施工现场总平面图布置包括:①设备、材料的运输路线和堆放位置的设计;②场内临时建筑物位置的设计;③合理安排施工顺序,如厂房的施工,应先进行土建,后进行安装。

(5)人力、物力的计划与组织。

(6)调整机构和部署任务。

(7)对有特殊工艺要求的工人进行技术培训的方案。

(五)验收投产(使用)

任何一个市政工程建设工程项目,建成后都必须办理交工验收手续。工程验收后,还要经过试运转和试生产(使用)阶段,待生产(使用)正常后,经考核全面达到设计要求,由地方和主管部门组织多方协调验收,办理交工验收。

1. 市政建设工程竣工验收和交付需具备的条件

(1)工程质量情况。工程质量应符合国家现行有关法律、行政法规、技术标准、设计合同规定的要求,并经质量监督机构核定为合格者或优良者。

(2)任务完成情况。施工企业应完成工程设计和合同中规定的各项工作内容,达到国家规定的竣工条件。

(3)设备、材料使用情况。工程所用的设备和主要材料、构件应具有产品质量出厂检验合格证明和技术标准规定必要的进场试验报告。

(4)完整的设计及施工技术资料档案。

2. 组织验收

(1)大中型和限额以上的项目。大中型和限额以上的建设项目和技术改造项目,由国家发展和改革委员会(以下简称国家发展改革委)或国家发展改革委委托的项目主管部门、地方政府部门组织验收。

(2)小型和限额以下的项目。小型和限额以下的工程建设与技术改造项目,由主管部门或地方政府部门组织验收。

(3)参加单位。主管单位、建设单位、施工单位、勘察设计单位、施工监理单位及有关单位等参加验收工作。

五、市政工程建设的项目组成

市政工程建设与工业工程建设一样,按照国家主管部门的统一规定,将一项建设工程划分为建设项目、单项工程、单位工程、分部工程、分项工程五个等级,这个规定适用于任何部门的基本建设工程。

(一)建设项目

建设项目通常是指市政工程建设中按照一个总体设计进行施工,经济上实行独立核算,行政上具有独立组织形式的建设工程,如北京市的四环路工程就是一个建设项目,陕西省西安市地下铁路二号线也是一个建设项目。从行政和技术管理角度来说,它是编制和执行工程建设计划的单位,所以建设项目又称建设单位。但是严格地讲,建设项目和建设单位并非完全一致,建设项目的含义是指总体建设工程的物质内容,而建设单位的含义是指该总体建设工程的组织者代表。

一个建设项目可能是一个独立工程,也可能包括较多的工程,一般以一个企事业单位或独立的工程作为一个建设项目。例如,在工业建设中,一座工厂为一个建设项目;在民用建设中,一所学校为一个建设项目;在市政建设中,一条城市(镇)道路、一条给水或排水管网、一座立交桥、一座涵洞等均为一个建设项目。

(二)单项工程

单项工程又称工程项目。单项工程是建设项目的组成部分,一般是指在一个建设项目中,具有独立设计文件,竣工后能够独立发挥生产能力或使用效益的工程。工业建设项目的单项工程,一般是指各个主要生产车间、辅助生产车间、行政办公楼、职工食堂、宿舍楼、住宅楼等;非工业建设项目中的商业大厦、影剧院、教学楼、门诊楼、展销楼等;市政建设中的防洪渠、隧道、地铁售票处等。单项工程是具有独立存在意义的一个完整工程,也是一个极为复杂的综合组成体,一般都是由多个单位工程构成。

(三)单位工程

单位工程一般是指具有独立设计文件,可以单独组织施工,但建成后不能独立进行生产或发挥效益的工程。单位工程是单项工程的组成部分。为了便于组织施工,通常根据工程具体情况和独立施工的可能性,把一个单项工程划分为若干个单位工程,这样的划分,便于按设计专业计算各单位工程的造价。

民用建设项目的单位工程容易划分,如一幢综合办公楼,通常可以划分为一般土建工程、室内给排水工程、暖通空调工程、电气工程和信息网络工程等;工业项目的单位工程也比较容易划分,以一个化工企业的主要生产车间来说,通常可以划分为一般土建工程、工艺设备安装工程、工艺管道安装工程、电动设备安装工程、电气照明工程、防雷接地工程、自动化仪表设备安装工程、给排水工程(含消防)等多个单位工程;但市政项目由于内在关系联系紧密,且有时出现交叉,所以单位工程的划分较为困难。以一条城市道路工程来说,通常可以划分为土石方工程、道路工程、给排水工程、隧道(涵洞)工程、桥梁工程、路灯工程、树木和草被绿化工程等多个单位工程。但市政工程的单位工程与工业或民用项目的单位工程比较,有其突出的特点,即有的单位工程既是单位工程,又是单项工程,还可以是一个建设项目,如道路工程、桥梁工程、隧道(涵洞)工程等。

(四)分部工程

单位工程仍然是由许多结构构件、部件或更小的部分组成的综合体。在单位工程中,按部位、材料和工种或设备种类、型号、材质等进一步分解出来的工程,称为分部工程。如城市道路工程可以分解为路床(槽)整形、道路基层、道路面层、人行道侧平石等分部工程;路灯工程可以分解为变配电设备工程、架空线路工程、电缆工程、配管配线工程、照明器具安装工程、防雷接地工程等多个分部工程。分部工程是由许许多多的分项工程构成的,应做进一步分解。

(五)分项工程

从对市政建设工程估价角度来说,分部工程仍然很大,不能满足估价的需要,因为在每一分部工程中,影响工料消耗多少的因素仍然很多。例如,同样是"石灰、粉煤灰、土基层",由于拌和方法不同——人工拌和、拌和机拌和、厂拌人铺;石灰、粉煤灰、土配合比不同——12∶35∶53、8∶80∶12;铺设厚度不同——15、20(cm)等,则每一计量单位"石灰、粉煤灰、土基层"工程所消耗的人工、材料、机械等数量有较大差异。因此,还必须把分部工程按照不同的施工方法、不同的构造、不同的材料及不同的规格等,加以更细致的分解,分解为通过简单的施工过程就能生产出来,并且可以用适当的计量单位计算工料消耗的基本构造要素,如"简易路面(磨耗层)""沥青贯入式路面""黑色碎石路面"等,都属于分项工程。

分项工程是分部工程的组成部分,它只是为了便于计算市政建设项目工程造价而分解出来的假定"产品"。在不同的市政建设项目中,完成相同计量单位的分项工程,所需要的人工、材料和施工机械台班等的消耗量,基本上是相同的。因此,分项工程单位是最基本的计量单位。

综上所述,通过对一个市政建设项目由大到小的逐步分解,找出最容易计算工程造价的计量单位,然后分别计算其工程量及价值 [即 $\sum$(工程量 × 单价)]。按照一定的计价程序计算出来的价值总和,就是市政建筑安装工程的直接工程费。接着再按照国家或地区规定的各项应取费用标准,以直接工程费(或其中的人工费,或人工费 + 机械费)为基础,计算出直接费(直接工程费 + 措施费)、间接费(规费 + 企业管理费)、利润和税金等。直接费、间接费、利润、税金的四项费用之和,就是市政建设工程项目的建筑安装单位工程造价。各个单位建筑安装工程造价相加($\sum$ 单位工程造价)之和,就是一个"工程项目"的造价,各个工程项目造价相加($\sum$ 单项工程造价)之和,再加上国家规定的其他有关费用,就可以得到预知的市政建设项目总造价。因此,市政建设项目工程造价确定的方法是将一个庞大、复杂的建设项目,先由大到小,层层分解,逐项计算,逐个汇总而求得。

思一思:
市政工程建设程序包括哪些内容?

知识模块2:道路工程构造

微 课
道路工程构造

城市道路是指在城市范围内具有一定技术条件和设施的道路。城市道路一般较公路宽阔,为适应复杂的交通工具,如划分机动车道、公共汽车优先车道、非机动车道等。道路两侧有高出路面的人行道和房屋建筑,人行道下多埋设公共管线。

一、城市道路分类

(一)按交通功能分类

1. 快速路

快速路是城市大容量、长距离、快速交通的通道,具有四条以上的车道。快速路对向车行道之间应设中央分隔带,其进出口应全部采用全立交或部分立交。

2. 主干路

主干路是城市道路网的骨架,为连接各区的干路和外省市相通的交通干路,以交通功能为主。自行车交通量大时,应采用机动车与非机动车分隔形式。

3. 次干路

次干路是城市的交通干路,以区域性交通功能为主,起集散交通的作用,兼有服务功能。

4. 支路

支路是居住区及工业区或其他类地区通道,为连接次干路与街坊路的道路,解决局部地区交通,以服务功能为主。

（二）按道路平面及横向布置分类

1. 单幅路
机动车与非机动车混合行驶。

2. 双幅路
机动车与非机动车分流向混合行驶。

3. 三幅路
机动车与非机动车分道行驶，非机动车分流向行驶。

4. 四幅路
机动车与非机动车分道、分流向行驶，如图 1-1 所示。

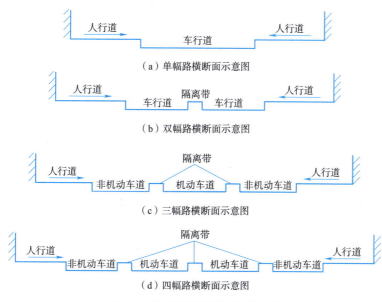

微 课
城市道路分类

图 1-1　道路平面及横向布置分类

二、道路基本组成

道路是一种带状构筑物，主要承受汽车荷载的反复作用和经受各种自然因素。路基、路面是道路工程的主要组成部分。路面按其组成的结构层次从下至上可分为垫层、基层和面层。

（一）路基

1. 路基的作用
路基是路面的基础，是用土石填筑或在原地面开挖而成的、按照路线位置和一定的技术要求修筑的、贯穿道路全线的道路主体结构。

2. 路基的基本形式
道路按填挖形式可分为路堤、路堑和半填半挖路基。高于天然地面的填方路基称为路堤，低于天然地面的挖方路基称为路堑，介于两者之间的称为半填半挖路基，如图 1-2 所示。

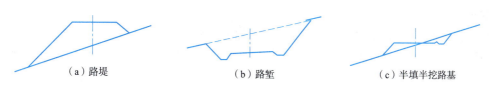

图 1-2　路基的形式

3. 对路基的基本要求
路基是道路的重要组成部分，没有稳固的路基就没有稳固的路面。
路基应具有以下特点：

1)具有合理的断面形式和尺寸

路基的断面形式和尺寸应与道路的功能要求,道路所经过地区的地形、物、地质等情况相适应。

2)具有足够的刚度

刚度是指路基在荷载作用下具有足够的抗变形破坏的能力。路基在行车荷载、路面自重和计算断面以上的路基土本身自重的作用下,会发生一定的形变,路基刚度是指在上述荷载作用下所发生的变形,其不得超过允许的形变。

3)具有足够的强度

路基是在原地面上填筑或挖筑而成的,它改变了原地面的天然平衡状态。在工程地质不良地区,修建路基可能加剧原地面的不平衡状态,有可能产生路基整体下滑、边坡塌陷、路基沉降等整体变形过大甚至破坏,即路基失去整体稳定性。因此,必须采取必要措施,保证其整体稳定性。

4)具有足够的水温稳定性

是指路基在水温不利的情况下,其强度不致降低过大而影响道路的正常使用。路基在水温变化时,其强度变化小,则称水温稳定性好。

(二)路面

1. 路面结构层

1)垫层

垫层是设置在土基和基层之间的结构层。其主要功能是改善土基的温度和湿度状况,以保证路面层和基层的强度和稳定性,并不受冻胀翻浆的破坏作用。此外垫层还能扩散由面层和基层传来的车轮荷载垂直作用力,减小土基的应力和变形,还能阻止路基土嵌入基层中,使基层结构不受影响。

修筑垫层的材料,强度不一定很高,但水稳定性和隔热性要好。常用的有碎石垫层、砂砾石垫层等。

2)基层

基层主要承受由面层传来的车辆荷载垂直力,并把它扩散到垫层和土基中。基层可分两层铺筑,其上层仍称为基层,下层则称为底基层。

基层应有足够的强度和刚度,基层应有平整的表面以保证面层厚度均匀,基层受大气的影响比较小,但因表层可能透水及地下水的侵入,要求基层有足够的水稳定性。常用的基层有石灰土基层、二灰稳定碎石基层、水泥稳定碎石基层、二灰土基层、粉煤灰三渣基层等。

3)面层

面层是修筑在基层上的表面层次,保证汽车以一定的速度安全、舒适而经济地运行。面层是直接同行车和大气接触的表面层次,它承受行车荷载的垂直力、水平力和冲击力作用以及雨水和气温变化的不利影响。

面层应具备较高的结构强度、刚度和稳定性,而且应当耐磨、不透水,其表面还应有良好的抗滑性和平整度。常用的有水泥混凝土面层和沥青混凝土面层。

2. 按力学性质分类

1)柔性路面

柔性路面主要是指除水泥混凝土以外的各类基层和各类沥青面层、碎石面层等所组成的路面。主要力学特点是,在行车荷载作用下弯沉变形较大,路面结构本身抗弯拉强度小,在重复荷载作用下产生累积残余变形。路面的破坏取决于荷载作用下所产生的极限垂直变形和弯拉应力,如沥青混凝土路面。

2)刚性路面

刚性路面主要是指用水泥混凝土作为面层或基层的路面。主要力学特点是,在行车荷载作用下产生板体作用,其抗弯拉强度和弹性模量较其他各种路面材料要大得多,故呈现出较大的刚性,路面荷载作用下所产生的弯沉变形较小。路面的破坏取决于荷载作用下所产生的疲劳弯拉应力,如水泥混凝土路面。

3)半刚性路面

半刚性路面主要是指以沥青混合料作为面层,水硬性无机结合稳定类材料作为基层的路面。这种半刚性基层材料在前期的力学特性呈柔性,而后期趋于刚性。如水泥或石灰粉煤灰稳定粒料类基层的沥青路面。

3. 对路面结构的要求

路面工程是指在路基表面上用各种不同材料或混合料分层铺筑而成的一种层状结构物。路面应具有下列性能：

1）具有足够的强度和刚度

强度是指路面结构及其各个组成部分都必须具有与行车荷载相适应的，使路面在车辆荷载作用下不致产生形变或破坏的能力。车辆行驶时，既对路面产生竖向压力，又使路面承受纵向水平力。由于发动机的机械振动和车辆悬架系统的相对运动，路面还受到车辆振动力和冲击力的作用。在车轮后面还会产生真空吸力作用。在这些外力的综合作用下，路面会逐渐出现磨损、开裂、坑槽、沉陷和波浪等破坏，严重时甚至影响正常行驶。因此，路面应具有足够的强度。

刚度是指路面抵抗变形的能力。路面结构整体或某一部分的刚度不足，即使强度足够，在车轮荷载的作用下也会产生过量的变形，而形成车辙、沉陷或波浪等破坏。因此，不仅要研究路面结构的应力和强度之间的关系，还要研究荷载与变形或应力与应变之间的关系，使整个路面结构及其各个组成部分的变形量控制在容许范围内。

2）具有足够的稳定性

路面的稳定性是指路面保持其本身结构强度的性能，也就是指在外界各种因素影响下，路面强度的变化幅度。变化幅度越小，则稳定性越好。没有足够的稳定性，路面也会形成车辙、沉陷或波浪等破坏而影响通行和使用寿命。路面稳定性通常分为：水稳定性、干稳定性、温度稳定性。

3）具有足够的耐久性

耐久性是指路面具有足够的抗疲劳强度、抗老化和抗形变积累能力。路面结构要承受行车荷载和冷热、干湿气候因素的反复作用，由此而逐渐产生疲劳破坏和塑性形变积累。另外，路面材料还可能由于老化衰老而导致破坏。这些都将缩短路面的使用年限，增加养护工作量。因此，路面应具有足够的耐久性。

4）具有足够的平整度

路面平整度是使用质量的一项重要标准。路面不平整，行车颠簸，前进阻力和振动冲击力都大，导致行车速度、舒适性和安全性大大降低，机件损坏严重，轮胎磨损和油料消耗都迅速增加。不平整的路面会积水，从而加速路面的破坏。所有这些都使路面的经济效益降低。因此，越是高级的路面，平整度要求也越高。

5）具有足够的抗滑性

车辆行驶时，车轮与路面之间应具有足够的摩阻力，以保证行车的安全性。

6）具有尽可能低的扬尘性

汽车在路面上行驶时，车轮后面所产生的真空吸力会将路面面层或其中的细料吸起而产生扬尘。扬尘不仅增加汽车机件磨损，影响环境和旅行舒适，而且恶化视距条件，容易酿成行车事故。因此，路面应具有尽可能低的扬尘性。

忆一忆：

道路工程按交通功能可以分为哪几类？

知识模块3：桥涵工程构造

桥梁工程构造

道路路线遇到江河湖泊、山谷深沟以及其他线路（铁路或公路）等障碍时，为了保持道路的连续性，就需要建造专门的人工构筑物桥涵来跨越障碍。

一、桥涵结构基本组成

图1-3和图1-4表示公路桥梁的概貌，从图中可见，桥梁一般由上部结构、下部结构、支座系统和附属设施四部分组成。

1. 上部结构

上部结构又称桥跨结构，是在线路中断时跨越障碍的主要承重结构，是桥梁支座以上跨越桥孔的总称，当跨越幅度越大时，上部结构的构造也就越复杂，施工难度也相应增加。

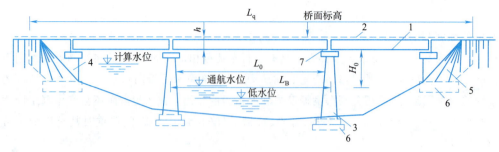

图 1-3 梁桥的基本组成
1—主梁;2—桥面;3—桥墩;4—桥台;5—锥形护坡;6—基础;7—支座

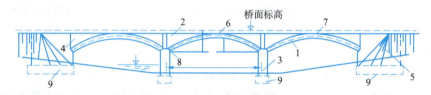

图 1-4 拱桥的基本组成
1—拱圈;2—拱上结构;3—桥墩;4—桥台;5—锥形护坡;6—拱轴线;7—拱顶;8—拱脚;9—基础

2. 下部结构

下部结构包括桥墩、桥台和基础。

桥墩和桥台:是支承上部结构并将其传来的恒载和车辆等活载再传至基础的结构物。通常设置在桥两端的称为桥台,设置在桥中间部分的称为桥墩。桥台除了上述作用外,还与路堤相衔接,并抵御路堤土压力,防止路堤填土的坍落。单孔桥只有两端的桥台,而没有中间桥墩。

桥墩和桥台底部的奠基部分称为基础,基础承担了从桥墩和桥台传来的全部荷载,并将荷载传至地基,这些荷载包括竖向荷载以及地震力、船舶撞击墩身等引起的水平荷载,由于基础往往深埋于水下地基中,在桥梁施工中是难度较大的一部分,也是确保桥梁安全的关键之一。

3. 支座系统

支座是设在墩(台)顶,用于支承上部结构的传力装置,它不仅要传递很大的荷载,并且要保证上部结构按设计要求能产生一定的变位。

4. 附属设施

附属设施包括桥面系、伸缩缝、桥梁与路堤衔接处的桥头搭板和锥形护坡等。

桥面系包括桥面铺装、防水排水系统、栏杆和灯光照明。

桥面铺装的平整性、耐磨性、不翘曲、不渗水是保证行车舒适的关键。

排水防水系统应能迅速排除桥面积水,并使渗水的可能性降至最小限度,城市桥梁排水系统应保证桥下无积水和结构上无漏水现象。

栏杆(或防撞栏杆)既是保证安全的构造措施,又是有利于观赏的最佳装饰件。

现代城市中,大跨桥梁通常是一个城市标志性建筑,大多装置了灯光照明系统,是城市夜景的重要组成部分。

伸缩缝的作用是调节由车辆荷载和桥梁建筑材料引起的上部结构之间的位移和连接。

桥头搭板放置在桥台与路基间起到过渡作用。

在路堤与桥台衔接处,一般还在桥两侧设置石砌的锥形护坡,作用是保护桥头路堤的稳定。

二、桥涵工程的类型

由基本构件所组成的各种结构物,在力学上可归结为梁式、拱式和悬吊式三种基本体系以及它们之间的各种组合。下面从受力特点、建桥材料、适用跨度、施工条件等方面阐明各种桥梁的特点。

1. 梁式桥

梁式桥是一种在竖向荷载作用下无水平反力的结构,由于外力(恒载和活载)的作用方向与承重结构的轴线接近垂直,因而与同样跨径的其他结构体系相比,梁桥内产生的弯矩最大,通常需用抗弯、抗拉能力强的材料(钢、配筋混凝土、钢-混凝土组合结构等)来建造。对于中、小跨径桥梁,目前公路上应用最广的是标准跨径的钢筋混凝土简支梁,施工方法有预制装配和现浇两种,如图1-5所示。

图1-5 梁式桥

2. 拱式桥

拱式桥的主要承重结构是拱圈或拱肋,这种结构在竖向荷载作用下,桥墩或桥台将承受水平推力。同时,这种水平推力将显著抵消荷载所引起在拱圈(或拱肋)内的弯矩作用。因此,与同跨径的梁相比,拱的弯矩和变形要小得多。拱桥的跨越能力较大,外形也较美观,在条件许可的情况下,修建拱桥往往是经济合理的,如图1-6所示。

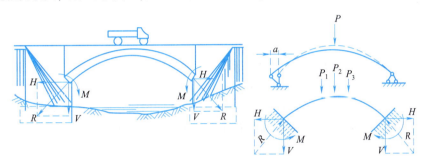

图1-6 拱式桥

3. 刚架桥

刚架桥的主要承重结构是梁或板与立柱或竖墙整体结合在一起的刚架结构,梁和柱的连接处具有很大的刚性,以承担负弯矩的作用。在竖向荷载作用下,柱脚处具有水平反力,梁部主要受弯,但弯矩值较同跨径的简支梁小,梁内还有轴内力,因而其受力状态介于梁桥与拱桥之间。当遇到线路立体交叉或需要跨越通航江河时,采用这种桥型能尽量降低线路高程,以改善纵坡并能减少路堤土方量。但普通钢筋混凝土修建的刚架桥施工比较困难,梁柱刚接处较易产生裂缝,如图1-7所示。

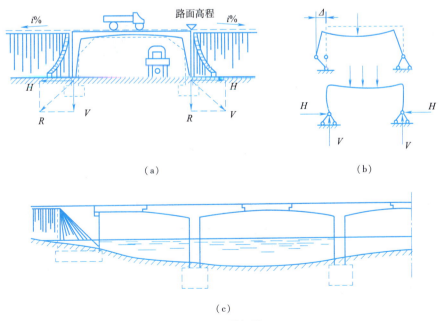

(a)　　　　　　　　　　　　(b)

(c)

图1-7 刚架桥

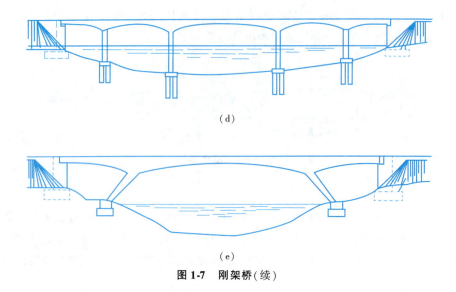

(d)

(e)

图 1-7 刚架桥(续)

4. 悬索桥

悬索桥又称吊桥,是用悬挂在两边塔架上的强大缆索作为主要承重结构,在竖向荷载作用下,通过吊杆使缆索承受很大的拉力,缆索锚于悬索桥两端的锚碇结构中,为了承受巨大的缆索拉力,锚碇结构需做得很大,悬索桥也是具有水平反力(拉力)的结构。现代悬索桥广泛采用高强度的钢丝成股编制形成钢缆,以充分发挥其优良的抗拉性能。悬索桥的承载系统包括缆索、塔柱和锚碇三部分,因此结构自重较轻,能够跨越任何其他桥型无法达到的特大跨度,如图 1-8 所示。

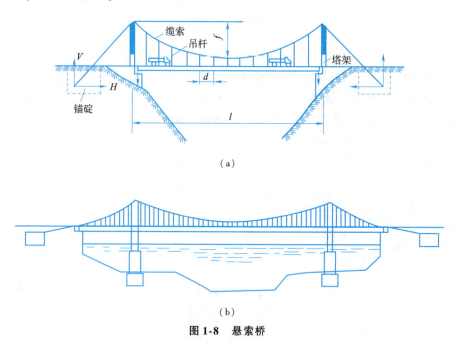

(a)

(b)

图 1-8 悬索桥

5. 斜拉桥

斜拉桥由斜索、塔柱和主梁所组成,用高强钢材制成的斜索将主梁多点吊起,并将主梁的恒载和车辆荷载传至塔柱,再通过塔柱基础传至地基。这样,跨度较大的主梁就像一根多点弹性支承(吊起)的连续梁一样工作,从而可使主梁尺寸大大减小,结构自重显著减轻,既节省了结构材料,又大幅度地增大桥梁的跨越能力。此外,与悬索桥相比,斜拉桥的结构刚度大,即在荷载作用下的结构变形小得多,且其抵抗风振的能力也比悬索桥好,这也是在斜拉桥可能达到的大跨度情况下使悬索桥逊色的重要因素,如图 1-9 所示。

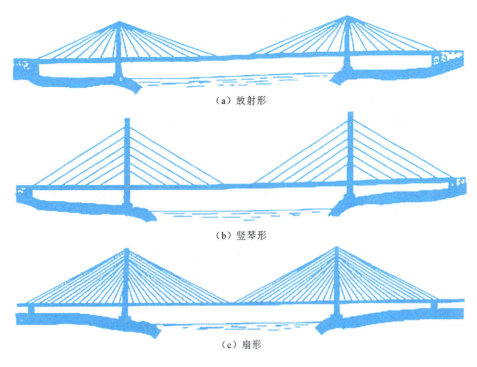

图 1-9 斜拉桥

6. 组合体系桥梁

除了以上 5 种桥梁的基本体系以外,根据结构的受力特点,还有由几种不同体系的结构组合而成的桥梁,称为组合体系桥。图 1-10 所示为一种梁和拱的组合体系,其中梁和拱都是主要承重结构,两者相互配合共同受力。由于吊杆将梁向上(与荷载作用的挠度方向相反)吊住,这样就显著减小了梁的弯矩;同时由于拱与梁连接在一起,拱的水平推力就传给梁来承受,这样梁除了受弯以外尚且受拉。这种组合体系桥能跨越较一般简支梁桥更大的跨度,而对墩台没有推力作用,因此,对地基的要求就与一般简支梁桥一样。

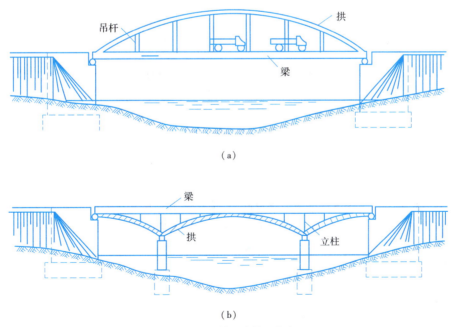

图 1-10 梁拱组合体系桥梁

思一思:

桥涵工程有哪些类型?

知识模块4：管道工程基础知识

一、给水工程基础知识

（一）给水工程的分类

根据用户的不同,给水工程建设标准体系可划分为城市给水工程、建筑给水工程、工业给水工程三大类。

1. 城市给水工程

以符合水环境质量标准的水体作为水源,经过取水工程、水处理工程,制成符合水质标准的水,再由输水、配水工程输送至用户(包括各类工厂、公共建筑、居民住宅等)。

2. 工业给水工程

以城市自来水作为工业用水水源,经过软化、除盐、冷却、稳定等特殊水处理工艺后,供生产工艺过程使用。

3. 建筑给水工程

建筑给水工程包括建筑内部给水、建筑消防、居住小区给水、建筑水处理、特殊建筑给水。其最基本的用户为住宅建筑、各类公共建筑和工业企业。将接自室外给水管网的水,以最适用、经济、合理、卫生、安全的给水系统,输送至各用水设备和用水点,如卫生器具给水配件、生产用水设备、消防给水设备和体育、娱乐、观赏等用水。

（二）城市给水系统组成

城市给水系统是指取水、水质处理、输配水等设施以一定的方式组合而成的总体,通常由取水构筑物、水处理构筑物、泵站、输水管道、配水管网和调节构筑物组成。其中输水管和配水管网构成给水管道工程。根据水源的不同,一般有地表水源给水系统和地下水源给水系统两种形式,如图1-11所示。

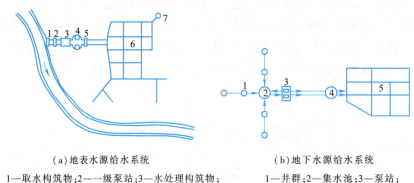

(a)地表水源给水系统
1—取水构筑物；2——一级泵站；3—水处理构筑物；
4—清水池；5—二级泵站；6—输水管；7—配水管网

(b)地下水源给水系统
1—井群；2—集水池；3—泵站；
4—输水管；5—水塔

图 1-11 给水系统

输水管是从水源向水厂或从水厂向配水管网输水的长距离管道,不向沿线两侧配水。一般都采用两条平行管线,并在中间的适当地点设置连通管,安装切换阀门。

配水管网是分布在整个给水区域范围内的管道网络,接收输水管道输送来的水量,并将其分配到各用户的接管点上。一般铺设在城市道路下,就近向两侧的用户供水。配水管网由配水干管、连通管、配水支管、分配管、附属构筑物和调节构筑物组成。

（三）给水管道基础与覆土

1. 基础

(1)天然基础。当管底地基土层承载力较高,地下水位较低时,可采用天然地基作为管道基础。施工时,将天然地基整平,将管道铺设在未经扰动的原状土上即可。

(2)砂基础。当管底为岩石、碎石或多石地基时,对金属管道应铺垫不小于100 mm厚的中砂或粗砂,对非金属管道应铺垫不小于150 mm厚的中砂或粗砂,构成砂基础,再在上面铺设管道。

(3)混凝土基础。当管底地基土质松软,承载力低或铺设大管径的钢筋混凝土管道时,应采用混凝土基础。根据地基承载力的实际情况,可采用强度等级不低于C15的混凝土带形基础,也可采用混凝土枕基。

混凝土带形基础是沿管道全长做成的基础,而混凝土枕基是只在管道接口处用混凝土块垫起,其他地方用中砂或粗砂填实。

2. 覆土

给水管道埋设在地面以下,其管顶以上应有一定厚度的覆土,以保证管道内的水在冬季不会因冰冻而结冰;在正常使用时管道不会因各种地面荷载作用而损坏。管道的覆土厚度是指管顶到地面的垂直距离。

在非冰冻地区,管道覆土厚度的大小主要取决于外部荷载、管材强度、管道交叉情况以及土壤地基等因素。一般金属管道的覆土厚度不小于 0.7 m,非金属管道的覆土厚度为 1.0 ~ 1.2 m。在冰冻地区,管道覆土厚度的大小,除考虑上述因素外还要考虑土壤的冰冻深度,覆土厚度应大于土壤的最大冰冻深度。一般管底在冰冻线以下的最小距离为:DN ≤ 300 mm 时,为 DN + 200 mm;300 < DN ≤ 600 mm 时,为 0.75DN mm;DN > 600 mm 时,为 0.5DN mm。

(四)给水管网附属构筑物

1. 阀门井

给水管网中的各种附件一般都安装在阀门井中,使其有良好的操作和养护环境。阀门井的形状有圆形和矩形两种。

阀门井一般用砖、石砌筑,也可用钢筋混凝土现场浇筑。其形式、规格和构造参见《给水排水标准图集》或《市政工程设计施工系列图集》。

2. 泄水阀井

泄水阀一般放置在阀门井中构成泄水阀井,当由于地形因素排水管不能直接将水排走时,还应建造一个与阀门井相连的湿井。

3. 支墩

支墩一般用混凝土建造,也可用砖、石砌筑,一般有水平弯管支墩、垂直向下弯管支墩、垂直向上弯管支墩等。给水管道支墩的形状和尺寸参见《给水排水标准图集》或《市政工程设计施工系列图集》。

4. 管道穿越障碍物

市政给水管道在通过铁路、公路、河谷时,必须采取一定的措施保证管道安全可靠地通过。管道穿越铁路或公路时,其穿越地点、穿越方式和施工方法,应符合相应技术规范的要求,并经过铁路或交通部门同意后才可实施。

架空管维护管理方便,防腐性好,但易遭破坏,防冻性差,在寒冷地区必须采取有效的防冻措施。当河谷较浅,冲刷较轻,河道航运繁忙,不适宜设置架空管;穿越铁路和重要公路时,须采用倒虹管。

忆一忆:
地表水源给水系统的组成有哪些?

二、排水工程基础知识

(一)排水工程的分类

与给水工程对应,根据用户和污染源的不同,排水工程建设标准体系可划分为城市排水工程、工业排水工程、建筑排水工程三大类。

1. 城市排水工程

以城市用户(包括各类工厂、公共建筑、居民住宅等)排出的废水,通过城市下水管道,汇集至一定地点进行污水处理,使出水符合处置地点的质量标准要求。还有从用户区域排出的雨水径流水,大型工业企业的排水汇集和常规污水处理等。

2. 工业排水工程

工业生产工艺过程使用过的水,包括生产污水、生产废水等,对其排出的废水进行中和、除油、除重金属等特定的污水处理,再排入城市排水管道。

3. 建筑排水工程

建筑排水工程包括生活污水、废水排水系统,生产污水、废水排水系统,雨水排水系统等。通过排水系统收集使用过的污水、废水以及屋面和庭院的雨水径流水,排至室外排水系统。

（二）排水管道系统的组成

1. 污水管道系统的组成

城市污水管道系统包括小区管道系统和市政管道系统。

小区管道系统主要是收集小区内各建筑物排出的污水，并将其输送到市政管道系统中。一般由接户管、小区支管、小区干管、小区主干管和检查井、泵站等附属构筑物组成。市政管道系统主要承接城市内各小区的污水，并将其输送到污水处理厂，经处理后再排放利用。一般由支管、干管、主干管和检查井、泵站、出水口及事故排除口等附属构筑物组成。

2. 雨水管道系统的组成

降落在屋面上的雨水由天沟和雨水斗收集，通过落水管输送到地面，与降落在地面上的雨水一起形成地表径流，然后通过雨水口收集流入小区的雨水管道系统，经过小区的雨水管道系统流入市政雨水管道系统，然后通过出水口排放。因此雨水管道系统包括小区雨水管道系统和市政雨水管道系统两部分。小区雨水管道系统是收集、输送小区地表径流的管道及其附属构筑物，包括雨水口、小区雨水支管、小区雨水干管、雨水检查井等。

市政雨水管道系统是收集小区和城市道路路面上的地表径流的管道及其附属构筑物，包括雨水支管、雨水干管和雨水口、检查井、雨水泵站、出水口等附属构筑物。

（三）排水管道基础与覆土

1. 排水管道基础

1）砂土基础

砂土基础又称素土基础，它包括弧形素土基础和砂垫层基础，如图1-12所示。

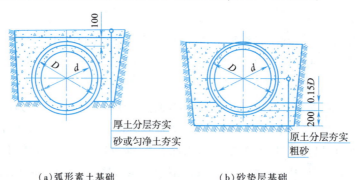

图1-12　砂土基础（单位：mm）

弧形素土基础是在原土上挖一弧形管槽，将管道铺设在弧形管槽中。弧形素土基础适用于无地下水，原土能挖成弧形（通常采用90°弧）的干燥土壤；管道直径小于600 mm的混凝土管和钢筋混凝土管；管道覆土厚度在0.7～2.0 m的小区污水管道、非车行道下的市政次要管道和临时性管道。

在挖好的弧形管槽中，填100～150 mm厚的粗砂作为垫层，形成砂垫层基础。适用于无地下水的岩石或多石土壤；管道直径小于600 mm的混凝土管和钢筋混凝土管；管道覆土厚度在0.7～2.0 m的小区污水管道、非车行道下的市政次要管道和临时性管道。

2）混凝土枕基

混凝土枕基是只在管道接口处才设置的管道局部基础，如图1-13所示。通常在管道接口下用C15混凝土做成枕状垫块，垫块常采用90°或135°管座。这种基础适用于干燥土壤中的雨水管道及不太重要的污水支管，常与砂土基础联合使用。

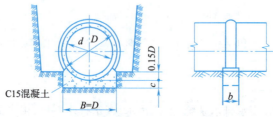

图1-13　混凝土枕基

3）混凝土带形基础

混凝土带形基础是沿管道全长铺设的基础,按管座的形式,分为 90°、135°、180°的管座形式,根据管道埋置深度选择,如图 1-14 所示。

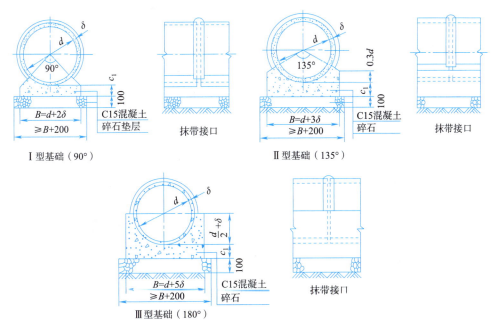

图 1-14　混凝土带形基础（单位：mm）

混凝土带形基础适用于各种潮湿土壤及地基软硬不均匀的排水管道,管径为 200～2 000 mm。无地下水时常在槽底原土上直接浇筑混凝土;有地下水时在槽底铺 100～150 mm 厚的卵石或碎石垫层,然后在上面再浇筑混凝土,根据地基承载力的实际情况,可采用强度等级不低于 C15 的混凝土。当管道覆土厚度在 0.7～2.5 m 时采用 90°管座,覆土厚度在 2.6～4.0 m 时采用 135°管座,覆土厚度在 4.1～6.0 m 时采用 180°管座。

2. 覆土

在非冰冻地区,管道覆土厚度的大小主要取决于外部荷载、管材强度、管道交叉情况以及土壤地基等因素。一般排水管道的覆土厚度不小于 0.7 m。

在冰冻地区,无保温措施的生活污水管道或水温与生活污水接近的工业废水管道,管底可埋设在冰冻线以上 0.15 m;有保温措施或水温较高的管道,管底在冰冻线以上的距离可以加大,其数值应根据该地区或条件相似地区的经验确定,但要保证管道的覆土厚度不小于 0.7 m。

（四）排水管网附属构筑物构造

1. 检查井

在排水管渠系统上,为便于管渠的衔接和对管渠进行定期检查和清通,必须设置检查井。检查井通常设在管渠交汇、转弯、管渠尺寸或坡度改变、跌水等处以及相隔一定距离的直线管渠段上。根据检查井的平面形状,可将其分为圆形、方形、矩形或其他不同的形状。方形和矩形检查井用在大直径管道的连接处或交汇处,一般均采用圆形检查井。

检查井由井底（包括基础）、井身和井盖（包括盖座）三部分组成。井底流槽形式如图 1-15 所示。

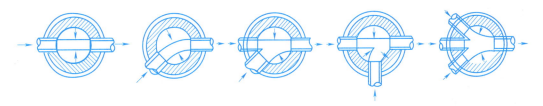

图 1-15　检查井井底流槽形式

井盖可采用铸铁、钢筋混凝土或其他材料,为防止雨水流入,盖顶应略高出地面。盖座采用与井盖相同的材料。井盖和盖座均为厂家预制,施工前购买即可。

2. 雨水口

雨水口一般设在道路交叉口、路侧边沟的一定距离处以及设有道路路缘石的低洼地方,在直线道路上的间距一般为 25~50 m,在低洼和易积水地段,要适当缩小雨水口的间距。

雨水口的构造包括进水箅、井筒和连接管三部分。

井筒一般用砖砌,深度不大于 1 m,在有冻胀影响的地区,可根据经验适当加大。

雨水口由连接管与雨水管渠或合流管渠的检查井相连接。连接管的最小管径为 200 mm,坡度一般为 0.01,长度不宜超过 25 m。

3. 倒虹管

排水管道遇到河流、洼地或地下构筑物等障碍物时,不能按原有的坡度埋设,而是按下凹的折线方式从障碍物下通过,这种管道称为倒虹管。它由进水井、下行管、平行管、上行管和出水井组成,如图 1-16 所示。

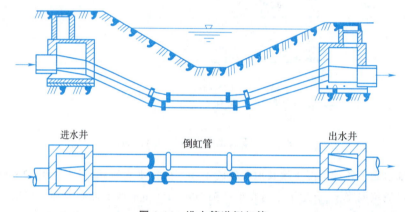

图 1-16　排水管道倒虹管

进水井和出水井均为特殊的检查井,在井内设闸板或堰板以根据来水流量控制倒虹管启闭的条数,进水井和出水井的水面高差要足以克服倒虹管内产生的水头损失。

平行管管顶与规划河床的垂直距离不应小于 0.5 m,与构筑物的垂直距离应符合与该构筑物相交的有关规定。上行管和下行管与平行管的交角一般不大于 30°。

想一想:

排水管道系统由哪几部分组成?

三、燃气工程基础知识

(一) 燃气系统的分类及布置

1. 燃气管网系统的分类

城市燃气管网系统根据所采用的压力级制的不同,可分为一级系统、两级系统、三级系统和多级系统四种。

一级系统仅用低压管网输送和分配燃气,一般适用于小城镇的燃气供应系统;两级系统由低压和中压或低压和次高压两级管网组成;三级系统由低压、中压和高压三级管网组成;多级系统由低压、中压、次高压和高压,甚至更高压力的管网组成。

2. 城市燃气管道的布置

城市燃气管道敷设在城市道路下,平面布置要根据管道内的压力、道路情况、地下管线情况、地形情况、管道的重要程度等因素确定。

(二) 燃气系统的附属设备

为保证燃气管网安全运行,并考虑到检修的方便,在管网的适当地点要设置必要的附属设备,常用的附属设备主要有以下几种:

1. 阀门

阀门的种类很多,在燃气管道上常用的有闸阀、旋塞、球阀和蝶阀。闸阀、球阀和蝶阀在学习情景二任务4中介绍。

旋塞是一种动作灵活的阀门,阀杆转90°即可达到启闭的要求。

2. 补偿器

补偿器是消除管道因胀缩所产生的应力的设备,常用于架空管道和需要进行蒸汽吹扫的管道上。此外,补偿器安装在阀门的下侧,利用其伸缩性能,方便阀门的拆卸与检修。在埋地燃气管道上,多用钢制波形补偿器。

在通过山区、坑道和地震多发区的中、低压燃气管道上,可使用橡胶-卡普隆补偿器,它是带法兰的螺旋波纹软管,软管是用卡普隆布作夹层的胶管,外层用粗卡普隆绳加强。其补偿能力在拉伸时为150 mm,压缩时为100 mm,优点是纵横方向均可变形。

3. 排水器

为排除燃气管道中的冷凝水和石油伴生气管道中的轻质油,在管道敷设时应有一定的坡度,在低处设排水器,将汇集的油或水排出,其间距根据油量或水量而定,通常取500 m。排水器还可观测燃气管道的运行状况,并可作为消除管道堵塞的手段。

4. 放散管

放散管是一种专门用来排放管道内部的空气或燃气的装置。在管道投入运行时,利用放散管排除管道内的空气;在检修管道或设备时,利用放散管排除管道内的燃气,防止在管道内形成爆炸性的混合气体。放散管应安装在阀门井中,在环状网中阀门的前后都应安装,在单向供气的管道上则安装在阀门前。

5. 阀门井

为保证管网的运行安全与操作方便,市政燃气管道上的阀门一般都设置在阀门井中。阀门井一般用砖、石砌筑,要坚固耐久并有良好的防水性能,其大小要方便工人检修,井筒不宜过深。

思一思:

燃气管道上常用的阀门类型有哪些?

自测训练

一、填空题

1. 市政工程是指以_____的范围内,为满足政治、经济、文化及生产、人民生活的需要并为其服务的_____的建设工程。
2. 市政工程建设程序是指一个拟建项目从_____、论证、_____、_____、设计、_____到_____,交付使用整个过程中各项工作进行的先后顺序。
3. 道路工程主要组成部分是_____、_____。
4. 高于天然地面的填方路基称为_____,低于天然地面的挖方路基称为_____,介于两者之间的称为_____。
5. 桥涵结构的基本组成为桥梁_____、桥梁_____、支座系统和附属设施。
6. 桥梁下部结构由_____和_____组成。
7. 桥面系包括_____、_____、栏杆和灯光照明。
8. 桥梁附属设施包括_____、_____、桥梁与路堤衔接处的桥头搭板和锥形护坡等。
9. 桥涵工程在力学上可归结为_____、_____和_____三种基本体系。
10. 城市燃气管道敷设在_____下。

二、多选题

1. 市政工程清单和定额中包括城市的（　　）。
   A. 道路　　　B. 桥涵　　　C. 隧道　　　D. 路灯　　　E. 绿化
2. 市政工程投资主体是（　　）。
   A. 私人投资　　B. 地方政府投资　　C. 国家投资　　D. 国外投资
3. 市政工程建设程序包括的内容有（　　）。
   A. 项目建议书　B. 可行性研究　C. 工程设计　D. 工程施工　E. 验收投产
4. 市政建设工程划分为（　　）。
   A. 建设项目　B. 单项工程　C. 单位工程　D. 分部工程　E. 分项工程
5. 城市道路路面按力学性质分类为（　　）。
   A. 刚性路面　B. 柔性路面　C. 快速路　D. 半刚性路面
6. 城市道路按交通功能分类为（　　）。
   A. 快速路　B. 四幅路　C. 支路　D. 次干路　E. 主干路
7. 路面按其组成的结构层次有（　　）。
   A. 垫层　　B. 路基　　C. 基层　　D. 面层
8. 根据用户的不同，给水工程建设标准体系可划分为（　　）几大类。
   A. 城市给水工程　B. 建筑给水工程　C. 水处理工程　D. 工业给水工程
9. 给水管道基础形式有（　　）。
   A. 天然基础　B. 混凝土基础　C. 砂基础　D. 碎石基础
10. 在燃气管道上常用的阀门有（　　）。
    A. 闸阀　　B. 旋塞　　C. 球阀　　D. 蝶阀

三、简答题

1. 简述市政工程建设的特点。
2. 简述市政工程建设的程序。
3. 简述技术上复杂而又缺乏经验的市政项目工程设计划分。
4. 简述平面及横向布置的道路分类。
5. 简述对路基的基本要求。
6. 常用的路面结构层的垫层有哪几种？
7. 常用的路面结构层的基层有哪几种？
8. 简述排水管道系统的组成。

任务1　计划单

课程	市政工程预算		
学习情境一	市政工程造价理论解析	学时	5
任务1	市政工程的认知	学时	2
计划方式	小组讨论、团结协作共同制订计划		
序　号	实　施　步　骤	使用资源	
1			
2			
3			
4			
5			
6			
7			
8			
9			
制订计划说明			
计划评价	班级　　　　　　　第　组　　　组长签字 教师签字　　　　　　　　　　　日　期 评语：		

任务1　决策单

课程	市政工程预算		
学习情境一	市政工程造价理论解析	学时	5
任务1	市政工程的认知	学时	2
方案讨论			

	组号	方案合理性	实施可操作性	安全性	综合评价
方案对比	1				
	2				
	3				
	4				
	5				
	6				
	7				
	8				
	9				
	10				

方案评价	评语：

班级		组长签字		教师签字		月　日

任务 1 实施单

课程	市政工程预算		
学习情境一	市政工程造价理论解析	学时	5
任务1	市政工程的认知	学时	2
实施方式	小组成员合作;动手实践		
序 号	实 施 步 骤	使用资源	
1			
2			
3			
4			
5			
6			
7			
8			
9			
10			
11			
12			
13			
14			
15			
16			

实施说明:

班 级		第 组	组长签字	
教师签字		日 期		
评 语				

课程	市政工程预算		
学习情境一	市政工程造价理论解析	学时	5
任务1	市政工程的认知	学时	2
实施方式	小组成员共同分辨道路、桥梁、管道的构造,学生自己收集资料、整理		
班 级		第 组	组长签字	
教师签字		日 期	
评 语			

任务 1 检查单

课程	市政工程预算		
学习情境一	市政工程造价理论解析	学时	5
任务 1	市政工程的认知	学时	2
序 号	检查项目	检查标准	学生自查	教师检查
1				
2				
3				
4				
5				
6				
7				
8				
9				
10				
11				
12				
13				
14				
15				

检查评价	班 级		第 组	组长签字	
	教师签字		日 期		
	评语：				

任务1 评价单

1. 工作评价单

课程		市政工程预算			
学习情境一		市政工程造价理论解析		学时	5
任务1		市政工程的认知		学时	2
评价类别	项目	子项目	个人评价	组内互评	教师评价
专业能力	资讯(10%)	搜集信息(5%)			
		引导问题回答(5%)			
	计划(5%)				
	实施(20%)				
	检查(10%)				
	过程(5%)				
	结果(10%)				
社会能力	团结协作(10%)				
	敬业精神(10%)				
方法能力	计划能力(10%)				
	决策能力(10%)				
评价	班级		姓名	学号	总评
	教师签字		第　组	组长签字	日期

2. 小组成员素质评价单

课程	市政工程预算			
学习情境一	市政工程造价理论解析		学时	5
任务1	市政工程的认知		学时	2
班 级		第 组	成员姓名	
评分说明	每个小组成员评价分为自评和小组其他成员评价两部分,取平均值计算,作为该小组成员的任务评价个人分数。评价项目共设计五个,依据评分标准给予合理量化打分。小组成员自评分后,要找小组其他成员不记名方式打分,成员互评分为其他小组成员的平均分			
对 象	评 分 项 目	评 分 标 准		评 分
自 评 (100分)	核心价值观(20分)	是否有违背社会主义核心价值观的思想及行动		
	工作态度(20分)	是否按时完成负责的工作内容、遵守纪律,是否积极主动参与小组工作,是否全过程参与,是否吃苦耐劳,是否具有工匠精神		
	交流沟通(20分)	是否能良好地表达自己的观点,是否能倾听他人的观点		
	团队合作(20分)	是否与小组成员合作完成,做到相互协助、相互帮助、听从指挥		
	创新意识(20分)	看问题是否能独立思考,提出独到见解,是否能够创新思维解决遇到的问题		
成员互评 (100分)	核心价值观(20分)	是否有违背社会主义核心价值观的思想及行动		
	工作态度(20分)	是否按时完成负责的工作内容、遵守纪律,是否积极主动参与小组工作,是否全过程参与,是否吃苦耐劳,是否具有工匠精神		
	交流沟通(20分)	是否能良好地表达自己的观点,是否能倾听他人的观点		
	团队合作(20分)	是否与小组成员合作完成,做到相互协助、相互帮助、听从指挥		
	创新意识(20分)	看问题是否能独立思考,提出独到见解,是否能够创新思维解决遇到的问题		
最终小组成员得分				
小组成员签字			评价时间	

任务1 教学反馈单

课程	市政工程预算		
学习情境一	市政工程造价理论解析	学时	5
任务1	市政工程的认知	学时	2
序号	调查内容	是	否	理由陈述
1	你是否喜欢这种上课方式？			
2	与传统教学方式比较你认为哪种方式学到的知识更实用？			
3	针对每个学习任务你是否学会如何进行资讯？			
4	计划和决策感到困难吗？			
5	你认为学习任务对你将来的工作有帮助吗？			
6	通过本任务的学习，你学会市政工程的相关基础知识了吗？			
7	你能分辨道路、桥涵工程的构造吗？			
8	你知道管道工程中给水、排水工程的分类及组成吗？			
9	通过几天来的工作和学习，你对自己的表现是否满意？			
10	你对小组成员之间的合作是否满意？			
11	你认为本情境还应学习哪些方面的内容？（请在下面空白处填写）			
你的意见对改进教学非常重要，请写出你的建议和意见：				
被调查人签名		调查时间		

任务2 市政工程计量与计价理论解析

课程	市政工程预算		
学习情境一	市政工程造价理论解析	学时	5
任务2	市政工程计量与计价理论解析	学时	3
布置任务			
任务目标	(1)掌握市政工程计量的基本知识； (2)掌握市政工程造价的构成； (3)掌握市政工程计价的基本知识； (4)能够在完成任务过程中锻炼职业素养,做到工作程序严谨认真对待,完成任务能够吃苦耐劳主动承担,能够主动帮助小组落后的其他成员,有团队意识,诚实守信、不瞒骗,培养保证质量等建设优质工程的爱国情怀		
任务描述	用不同方式准确划分市政工程造价的构成。具体任务如下： (1)根据任务要求,收集市政工程计量、计价的依据,明确计量的影响因素以及计价的模式和方法； (2)正确使用市政工程计量、计价依据,确定市政工程造价的构成； (3)明确清单计价模式和定额计价模式的区别与联系,准确划分市政工程造价的构成		

学时安排	资讯	计划	决策	实施	检查	评价
	1学时	0.25学时	0.25学时	1学时	0.25学时	0.25学时

| 对学生学习及成果的要求 | (1)每名同学均能按照资讯思维导图自主学习,并完成知识模块中的自测训练；
(2)严格遵守课堂纪律,学习态度认真、端正,能够正确评价自己和同学在本任务中的素质表现,积极参与小组工作任务讨论,严禁抄袭；
(3)具备工程造价的基础知识；
(4)具备识图的能力；具备计算机知识和计算机操作能力；
(5)小组讨论正确使用市政工程计量与计价的依据,掌握市政工程造价的分类及构成,准确阐述不同市政工程计价模式的区别与联系；
(6)具备一定的实践动手能力、自学能力、数据计算能力、沟通协调能力、语言表达能力和团队意识；
(7)严格遵守课堂纪律,不迟到、不早退；学习态度认真、端正；每位同学必须积极动手并参与小组讨论；
(8)讲解市政工程造价的构成,接受教师与同学的点评,同时参与小组自评与互评 |

资讯思维导图

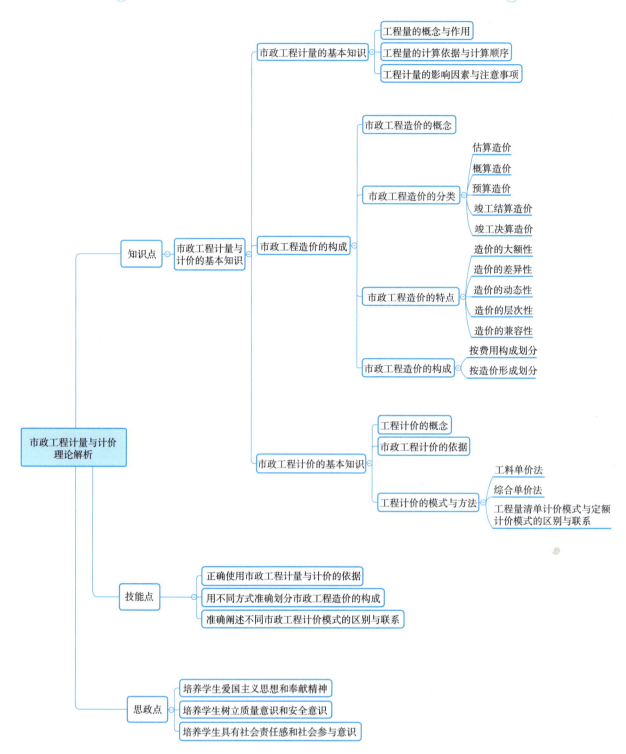

知识模块1：市政工程计量的基本知识

一、工程量的概念与作用

1. 工程量的概念

工程量是以物理计量单位或自然计量单位表示的建筑工程各个分项工程或结构构件的数量。

物理计量单位是指以物体的某种物理属性作为计量单位。如道路面层以平方米（m^2）为计量单位；砖砌检查井砌筑以立方米（m^3）为计量单位。自然计量单位是指以物体本身的自然组成为计量单位表示工程项目的数量。如井字架以座为计量单位。

工程量计算是指建筑工程以工程图纸、施工组织设计或施工方案及相关的技术、经济文件为依据，按照相关工程的计算规则等规定，进行工程数量的计算活动，简称工程计量。

2. 工程量的作用

（1）工程量是确定工程造价的基础。准确计算工程量，才能准确计算出分部分项工程费，进而按照费用计算程序计算、确定工程造价。

（2）工程量是施工单位进行生产经营管理的重要依据。各项工程量是施工单位编制施工组织设计、合理安排施工进度，组织现场劳动力、材料、机械等资源供应计划，进行经济核算的重要依据。

（3）工程量是建设单位管理工程建设的重要依据。工程量也是建设单位编制建设计划、筹集资金、进行工程价款结算与拨付等的重要依据。

二、工程量的计算依据与计算顺序

1. 工程量的计算依据

（1）现行的工程量计算规范、定额、政策规定等。

（2）施工图纸及设计说明、相关图集、设计变更文件资料等。

（3）施工组织设计或施工方案、专项方案等。

（4）其他有关的技术、经济文件，如工程施工合同、招标文件等。

2. 工程量的计算顺序

（1）按施工顺序依次计算。结合工程图纸，按照工程施工顺序逐项计算工程量。如某道路、排水工程，可以按照总体施工顺序依次计算以下各分项工程的工程量：沟槽开挖、管道垫层、管道基础、管道铺设、检查井垫层、检查井底板、检查井砌筑、检查井抹灰、井室盖板预制安装、井圈预制安装、管道闭水试验、沟槽回填、道路路床整形碾压、道路基层、道路面层、平侧石安砌、人行道板铺设等。

（2）根据图纸，按一定的顺序依次计算。根据图纸，可以按顺时针方向计算：从图纸的左上角开始，按顺时针方向依次计算；也可以按从左到右或者从上到下的顺序依次计算。

三、工程计量的影响因素与注意事项

（一）工程计量的影响因素

在进行工程计量以前，应先确定以下工程计量因素。

1. 计量对象

在不同的建设阶段，有不同的计量对象，对应有不同的计量方法，所以确定计量对象是工程计量的前提。

在项目决策阶段编制投资估算时，工程计量的对象取得较大，可能是单项工程或单位工程，甚至是整个建设项目，这时得到的工程造价也就较粗略。

在初步设计阶段编制设计概算时，工程计量的对象可以取单位工程或扩大的分部分项工程。

在施工图设计阶段编制施工图预算时，以分项工程为计量的基本对象，这时取得的工程造价也就较为准确。

2. 计量单位

工程计量时采用的计量单位不同，则计算结果也不同，所以工程计量前应明确计量单位。

按定额计算规则计算时，工程量计算单位必须与定额的计量单位相一致，市政工程预算定额中大多数采用

扩大定额的方法计算,即采用 100 m³、1 000 m³、100 m²、10 t 等计量单位。如"挖掘机挖沟槽土方"定额的计量单位为"1 000 m³",而"人工挖沟槽土方"定额的计量单位为"100 m³"。

按清单计算规则计算时,工程量计算单位必须与清单工程量计算规范的规定相一致,清单工程量计算规范中通常采用基本计量单位,即采用 m³、m²、t 等计量单位。如"挖沟槽土方"清单项目的计量单位为"m³"。

3. 施工方案

在工程计量时,对于施工图样相同的工程,往往会因为施工方案的不同而导致实际完成工程量的不同,所以工程计量前应确定施工方案。

如同一段管道沟槽开挖,采用放坡开挖的施工方案和采用加设支撑的施工方案,所计算的沟槽挖方工程量完全不同。

4. 计价方式

在工程计量时,对于施工图样相同的工程,采用定额的计价模式和清单的计价模式,可能工程量的计算规则会不同,相应地会有不同的计算结果,所以在计量前也必须确定计价方式。

如"管道铺设"按定额的计算规则需扣除附属构筑物、管件及阀门所占长度,而按清单的计算规则则不需要扣除附属构筑物、管件及阀门所占长度。

(二) 工程计量的注意事项

(1)要依据对应的工程量计算规则进行计算,包括项目名称、计量单位、计量方法的一致性。

(2)熟悉设计图纸和设计说明,计算时以图纸标注尺寸为依据,不得任意加大或缩小尺寸。

(3)注意计算中的整体性和相关性。如在市政工程计量中,要注意处理道路工程、排水工程的相互关系,避免道路工程、排水工程在计算土石方工程量时的漏算或重复计算。

(4)注意计算列式的规范性和完整性,最好采用统一格式的工程量计算纸,并写明计算部位、项目、特征等,以便核对。

(5)注意计算过程中的顺序性,为了避免工程量计算过程中发生漏算、重复等现象,计算时可按一定的顺序进行。

(6)注意结合工程实际,工程计量前应了解工程的现场情况、拟用的施工方案、施工方法等,从而使工程量更切合实际。

(7)注意计算结果的自检和他检。工程量计算后,计算者可采用指标检查、对比检查等方法进行自检,也可请经验丰富的造价工程师进行他检。

(8)注意工程数量有效位数的规定。

①以 t 为单位,应保留小数点后 3 位数字,第 4 位四舍五入。

②以 m、m²、m³ 为单位,应保留小数点后 2 位数字,第 3 位四舍五入。

③以个、项、块等为单位,应取整数。

💡 想一想:

市政工程计量的影响因素有哪些?

知识模块 2:市政工程造价的构成

一、市政工程造价的概念

市政建设工程造价就是市政建设工程的建造价格,它具有两种含义。

1. 第一种含义

市政工程造价是指建设一项工程预期开支或实际开支的全部固定资产投资费用,也就是一项市政工程通过策划、决策、立项、设计、施工等一系列生产经营活动所形成相应的固定资产、无形资产所需用的一次性费用的总和。这一含义是从投资者、业主的角度来定义的。投资者选定一个市政投资项目,为了获得预期效益,就要通过项目评估进行决策,然后进行设计招标、施工招标,直至工程竣工验收等一系列投资管理活动。在这一投资管理活动中所支付的全部费用形成了固定资产和无形资产。所有这些开支就构成了市政工程造价,简称"工程造价"。显然,从这个意义上来说,市政工程造价就是市政工程投资费用。非生产性建设项目的工程总造价就是建设项目固定资产投资的总和;而生产性建设项目的工程总造价是固定资金投资与铺底流动资金投资的总和。

2. 第二种含义

市政工程造价是指为建成一项市政工程,预计或实际在土地市场、设备市场、技术劳务市场以及工程承包市场等交易活动中所形成的市政建筑安装工程的价格和市政建设项目的总价格。显然,这一含义是以社会主义市场经济为前提的,其以市政工程这种特定的商品形式作为交易对象,通过招标、承发包和其他交易方式,在进行多次预估的基础上,最终由市场形成的价格。通常把市政工程造价的第二种含义认定为市政工程承发包价格,它是在建筑市场通过招标投标,由需求主体和供给主体共同认定的价格。应该肯定,在我国建筑领域大力推行招投标承建制条件下,这种价格是工程造价中一种重要的、最典型的价格形式。因此,市政工程承发包价格被界定为市政工程造价的第二种含义,具有重要的现实意义。也可以说这一含义是在市场经济条件下,从承包商、供应商、土地市场、设计市场供给等主体来定义的,或者说是从市场交易角度定义的。

市政建设工程造价的两种含义是从不同角度把握同一事物的本质。从市政建设工程的投资者角度来说,面对市场经济条件下的市政工程造价就是项目投资,是"购买"项目要付出的价格,同时也是投资者在作为市场供给主体出售项目时定价的基础。对承包商来说,市政工程造价是他们作为市场供给主体出售商品和劳务价格的总和,或是指特定范围的工程造价,如建筑安装工程造价、园林工程造价、绿化工程造价等。市政工程造价的两种含义是对客观存在的概括。它们既是一个统一体,又是相互区别的,最主要的区别在于需求主体和供给主体在市场上追求的经济利益不同,因而管理的性质和管理的目标不同,从管理性质来看,前者属于投资管理范畴,后者属于价格管理范畴,但两者又相互联系,相互交叉。

二、市政工程造价的分类

市政建设工程造价按照建设项目实施阶段不同,通常分为估算造价、概算造价、预算造价、竣工结(决)算造价等。

1. 估算造价

对拟建市政工程所需费用数额在前期工作阶段(编制项目建议书和可行性研究报告书)过程中按照投资估算指标进行一系列计算后所形成的金额数量,称为估算造价。投资估算书是项目建议书和可行性研究报告书内容的重要组成部分。市政建设项目估算造价是判断拟建项目可行性和进行项目决策的重要依据之一,同时,经批准的投资估算造价将是拟建项目各实施阶段中控制工程造价的最高限额。

2. 概算造价

在建设项目的初步设计或扩大初步设计阶段,由设计总承包单位根据设计图纸、设备材料一览表、概算定额(或概算指标)、设备材料价格、取费标准及有关造价管理文件等资料,编制出反映建设项目所需费用的文件,称为概算。因为初步设计概算通常都是由设计总承包单位负责编制的,所以又称设计概算造价。

初步设计概算书是建设项目初步设计文件的重要组成内容之一,建设单位(业主)在报批设计文件时,必须报批初步设计概算。初步设计概算,按照它所反映费用内容范围的不同,通常划分为单位工程概算、单项工程概算和建设项目总概算三级。单位工程概算是确定单项工程中各单位工程造价的文件,是编制单项工程综合概算的依据。市政建设项目单位工程概算分为建筑工程概算和安装工程概算两类。

经批准的初步设计概算造价,是编制市政建设项目年度建设计划、考核项目设计方案合理性和工程招标及签订总承包合同的依据,也是控制施工图预算造价的依据。

3. 预算造价

在施工图设计阶段依据施工图设计的内容和要求并结合市政工程预算定额的规定,计算出每一单位工程的全部实物工程数量(以下称"工程量"),选套市政工程定额地区单价,并按照市政部门或工程所在地工程建设主管部门发布的有关工程造价管理文件规定,详细地计算出相应建设项目的预算价格,又称预算造价。由于市政工程预算造价是依据施工设计图纸和预算定额对建设项目所需费用的预先测算,因此又称施工图预算造价。经审查的预算造价,是编制工程项目年度建设计划,签订施工合同,实行市政工程造价包干和支付工程价款的依据。实行招标承建的工程,施工图预算造价是制定标底价的重要基础。

市政工程施工图预算造价与初步设计概算造价的区别主要是：

（1）包括内容不同——初步设计概算一般来说包括建设项目从筹建到竣工验收过程中发生的全部费用，而施工图预算一般来说只编制单位工程预算和单项工程综合预算，因此，施工图预算造价不包括市政工程建设的其他有关费用，如勘察设计费、建设单位管理费、总预备费等。

（2）编制依据不同——初步设计概算采用概算定额或概算指标或已完类似工程预（结）算资料编制，而施工图预算采用预算定额编制。

（3）精确程度不同——初步设计概算精确程度低［按规定误差率为 ±（10%～15%）］，而施工图预算精确程度高［误差率要求为 ±（5%～10%）］。

（4）作用不同——初步设计概算造价起宏观控制作用，而施工图预算造价起微观控制作用。但二者的构成实质却是相同的。

4. 竣工结算造价

市政工程竣工结算造价简称"结算价"，是当一个单项工程施工完毕并经工程质量监督部门验收合格后，由施工单位将该单项工程在施工建造活动中与原设计图纸规定内容产生的一些变化，以设计变更通知单、材料代用单、现场签证单、竣工验收单、预算定额及材料预算价格等资料为依据，编制出反映该工程实际造价经济文件所确定的价格，称为竣工结算造价。竣工结算价经建设单位（业主）认签后，是建设单位（业主）拨付工程价款和甲、乙双方终止承包合同关系的依据，同时，单项工程结算文件又是编制建设项目竣工决算的依据。

5. 竣工决算造价

市政工程竣工决算造价简称"决算价"，是指一个建设项目在全部工程或某一期工程完工后，由建设单位根据该建设项目的各个单项工程结算造价文件及有关费用支出等资料为依据，编制出反映该建设项目从立项到交付使用全过程各项资金使用情况的总结性文件所确定的总价值，称为决算造价。建设工程决算造价是工程竣工报告的组成内容。经竣工验收委员会或竣工验收小组核准的竣工决算造价，是办理工程竣工交付使用验收的依据；是建立新增固定资产账目的依据；是国家行政主管部门考核建设成果和国民经济新增生产（使用）能力的依据。

根据有关文件规定，建设项目的竣工决算是以它的所有工程项目的竣工结算以及其他有关费用支出为基础进行编制的。建设项目或工程项目竣工决算和工程项目或单位工程的竣工结算的区别主要表现在以下几个方面：

（1）编制单位不同。竣工结算由施工单位编制，而竣工决算由建设单位编制。

（2）编制范围不同。竣工结算一般主要是以单位工程或单项工程为单位进行编制，单位工程或单项工程竣工并经初验后即可着手编制，而竣工决算是以一个建设项目（如一座化工厂、一所学校等）为单位进行编制的，只有在整个建设项目所有的工程项目全部竣工后才能进行编制。

（3）编制费用内容不同。竣工结算费用仅包括发生在单位工程或单项工程以内的各项费用，而竣工决算费用包括该项目从开始筹建到全部竣工验收过程中所发生的一切费用，即有形资产费用和无形资产费用两大部分。

（4）编制作用不同。竣工结算是建设单位（业主）与施工单位结算工程价款的依据，是核定施工企业生产成果、考核工程成本的依据，是施工企业确定经营活动最终收益的依据，也是建设单位检查计划完成情况和编制竣工决算的依据。而竣工决算是建设单位考核工程建设投资效果、正确确定有形资产价值和正确计算投资回收期的依据，同时，也是建设项目竣工验收委员会或验收小组对建设项目进行全面验收、办理固定资产交付使用的依据。

忆一忆：

市政工程造价是如何分类的？

三、市政工程造价的特点

1. 造价的大额性

能够发挥投资效用的任一项市政工程，不仅实物体形庞大，而且造价高昂。动辄数百万、数千万、数亿、数十亿,特大型工程项目的造价可达百亿、千亿元人民币。市政工程造价的大额性使其关系到有关各方面的重大经济利益,同时,也会对宏观经济产生重大影响,这就决定了工程造价的特殊地位,也说明了造价管理的重要意义。

2. 造价的差异性

任何一项市政工程都有其特定的用途、功能、规模。因此,对每一项市政工程的结构、造型、空间分割、设备配置和装饰装修都有具体要求,因而使工程内容和实物形态都具有个别性、差异性。工程的差异性决定了工程造价的个别性。同时,每项工程所处地区、地段和地理环境的不相同,使得工程造价的个别性更加突出。

3. 造价的动态性

任何一项市政工程从决策到竣工交付使用,都有一个较长的建设期,而且由于不可控因素的影响,在预计工期内,许多影响工程造价的动态因素,如工程变更、设备材料价格、工资标准以及费率、利率、汇率会发生变化。这种变化必然会影响到造价的变动。所以,市政工程造价在整个建设期中处于不确定状态,直至竣工决算后才能最终确定工程的实际造价。

4. 造价的层次性

市政工程造价的层次性取决于市政工程的层次性。一个市政建设项目往往含有多个能够独立发挥设计效能的单项工程(隧道、过人天桥、立交桥等)。一个单项工程又是由能够各自发挥专业效能的多个单位工程(土建工程、管道安装工程等)组成。与此相适应,市政工程造价有三个层次,即建设项目总造价、单项工程造价和单位工程造价。如果专业分工更细,单位工程(如土建工程)的组成部分——分部、分项工程也可以成为造价层次,如大型土方工程、基础工程、路灯工程等,这样,工程造价的层次就增加分部工程和分项工程而成为五个层次。

5. 造价的兼容性

市政工程造价的兼容性首先表现在它具有两种含义;其次表现在工程造价构成因素的广泛性和复杂性,在工程造价中,成本因素非常复杂,其中为获得建设工程用地支出的费用、项目可行性研究和规划设计费用、与政府一定时期政策(特别是产业政策和税收政策)相关的费用占有相当的份额,再次盈利的构成也较为复杂,资金成本较大。

四、市政工程造价的构成

根据我国现行规定,市政建设项目工程造价按费用构成要素组成划分为人工费、材料费(包含工程设备费,下同)、施工机具使用费、企业管理费、利润、规费和税金,按工程造价形成顺序划分为分部分项工程费、措施项目费、其他项目费、规费和税金。

(一)按费用构成划分

建筑安装工程费按照费用构成要素划分:由人工费、材料费、施工机具使用费、企业管理费、利润、规费和税金组成。其中人工费、材料费、施工机具使用费、企业管理费和利润包含在分部分项工程费、措施项目费、其他项目费中。

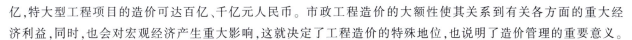

建筑安装工程费用项目组成

1. 人工费

人工费是指按工资总额构成规定,支付给从事建筑安装工程施工的生产工人和附属生产单位工人的各项费用。内容包括:

(1)计时工资或计件工资:是指按计时工资标准和工作时间或对已做工作按计件单价支付给个人的劳动报酬。

(2)奖金:是指对超额劳动和增收节支支付给个人的劳动报酬。如节约奖、劳动竞赛奖等。

(3)津贴补贴:是指为了补偿职工特殊或额外的劳动消耗和因其他特殊原因支付给个人的津贴,以及为了保证职工工资水平不受物价影响支付给个人的物价补贴。如流动施工津贴、特殊地区施工津贴、高温(寒)作业临时津贴、高空津贴等。

(4)加班加点工资:是指按规定支付的在法定节假日工作的加班工资和在法定日工作时间外延时工作的加点工资。

(5)特殊情况下支付的工资:是指根据国家法律、法规和政策规定,因病、工伤、产假、计划生育假、婚丧假、事假、探亲假、定期休假、停工学习、执行国家或社会义务等原因按计时工资标准或计时工资标准的一定比例支付的工资。

(6)职工福利费:是指由企业支付的集体福利费、夏季防暑降温、冬季取暖补贴、上下班交通补贴等。

(7)劳动保护费:是企业按规定发放的劳动保护用品的支出。如工作服、手套、防暑降温饮料以及在有碍身体健康的环境中施工的保健费用等。

(8)工会经费:是指企业按《中华人民共和国工会法》规定的全部职工工资总额比例计提的工会经费。

(9)职工教育经费:是指按职工工资总额的规定比例计提,企业为职工进行专业技术和职业技能培训,专业技术人员继续教育、职工职业技能鉴定、职业资格认定以及根据需要对职工进行各类文化教育所发生的费用。

(10)社会保险费(个人缴纳部分):是指按照规定由个人缴纳的养老保险费、失业保险费、医疗保险费以及住房公积金。

2. 材料费

材料费是指施工过程中耗费的原材料、辅助材料、构配件、零件、半成品或成品、工程设备的费用。

工程设备费:是指构成或计划构成永久工程一部分的机电设备、金属结构设备、仪器装置及其他类似的设备和装置的费用。材料费内容包括:

(1)材料原价:是指材料、工程设备的出厂价格或商家供应价格。

(2)运杂费:是指材料、工程设备自来源地运至工地仓库或指定堆放地点所发生的全部费用。

(3)运输损耗费:是指材料在运输装卸过程中不可避免的损耗。

3. 施工机具使用费

施工机具使用费是指施工作业所发生的施工机械、仪器仪表使用费或其租赁费。

(1)施工机械使用费:以施工机械台班耗用量乘以施工机械台班单价表示,施工机械台班单价应由下列七项费用组成:

①折旧费:指施工机械在规定的耐用总台班内,陆续收回其原值的费用。

②检修费:指施工机械在规定的耐用总台班内,按规定的检修间隔进行必要的检修,以恢复其正常功能所需的费用。

③维护费:指施工机械在规定的耐用总台班内,按规定的检修间隔进行各级维护和临时故障排除所需的费用。

包括:为保障机械正常运转所需替换设备与随机配备工具附具的摊销费用,机械运转及日常保养所需润滑与擦拭的材料费用及机械停滞期间的维护费用等。

④安拆费及场外运费:

• 安拆费指施工机械在现场进行安装与拆卸所需的人工、材料、机械和试运转费用以及机械辅助设施的折旧、搭设、拆除等费用。

• 场外运费指施工机械整体或分体自停放地点运至施工现场,或由一施工地点至另一施工地点的运输、装卸、辅助材料等费用。

⑤机械工费:指机上司机(司炉)和其他操作人员的人工费。

⑥机具燃料动力费:指施工机械在运转作业中所耗用的燃料及水、电等费用。

⑦其他费:指施工机械按照国家规定应缴纳的车船税、保险费及检测费等。

(2)仪器仪表使用费:是指工程施工所需使用的仪器仪表的摊销及维修费用。施工仪器仪表台班单价由下列四项费用组成:

①折旧费:指施工仪器仪表在规定的耐用总台班内,陆续收回其原值的费用。

②维护费:指施工仪器仪表各级维护、临时故障排除所需的费用及为保证仪器仪表正常使用所需备件(备品)的维护费用。

③校验费:指按国家与地方政府规定的标定与检验的费用。

④动力费:指施工仪器仪表在使用过程中所耗用的电费。

4. 企业管理费

企业管理费是指施工企业组织施工生产和经营管理所需的费用。内容包括:

(1)管理人员工资:是指按规定支付给管理人员的计时工资、奖金、津贴补贴、加班加点工资及特殊情况下支付的工资等。

（2）办公费：是指企业管理办公用的文具、纸张、账表、印刷、邮电、书报、办公软件、现场监控、会议、水、电、烧水和集体取暖降温（包括现场临时宿舍取暖降温）等费用。

（3）差旅交通费：是指职工因公出差、调动工作的差旅费、住勤补助费、市内交通费和误餐补助费，职工探亲路费，劳动力招募费，职工退休、退职一次性路费，工伤人员就医路费，工地转移费以及管理部门使用的交通工具的油料、燃料等费用。

（4）固定资产使用费：是指管理和试验部门及附属生产单位使用的属于固定资产的房屋、设备、仪器等的折旧、大修、维修或租赁费。

（5）工具用具使用费：是指企业施工生产和管理使用的不属于固定资产的工具、器具、家具、交通工具和检验、试验、测绘、消防用具、考勤认证工具等的购置、维修和摊销费。

（6）劳动保险费：是指由企业支付的职工退职金、按规定支付给离休干部的经费。

（7）财产保险费：是指施工管理用财产、车辆等的保险费用。

（8）财务费：是指企业为施工生产筹集资金或提供预付款担保、履约担保、职工工资支付担保、工程质量保修担保等多发生的各种费用。

（9）检验试验费：是指施工企业按照有关标准规定，对建筑以及材料、构件和建筑安装物进行一般鉴定、检查所发生的费用，包括自设试验室进行试验所耗用的材料等费用。

不包括新结构、新材料的试验费，对构件做破坏性试验及其他特殊要求检验试验的费用和建设单位委托检测机构进行检测的费用，对此类检测发生的费用，由建设单位在工程建设其他费用中列支。但对施工企业提供的具有合格证明的材料进行检测不合格的，该检测费用由施工企业支付。

一般鉴定、检查，是指按相应规范所规定的材料品种、材料规格、取样批量、取样数量、取样方法和检测项目等内容所进行的鉴定、检查。例如，砌筑砂浆配合比设计、砌筑砂浆抗压试块、混凝土配合比设计、混凝土抗压试块等施工单位自制或自行加工材料按规范规定的内容所进行的鉴定、检查。

（10）材料采购及保管费：是指组织采购、供应和保管材料、工程设备过程中所需要的各项费用。包括采购费、仓储费、工地保管费、仓储损耗。

（11）税费：是指企业按规定缴纳的房产税、车船使用税、土地使用税、印花税、城市维护建设税、教育费附加以及地方教育附加等。

（12）其他：包括技术转让费、技术开发费、投标费、业务招待费、绿化费、广告费、公证费、法律顾问费、审计费、咨询费、保险费、担保费、农民工实名制管理相关费用等。

5. 利润

利润是指施工企业完成所承包工程获得的盈利。

6. 规费

规费是指按国家法律、法规规定，由省级政府和省级有关部门规定必须缴纳或计取的费用。

（1）社会保险费：

①养老保险费：是指企业按照规定标准为职工缴纳的基本养老保险费。

②失业保险费：是指企业按照规定标准为职工缴纳的失业保险费。

③医疗保险费：是指企业按照规定标准为职工缴纳的基本医疗保险费。

④生育保险费：是指企业按照规定标准为职工缴纳的生育保险费。

⑤工伤保险费：是指企业按照规定标准为职工缴纳的工伤保险费。

（2）住房公积金：是指企业按规定标准为职工缴纳的住房公积金。

（3）环境保护税：是指按规定缴纳的施工现场环境保护费用。

7. 税金

税金是指国家税法规定的应计入建筑安装工程造价内的增值税。

增值税的计算方法包括一般计税方法和简易计税方法。采用一般计税方法时，各项费用中不包括可抵扣的进项税额；采用简易计税方法时，各项费用中包括可抵扣的进项税额。

(二)按造价形成划分

建筑安装工程费按照工程造价形成由分部分项工程费、措施项目费、其他项目费、规费和税金组成。

1. 分部分项工程费

分部分项工程费是指各专业工程的分部分项工程应予列支的各项费用。

(1)专业工程:是指按现行国家计量规范划分的房屋建筑与装饰工程、通用安装工程、市政工程、园林绿化工程、城市轨道交通工程等各类工程。

(2)分部分项工程:是指按现行国家计量规范对各专业工程划分的项目。如房屋建筑与装饰工程划分的土石方工程、地基处理与边坡支护工程、桩基础工程、砌筑工程、钢筋及钢筋混凝土工程等。

2. 措施项目费

措施项目费是指为完成建设工程施工,发生于该工程施工前和施工过程中的技术、生活、安全、环境保护等方面的费用。内容包括:

1)单价措施项目费

(1)打拔工具桩费:适用于市政各专业的打、拔工具桩。

工具桩是多次使用的,所以打下去用完后还要拔上来。打、拔指打下去和拔上来各一次。一般用于基坑支护。大多采用型钢作为工具桩,有时也采用钢管和圆木。

市政工程里打拔工具桩分为水上和陆上作业。水上作业是以距岸线 1.5 m 以外或者水深在 2 m 以上的打拔桩。距岸线 1.5 m 以内时,水深在 1 m 以内的,按陆上作业考虑;如水深在 1 m 以上 2 m 以内,其工程量则按水、陆各 50% 计算。

(2)围堰工程费:适用于人工筑、拆的围堰项目。

围堰项目是指在水利工程建设中,为建造永久性水利设施,修建的临时性围护结构。其作用是防止水和土进入建筑物的修建位置,以便在围堰内排水,开挖基坑,修筑建筑物。一般主要用于水工建筑中,除作为正式建筑物的一部分外,围堰一般在用完后拆除。

(3)支撑工程费:适用于沟槽、基坑、工作坑、检查井及大型基坑的支撑。

(4)脚手架工程费:是为了保证各施工过程顺利进行而搭设的工作平台。按材料不同可分为木脚手架、竹脚手架、钢管脚手架。

(5)井点降水费:是指为确保工程在正常条件下施工,采取各种排水、降水措施所发生的各项费用。

(6)临时便道费:是指在道路修桥施工过程,为保证原道路的畅通,需架设一座临时便道或便桥,以方便交通。

2)总价措施项目费

(1)安全文明施工费:

①环境保护费:是指施工现场为达到环保部门要求所需要的各项费用。

包括:现场施工机械设备降低噪声、防扰民措施;采取的防尘降尘措施,防止扬尘污染防治设施,水泥和其他易飞扬细颗粒建筑材料密闭存放或采取覆盖措施等;工程防尘洒水;土石方、建渣外运车辆防护措施等;现场污染源的控制、生活垃圾清理外运、场地排水排污措施;地面和车辆冲洗、裸露场地和现场堆放土方及建筑垃圾采取覆盖、固化或绿化等防尘措施;采用现场搅拌混凝土或砂浆的场所采取的封闭、降尘、降噪措施;保持现场干净整洁、工完场清等措施;其他环保部门要求的环境保护措施等。

②文明施工费:是指施工现场文明施工所需要的各项费用。

包括:根据相关规定在施工现场设置的牌(板)、平面布置图;现场围挡的墙面美化、装饰;其他施工现场临时设施的装饰装修、美化措施;施工现场绿化、材料、构件、料具的整齐码放;施工现场为符合场容场貌、材料堆放、现场防火等要求采取的相应措施;现场配备医药保健器材、物品和急救人员培训;现场工人的防暑降温、电风扇、空调等设备及用电;治安综合治理;其他有关部门要求的文明施工措施等。

③安全施工费:是指施工现场安全施工所需要的各项费用。

包括:安全资料、特殊作业专项方案的编制,根据相关规定设置安全防护设施、现场物料提升架与卸料平台的安全防护设施、垂直交叉作业与高空作业(包括临边洞口交叉高处作业)安全防护设施、现场设置安防监控系统设施、现场机械设备(包括电动工具)的安全保护、作业场所和临时安全疏散通道的安全照明与警示设施等;

安全施工标志的购置及安全宣传;施工安全用电防护措施;起重机、塔吊等起重设备(含井架、门架)及外用电梯的安全防护措施(含警示标志),层间安全门、防护棚等设施;建筑工地起重机械的检验检测;施工安全防护通道;工人的安全防护用品、用具购置;符合消防要求的消防器材配置;其他有关部门要求的安全防护措施等。

④临时设施费:是指施工企业为进行建设工程施工所必须搭设的生活和生产用的临时建筑物、构筑物和其他临时设施费用。包括临时设施的搭设、维修、拆除、清理费或摊销费等。

包括:临时设施的搭设、维修、拆除、清理或摊销费等。施工现场主要道路和场地的硬化;施工现场封闭式围挡的安砌、维修、拆除;施工现场临时宿舍、办公室、食堂、厨房、厕所、诊疗所、临时文化福利用房、临时仓库、加工场、搅拌台、临时简易水塔、水池等临时建筑物、构筑物的搭设、维修、拆除;施工现场办公场所、生活场所、作业场所的卫生及安全防护设施;施工现场临时供水管道、临时供电管线、施工现场范围内临时简易道路铺设、临时排水沟、排水设施、小型临时设施等临时设施的搭设、安砌、维修、拆除;农民工实名制管理设备;其他临时设施的搭设、维修、拆除等。

⑤工程质量管理标准化费用:是指施工现场实施工程质量管理标准化所需的费用。

(2)其他措施项目费:

①夜间施工增加费:是指因夜间施工所发生的夜班补助费、夜间施工降效、夜间施工照明设备摊销及照明用电等费用。

②二次搬运费:是指因施工场地条件限制而发生的材料、构配件、半成品等一次运输不能到达堆放地点,必须进行二次或多次搬运所发生的费用。

③冬季施工增加费:是指在冬季施工需增加的临时设施(防寒保温、防风设施、封堵门窗洞口)的搭设和拆除,防滑、除雪,人工及施工机具效率降低等费用;不包括电加热法养护混凝土、混凝土蒸汽养护、暖棚(包括锅炉)及越冬工程的维护。

冬季施工增加费以在冬季施工的工程项目计费人工费与机具费(不含价差)之和为基数计算。

冬季期间内不进行施工的工程,工程维护、门窗洞口封闭、看护人员等费用,按实际发生计算。

冬季施工期限:
- 北纬48°以北:10月20日至下年4月20日;
- 北纬46°以北与北纬48°之间区域:10月30日至下年4月5日;
- 北纬46°以南:11月5日至下年3月31日。

④雨季施工增加费:是指在雨季施工需增加的临时设施(防雨、防风等设施)的搭设和拆除,防滑、排雨水、人工及施工机械效率降低等费用。

⑤已完工程及设备保护费:是指完工验收前,对已完工程及设备采取的必要保护措施所发生的费用。

⑥工程定位复测费:是指工程施工过程中进行全部施工测量放线和复测工作的费用。

(3)各类专业工程措施项目费。

3. 其他项目费

(1)暂列金额:是指建设单位在工程量清单中或招标时暂定并包括在工程合同价款中的一笔款项。用于施工合同签订时尚未确定或者不可预见的所需材料、工程设备、服务的采购,施工中可能发生的工程变更、合同约定调整因素出现时的工程价款调整以及发生的索赔、现场签证确认等的费用。

(2)计日工:是指在施工过程中,施工企业完成建设单位提出的施工图纸以外的零星项目或工作所需的费用。

(3)总承包服务费:是指总承包人为配合、协调建设单位进行的专业工程发包,对建设单位自行采购的材料、工程设备等进行保管以及施工现场管理、竣工资料汇总整理等服务所需的费用。

(4)暂估价:招标人在工程量清单中或招标时提供的用于支付必然发生但暂时不能确定价格的材料(工程设备)的单价以及专业工程的金额。

专业工程暂估价,应区分不同专业,按有关计价规定估计,并包含按税法规定计入建筑安装工程造价内的增值税。

4. 规费

同前述"按费用构成划分"的相关内容。

5. 税金

同前述"按费用构成划分"的相关内容。

市政工程建设项目费用构成图（一）

市政建筑安装工程造价（按费用构成划分）

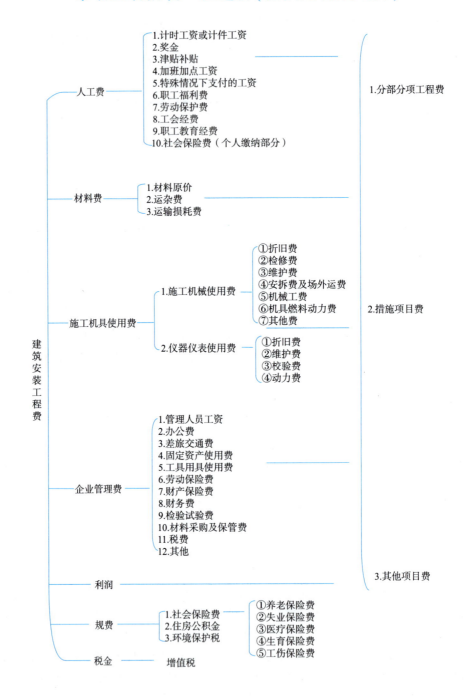

市政工程建设项目费用构成图（二）

市政建筑安装工程造价（按造价形成划分）

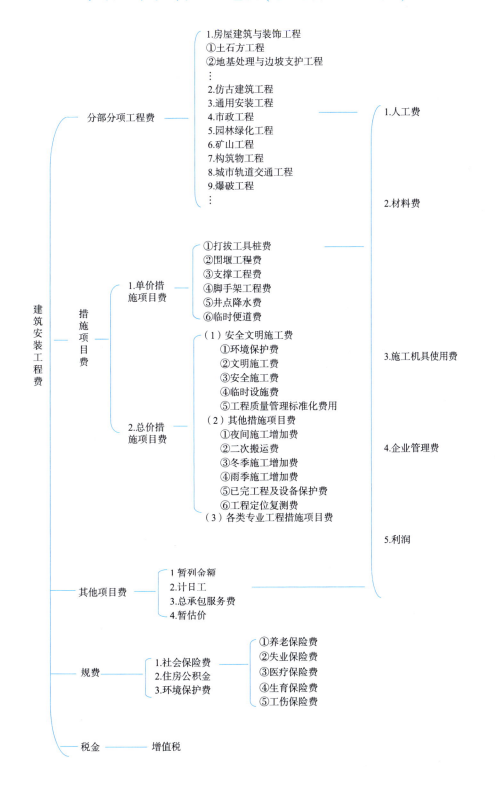

思一思：
市政建筑安装工程费用按造价形成顺序划分为哪几项？

知识模块3：市政工程计价的基本知识

一、工程计价的概念

工程计价是指在定额计价模式下或在工程量清单计价模式下，按照规定的费用计算程序，根据相应的定额，结合人工、材料、机械市场价格，经计算预测或确定工程造价的活动。

计价模式不同，工程造价的费用计算程序、采用的计价方法不同；现行有两种计价模式，即定额计价模式和清单计价模式，对应有两种计价方法、两种费用计算程序。

建设项目所处的阶段不同，工程计价的具体内容、计价方法、计价的要求也不同。如在项目招投标阶段和项目实施阶段，建设工程工程量清单计价涵盖了从招投标到工程竣工结算的全过程，包括以下计价内容：工程量清单招标控制价、工程量清单投标报价、工程合同价款约定、工程计量与价款支付、工程价款调整、合同价款中期支付、工程竣工结算与支付、合同解除的价款结算与支付等。

二、市政工程计价的依据

1.《建设工程工程量清单计价规范》(GB 50500—2013)

中华人民共和国住房和城乡建设部、中华人民共和国国家质量监督检验检疫总局联合于2012年12月25日发布"第1567号"公告，于2013年7月1日起正式在全国统一贯彻实施《建设工程工程量清单计价规范》(GB 50500—2013)，原国家标准《建设工程工程量清单计价规范》(GB 50500—2008)同时废止。

《建设工程工程量清单计价规范》(GB 50500—2013)包括正文、附录两大部分，两者具有同等效力。

正文共16章，包括总则、术语、一般规定、工程量清单编制、招标控制价、投标报价、合同价款约定、工程计量、合同价款调整、合同价款期中支付、竣工结算及支付、合同解除的价款结算与支付、合同价款争议的解决、工程造价鉴定、工程计价资料与档案、工程计价表格。

附录包括附录A物价变化合同价款调整方法，附录B工程计价文件封面，附录C工程计价文件扉页，附录D工程计价总说明，附录E工程计价汇总表，附录F分部分项工程和措施项目计价表，附录G其他项目计价表，附录H规费、税金项目计价表，附录J工程计量申请（核准）表，附录K合同价款支付申请（核准）表，附录L主要材料、工程设备一览表。

2.《市政工程工程量计算规范》(GB 50857—2013)

《市政工程工程量计算规范》(GB 50857—2013)，于2013年7月1日起正式在全国统一贯彻实施。

《市政工程工程量计算规范》(GB 50857—2013)包括正文、附录两大部分，两者具有同等效力。

正文共4章，包括总则、术语、工程计量、工程量清单编制等内容。附录中包含项目编码、项目名称、项目特征、计量单位、工程量计算规则和工程内容，具体包括：附录A土石方工程，附录B道路工程，附录C桥涵工程，附录D隧道工程，附录E管网工程，附录F水处理工程，附录G生活垃圾处理工程，附录H路灯工程，附录J钢筋工程，附录K拆除工程，附录L措施项目。

3.《市政工程消耗量定额》(HLJD-SZ—2019)

黑龙江省住房和城乡建设厅发布了《市政工程消耗量定额》(HLJD-SZ—2019)，于2019年12月1日起正式在黑龙江统一贯彻实施。

《市政工程消耗量定额》(HLJD-SZ—2019)共分十一册，包括第一册土石方工程、第二册道路工程、第三册桥涵工程、第四册隧道工程、第五册市政管网工程、第六册水处理工程、第七册生活垃圾处理工程、第八册路灯工程、第九册钢筋工程、第十册拆除工程、第十一册措施项目。

4. 其他

建筑市场信息价格，如工程造价管理机构定期发布的人工、材料、施工机械台班市场价格信息也是确定工程造价的依据。

企业(行业)自行编制的经验性计价依据,如企业定额等也是确定工程造价(投标报价)的依据。

国家相关部门及各省、自治区相关部门发布的有关工程计量与计价的相关通知、文件等也是确定工程造价的依据。

三、工程计价的模式与方法

建设工程计价模式分为定额计价模式、工程量清单计价模式两种。定额计价模式采用工料单价法,工程量清单计价模式采用综合单价法。

(一)工料单价法

工料单价(直接工程费单价)是指完成一个规定计量单位的分部分项工程项目或技术措施工程项目所需的人工费、材料费、施工机具使用费。

工料单价法是指分部分项工程项目及施工技术措施工程项目的单价按工料单价(直接工程费单价)计算,施工组织措施项目费、企业管理费、利润、规费、税金、暂列金额及总承包服务费等其他项目费用、风险费用按规定程序单独列项计算的一种计价方法。

$$项目单价 = 工料单价 \tag{1-1}$$

$$工料单价 = 1 个规定计量单位的人工费 + 材料费 + 施工机具使用费 \tag{1-2}$$

$$(项目合价 = 工料单价 \times 项目工程数量) \tag{1-3}$$

$$工程造价 = \sum [项目合价 + 取费基数 \times (施工组织措施费率 + 企业管理费率 + 利润率) +$$
$$规费 + 其他项目费 + 风险费用 + 税金] \tag{1-4}$$

(二)综合单价法

综合单价是指一个规定计量单位的分部分项工程量清单项目或技术措施清单项目除规费、税金以外的全部费用,包括人工费、材料费、施工机具使用费、企业管理费、利润及一定的风险费用。

综合单价法是指分部分项工程量清单项目及施工技术措施清单项目单价按综合单价计算,施工组织措施项目费、规费、税金、暂列金额及总承包服务费等其他项目费用按规定程序单独列项计算的一种计价方法。

$$项目单价 = 综合单价 \tag{1-5}$$

$$综合单价 = 1 个规定计量单位的人工费 + 材料费 + 施工机具使用费 + 取费基数 \times$$
$$(企业管理费率 + 利润率) + 风险费用 \tag{1-6}$$

$$项目合价 = 综合单价 \times 项目工程数量 \tag{1-7}$$

$$工程造价 = \sum (项目合价 + 取费基数 \times 施工组织措施费率 + 规费 + 其他项目费 + 税金) \tag{1-8}$$

(三)工程量清单计价模式与定额计价模式的区别与联系

1. 两者的区别

1)适用范围不同

全部采用国有投资资金或以国有投资资金为主的建设工程项目必须实行工程量清单计价。除此以外的工程,可以采用工程量清单计价模式,也可以采用定额计价模式。

2)采用的计价方法不同

工程量清单计价模式采用综合单价法计价,定额计价模式采用工料单价法计价。

3)项目划分不同

工程量清单计价模式下的项目基本以一个"综合实体"考虑,一般一个项目包括多项工程内容。定额计价模式下的项目一般一个项目只包括一项工程内容。如"混凝土管道铺设"工程量清单项目包括管道垫层、基础、管座、接口、管道铺设、闭水试验等多项工程内容,而"混凝土管道铺设"定额项目只包括管道铺设这一项工程内容。

4)工程量计算规则的依据不同

工程量清单计价模式下工程量计算规则的依据是《市政工程工程量计算规范》(GB 50857—2013),为全国统一的计算规则。

定额计价模式下工程量计算规则的依据是预算定额,由一个地区(省、自治区、直辖市)制定,在本区域内统

一。如《市政工程消耗量定额》(HLJD-SZ—2019)在黑龙江省范围内统一。

5) 采用的消耗量标准不同

工程量清单计价模式下,投标人计价时可以采用自己的企业定额,其消耗量标准体现的是投标人个体的水平,是动态的。

定额计价模式下,投标人计价时采用统一的消耗量定额,其消耗量标准反映的是社会平均水平,是静态的。

6) 风险分担不同

工程量清单计价模式下,工程量清单由招标人提供,由招标人承担工程量计算的风险,投标人承担报价(单价和费率)的风险。

定额计价模式下,工程量由各投标人自行计算,故工程量计算风险和报价风险均由投标人承担。

2. 两者的联系

为了与国际接轨,我国于2003年开始推行工程量清单计价模式。由于大部分施工企业还没有建立和拥有自己的企业定额体系,因而,建设行政主管部门发布的定额,尤其是当地的消耗量定额(预算定额),仍然是企业投标报价的主要依据。

另外,工程量清单项目一般包括多项工作内容,计价时,首先需将清单项目分解成若干个组合工作内容,再按其对应的定额项目计算规则计算其工程量并套用定额子目。也就是说,工程量清单计价活动中,存在部分定额计价的成分。

想一想：

定额计价模式与工程量清单计价模式有何区别?

一、填空题

1. 人工费构成包括_____、_____、_____、加班加点工资、特殊情况下支付的工资、_____、劳动保护费、工会经费、职工教育经费、_____。
2. 施工机械使用费由下列七项费用组成:_____、_____、_____、_____、_____、_____及_____。
3. 仪器仪表使用费由下列四项费用组成:_____、_____、_____及_____。
4. 企业管理费内容包括:_____、_____、_____、工具用具使用费、_____、_____、财务费、_____、材料采购及保管费、税费及其他。
5. 企业管理费中其他包括_____、_____、投标费、业务招待费、_____、广告费、公证费、法律顾问费、_____、_____、保险费、担保费、农民工实名制管理相关费用等。
6. 其他措施项目费包括_____、_____、_____、_____、及_____。
7. 冬季施工期限,北纬48°以北:_____；北纬46°以北与北纬48°之间区域:_____；北纬46°以南:_____。
8. 建设工程计价模式分为_____计价模式、_____计价模式两种。
9. 定额计价模式采用_____,工程量清单计价模式采用_____。
10. 综合单价包括_____、_____、_____、_____及一定的风险费用。

二、多选题

1. 材料费内容包括( )。
   A. 材料原价 B. 采购及保管费 C. 运输损耗费 D. 运杂费
2. 施工机具使用费内容包括( )。
   A. 施工机械使用费 B. 仪器仪表使用费 C. 运输损耗费 D. 采购及保管费

3. 社会保险费包括( )。
   A. 养老保险费　　B. 失业保险费　　C. 医疗保险费　　D. 生育保险费　　E. 工伤保险费
4. 规费包括( )。
   A. 社会保险费　　B. 住房公积金　　C. 环境保护税　　D. 增值税
5. 建筑安装工程费按照工程造价形成由( )组成。
   A. 分部分项工程费　B. 措施项目费　　C. 其他项目费　　D. 规费　　E. 税金
6. 措施项目费内容包括( )。
   A. 单价措施项目费
   B. 施工排水、降水费
   C. 总价措施项目费
   D. 其他措施项目费
7. 总价措施项目费内容包括( )。
   A. 安全文明施工费
   B. 施工排水、降水费
   C. 其他措施项目费
   D. 各类专业工程措施项目费
8. 安全文明施工费内容包括( )。
   A. 环境保护费
   B. 文明施工费
   C. 安全施工费
   D. 临时设施费
   E. 工程质量管理标准化费用
9. 冬季施工增加费不包括( )。
   A. 防寒保温设施
   B. 电加热法养护混凝土
   C. 混凝土蒸汽养护
   D. 越冬工程的维护
10. 其他项目费内容包括( )。
    A. 暂列金额　　B. 计日工　　C. 总承包服务费　　D. 暂估价

三、简答题

1. 简述工程量的作用。
2. 简述市政建设工程造价的两种含义。
3. 简述市政建设工程造价按照建设项目实施阶段不同划分。
4. 简述市政工程施工图预算造价与初步设计概算造价的主要区别。
5. 简述市政工程造价的特点。
6. 简述市政建设项目工程造价按费用构成要素的组成。
7. 简述市政建设项目工程造价按工程造价形成顺序的划分。
8. 简述工程量清单计价模式与定额计价模式的区别。
9. 简述工料单价法。

文　档

参考答案

 任务 2 计划单

课程	市政工程预算		
学习情境一	市政工程造价理论解析	学时	5
任务 2	市政工程计量与计价理论解析	学时	3
计划方式	小组讨论、团结协作共同制订计划		
序 号	实 施 步 骤	使用资源	
1			
2			
3			
4			
5			
6			
7			
8			
9			
制订计划说明			
计划评价	班 级	第 组	组长签字
	教师签字		日 期
	评语：		

任务2 决策单

课程	市政工程预算		
学习情境一	市政工程造价理论解析	学时	5
任务2	市政工程计量与计价理论解析	学时	3
方案对比	方案讨论				
	组号	方案合理性	实施可操作性	安全性	综合评价
	1				
	2				
	3				
	4				
	5				
	6				
	7				
	8				
	9				
	10				
方案评价	评语：				
班级		组长签字		教师签字	月　日

任务2 实施单

课程	市政工程预算		
学习情境一	市政工程造价理论解析	学时	5
任务2	市政工程计量与计价理论解析	学时	3
实施方式	小组成员合作;动手实践		

序 号	实 施 步 骤	使用资源
1		
2		
3		
4		
5		
6		
7		
8		
9		
10		
11		
12		
13		
14		
15		
16		

实施说明：

班 级		第 组	组长签字	
教师签字			日 期	
评 语				

任务 2 作业单

课程	市政工程预算		
学习情境一	市政工程造价理论解析	学时	5
任务 2	市政工程计量与计价理论解析	学时	3
实施方式	小组成员用不同方式准确划分市政工程造价的构成,学生自己收集资料、整理		
班 级		第 组 组长签字	
教师签字		日 期	
评 语			

任务 2　检查单

课程	市政工程预算				
学习情境一	市政工程造价理论解析			学时	5
任务 2	市政工程计量与计价理论解析			学时	3
序　号	检查项目	检查标准	学生自查	教师检查	
1					
2					
3					
4					
5					
6					
7					
8					
9					
10					
11					
12					
13					
14					
15					
检查评价	班　级		第　组	组长签字	
	教师签字		日　期		
	评语：				

任务 2　评价单

1. 工作评价单

课程	市政工程预算					
学习情境一	市政工程造价理论解析			学时	5	
任务 2	市政工程计量与计价理论解析			学时	3	
评价类别	项目	子项目	个人评价	组内互评	教师评价	
专业能力	资讯(10%)	搜集信息(5%)				
		引导问题回答(5%)				
	计划(5%)					
	实施(20%)					
	检查(10%)					
	过程(5%)					
	结果(10%)					
社会能力	团结协作(10%)					
	敬业精神(10%)					
方法能力	计划能力(10%)					
	决策能力(10%)					
评　　价	班级		姓名	学号	总评	
	教师签字		第　组	组长签字	日期	

2. 小组成员素质评价单

课程	市政工程预算			
学习情境一	市政工程造价理论解析		学时	5
任务2	市政工程计量与计价理论解析		学时	3
班 级		第 组	成员姓名	
评分说明	每个小组成员评价分为自评和小组其他成员评价两部分,取平均值计算,作为该小组成员的任务评价个人分数。评价项目共设计五个,依据评分标准给予合理量化打分。小组成员自评分后,要找小组其他成员不记名方式打分,成员互评分为其他小组成员的平均分			
对 象	评分项目	评分标准	评 分	
自 评 (100分)	核心价值观(20分)	是否有违背社会主义核心价值观的思想及行动		
	工作态度(20分)	是否按时完成负责的工作内容、遵守纪律,是否积极主动参与小组工作,是否全过程参与,是否吃苦耐劳,是否具有工匠精神		
	交流沟通(20分)	是否能良好地表达自己的观点,是否能倾听他人的观点		
	团队合作(20分)	是否与小组成员合作完成,做到相互协助、相互帮助、听从指挥		
	创新意识(20分)	看问题是否能独立思考,提出独到见解,是否能够创新思维解决遇到的问题		
成员互评 (100分)	核心价值观(20分)	是否有违背社会主义核心价值观的思想及行动		
	工作态度(20分)	是否按时完成负责的工作内容、遵守纪律,是否积极主动参与小组工作,是否全过程参与,是否吃苦耐劳,是否具有工匠精神		
	交流沟通(20分)	是否能良好地表达自己的观点,是否能倾听他人的观点		
	团队合作(20分)	是否与小组成员合作完成,做到相互协助、相互帮助、听从指挥		
	创新意识(20分)	看问题是否能独立思考,提出独到见解,是否能够创新思维解决遇到的问题		
最终小组成员得分				
小组成员签字			评价时间	

任务2　教学反馈单

课程	市政工程预算			
学习情境一	市政工程造价理论解析	学时	5	
任务2	市政工程计量与计价理论解析	学时	3	
序号	调查内容	是	否	理由陈述
1	你是否喜欢这种上课方式？			
2	与传统教学方式比较你认为哪种方式学到的知识更实用？			
3	针对每个学习任务你是否学会如何进行资讯？			
4	计划和决策感到困难吗？			
5	你认为学习任务对你将来的工作有帮助吗？			
6	通过本任务的学习，你学会使用市政工程计量与计价的依据了吗？			
7	你能阐述不同市政计价工程计价模式的区别与联系吗？			
8	你知道市政工程按造价形成如何划分吗？			
9	通过几天来的工作和学习，你对自己的表现是否满意？			
10	你对小组成员之间的合作是否满意？			
11	你认为本情境还应学习哪些方面的内容？（请在下面空白处填写）			
你的意见对改进教学非常重要，请写出你的建议和意见：				
被调查人签名		调查时间		

学习情境二 定额工程量解析

学习指南

【学习情境描述】

本学习情境是根据学生的就业岗位造价员的工作职责和职业要求创设的第二个学习情境,主要要求学生能够运用定额的计算规则计算各类市政工程的工程量,从而胜任岗位工作。以土石方工程定额计价工程量计算、道路工程定额计价工程量计算、桥涵工程定额计价工程量计算、管网工程定额计价工程量计算、其他工程及措施项目定额计价工程量计算五个工作任务为载体,采用任务驱动的教学做一体化教学模式,学生分成小组在教师的引导下通过资讯、计划、决策、实施、检查和评价六个环节完成工作任务,进而达到本学习情境设定的学习目标。

【学习目标】

1. 知识目标

(1)掌握市政工程项目定额计价工程量计算规则;

(2)了解市政工程项目施工方法;

(3)掌握市政工程项目定额计价工程量计算方法;

(4)理解市政工程项目预算定额册说明。

2. 能力目标

(1)能够正确使用《市政工程消耗量定额》(HLJD-SZ—2019);

(2)能够运用定额法正确计算市政工程项目的工程量;

(3)具备造价员应知应会的知识,能够独立完成完整的造价工作。

3. 素质目标

(1)培养爱国情怀及民族自豪感,增强团队协作意识和与人沟通的能力;

(2)具有精益求精的工匠精神,在学习中不断提升职业素质,树立起严谨认真、吃苦耐劳、诚实守信的工作作风。

【工作任务】

1. 土石方工程定额计价工程量计算;

2. 道路工程定额计价工程量计算;

3. 桥涵工程定额计价工程量计算;

4. 管网工程定额计价工程量计算;

5. 其他工程及措施项目定额计价工程量计算。

任务1　土石方工程定额计价工程量计算

课程	市政工程预算				
学习情境二	定额工程量解析		学时	27	
任务1	土石方工程定额计价工程量计算		学时	6	
布置任务					
任务目标	（1）掌握土石方工程项目定额计算规则； （2）掌握土石方工程工程量计算的方法； （3）学会计算土石方工程的定额工程量； （4）能够在完成任务过程中锻炼职业素养，做到工作程序严谨认真对待，完成任务能够吃苦耐劳主动承担，能够主动帮助小组落后的其他成员，有团队意识，诚实守信、不瞒骗，培养保证质量等建设优质工程的爱国情怀				
任务描述	计算与土石方工程相关的定额工程量。具体任务如下： （1）根据任务要求，收集土方工程、石方工程的定额工程量计算规则； （2）确定土方工程、石方工程的定额工程量计算方法； （3）计算土方工程、石方工程的定额工程量				
学时安排	资讯	计划	决策	实施	检查	评价
	3学时	0.5学时	0.5学时	1学时	0.5学时	0.5学时
对学生学习及成果的要求	（1）每名同学均能按照资讯思维导图自主学习，并完成知识模块中的自测训练； （2）严格遵守课堂纪律，学习态度认真、端正，能够正确评价自己和同学在本任务中的素质表现，积极参与小组工作任务讨论，严禁抄袭； （3）具备工程造价的基础知识；具备土石方工程的构造、施工知识； （4）具备识图的能力；具备计算机知识和计算机操作能力； （5）小组讨论土石方工程工程量计算的方案，能够确定土石方工程工程量的计算规则，掌握土石方工程定额工程量的计算方法，能够正确计算土石方工程的定额工程量； （6）具备一定的实践动手能力、自学能力、数据计算能力、沟通协调能力、语言表达能力和团队意识； （7）严格遵守课堂纪律，不迟到、不早退；学习态度认真、端正；每位同学必须积极动手并参与小组讨论； （8）讲解土石方工程定额工程量的计算过程，接受教师与同学的点评，同时参与小组自评与互评				

资讯思维导图

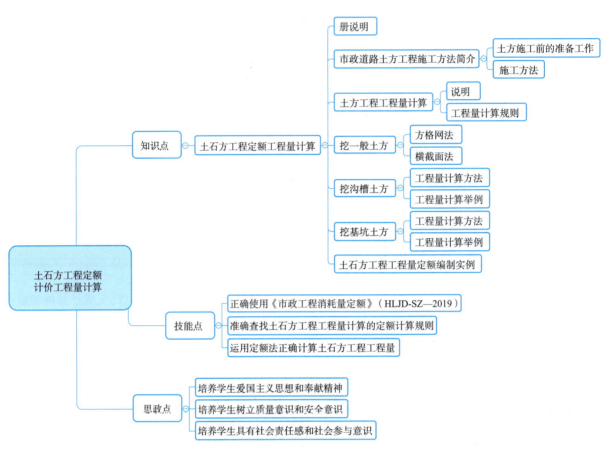

《土石方工程》册说明

《土石方工程》册是《市政工程消耗量定额》(HLJD-SZ—2019)的第一册,包括土方工程、石方工程,共两章。《土石方工程》册定额通用于《市政工程消耗量定额》其他专业册(专业册中指明不适用的除外)。

(1)《土石方工程》册定额编制依据:

①《市政工程工程量计算规范》(GB 50857—2013);

②《市政工程消耗量定额》(ZYA 1-31—2015);

③《全国统一建筑工程基础定额》(GJD-101—1995);

④《建设工程劳动定额　建筑工程-人工土石方工程》(LD/T 72.2—2008);

⑤国家法律、法规,国家标准规范;

⑥《黑龙江省2010年市政工程计价依据》;

⑦有代表性的工程设计施工资料,现行设计规范、施工验收规范、操作规程及标准图集;

⑧各省、市有关的计价依据、补充定额及有关资料。

(2)沟槽、基坑、平整场地和一般土石方的划分:底宽7 m以内,底长大于底宽3倍以上按沟槽计算;底长小于底宽3倍以内且基坑底面积在150 m²以内按基坑计算;厚度在30 cm以内就地挖、填土按平整场地计算;超过上述范围的土、石方按一般土方和一般石方计算。

(3)土石方运距应以挖方重心至填方重心或弃方重心最近距离计算,挖方重心、填方重心、弃方重心按施工组织设计确定。如遇下列情况应增加运距:

①人力及人力车运土、石方上坡坡度在15%以上,推土机、铲运机重车上坡坡度大于5%,斜道运距按斜道长度乘以系数计算,坡度系数见表2-1。

表2-1 坡度系数

项目	推土机、铲运机			人力及人力车
坡度/%	5~10	15以内	25以内	15以上
系数	1.75	2	2.5	5

②采用人力垂直运输土、石方、淤泥、流砂,垂直深度每米折合水平运距7 m计算。
③拖式铲运机(3 m³)加27 m转向距离,其余型号铲运机加45 m转向距离。
(4)坑、槽底加宽应按设计文件的数据或图纸尺寸计算,设计文件未明确的按施工组织设计的数据或图纸尺寸计算;设计文件未明确也无施工组织设计的,可参考表2-2计算。

表2-2 坑槽底部每侧工作面宽度表   单位:cm

管道结构宽	混凝土管道 基础90°	混凝土管道 基础>90°	金属管道	构筑物	
				无防潮层	有防潮层
50以内	40	40	30	40	60
100以内	50	50	40		
250以内	60	50	40		
250以上	70	60	50		

管道结构宽:无管座按管道外径计算;有管座按管道基础外缘计算,构筑物按基础外缘计算,如设挡土板则每侧增加15 cm。

(5)管道接口作业坑和沿线各种井室所需增加开挖的土石方工程量按有关规定如实计算。管沟回填土工程量应扣除管道、基础、垫层和各种构筑物所占的体积。
(6)本期定额中的大型机械是按全国统一施工机械台班费用定额中机械的种类、型号、功率等分别考虑的,在执行中应根据企业机械的既有情况及施工组织设计方案的配备情况执行相应定额。
(7)《土石方工程》册定额子目表中的施工机械是按合理的机械进行配备,在执行中不得因机械型号不同而调整。
(8)《土石方工程》册定额子目中未包括现场障碍物清理,障碍物清理费用另行计算。
(9)《土石方工程》册定额子目中为满足环保要求而配备了洒水汽车在施工现场降尘,若实际施工中未采用洒水汽车降尘的,应扣洒水汽车和水的费用。

知识模块1:市政道路土方工程施工方法简介

一、土方施工前的准备工作

(1)开挖前对施工范围内各种现有管线进行一次全面、细致的调查,如有问题及时和相关部门联系。
(2)熟悉图纸及设计文件。
(3)检查机械设备情况及数量。
(4)测量放线,确定开挖位置。
(5)通知所有管线单位,在现场标明各管线的位置,如有需要拆迁转移的管线,应尽早拆迁转移。
(6)待业主把需拆迁的房屋或管线、电缆、树木拆迁转移后,项目部先将施工道路中的障碍物清除干净。
(7)附近的房屋、铺面等建筑物距离开挖的场地较近,具有较大危险性,项目部决定采用全封闭式彩钢板围护,在路口处安放红色警示灯提高安全。
(8)待所有准备工作做完后,先开挖路床深度为1~1.5 m后,再开挖沟槽。
(9)配备安全人员做应急措施。

二、施工方法

1. 土工试验

对路基原状土及各种填筑材料进行土工试验,在路堤填筑前,填方材料每5 000 m³或在土质变化时取样,按土

工试验规程规定的方法进行颗粒分析、含水量、密度、液限、塑限、承载比(CBR)试验和击实试验以及有机含量和易溶盐含量试验等。施工中对压实度的检测,根据填料的不同,分别以灌砂法、核子密度仪法、环刀法等随机检测。

2. 测量放线

(1)测量仪器设备经检测鉴定合格后使用,其精度要达到设计要求。

(2)控制测量:

①利用设计和施工控制点进行施工控制,所有测量控制点经常进行校核,以防有误。

②建立施工测量复核制度和关键工序控制程序。路基填挖方施工除分部施工自身须坚持复核制度外,项目经理部测量主管根据施工和验收层位定期进行全面复核。每层必须经过测量主管复核无误后方可进行。

(3)利用全站仪,采用坐标法进行施工放样、复测、验收测量。采用水准仪进行高程测量控制。

(4)路基开工前,全线测量现状地面高程,根据路基设计高程及地面高程施放路基中线、边线(挖方开口线),填方路基填筑宽度每侧宽出设计宽度50 cm。

3. 清表处理

根据勘察报告,第一层杂填土、第二层淤泥及淤泥质土,该两层土工程性质差,要全部清除。清表施工时,人工配合推土机将路基填筑范围内表层杂土沿路基纵向攒土,路基红线范围内的树木,开挖前首先进行伐树,挖除树根、坑穴填平夯实、清除表土,并将表土运至指定弃土场,以备临时用地复耕。

4. 软土地基处理

(1)不良地基处理。根据地质勘察报告,××县黏土普遍为膨胀土,且本工程路段鱼塘、水塘较多,具体处理措施为:

①对清表后填土高$H>80$ cm的路段:a. 瑶岗路和佳木路采用6%灰土回填至路床标高;b. 西大路先用素土换填至路床下80 cm处,再用80 cm厚的6%石灰改良土换填至路床顶。

②对清表后填土高度$H\leqslant 80$ cm的路段:a. 佳木路对路床进行翻挖掺灰处理,机动车道路床下超挖80 cm,非机动车道路床下超挖40 cm,回填6%灰土至路床标高;b. 瑶岗路对路床进行翻挖掺灰处理,机动车道路床下超挖80 cm,回填6%灰土至路床标高。

③西大路当路床底位于③层粉质黏土层路段时:a. 翻挖至路床下120 cm处,用40 cm的山皮石换填至路床下80 cm处,再用80 cm厚的6%石灰改良土换填至路床顶。b. 非机动车道、人行道部分:填方高度>20 cm路段,先采用素土换填至路床下20 cm,再用6%石灰改良土换填至路床顶;填方≤20 cm路段及挖方路段,先翻挖至路床下20 cm处,再采用6%石灰改良土换填至路床顶。

(2)沟塘段路基处理。在施工用地范围内的苇塘沿边线用草袋装土围堰,用水泵将围堰范围内水抽干,水排至路基外。排水后,在原地进行清淤处理,采用挖掘机挖除淤泥,淤泥必须清除干净无残余,清除物装入自卸车运至弃土场。清淤后基底整平,回填砂砾50 cm,碾压密实,然后回填6%灰土至路床底,以上与路床同步施工。

(3)高填路堤处理。高填方段路堤沉降根据设计及规范规定进行处理,高填方段路堤超填厚度根据设计及试验来确定,并通过施工期的沉降观测进行确定。

(4)坑洞处理。标段内路基范围内有多处窑洞,根据设计要求,坑洞采取大开挖后再进行填埋夯实处理夯实厚度15 cm,填土夯实度大于92%。

(5)竖井处理。竖井做填埋处理,采用天然砂砾填筑。填埋前清理穴壁,铲除松土,将基底夯实,竖井分层夯实厚度为15 cm,自周边向中心处逐步夯实,压实度大于90%。路基范围内竖井填埋要高出竖井深度30 cm,高出地面部分用土填筑,压实度大于95%。路基范围内的竖井填埋至路床底,以上与路床同步施工。填埋施工时注意人身安全。

5. 土方路基开挖

在路基开挖前,认真计算路床标高,测量放线,并标明挖深,在路基范围内边缘钉出1 m控制桩。现场实地调查,了解地下设施,各种管线的种类、尺寸、位置、走向、高程,不清楚处或重要的管线应请所属单位派人员协助调查和施工监护,以确保施工安全,地下设施不受损伤。由于本工程征地边线富余量较小,根据现场实际情况,及施工图纸开挖土方量的多少,拟采用超半幅施工的开挖方式,将超半幅开挖的可利用土堆在未开挖的少半幅上,然后对开挖面进行处理或回填,施工完成后,开挖剩余少半幅。

(1)路基土方开挖采用挖掘机开挖,挖出的可利用土方运至填方区用于路基土方填筑,非利用土方运至弃土场。采取分层开挖的方法开挖,以利于固定路基填筑材料和压实度检测。土方开挖自上而下进行,不得乱挖或超挖,严禁掏洞开挖。

(2)开挖中发现土层性质有变化,修改施工方案及挖方边坡,并及时报监理工程师批准。作业中断或作业后,开挖面应做成稳定边坡。

(3)开挖深度接近路床设计标高时,不准超挖,以利于路床的施工。监理工程师和设计代表以及业主认定确实需要超挖换填时,再将原状土挖除后换填透水性材料。

(4)路基挖方与村道相交的留足长度不挖,保证附近居民生活及交通,待改路工作完成后,再进行开挖。开挖时在村道两侧设置护栏,夜间设警示灯,保证行人安全。

(5)路基土方随开挖随修整边坡,根据设计图纸要求的边坡坡率进行修整,使边坡坡面直顺、平整。路堑边坡为1:1。

(6)机械开挖作业时,必须避开构筑物、管线,在距管道边1 m范围内应采用人工开挖;在距直埋缆线2 m范围内必须采用人工开挖。

(7)严禁挖掘机等机械在电力架空线路下作业。需在其一侧作业时,垂直及水平安全距离应符合相应规定。

(8)当路堑较深时,横向分成几个台阶进行开挖,路堑既长又深时,纵向分段分层开挖,每层先挖出一通道,然后开挖两侧,使分层有独立的出土道路和临时排水设施。以挖作填的挖方应随挖、随运、随填。不适用路基填筑或路基填筑剩余的材料,运至指定的弃土场,予以废弃。

(9)挖方边坡不宜一次挖到设计位置,沿坡面留30 cm厚,待雨季过后再整修到设计坡度。

(10)路基挖方施工过程中,对图纸未示出的地下管线、缆线和其他构造物进行保护。发现有文物或其他特殊情况,立即报告有关部门。

(11)挖方路基施工工艺如图2-1所示。

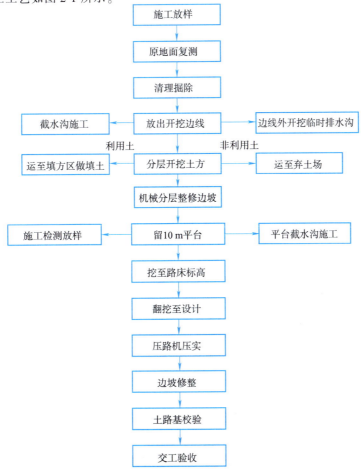

图2-1 挖方路基施工工艺图

6. 路基填方

根据设计图纸,填方边坡坡率采用1:1.5,路基填筑采用分层填筑,每层松铺厚度不大于30 cm,路基填筑宽度每侧宽出填筑设计宽度50 cm,压实度不小于设计宽度,最后削坡。严禁路基填土宽度不足时路基和边坡采用浮土掭宽,或自上而下倒土,松坡拍平。

(1)土方路基填筑土源为挖方路基挖出的可利用土方或者取土场取土,填筑前进行土工试验,合格后方可使用,土方按就近利用原则,由自卸车自挖方路基运至填方路基,按松铺厚度30 cm控制布土间距,现场设专人指挥卸土。

(2)根据地形情况的不同分别采用水平填筑法或纵向分层填筑法两种形式,水平分层填筑法,按设计断面分成水平层次逐层向上填筑,每填一层,需经压实符合规定后,再填筑上一层。纵向分层填筑法,当原地面纵坡大于12%的路段,沿纵坡分层,逐层填压密实,采用机械碾压,分层最大松铺厚度不应超过30 cm,最小压实厚度不小于12 cm。

(3)卸到路基上的土方用推土机摊铺,用平地机刮平,压路机初压,初压采用静压,再用平地机刮平,压路机振动碾压密实,碾压时,自路基边缘向中央进行,碾轮每次重叠20 cm,碾压5～8遍,直到无明显轮迹且经试验达到压实度要求后,再进行上层土填筑。碾压前控制其填料含水量在最佳含水量,或略低1%～2%,以利于压实。当填料含水量较低时,应及时采用洒水措施,洒水可采用取土场内提前洒水闷湿和在路堤内洒水搅拌两种方法;当填料含水量过大时,可采用取土场内挖沟槽降低水位和用推土机松土器拉松晾晒相结合的方法,或将填料运至路堤用旋耕耙摊铺晾晒,使土壤含水量达到最佳含水量时,进行碾压。

(4)施工过程中在初始填筑阶段,不论超高与否,路基表面具有2%～4%的双向4%横坡,防止积水。

(5)填土路堤分几个作业段施工时,两个相邻段交接处不在同一时间填筑,则先填段1:1坡度分层留台阶,如两段同时施工,则应分层相互交叠衔接,其搭接长度不小于2 m。

(6)地面自然横坡或纵坡陡于1:5时,将原地面挖成台阶,台阶宽度严格按规范要求控制,台阶顶作成4%的内倾斜坡。

(7)路基填筑施工工艺如图2-2所示。

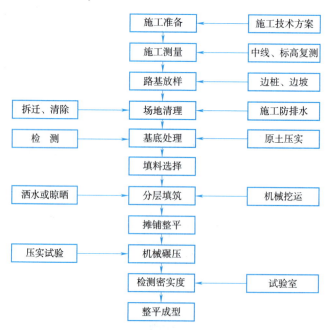

图2-2 路基填筑施工工艺图

7. 纵、横向填挖结合段路基施工

(1)半填半挖路基和填挖交界处的路基,结合填挖方路基的施工要求进行,填方一般从低处开始,按距路基顶面的不同高度控制压实度标准,最后一层要翻松挖方地段,平整后和填方路段一起碾压成形路基。

(2)半填半挖路基和填挖交界处路基施工时根据原地面坡度在1:10～1:5时,先翻松原地面表土后再分层填筑。地面坡度陡于1:5时,将原地面挖成不小1 m宽度的台阶,台阶顶面挖成2%～4%的内倾斜坡,再进行分层填筑。在沙土地段可不做台阶,但应翻松表层土。

(3)纵向填挖交界处路基要认真清理原地面,清理长度不小于50 m(可根据填土高度和原地面坡度酌定)。并要有规则地挖出纵向填挖交界面,交界面尽可能与路基中心线垂直,以确保良好拼接。

(4)半填半挖路段的开挖,必须待半填断面原地面处理好,经监理检验合格后,再开挖挖方断面。对挖方中不合格材料必须废弃。

8. 6% 石灰土路基施工

石灰土用灰采用块灰,使用前2~3天使块灰完全消解,未能消解的生石灰要筛除,消解石灰的粒径不得大于10 mm。

(1)厂拌灰土,自卸汽车运至施工现场。

(2)整平:用推土机自路边向路中央匀速稳压两边,测量人员放出各控制点高程,然后平地机根据各控制点高程进行精平。精平过程中,测量人员应随时检测各点高程,以指引平地机的精平质量到达规范的要求。

(3)碾压:经过整平处理后,即可开始碾压。用16 t以上压路机,自路边开始向路中心碾压4~6遍,即时抽取环刀,如果压实度达不到要求,应及时补压;当天碾压成活;碾压方法:先从路一侧边缘开始,以30 m/min的速度,每次重轮重叠1/2~1/3,逐渐压至路中心,再从另一侧边缘同样压至路中心,即为一遍。碾压一遍以后,应再仔细检查平整度和标高,即时修整。修整时从表面下挖翻80~100 mm,然后再填补新混合料;严禁该层灰土平整度,高程差异较大,做到层层把关;各种检查井及不易压到的边角,要采用特殊夯实工具进行处理。

(4)留茬:为了保证道路通行,路段不可能一次全幅做成,纵向施工接头,有必要留茬再接。要求每层留茬宽度达到1 m以上,以便于衔接和避免裂缝,保证质量。

(5)养生:石灰土在碾压完毕后的5~7天内,必须保持一定的湿度,便于形成强度,避免发生缩裂和松散现象;养护期内要适当洒水保持湿润;要加强成品保护:灰土成形后养护期内不允许10 t以上机械车辆通行;灰土层面任何时期均不准履带式机械通行。

(6)灰土拌和均匀,色泽调和;石灰中严禁含有未消解颗粒,未消解颗粒不大于10 mm;16 t以上压路机碾压后,轮迹深度不得大于5 mm,并不得有浮土、脱皮、松散、裂缝、局部龟裂和翻浆现象。

9. 台背回填

(1)为保证桥梁两端路堤稳定,克服桥梁两头竣工后形成沉降跳车及构造物背后路基沉陷、裂缝,台背用砂砾石回填。

(2)路基开工时在桥台处留出桥梁施工地段,桥台施工完成后,按设计要求的坡度以及需要开挖的台阶向上回填到路基顶层,回填时应充分夯实,密实度达到96%以上。

(3)为防止破坏构筑物,振动压路机碾压时,与构筑物应保持20 cm以上净距。对于靠近结构物压路机无法压实的采用冲击式振动夯夯实,密度达到规范要求。

10. 临时排水设施

对低填方和挖方路段两侧设置临时排水沟,以保证雨水能即时排出路基,减少对路基土方的侵害。

11. 路基施工注意事项

(1)路基施工期间,应始终保持路基顶面良好的排水状态,防止工程受水侵害。

(2)用作填筑路堤和回填的材料,不得含有植物根系以及其他杂质,回填路堤前,应将路基铺筑范围内的孔洞,夯实填平,并压实到与邻近同等的密实度。如有冻土时应将冻土层清除或在冰冻完全融化后进行施工。

(3)不同土质应分层填筑,层次尽量减少,每层总厚度不小于0.5 m,不得混淆乱填,以免形成水囊或滑动面。

(4)路堤经过水田、池塘或清水地,应先行挖沟排干水,挖除淤泥及腐植根基层,才能进行路堤填筑。

(5)中途长期停工或雨后,路堤表面及边坡及时予以整修,不准有积水地方。复工时,重新检验压实度指标,合格后方可继续填筑。

(6)每层填料铺设的宽度,超出每层路堤的设计宽度,每侧至少50 cm以保证修整路基边坡后的路堤边缘有足够的压实度。

(7)连接结构物的路堤工程,其施工方法应不能危害结构物的安全与稳定为原则,铺筑到无法采用压路机压实的地方,使用夯实机具或其他有效夯具予以夯实。

(8)施工中,每填(或挖)3~4层应恢复中线,调整校正收坡或放坡的位置。

(9)碾压时先轻后重,先静压后振动,先慢后快,先两边后中间,曲线超高路段由内侧向外侧碾压,直到达到规范要求。

(10)严格验检土的松铺及压实厚度以及碾压时的含水量,并做好记录。

(11)路基的最后一次填筑按照"宁高勿低,宁刮勿补"的原则填筑。用平地机刮平,以保证路基中心位置、宽度、高度、横纵坡、平整度,压实度及弯沉值等达到设计及规范要求。

(12)设计在填方路段的桥涵构造物要提前施工,桥涵两侧填土应特别注意,填筑材料必须符合设计及规范要求,台背填方最好与路堤填方协调同步进行,桥台附近配合小型压实机械压实,台背回填和路堤填充方结合部要特别重视,如后进行台背回填结合部挖成台阶,以保证结合完好。雨季应防止地面水流入,如有积水要及时排出,确保台背压实质量,严防因桥头填土沉降而造成的跳车。

思一思:

简述挖方路基施工工艺。

知识模块 2:土方工程工程量计算

一、说明

(1)《土石方工程》册第一章定额包括人工挖一般土方、沟槽土方、基坑土方、淤泥流砂,推土机推土,铲运机铲运土方,反铲挖掘机挖土,自卸汽车运土,填土碾压和夯实等项目。

(2)土壤分类详见表2-3。

表2-3 土壤分类

土壤分类	土壤名称	开挖方法
一、二类土	粉土、砂土(粉砂、细砂、中砂、粗砂、砾砂)、粉质黏土、弱中盐渍土、软土(淤泥质土、泥炭、泥炭质土)、软塑红黏土、冲填土	用锹,少许用镐、条锄开挖。机械能全部直接铲挖满载者
三类土	黏土、碎石土(圆砾、角砾)、混合土、可塑红黏土、硬塑红黏土、强盐渍土、素填土、压实填土	主要用镐、条锄,少许用锹开挖。机械需部分刨松方能铲挖满载者或可直接铲挖但不能满载者
四类土	碎石土(卵石、碎石、漂石、块石)、坚硬红黏土、超盐渍土、杂填土	全部用镐、条锄挖掘,少许用撬棍挖掘。机械需普遍刨松方能铲挖满载者

注:本表土的名称及其含义按现行国家标准《岩土工程勘察规范》(GB 50021—2001)(2009年局部修订版)定义。

(3)干、湿土的划分首先以地质勘察资料为准,含水率大于25%、不超过液限的为湿土;或以地下常水位为准,常水位以上为干土,以下为湿土。含水率超过液限的为淤泥。除大型支撑基坑土方开挖定额子目外,挖湿土时,人工和机械挖土子目乘以系数1.18;干、湿土工程量分别计算。采用井点降水的土方应按干土计算。

(4)人工夯实土堤、机械夯实土堤执行本章定额人工填土夯实平地、机械填土夯实平地项目。

(5)挖土机在垫板上作业,人工和机具乘以系数1.25,搭拆垫板的费用另行计算。

(6)推土机推土或铲运机铲土的平均土层厚度小于30 cm时,推土机台班乘以系数1.25,铲运机台班乘以系数1.17。

(7)除大型支撑基坑土方开挖定额子目外,在支撑下挖土,按实挖体积,人工挖土子目乘以系数1.43、机械挖土子目乘以系数1.20。先开挖后支撑的不属支撑下挖土。

(8)挖密实的钢渣,按挖四类土定额项目执行,人工子目乘以系数2.5,机械子目乘以系数1.5。

(9)人工挖土中遇碎、砾石含量在31%~50%的密实黏土或黄土时按四类土定额乘以1.43系数。碎、砾石含量超过50%是另行处理。

(10)三、四类土壤的土方二次翻挖按降低一级类别套用相应定额。淤泥挖翻,执行相应挖淤泥子目。

(11)大型支撑基坑土方开挖定额适用于地下连续墙、混凝土板桩、钢板桩等围护的跨度大于8 m的深基坑开挖。定额中已包括湿土排水,若需井点降水,其费用另行计算。

(12)大型支撑基坑土方开挖由于场地狭小只能单面施工时,挖土机械按表2-4调整。

表 2-4 挖土机械表 (单位:t)

宽　　度	两边停机施工	单边停机施工
基坑宽 15 m 内	15	25
基坑宽 15 m 外	25	40

二、工程量计算规则

(1)除装载机装松散土、人工机械松填土按松填体积计算,土方的挖、推、铲、装、运等体积均以天然密实度体积,填方按设计的回填体积计算。不同状态的土方体积,可参考土方体积换算表 2-5 相关系数换算。

表 2-5　土方体积换算表

虚方体积	天然密实度体积	压实后体积	松填体积
1.00	0.77	0.67	0.83
1.30	1.00	0.87	1.08
1.50	1.15	1.00	1.25
1.20	0.92	0.80	1.00

(2)土方工程量按图纸尺寸计算。修建机械上下坡便道的土方量以及保证路基边缘的压实度而设计的加宽填筑土方量并入土方工程量内。

(3)夯实土堤按设计面积计算。清理土堤基础按设计规定以水平投影面积计算。

(4)人工挖土堤台阶工程量,按挖前的堤坡斜面积计算,运土应另行计算。

(5)挖土放坡应按设计文件的数据或图纸尺寸计算,设计文件未明确的按施工组织设计的数据或图纸尺寸计算;设计文件未明确也无施工组织设计的可参考放坡系数表 2-6。

表 2-6　放坡系数表

土类类别	放坡起点深度/m	人工挖土	机械挖土		
			沟槽、坑内作业	沟槽、坑边作业	顺沟槽方向坑上作业
一、二类土	1.20	1:0.50	1:0.33	1:0.75	1:0.50
三类土	1.50	1:0.33	1:0.25	1:0.67	1:0.33
四类土	2.00	1:0.25	1:0.10	1:0.33	1:0.25

基础土方放坡,自基础(含垫层)底标高算起;如在同一断面内遇不同类土壤,其放坡系数可按各类土占全部深度的百分比加权计算。

(6)除大型支撑基坑土方开挖定额子目外,机械挖土方中如需人工辅助开挖(包括切边、修整底边和修整沟槽底坡度),机械挖土按实挖土方量计算,人工挖土按实挖土方量执行相应定额。

(7)平整场地工程量按设计尺寸以面积计算。

(8)大型支撑基坑土方开挖工程量按设计图示尺寸以体积计算。

忆一忆:

挖土方放坡系数如何确定?

知识模块 3:挖一般土方工程量计算

一、方格网法土方工程量计算

1. 方格网法计算步骤

(1)方格网法的适用范围

适用于开挖线起伏变化不大的场地。

挖一般土方工程定额方格网法

(2)方格网的计算步骤

①划分方格网、确定角点施工高度;

②计算零点位置,确定"零线";

③计算各方格土方工程量。

2. 方格网法土方工程量计算举例

【例2-1】某工程场地方格网的一部分如图2-3所示,方格边长为20 m×20 m,土壤类别三类土,施工使用推土机推土,余土外运至5 km外,试计算挖、填土方总量,并且确定定额。

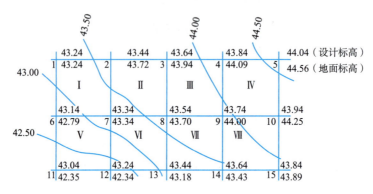

(a)方格角点标高、方格编号、角点编号图

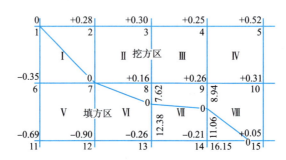

(b)角点施工高度、零线、角点编号图

图2-3 场地方格网图

【解】

(1)划分方格网、确定角点施工高度。

角点5的施工高度 = 44.56 - 44.04 = +0.52(m),其余类推。

(2)计算零点位置。

从图中得知,8~13、9~14、14~15三条方格边两端的施工高度符号不同,表明在这些方格边上有零点存在。

8~13线:
$$b = \frac{0.16}{0.16 + 0.26} \times 20 = 7.62(\text{m})$$

9~14线:
$$b = \frac{0.26}{0.26 + 0.21} \times 20 = 8.94(\text{m})$$

14~15线:
$$b = \frac{0.21}{0.21 + 0.05} \times 20 = 16.15(\text{m})$$

将各零点标于图上,并将零点线连接起来。

(3)计算土方工程量见表2-7,定额应用见表2-8(方格网法常用计算公式见表2-9)。

表2-7 方格网土方量计算法

方格编号	底面图形及编号	挖方/m³(+)	填方/m³(-)
Ⅰ	三角形1、2、7 三角形1、6、7	$\frac{0.28}{6} \times 20 \times 20 = 18.67$	$\frac{0.35}{6} \times 20 \times 20 = 23.33$
Ⅱ	正方形2、3、7、8	$\frac{20 \times 20}{4} \times (0.28 + 0.30 + 0.16 + 0) = 74.00$	

续上表

方格编号	底面图形及编号	挖方/m³（+）	填方/m³（−）
Ⅲ	正方形 3、4、8、9	$\dfrac{20\times20}{4}\times(0.30+0.25+0.16+0.26)=97.00$	
Ⅳ	正方形 4、5、9、10	$\dfrac{20\times20}{4}\times(0.25+0.52+0.26+0.31)=134.00$	
Ⅴ	正方形 6、7、11、12		$\dfrac{20\times20}{4}\times(0.35+0+0.69+0.90)=194.00$
Ⅵ	三角形 7、8、0 梯形 7、0、12、13	$\dfrac{0.16}{6}\times(7.62\times20)=4.06$	$\dfrac{20}{8}\times(20+12.38)\times(0.90+0.26)=93.90$
Ⅶ	梯形 8、9、0、0 梯形 0、0、13、14	$\dfrac{20}{8}\times(7.62\times8.94)\times(0.16+0.26)=17.39$	$\dfrac{20}{8}\times(12.28+11.06)\times(0.26+0.21)=27.54$
Ⅷ	三角形 0、14、15 五角形 9、10、0、0、15	$\left(20\times20-\dfrac{16.15\times11.06}{2}\right)\times\left(\dfrac{0.26+0.31+0.05}{5}\right)=38.53$	$\dfrac{0.21}{6}\times11.06\times16.15=6.25$

表 2-8 定额应用

定额编号	项 目 名 称	计量单位	工 程 量
1-71	75 kW 内推土机推距 40 m 以内	1 000 m³	383.65/1 000 = 0.38
1-365	机械松填土,推土机回填	1 000 m³	353.12/1 000 = 0.35
1-369	填土夯实,平地	100 m³	353.12/100 = 3.53
1-308	自卸汽车(载重 6 t 以内)运距(5 km)	1 000 m³	383.65 − 353.12 = 30.53/1 000 = 0.031

表 2-9 方格网法常用计算公式

序号	项 目	计 算 公 式	图 示
1	零点线计算	$b_1=\dfrac{ah_1}{h_1+h}$ $c_1=\dfrac{ah_2}{h_2+h_4}$ $b_2=\dfrac{ah_4}{h_4+h_2}=a-c_1$ $c_2=\dfrac{ah_3}{h_3+h}=a-b_1$ 式中　a——一个方格的边长,m,下同; 　　　b_1,b_2,c_1,c_2——零点到一角的边长,m,下同; 　　　h_1,h_2,h_3,h_4——四角点的施工高度,m,用绝对值代入	
2	一点填方或挖方（三角形）的土方工程量	$V=\dfrac{1}{2}bc\dfrac{\sum h}{3}=\dfrac{bc\sum h}{6}$ 当 $b=c=a$ 时: $V=\dfrac{a^2\sum h}{6}$ 式中　$\sum h$——三角形范围内的 h 值之和,填方或挖方角点施工高度的总和,m,下同; 　　　V——挖、填方体积,m³,下同	
3	三点填方或挖方（五边形）的土方工程量	$V=\left(a^2-\dfrac{bc}{2}\right)\dfrac{\sum h}{5}$ 式中　$\sum h$——五边形范围内的 h 值之和,即填方或挖方角点施工高度的总和	

续上表

序号	项 目	计 算 公 式	图 示
4	二点填方或挖方（梯形）的土方工程量	$V = \dfrac{b+c}{2}a\dfrac{\sum h}{4} = \dfrac{(b+c)a\sum h}{8}$ 式中 $\sum h$——梯形范围内的 h 值之和，即填方或挖方角点施工高度的总和	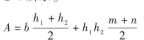
5	四点填方或挖方（正方形）的土方工程量	$V = \dfrac{a^2}{4}\sum h = \dfrac{a^2}{4}(h_1 + h_2 + h_3 + h_4)$ 式中 $\sum h$——填方或挖方角点施工高度的总和	

二、横截面法土方工程量计算

1. 横截面法土方工程量计算步骤

横截面法适用于起伏变化较大的地形或者狭长、挖填深度较大又不规则的地形，其计算步骤与方法如下：

1）划分横截面

根据地形图、竖向布置或现场测绘，将要计算的场地划分截面 AA'、BB'、CC'、……，使截面尽量垂直于等高线或主要建筑物的边长，各断面间的间距可以不等，一般为 10 m 或 20 m，在平坦地区可以大一些，但最大不大于 100 m。

2）划横截面图形

按比例绘制每个横截面的自然地面和设计地面的轮廓线。

自然地面轮廓线与设计地面轮廓线之间的面积，即为挖方或填方的截面。

3）计算横截面面积

横截面面积可套用公式计算，如图 2-4 所示。

$$A = b\dfrac{h_1 + h_2}{2} + h_1 h_2 \dfrac{m+n}{2}$$

式中 A——开挖横截面的面积，m^2；
h_1，h_2——横截面的高度，m；
b——横截面地面的宽度，m；
m，n——放坡系数。

图 2-4 道路横截面示意图

挖一般土方工程横截面法

4）计算土石方量

根据横截面面积按下面公式计算土石方量：

$$V = \dfrac{A_1 + A_2}{2} \times s$$

式中 V——相邻两横截面间的土石方量，m^3；
A_1，A_2——相邻两横截面挖或填的截面积，m^2；
s——相邻两横截面的间距，m。

2. 横截面法土方工程量计算举例

【例 2-2】某丘陵地段场地平整图如图 2-5 所示，已知 AA'、BB'、……、EE' 截面的填方面为 47 m^2、45 m^2、20 m^2、5 m^2、0 m^2；挖方面积分别为 15 m^2、22 m^2、38 m^2、20 m^2、16 m^2，试求该地段的总填方和挖方量。

【解】根据图 2-5 所示各截面间距，用公式计算各截面间土方量，并加以汇总见表 2-10。

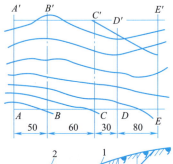

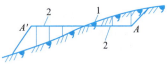

图 2-5 划横截面示意图（单位：mm）
1—自然地面；2—设计地面

表 2-10 土方工程量计算汇总表

截面	填方面积/m²	挖方面积/m²	截面间距/m	填方体积/m³	挖方体积/m³
A—A′	47	15			
			50	2 300	925
B—B′	45	22			
			60	1 950	1 800
C—C′	20	38			
			30	375	870
D—D′	5	20			
			80	200	1 440
E—E′	0	16			
合计	—	—	220	4 825	5 035

思一思：

使用方格网法计算挖一般土石方工程量的适用范围。

知识模块 4：挖沟槽土方工程量计算

挖沟槽土方定额工程量计算

一、挖沟槽土方工程量计算方法

定额工程量计算（参数如图 2-6 所示）：

$$V = (B + 2C + KH) \times H \times L$$

式中　V——沟槽挖土体积，m³；

　　　L——沟槽长，m；

　　　C——工作面宽度，m；

　　　B——沟槽底宽，即原地面线以下的构筑物最大宽度加上工作面宽度，m；

　　　H——沟槽挖土深度，m；

　　　K——放坡系数。

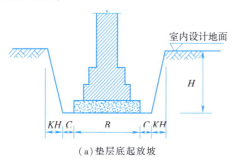

(a) 垫层底起放坡

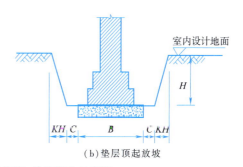

(b) 垫层顶起放坡

图 2-6　管道地沟留工作面、放坡挖方示意图

二、挖沟槽土方工程量计算举例

【例 2-3】混凝土管排水工程沟槽开挖，如图 2-7 所示，土壤类别为三类，地面平均标高为 4.2 m，设计槽底平均标高为 2.2 m，设计管道基础垫层底宽 2.1 m，垫层厚度 0.3 m，管道外径 0.9 m，管道底座宽 1.2 m、混凝土体积 20 m³，沟槽长 500 m，斗容量 1 m³ 反铲挖掘机边退边挖土至基底标高以上 30 cm 处，其余为人工开挖。人工回填夯填土。余土外运，装载机装土 10 t 自卸汽车运土 5 km。

试计算该工程的土方定额工程量。

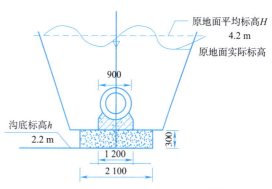

图 2-7　混凝土管排水工程沟槽开挖图（单位：mm）

【解】定额工程量计算表见表 2-11。

表 2-11 定额工程量计算表

序号	编码	项目名称	计量单位	工程量计算
1	1-221	反铲挖掘机挖土	1 000 m³	$V_{挖定1} = (B + 2C + KH) \times H \times L$ $= (1.2 + 2 \times 0.6 + 0.25 \times 1.7) \times 1.7 \times 500 = 2\ 146.25\ m^3/1\ 000$ $= 2.146$
	1-13	人工挖沟槽土方	100 m³	$V_{挖定2} = B \times H \times L = 2.1 \times 0.3 \times 500$ $= 315\ m^3/100 = 3.15$
2	1-64	人工回填	100 m³	$V_{回定} = V_{挖定} - V_{结}$ $= (2\ 146.25 + 315) - (2.1 \times 0.3 \times 500 + 0.9^2 \times 3.14 \times 500/4 + 20)$ $= 2\ 461.25 - (315 + 310.93 + 20)$ $= 2\ 461.25 - 645.93 = 1\ 815.93\ m^3/100 = 18.16$
3	1-328	余土外运	1 000 m³	$V_{运定} = V_{结} = 645.93\ m^3/1\ 000 = 0.646$

忆一忆：

挖沟槽土方的放坡系数如何确定？

知识模块 5：挖基坑土方工程量计算

一、挖基坑土方工程量计算方法

(1) 不放坡时基坑土方工程量公式（见图 2-8）：

$$V = (a + 2c)(b + 2c) \times H$$

(2) 放坡时基坑土方工程量公式（见图 2-9）：

$$V = (a + 2c + KH)(b + 2c + KH)H + \frac{1}{3}K^2H^3$$

$$= \frac{1}{3}H(S_上 + \sqrt{S_上 \times S_下} + S_下)$$

$$= \frac{1}{6}H[A \times B + (A + A_1)(B + B_1) + A_1B_1]$$

式中　V——基坑挖土体积，m³；

　　　L——沟槽长；

　　　a, b——分别为基坑底的长和宽；

　　　c——工作面宽度；

　　　H——挖土深度，原地面线平均标高到基坑底平均标高的深度；

　　　K——放坡系数。

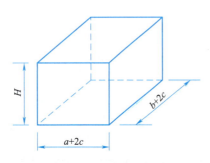

图 2-8　不放坡基坑挖方示意图

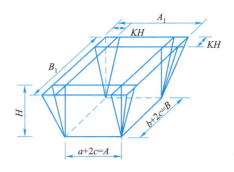

图 2-9　放坡基坑挖方示意图

二、挖基坑土方工程量计算举例

【例 2-4】 已知某基坑开挖深度 $H = 10$ m。其中表层土为一、二类土,厚 $h_1 = 2$ m,中层土为三类土,厚 $h_2 = 5$ m,下层土为四类土,厚 $h_3 = 3$ m。采用正铲挖土机在坑底开挖,试确定其坡度系数。

【解】 对于这种在同一坑内有三种不同类别土壤的情况,根据定额的规定"在同一断面内遇不同类土壤,其放坡系数可按各类土占全部深度的百分比加权计算"。

查表知,一、二类土坡度系数 $k_1 = 0.33$;三类土坡度系数 $k_2 = 0.25$;四类土坡度系数 $k_3 = 0.1$。故综合坡度系数:

$$K = \frac{K_1 h_1 + K_2 h_2 + K_3 h_3}{H} = \frac{0.33 \times 2 + 0.25 \times 5 + 0.1 \times 3}{10} = 0.221$$

【例 2-5】 基坑下底长 10 m,下底宽 6 m,基坑上底长 14 m,上底宽 10 m,开挖深度 3 m,求基坑定额开挖土方量。

【解】

$$V = \frac{1}{3}H(S_上 + \sqrt{S_上 \times S_下} + S_下) = \frac{1}{3} \times 3 \times (14 \times 10 + \sqrt{14 \times 10 \times 10 \times 6} + 10 \times 6)$$
$$= 291.65 (\text{m}^3)$$

忆一忆:

不同土壤类别挖土放坡系数的计算。

知识模块 6:土石方工程工程量定额编制实例

某道路工程位于某市三环路内,设计红线宽 60 m,为城市快速道。工程设计起点 04+00,设计终点 05+00,设计全长 100 m。道路断面形式为四块板,其中快车道 15 m×2,慢车道 7 m×2,中央绿化分隔带 5 m,快慢车道绿化分隔带 3 m×2,人行道 2.5 m×2;段内设污水、雨水管各 2 条。绿化分隔带内植树 90 棵,绿化分隔带填耕植土深度 0.7 m,树坑长宽为 0.8 m×0.8 m,深度为 0.8 m。

道路路基土方(三类土)工程量计算,参考道路纵断面图每隔 20 m 取一个断面,按由自然地面标高分别挖(填)至快车道、慢车道、人行道路基标高计算,树坑挖方量单独计算,由于无挡墙、护坡设计,土方计算至人行道嵌边石外侧。当原地面标高大于路基标高时,路基标高以上为道路挖方,以下为沟槽挖方,沟槽回填至路基标高;道路、排水工程土方按先施工道路土方,后施工排水土方计算。当原地面标高小于路基标高时,原地面标高至路基之间为道路回填,沟槽挖方,回填以原地面标高为准。

依据《建设工程工程量清单计价规范》(GB 50500—2013)、《市政工程工程量计算规范》(GB 50857—2013)、设计文件和工程招标文件编制道路、排水土石方工程工程量清单。

道路纵断面图标高数据见表 2-12。

表 2-12 道路纵断面图标高数据

路面设计标高/m	515.820	516.120	516.420	516.720	517.020	517.320
路基设计标高/m	515.070	515.370	515.670	515.970	516.270	516.570
原地面标高/m	515.360	515.420	516.830	517.200	517.300	519.390
桩号	04+00	04+20	04+40	04+60	04+80	05+00

【解】

1. 计价项目的确定

施工方案如下:

本工程要求封闭施工,现场已具备"三通一平",需设施工便道解决交通运输。因地形复杂,土方工程量大,采用坑内机械挖土,辅助人工挖土的方法;挖土深度超过 1.5 m 的地段放坡,放坡系数 1:0.25。所以挖方均弃置于 5 km 外,所需绿化耕植土从 2 km 处运入。本工程无预留金,所有材料由投标人自行采购。道路工程中的弯沉测试费列入措施项目清单,由企业自主报价。

2. 计价项目的工程量计算

土石方工程计价项目的工程量按《黑龙江省市政工程计价定额》的规定计算。

(1)计算道路路基土方工程量见表2-13。

表2-13　道路路基土方工程量计算表

桩号	桩间距离/m	挖土深度/m	挖土宽度/m	断面积/m²	平均断面积/m²	挖土体积/m³
04+00	20	0.29	49	14.21	8.33	166.60
04+20	20	0.05	49	2.45	29.645	592.90
04+40	20	1.16	49	56.84	58.555	1 171.10
04+60	20	1.23	49	60.27	55.37	1 107.40
04+80	20	1.03	49	50.47	94.325	1 886.50
50+00		2.82	49	138.18		
合计						4 924.50

(2)计算挖树坑土方工程量。

$$(0.8 \times 0.8 \times 0.8) \times 90 = 46.08 (m^3)$$

(3)计算绿化分隔带、树坑填土工程量。

$$[(5+2\times3)\times100\times0.7] + [(0.8\times0.8\times0.8)\times90] = 816.08(m^3)$$

(4)计算余土弃置工程量。

$$4\ 924.50(m^3)(同路基土方挖方工程量)$$

(5)计算填方工程量。

$$816.08(m^3)(同绿化分隔带、树坑填土工程量)$$

3. 分部分项工程量清单费的计算

按黑龙江省现行规定的文件计价,见表2-14至表2-19。

表2-14　分部分项工程和单价措施项目清单与计价表

工程名称:某路基土方工程　　　　　　　　标段:　　　　　　　　　　第1页　共1页

序号	项目编码	名称	项目特征描述	计量单位	工程量	金额/元 综合单价	金额/元 合价	其中 暂估价
1	040101001001	挖一般土方 (挖路基土方)	1. 土壤类别:三类土 2. 挖土深度:按设计	m³	4 924.5	5.8	28 562.1	
2	040101003001	挖基坑土方 (挖树坑土方)	1. 土壤类别:三类土 2. 挖土深度:0.8 m	m³	46.08	76.12	3 507.61	
3	040103001001	回填方 (绿化分隔带、树坑填土)	1. 密实度要求:松填 2. 填方材料品种:耕植土	m³	816.08	10.61	8 658.61	
4	040103002001	余方弃置	1. 废弃料品种:所挖方土(三类) 2. 运距:5 km	m³	4 924.5	11.82	58 207.59	
5	040103002002	余方弃置(填方内运)	1. 填方材料品种:耕植土(三类) 2. 运距:2 km	m³	816.08	19.77	16 133.9	
			本页小计				115 069.8	
			合　计				115 069.8	

表 2-15 综合单价分析表(一)

综合单价分析表

工程名称:某路基土方工程　　　　　　　　　标段:　　　　　　　　　　　　　　　第 1 页　共 5 页

项目编码	040101001001		项目名称	挖一般土方 (挖路基土方)	计量单位	m³	工程量	4 924.5
清单综合单价组成明细									
定额编号	定额项目名称	定额单位	数量	单价			合价		
				人工费	材料费	机械费	管理费和利润	人工费	材料费	机械费	管理费和利润
1-50	反铲挖掘机斗容量1.0 m³ 装车三类土	1 000 m³	0.001	540	0	5 086.6	178.08	0.54	0	5.09	0.18
人工单价			小　　　　计				0.54	0	5.09	0.18
综合工日:90 元/工日			未计价材料费				0			
清单项目综合单价								5.8			

表 2-16 综合单价分析表(二)

综合单价分析表

工程名称:某路基土方工程　　　　　　　　　标段:　　　　　　　　　　　　　　　第 2 页　共 5 页

项目编码	040101003001		项目名称	挖基坑土方 (挖树坑土方)	计量单位	m³	工程量	46.08
清单综合单价组成明细									
定额编号	定额项目名称	定额单位	数量	单价			合价		
				人工费	材料费	机械费	管理费和利润	人工费	材料费	机械费	管理费和利润
1-20	人工挖基坑土方三类土深度(m 以内)2	100 m³	0.01	5 724	0	0	1 887.65	57.24	0	0	18.88
人工单价			小　　　　计				57.24	0	0	18.88
综合工日:90 元/工日			未计价材料费				0			
清单项目综合单价								76.12			

表 2-17 综合单价分析表(三)

综合单价分析表

工程名称:某路基土方工程　　　　　　　　　标段:　　　　　　　　　　　　　　　第 3 页　共 5 页

项目编码	040103001001		项目名称	回填方(绿化分隔带、树坑填土)	计量单位	m³	工程量	816.08
清单综合单价组成明细									
定额编号	定额项目名称	定额单位	数量	单价			合价		
				人工费	材料费	机械费	管理费和利润	人工费	材料费	机械费	管理费和利润
1-456	人工松填土	100 m³	0.01	797.58	0	0	263.02	7.98	0	0	2.63
人工单价			小　　　　计				7.98	0	0	2.63
综合工日:90 元/工日			未计价材料费				0			
清单项目综合单价								10.61			

表 2-18　综合单价分析表（四）

综合单价分析表

工程名称：某路基土方工程　　　　　　　　　标段：　　　　　　　　　　　　第 4 页　共 5 页

项目编码	040103002001	项目名称	余方弃置	计量单位	m³	工程量	4 924.5

清单综合单价组成明细							
定额编号	定额项目名称	定额单位	数量	单价			
^	^	^	^	人工费	材料费	机械费	管理费和利润
1-298	4 t 自卸汽车运土运距（km 以内）5	1 000 m³	0.001	0	91.08	11 723.6	0

定额编号	合价			
^	人工费	材料费	机械费	管理费和利润
1-298	0	0.09	11.72	0

人工单价	小　计	0	0.09	11.72	0
综合工日：90 元/工日	未计价材料费	0			
清单项目综合单价		11.82			

表 2-19　综合单价分析表（五）

综合单价分析表

工程名称：某路基土方工程　　　　　　　　　标段：　　　　　　　　　　　　第 5 页　共 5 页

项目编码	040103002002	项目名称	余方弃置（填方内运）	计量单位	m³	工程量	816.08

清单综合单价组成明细							
定额编号	定额项目名称	定额单位	数量	单价			
^	^	^	^	人工费	材料费	机械费	管理费和利润
1-297	4 t 自卸汽车运土运距（km 以内）3	1 000 m³	0.001	0	91.08	9 083.41	0
1-127	装载机装运土方斗容量 1.0 m³（运距）60 m 以内	1 000 m³	0.001	540	0	4 072.16	178.08
B-1	耕植土	m³	1	0	5.5	0	0

定额编号	合价			
^	人工费	材料费	机械费	管理费和利润
1-297	0	0.09	9.08	0
1-127	0.54	0	4.07	0.18
B-1	0	5.5	0	0

人工单价	小　计	0.54	5.59	13.16	0.18
综合工日：90 元/工日	未计价材料费	0			
清单项目综合单价		19.77			

4. 措施项目费确定

按黑龙江省现行规定的费率计取措施项目费，见表 2-20。

表 2-20　总价措施项目清单与计价表

工程名称：某路基土方工程　　　　　　　　　标段：　　　　　　　　　　　　第 1 页　共 1 页

序号	项目编码	项目名称	计算基础	费率/%	金额/元	备注
1	041109001001	安全文明施工费	分部分项合计 + 单价措施项目费 - 工程设备金额	2.27	2 612.08	
2	041109002001	夜间施工费	计费人工费	0.11	7.93	
3	041109003001	二次搬运费	计费人工费	0.14	10.1	
4	041109004001	雨季施工费	计费人工费	0.14	10.1	
5	041109004002	冬季施工费	计费人工费	0		
6	041109007001	已完工程及设备保护费	计费人工费	0.11	7.93	

续上表

序号	项目编码	项目名称	计算基础	费率/%	金额/元	备注
7	04B001	工程定位复测费	计费人工费	0.06	4.33	
8	041109006001	地上、地下设施、建筑物的临时保护设施费				
9	04B002	专业工程措施项目费				
10		工程质量管理标准化费	分部分项合计 + 单价措施项目费 – 工程设备金额	0.27	310.69	
		合　　计			2 963.16	

5. 其他项目费确定

本工程其他项目只有业主发布的暂列金额 8 000 元,见表 2-21 和表 2-22。

表 2-21　其他项目清单与计价汇总表

工程名称:某路基土方工程　　　　　　　　标段:　　　　　　　　　　第 1 页　共 1 页

序　号	项目名称	金额/元	结算金额/元	备　注
1	暂列金额	8 000		明细详见表 2-22
2	暂估价			
2.1	材料暂估价	—		
2.2	专业工程暂估价			
3	计日工			
4	总承包服务费			
	合　　计	8 000		—

表 2-22　暂列金额明细表

工程名称:某路基土方工程　　　　　　　　标段:　　　　　　　　　　第 1 页　共 1 页

序　号	项目名称	计量单位	暂定金额/元	备　注
1	暂列金额	项	8 000	
	合　　计		8 000	—

6. 规费、税金计算及汇总单位工程报价

计算内容见表 2-23 和表 2-24。

表 2-23　规费、税金项目计价表

工程名称:某路基土方工程　　　　　　　　标段:　　　　　　　　　　第 1 页　共 1 页

序号	项目名称	计算基础	计算基数	计算费率/%	金额/元
1	规费	1.1 + 1.2 + 1.3 + 1.4 + 1.5 + 1.6	4 114.8		4 114.8
1.1	养老保险费	计费人工费 + 人工价差	12 246.45	16	1 959.43
1.2	医疗保险费	计费人工费 + 人工价差	12 246.45	7.5	918.48
1.3	失业保险费	计费人工费 + 人工价差	12 246.45	0.5	61.23
1.4	工伤保险费	计费人工费 + 人工价差	12 246.45	1	122.46
1.5	生育保险费	计费人工费 + 人工价差	12 246.45	0.6	73.48
1.6	住房公积金	计费人工费 + 人工价差	12 246.45	8	979.72
2	增值税简易计税法	不含税工程费用	39 242.62	3.37	1 322.48
		合　　计			5 437.28

表 2-24　单位工程投标报价汇总表

工程名称:某路基土方工程　　　　　　　　标段:　　　　　　　　　　　第 1 页　共 1 页

序　　号	汇总内容	金额/元	其中:暂估价/元
(一)	分部分项工程费	24 164.66	
(二)	措施项目费	2 963.16	
(1)	单价措施项目费		
(2)	总价措施项目费	2 963.16	
①	安全文明施工费	2 612.08	
②	脚手架费	310.69	
③	其他措施项目费	40.39	
④	专业工程措施项目费		
(三)	其他项目费	8 000	—
(3)	暂列金额	8 000	
(4)	专业工程暂估价		
(5)	计日工		
(6)	总承包服务费		
(四)	规费	4 114.8	—
	养老保险费	1 959.43	—
	医疗保险费	918.48	—
	失业保险费	61.23	—
	工伤保险费	122.46	—
	生育保险费	73.48	—
	住房公积金	979.72	—
	工程排污费		—
(五)	税金	1 322.48	—
投标报价合计＝一＋二＋三＋四＋五＋六		40 565.10	

7. 填写投标报价总表

投　标　总　价

招　标　人:　　哈尔滨市×××办公室　　

工　程　名　称:　　某路基土方工程　　

投标总价(小写):　　40 565.10　　

　　　(大写):　　肆万零伍佰陆拾伍元壹角　　

投　标　人:　　哈尔滨市××建设公司　　

　　　　　　　　(单位盖章)

法定代表人或其
　　授权人　　　:　　　×××　　

　　　　　　　　(签字或盖章)

编　制　人:　　　×××　　

　　　　　　　(造价人员签字盖专用章)

编　制　时　间:　　×××年××月××日

> **想一想：**
>
> 挖基坑土方的公式适用范围？

一、填空题

1. 底宽_____以内,底长大于底宽_____倍以上按沟槽计算。

2. 底长_____底宽3倍以内且基坑底面积在_____以内按基坑计算。

3. 厚度在_____以内就地挖、填土按平整场地计算。

4. 底宽_____,或基坑底面积在_____;厚度在_____就地挖、填土、石方按一般土方和一般石方计算。

5. 土石方运距应以挖方重心至填方重心或弃方重心最近距离计算,如人力及人力车运土、石方上坡坡度在15%以上,斜道运距按斜道长度乘以_____。推土机、铲运机重车上坡坡度在5%~10%,斜道运距按斜道长度乘以_____。

6. 挖土机在垫板上作业,人工和机具乘以系数_____,搭拆垫板的费用另行计算。

7. 在支撑下挖土,按实挖体积,人工挖土子目乘以系数_____、机械挖土子目乘以系数_____。

8. 人工挖土堤台阶工程量,按挖前的堤坡_____计算,运土_____计算。

二、单选题

1. 土石方工程中无管座管道结构宽的确定按(　　)计算。

    A. 管道外径　　B. 管道基础外缘　　C. 垫层外缘　　D. 每侧增加15 cm

2. 土石方工程中有管座管道结构宽的确定按(　　)计算。

    A. 管道外径　　B. 管道基础外缘　　C. 垫层外缘　　D. 每侧增加15 cm

3. 干、湿土的划分含水率超过液限的为(　　)。

    A. 湿土　　B. 干土　　C. 砂土　　D. 淤泥

4. 基础土方放坡,自(　　)算起。

    A. 基础底标高　　B. 垫层顶标高　　C. 基础顶标高　　D. 管道底

5. 平整场地工程量按设计尺寸以(　　)计算。

    A. 体积　　B. 面积　　C. 长度　　D. 外放两米面积

三、多选题

1. 干、湿土的划分正确的是(　　)。

    A. 含水率大于25%、不超过液限的为湿土

    B. 常水位以上为干土,以下为湿土

    C. 采用井点降水的土方应按干土计算

    D. 采用井点降水的土方应按湿土计算

2. 土方放坡系数的确定与( )有关。

  A. 土壤类别   B. 挖土长度

  C. 挖土方式   D. 机械挖土作业位置

3. 基础土方放坡,自( )算起。

  A. 基础底标高 B. 垫层底标高 C. 基础顶标高 D. 管道底

4. 机械挖土方中如需人工辅助开挖包括切边、修整底边和修整沟槽底坡度,正确的是( )。

  A. 机械挖土按实挖土方量计算 B. 机械挖土按松方土方量计算

  C. 人工挖土按松方土方量计算 D. 人工挖土按实挖土方量计算

5. 土方的( )体积均以天然密实度体积。

  A. 挖 B. 推 C. 铲 D. 装 E. 运

四、简答题

1. 挖土放坡系数如何确定?

2. 简述按松填体积计算的定额项目。

3. 简述干湿土的划分。

任务 1 计划单

课程	市政工程预算		
学习情境二	定额工程量解析	学时	27
任务1	土石方工程定额计价工程量计算	学时	6
计划方式	小组讨论、团结协作共同制订计划		
序 号	实 施 步 骤	使用资源	
1			
2			
3			
4			
5			
6			
7			
8			
9			
制订计划说明			
计划评价	班级： 第 组 组长签字： 教师签字： 日 期： 评语：		

任务 1 计划单

任务1 决策单

课程	市政工程预算		
学习情境二	定额工程量解析	学时	27
任务1	土石方工程定额计价工程量计算	学时	6
方案讨论			

方案对比	组号	方案合理性	实施可操作性	安全性	综合评价
	1				
	2				
	3				
	4				
	5				
	6				
	7				
	8				
	9				
	10				
方案评价	评语：				

班级		组长签字		教师签字		月　日

任务1　实施单

课程	市政工程预算		
学习情境二	定额工程量解析	学时	27
任务1	土石方工程定额计价工程量计算	学时	6
实施方式	小组成员合作；动手实践		

序　号	实　施　步　骤	使用资源
1		
2		
3		
4		
5		
6		
7		
8		
9		
10		
11		
12		
13		
14		
15		
16		

实施说明：

班　级		第　　组	组长签字	
教师签字			日　期	
评　语				

任务1　作业单

课程	市政工程预算		
学习情境二	定额工程量解析	学时	27
任务1	土石方工程定额计价工程量计算	学时	6
实施方式	小组成员动手计算一个土石方工程定额工程量,学生自己收集资料、计算		

班　级		第　组	组长签字	
教师签字			日　期	
评语				

任务1　检查单

课程	市政工程预算		
学习情境二	定额工程量解析	学时	27
任务1	土石方工程定额计价工程量计算	学时	6
序　号	检查项目	检查标准	学生自查	教师检查

序　号	检查项目	检查标准	学生自查	教师检查
1				
2				
3				
4				
5				
6				
7				
8				
9				
10				
11				
12				
13				
14				
15				

检查评价	班　级		第　组	组长签字	
	教师签字		日　期		
	评语：				

任务1　检查单

任务1 评价单

1. 工作评价单

课程			市政工程预算		
学习情境二			定额工程量解析	学时	27
任务1			土石方工程定额计价工程量计算	学时	6
评价类别	项目	子项目	个人评价	组内互评	教师评价
专业能力	资讯(10%)	搜集信息(5%)			
		引导问题回答(5%)			
	计划(5%)				
	实施(20%)				
	检查(10%)				
	过程(5%)				
	结果(10%)				
社会能力	团结协作(10%)				
	敬业精神(10%)				
方法能力	计划能力(10%)				
	决策能力(10%)				
评价	班级		姓名	学号	总评
	教师签字		第　　组	组长签字	日期

2. 小组成员素质评价单

课程	市政工程预算		
学习情境二	定额工程量解析	学时	27
任务1	土石方工程定额计价工程量计算	学时	6
班级		第 组	成员姓名
评分说明	每个小组成员评价分为自评和小组其他成员评价两部分,取平均值计算,作为该小组成员的任务评价个人分数。评价项目共设计五个,依据评分标准给予合理量化打分。小组成员自评分后,要找小组其他成员不记名方式打分,成员互评分为其他小组成员的平均分		
对 象	评分项目	评分标准	评 分
自 评 (100分)	核心价值观(20分)	是否有违背社会主义核心价值观的思想及行动	
	工作态度(20分)	是否按时完成负责的工作内容、遵守纪律,是否积极主动参与小组工作,是否全过程参与,是否吃苦耐劳,是否具有工匠精神	
	交流沟通(20分)	是否能良好地表达自己的观点,是否能倾听他人的观点	
	团队合作(20分)	是否与小组成员合作完成,做到相互协助、相互帮助、听从指挥	
	创新意识(20分)	看问题是否能独立思考,提出独到见解,是否能够创新思维解决遇到的问题	
成员互评 (100分)	核心价值观(20分)	是否有违背社会主义核心价值观的思想及行动	
	工作态度(20分)	是否按时完成负责的工作内容、遵守纪律,是否积极主动参与小组工作,是否全过程参与,是否吃苦耐劳,是否具有工匠精神	
	交流沟通(20分)	是否能良好地表达自己的观点,是否能倾听他人的观点	
	团队合作(20分)	是否与小组成员合作完成,做到相互协助、相互帮助、听从指挥	
	创新意识(20分)	看问题是否能独立思考,提出独到见解,是否能够创新思维解决遇到的问题	
最终小组成员得分			
小组成员签字		评价时间	

任务1　教学反馈单

课程	市政工程预算			
学习情境二	定额工程量解析	学时	27	
任务1	土石方工程定额计价工程量计算	学时	6	
序号	调查内容	是	否	理由陈述
1	你是否喜欢这种上课方式？			
2	与传统教学方式比较你认为哪种方式学到的知识更实用？			
3	针对每个学习任务你是否学会如何进行资讯？			
4	计划和决策感到困难吗？			
5	你认为学习任务对你将来的工作有帮助吗？			
6	通过本任务的学习，你学会如何计算挖一般土方工程量了吗？			
7	你能计算挖沟槽土方工程量吗？			
8	你知道如何计算基坑工程量吗？			
9	通过几天来的工作和学习，你对自己的表现是否满意？			
10	你对小组成员之间的合作是否满意？			
11	你认为本情境还应学习哪些方面的内容？（请在下面空白处填写）			
你的意见对改进教学非常重要，请写出你的建议和意见：				
被调查人签名		调查时间		

任务 2　道路工程定额计价工程量计算

任务单

课程	市政工程预算		
学习情境二	定额工程量解析	学时	27
任务 2	道路工程定额计价工程量计算	学时	6
布置任务			
任务目标	(1) 掌握道路工程项目定额计算规则； (2) 掌握道路工程工程量计算的方法； (3) 学会计算道路工程的定额工程量； (4) 能够在完成任务过程中锻炼职业素养，做到工作程序严谨认真对待，完成任务能够吃苦耐劳主动承担，能够主动帮助小组落后的其他成员，有团队意识，诚实守信、不瞒骗，培养保证质量等建设优质工程的爱国情怀		
任务描述	计算某道路工程相关的定额工程量。具体任务如下： (1) 根据任务要求，收集路基处理、道路基层、道路面层、人行道及其他定额工程量计算规则； (2) 确定路基处理、道路基层、道路面层、人行道及其他定额工程量计算方法； (3) 计算路基处理、道路基层、道路面层、人行道及其他定额工程量		

学时安排	资讯	计划	决策	实施	检查	评价
	3 学时	0.5 学时	0.5 学时	1 学时	0.5 学时	0.5 学时

| 对学生学习及成果的要求 | (1) 每名同学均能按照资讯思维导图自主学习，并完成知识模块中的自测训练；
(2) 严格遵守课堂纪律，学习态度认真、端正，能够正确评价自己和同学在本任务中的素质表现，积极参与小组工作任务讨论，严禁抄袭；
(3) 具备工程造价的基础知识；具备道路工程的构造、结构、施工知识；
(4) 具备识图的能力；具备计算机知识和计算机操作能力；
(5) 小组讨论道路工程工程量计算的方案，能够确定道路工程工程量的计算规则，掌握道路工程定额工程量的计算方法，能够正确计算道路工程的定额工程量；
(6) 具备一定的实践动手能力、自学能力、数据计算能力、沟通协调能力、语言表达能力和团队意识；
(7) 严格遵守课堂纪律，不迟到、不早退；学习态度认真、端正；每位同学必须积极动手并参与小组讨论；
(8) 讲解道路工程定额工程量的计算过程，接受教师与同学的点评，同时参与小组自评与互评 |

资讯思维导图

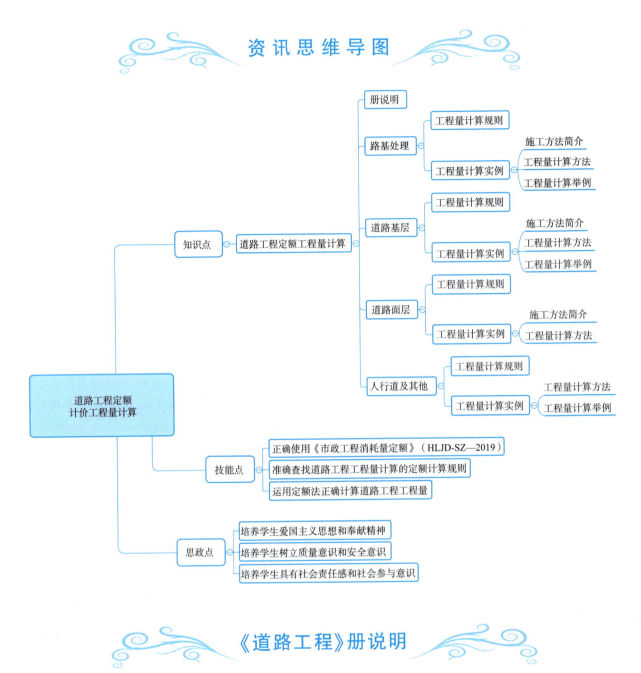

《道路工程》册说明

《道路工程》册是《市政工程消耗量定额》(HLJD-SZ—2019)的第二册,包括路基处理、道路基层、道路面层、人行道及其他、交通管理设施、材料运输,共六章。《道路工程》册定额适用于城镇范围内的新建、扩建、改建的市政道路工程。

(1)《道路工程》册定额编制依据：

①《市政工程工程量计算规范》(GB 50857—2013)；

②《市政工程消耗量定额》(ZYA 1-31—2015)；

③《沥青路面施工及验收规范》(GB 50092—1996)；

④《建筑地基处理技术规范》(JGJ 79—2012)；

⑤《城镇道路工程施工与质量验收规范》(CJJ 1—2008)；

⑥《黑龙江省 2010 年市政工程计价依据》；

⑦相关省、市、行业现行的市政预算定额及基础资料。

(2)道路工程中的排水项目,执行第五册《市政管网工程》相应项目。

知识模块 1：路基处理工程量计算

一、路基处理工程量计算规则

（1）堆载预压工作内容中包括了堆载四面的放坡和修筑坡道，未包括堆载材料的运输，发生时费用另行计算，堆载预压、真空预压按设计图示尺寸以加固面积计算。

（2）强夯分满夯、点夯，区分不同夯击能量，按设计图示尺寸的夯击范围以面积计算。设计无规定时，可按每边超过基础外缘的宽度 3 m 计算。

（3）掺石灰、改换炉渣、改换片石，均按设计图示尺寸以体积计算。

（4）掺砂石按设计图示尺寸以面积计算。

（5）抛石挤淤按设计图示尺寸以体积计算。

（6）袋装砂井直径按 7 cm 编制，当设计砂井直径不同时，按砂井截面积的比例关系调整中（粗）砂的用量，其他消耗量不作调整。袋装砂井及塑料排水板处理软弱地基，工程量为设计深度，定额材料消耗中已包括砂袋或塑料排水板的预留长度，袋装砂井、塑料排水板，按设计图示尺寸以长度计算。

（7）振冲桩（填料）定额中不包括泥浆排放处理的费用，需要时另行计算，振冲桩（填料）按设计图示尺寸以体积计算。

（8）振动砂石桩按设计桩截面乘以桩长（包括桩尖）以体积计算。

（9）水泥粉煤灰碎石桩（CFC）按设计图示尺寸以桩长（包括桩尖）计算。取土外运按成孔体积计算。

（10）水泥搅拌桩（含深层水泥搅拌法和粉体喷搅法）工程量按桩长乘以桩径截面积以体积计算，桩长按设计桩顶标高至桩底长度另增加 500 mm 计算；若设计桩顶标高已达打桩前的自然地坪标高小于 0.5 m 或已达打桩前的自然地坪标高时，另增加长度应按实际长度计算或不计。

（11）高压旋喷桩工程量，钻孔按原地面至设计桩底的距离以长度计算，喷浆按设计加固桩截面积乘以设计桩长以体积计算。

（12）石灰桩是按桩径 500 mm 编制的，设计桩径每增加 50 mm，人工、机械乘以系数 1.05。当设计与定额取定的石灰用量不同时，可以换算，石灰桩按设计桩长（包括桩尖）以长度计算。

（13）地基注浆加固以孔为单位的项目，按全区加固编制，当加固深度与定额不同时可内插计算；当采取局部区域加固时，则人工和钻机台班不变，材料（注浆阀管除外）和其他机械台班按加固深度与定额深度同比例调减。

（14）分层注浆加固的扩散半径为 80 cm，压密注浆加固半径为 75 cm。当设计与定额取定的水泥用量不同时，可以换算，注浆加固以体积为单位的项目，已按各种深度综合取定，工程量按加固土体以体积计算。

（15）褥垫层、土工合成材料按设计图示尺寸以面积计算。

（16）排（截）水沟按设计图示尺寸以体积计算。

（17）盲沟按设计图示尺寸以体积计算。

微课
路基处理工程量计算

二、路基处理工程量计算实例

1. 路基处理施工方法简介

1）填筑粉煤灰路堤

粉煤灰路堤的施工程序为：放样、分层摊铺、碾压、清理场地。粉煤灰分层摊铺和碾压时，应先铺筑路堤两侧边坡护土，然后再铺中间粉煤灰，要做到及时摊铺，及时压实，防止水分的蒸发和雨水的渗入。摊铺前，宜将粉煤灰含水量控制在最佳含水量的 ±10% 范围内。每层压实厚度一般为 20 cm。

2）二灰填筑基层

二灰填筑基层一般按石灰与粉煤灰的重量比配合，含灰量可以按 5%、8%、10% 等比例配合。可采用人工拌和、拖拉机拌和、拌和机拌和等方法拌和。可采用人工摊铺铲车配合、振动压路机碾压的方法进行施工。摊铺时应分层压实，一般 20 cm 为一层，最后采用压路机碾压。

微课
道路工程施工方法

3)原槽土掺灰

在路基土中,就地掺入一定数量的石灰,按照一定的技术要求,将拌匀的石灰土压实来改善路基土性质的方法称为原槽土掺灰。机械掺灰一般采用推土机推土、拖拉机拌和、压路机碾压的方法施工。

4)间隔填土

间隔填土主要用于填土较厚的地段,作为湿软土基处理的一种方法。可采用一层透水性较好的材料、一层土的间隔填筑的施工方法,每层压实厚度一般为 20 cm 左右。例如,道砟间隔填土(道砟:土 = 1:2)和粉煤灰间隔填土(粉煤灰:土 = 1:1 或 1:2)等做法。

5)袋装砂井

袋装砂井是用于软土地基处理的一种竖向排水体,一般采用导管打入法,即将导管打入土中预定深度,再将丙纶针织袋(比砂井深 2 m 左右)放入孔中,然后边振动边灌砂直至装满为止,徐徐拔除套管,再在地基上铺设排水砂垫层,经填筑路堤、加载预压,促使软基土壤排水固结而加固。

袋装砂井直径一般为 7~10 cm,即能满足排除空隙水的要求。

袋装砂井的施工程序为:孔位放样、机具定位、设置桩尖、打拔钢套管、灌砂、补砂封口等。

6)铺设土工布

铺设土工布等变形小、老化慢的抗拉柔性材料作为路堤的加筋体,可以减少路堤填筑后的地基不均匀沉降,提高地基承载能力,同时也不影响排水,大大增强路堤的整体性和稳定性。

土工布摊铺应垂直道路中心线,搭接不得少于 20 cm,纵坡段搭接方式应似瓦鳞状,以利排水。铺设土工布必须顺直平整,紧贴土基表面,不得有皱褶、起拱等现象。

7)铺设排水板

塑料排水板是设置在软土地基中的竖向排水体,施工方便、简捷,效果也佳,是将带有孔道的板状物体插入土中形成竖向排水通道,缩短排水距离,加速地基固结。

塑料排水板插设方式一般采用套管式,芯带在套管内随套管一起打入,随后将套管拔起,芯带留在其中。铺设排水板施工工序为:桩机定位、沉没套管、打至设计标高、提升套管、剪断塑料排水板。

此外,还可采用石灰桩等加固措施或采用碎石盲沟、明沟等排水措施加固地基,排除湿软地基中的水分,改善路基性质。

2. 路基处理工程量计算方法

1)预压地基、强夯地基、振冲密实(不填料)定额工程量

(1)预压地基工程量 = (路基加固宽度 + 加固加宽值×2)×路基加固长度 (m²)

注:设计中未明确加宽值时,加宽值可按 30 cm 取定。

真空预压砂垫层厚度按 70 cm 考虑,当设计材料厚度不同时,可以调整。

(2)强夯地基工程量 = (路基夯击宽度 + 夯击加宽值×2)×路基夯击长度 (m²)

注:设计无规定时,可按每边超过基础外缘的宽度 3 m 计算。

2)掺石灰、掺干土、掺石、抛石挤淤定额工程量

(1)掺石灰、抛石挤淤工程量 = 图示体积 (m³)

(2)掺砂石工程量 = 图示面积 (m²)

3)袋装砂井、塑料排水板定额工程量

工程量 = 图示长度 (m)

注:袋装砂井直径按 7 cm 编制,当设计砂井直径不同时,按砂井截面积的比例关系调整中(粗)砂的用量,其他消耗量不作调整。袋装砂井及塑料排水板处理软弱地基,工程量为设计深度,定额材料消耗中已包括砂袋或塑料排水板的预留长度。

4)振冲桩(填料)定额工程量

工程量 = 图示体积 (m³)

注:振冲桩(填料)定额中不包括泥浆排放处理的费用,需要时另行计算。

5)砂石桩定额工程量

工程量 = 桩截面×桩长(包括桩尖) (m³)

注:①砂、石桩充盈系数为1.3,损耗为2%,设计砂石配合比及充盈系数不同时可以调整。
②设计要求夯扩桩夯出桩端扩大头时,费用另计。

6)水泥粉煤灰碎石桩、石灰桩、灰土(土)挤密桩定额工程量

(1)水泥粉煤灰碎石桩(CFG)、石灰桩工程量 = 桩长(包括桩尖) (m)

注:①水泥粉煤灰碎石桩取土外运按成孔体积计算。
②石灰桩是按桩径500 mm编制的,设计桩径每增加50 mm,人工、机械乘以系数1.05。当设计与定额取定的石灰用量不同时,可以换算。

(2)灰土(砂)挤密桩工程量 = 桩长(包括桩尖) × 桩径截面积 (m³)

7)深层水泥搅拌桩、粉喷桩、高压水泥旋喷桩、柱锤冲扩桩定额工程量

(1)水泥搅拌桩工程量 = 桩长 × 桩径截面积 (m³)

注:水泥搅拌桩(含深层水泥搅拌法和粉体喷搅法)桩长按设计桩顶标高至桩底长度另增加500 mm计算;若设计桩顶标高已达打桩前的自然地坪标高小于0.5 m或已达打桩前的自然地坪标高时,另增加长度应按实际长度计算或不计。

(2)高压旋喷桩钻孔工程量 = 原地面至设计桩底的距离 (m)
高压旋喷桩喷浆工程量 = 设计加固桩截面积 × 设计桩长 (m³)

注:高压旋喷桩设计水泥用量与定额不同时,可根据设计有关规定进行调整。

8)地基注浆定额工程量

(1)以孔为单位的项目,按全区加固编制,当加固深度与定额不同时可内插计算;

当采取局部区域加固时,则人工和钻机台班不变,材料(注浆阀管除外)和其他机械台班按加固深度与定额深度同比例调减。

(2)以体积为单位的项目,已按各种深度综合取定,工程量按加固土体以体积计算。

9)褥垫层、土工合成材料定额工程量

褥垫层、土工合成材料按设计图示尺寸以面积计算。

10)排水沟、截水沟、盲沟定额工程量

工程量 = 设计图示尺寸以体积计算 (m³)

3. 路基处理工程量计算举例

【例2-6】某道路K0+300~K0+800标段,路面宽度18 m。为保证路基的稳定性,需要对该段比较疏松的路基进行处理,通过强夯土方使土基密实(密实度大于85%),以达到规定的压实度。两侧路肩各宽1.2 m,计算强夯地基的工程量。

【解】定额工程量 (800−300)×(18+1.2×2+3×2) = 500×26.4 = 13 200.00(m²)

【例2-7】某市政道路与公路连接处K0+150~K0+900标段,为水泥混凝土路面路堤,如图2-10所示,路面宽15 m,两侧路肩宽1.2 m。由于该段道路的土质为湿软的黏土,影响路基的稳定性,因此在该土中掺入5%石灰,密实度为90%,以增加路基的稳定性,延长道路的使用年限,计算掺石灰的工程量。

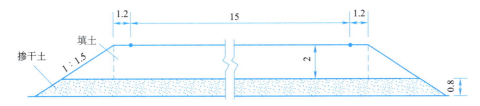

图2-10 路堤断面示意图(单位:m)

【解】(900−150)×(15+1.2×2+2×1.5×2+0.8×1.5)×0.8 = 750×24.6×0.8 = 14 760(m³)

【例2-8】某道路K0+150~K0+800标段,进行抛石挤淤处理,如图2-11所示,由于该段道路排水困难,且软弱层土易于流动,厚度又较薄,表层也无硬壳,因而采用在基底抛投不小于25 cm的片石对路基进行加固处理,路面宽度为15 cm,计算抛石挤淤工程量。

【解】(800−150)×(15+1.5×1×2)×1.2 = 650×18×1.2 = 14 040.00(m³)

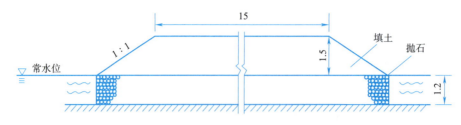

图 2-11 抛石挤淤断面示意图(单位:m)

【例 2-9】某道路 K0+150~K0+800 标段,进行袋装砂井处理,如图 2-12 所示,该路段为软土路基,处理时,采用袋装砂井长度为 1.5 m,直径为 0.2 m,相邻袋装砂井之间间距为 0.2 m,前后井间距也为 0.2 m,计算袋装砂井工程量。

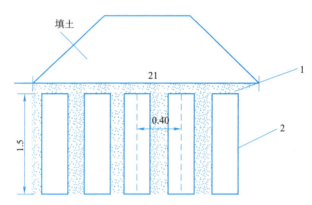

图 2-12 袋装砂井路堤面示意图(单位:m)

1—砂垫层;2—砂井

【解】[(675−550)/0.40+1]×(21/0.40+1)×1.5 = 313.5×53.5×1.5 = 25 158.38(m)

【例 2-10】某道路 K0+225~K0+465 标段,设置深层水泥搅拌桩,如图 2-13 所示,该路段路面为水泥混凝土结构,宽度为 18 m,路肩宽度为 1.2 m。填土高度为 3 m。深层水泥搅拌桩前后桩间距为 5 m,桩径为 0.8 m,桩长为 2 m。计算深层水泥搅拌桩工程量。

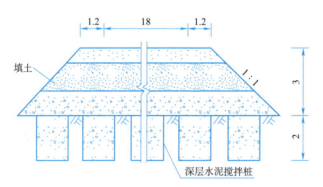

图 2-13 深层水泥搅拌桩道路横断面示意图(单位:m)

【解】定额工程量

① 长度 = [(465−225)÷(5+0.8)+1]×[(18+1.2×2+0.3×2)÷5.8+1]×2 = 43×5×2 = 430(m)

② 截面积 = 3.14×0.4² = 0.502(m²)

③ 体积 = 430×0.502 = 215.86(m³)

【例 2-11】某道路全长为 2 580 m,路面宽度为 22 m,路肩各为 1 m,路基加宽值为 30 cm,其中路堤断面图、喷粉桩如图 2-14 所示,试计算喷粉桩的工程量。

【解】定额工程量

① 喷粉桩长度 = [2 580÷(4+2)+1]×[(22+1×2+2×0.3)÷6+1]×18 = 431×6×18 = 46 548(m)

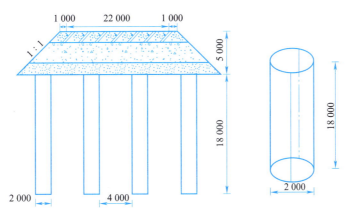

图 2-14　路堤断面喷粉桩(单位:mm)

②喷粉桩截面积 = $3.14 \times (2 \div 2)^2 = 3.14 (m^2)$
③喷粉桩体积 = $46\,548 \times 3.14 = 146\,160.72 (m^3)$

思一思:
强夯地基的定额工程量计算方法是什么?

知识模块 2:道路基层工程量计算

一、道路基层工程量计算规则

(1)路床整形已包括平均厚度 10 cm 以内的人工挖高填低,路床整平达到设计要求的纵、横坡度。道路路床碾压按设计道路路基边缘图示尺寸以面积计算,不扣除各种井位所占的面积。在设计中明确加宽值,按设计规定计算。设计中未明确加宽值时,加宽值可按 30 cm 取定。

(2)边沟成形已综合考虑了边沟挖土不同土壤类别,考虑边沟两侧边坡培整面积所需的挖土、培土、修整边坡及余土抛出沟外的全过程所需人工。边坡所出余土应弃运路基 50 m 以外。土边沟成形按设计图示尺寸以体积计算。

(3)多合土基层中各种材料是按常用的配合比编制的,当设计与定额取定的材料不同时,可进行换算,但人工和机械均不调整。道路基层、养生工程量均按设计摊铺层的面积之和计算,不扣除各种井位所占的面积;设计道路基层横断面是梯形时,应按其截面平均宽度计算面积。

(4)"每减 1 cm"的子目适用于压实厚度 20 cm 以内的结构层铺筑。压实厚度在 20 cm 以上的按照两层结构层铺筑,依此类推。

(5)混合料多层次铺筑时,其基础各层需进行养生,养生期按 7 天考虑,其用水量已综合在多合土养生项目内,使用时不得重复计算用水量。

(6)凡使用石灰的项目,均未包括消解石灰的工作内容,编制预算时先计算出石灰总用量,再执行消解石灰项目。

(7)消解石灰、集中拌和执行集中消解石灰项目,原槽拌和执行小堆沿线消解石灰项目。

(8)厂拌基层混合料的损耗系数为 1.03。

二、道路基层工程量计算实例

1. 道路基层施工方法简介

道路基层包括砾石砂垫层、碎石垫层等垫层和石灰土基层、二灰稳定碎石基层、水泥稳定碎石基层、二灰土基层、粉煤灰三渣基层等。

1)砂砾石垫层

砂砾石垫层是设置在路基与基层之间的结构层,主要用于隔离毛细水上升浸入路面基层。设计厚度一般为 15~30 cm,若压实厚度大于 20 cm,应分层摊铺,分层碾压。

2)碎石垫层

碎石垫层主要用于改善路基工作条件,也可作为整平旧路之用,适用于一般道路。

3)石灰土基层

石灰土是由石灰和土按一定比例拌和而成的一种筑路材料。石灰含量一般为 5%、8%、10%、12% 等。

4)二灰稳定碎石基层

二灰稳定碎石是由粉煤灰、石灰和碎石按照一定比例拌和而成的一种筑路材料。例如,厂拌二灰(石灰:粉煤灰 = 20:80)和道渣(50～70 mm)。

5)水泥稳定碎石基层

水泥稳定碎石是由水泥和碎石级配料经拌和、摊铺、振捣、压实、养护后形成的一种新型路基材料,特别在地下水位以下部位,强度能持续增长,从而延长道路的使用寿命。

水泥稳定碎石基层的施工工序为:放样、拌制、摊铺、振捣碾压、养护、清理。

水泥稳定碎石基层一般每层的铺筑厚度不宜超过 15 cm,超过 15 cm 时应分层施工。因水泥稳定碎石在水泥初凝前必须终压成形,所以采用现场拌和,并采用支模后摊铺,摊铺完成后,用平板式振捣器振实后再用轻型压路机初压、重型压力机终压的施工方法。

6)二灰土基层

二灰土是由粉煤灰、石灰和土按照一定比例拌和而成的一种筑路材料。例如,厂拌二灰土(石灰:粉煤灰:土 = 1:2:2)。二灰土的压实厚度以 10～20 cm 为宜。

7)粉煤灰三渣基层

粉煤灰三渣基层是由熟石灰、粉煤灰和碎石拌和而成,是一种具有水硬性和缓凝性特征的路面结构层材料。在一定的温度、湿度条件下碾压成形后,强度逐步增长形成板体,有一定的抗弯能力和良好的水稳性。例如,厂拌粉煤灰粗粒径三渣(厚度为 25 cm、35 cm、45 cm 及每增减 1 cm)和厂拌粉煤灰细粒径三渣即小三渣(厚度为 20 cm、每增减 1 cm)等。

2. 道路基层工程量计算方法

1)路床碾压定额工程量

$$工程量 = (路基宽度 + 路肩宽度 + 路基加宽 \times 2) \times 路基长度 \quad (m^2)$$

注:路床整形已包括平均厚度 10 cm 以内的人工挖高填低;按设计道路路基边缘图示尺寸以面积计算,不扣除各种井位所占的面积。在设计中明确加宽值,按设计规定计算。设计中未明确加宽值时,加宽值可按 30 cm 取定。

2)土边沟成形定额工程量

$$工程量 = 按设计图示尺寸以体积计算 \quad (m^3)$$

3)道路基层、养生定额工程量

$$工程量 = \sum 摊铺层的面积 \quad (m^2)$$

注:不扣除各种井位所占的面积;道路基层横断面是梯形时,应按其截面平均宽度计算面积。

3. 道路基层工程量计算举例

【例 2-12】图 2-15 所示为某一级道路沥青混凝土结构,标段标记为 K1 + 100 ~ K1 + 1 000,路面宽度为 20 m,路肩宽度为 1 m,路基两侧各加宽 50 cm,其中 K1 + 550 ~ K1 + 650 之间为过湿土基,用石灰砂桩进行处理,按矩形布置,桩间距为 90 cm。石灰桩示意图如图 2-16 所示,试计算道路路基处理和道路基层工程量。

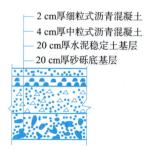

图 2-15 道路结构图

图 2-16 石灰桩示意图(单位:cm)

【解】定额工程量:

砂砾底基层面积 = $(20 + 1 \times 2 + 0.5 \times 2) \times 900 = 20\,700(m^2)$

水泥稳定土基层面积 = $(20 + 1 \times 2 + 0.5 \times 2) \times 900 = 20\,700(m^2)$

石灰桩工程量 = $[(20 + 1 \times 2 + 0.5 \times 2) \div 1.4 + 1] \times (100 \div 1.4 + 1) \times 2 = 18 \times 73 \times 2 = 2\,628(m)$

忆一忆:
道路基层的工程量计算方法。

知识模块3:道路面层工程量计算

微 课
道路面层工程量计算

一、道路面层工程量计算规则

(1)道路工程沥青混凝土、水泥混凝土及其他类型路面工程量按设计图示面积计算,不扣除各类井所占面积,但扣除路面相连的平石、侧石、缘石所占的面积。

(2)伸缩嵌缝按设计缝长乘以设计缝深以面积计算。

(3)锯缝机切缩缝、填灌缝按设计图示尺寸以长度计算。

(4)土工布贴缝按混凝土路面缝长乘以设计宽度以面积计算(纵横相交处面积不扣除)。

(5)喷洒沥青油料中,透层、黏层、封层分别列有石油沥青和乳化沥青两种油料,其中透层适用于无结合料基层和半刚性基层,黏层适用于新建沥青层、旧沥青路面和水泥混凝土。当设计与定额取定的喷油量不同时,可以调整,人工、机械不调整。

二、道路面层工程量计算实例

1. 道路面层施工方法简介

1)沥青混凝土路面

沥青混凝土混合料是沥青和级配矿料按一定比例拌和而成的较密级配混合料,压实后称"沥青混凝土"。

沥青混凝土混合料根据矿料最大粒径的不同,分为粗粒式、中粒式、细粒式。粗粒式定额基本厚度为3~6 cm,中粒式定额基本厚度为3~6 cm,细粒式定额基本厚度为2~3 cm。另外,还设置了每增加1 cm或0.5 cm的定额子目。

2)沥青碎石面层

沥青碎石混合料是沥青和级配矿料按一定比例拌和而成空隙较大的混合料,压实后称"沥青碎石"。

3)沥青透层

沥青透层用于非沥青类基层表面,增强与上层新铺沥青层的黏结性,减小基层的透水性。所以,沥青透层一般设置在沥青面层和粒料类基层或半刚性基层之间。

透层沥青宜采用慢凝的洒布型乳化沥青,也可采用中、慢凝液体石油沥青或煤沥青,稠度宜通过试洒确定。

沥青透层的施工工序为:清扫路面、浇透层油、清理。

4)沥青封层

沥青封层是在面层或基层上修筑的一层用连续方式敷设在整个路面上的养护层,用于封闭表面空隙,防止水分侵入面层或基层,延缓面层老化,改善路面外观。

修筑在面层上的称为上封层,修筑在基层上的称为下封层。上封层及下封层可采用层铺法或拌和法施工的单层式沥青表面处治,也可采用乳化沥青稀浆封层。

5)混凝土面层

(1)水泥混凝土。水泥混凝土面层是一种选用水泥、粗细集料和水,按一定比例均匀拌制而成的混合料,经摊铺、振实、整平、硬化后而成的一种路面面层。其适用于各种交通道路。水泥混凝土也可简称为"混凝土"。

(2)水泥混凝土路面施工。

①施工放样。施工前根据设计要求利用水稳层施工时设置的临时桩点进行测量放样,确定板块位置和做好板块划分,并进行定位控制,在车行道各转角点位置设控制桩,以便随时检查复测。

②支模。根据混凝土板纵横高程进行支模,模板采用相对应的高钢模板,由于是在水泥稳定碎石层上支模,为便于操作,先用电锤在水泥稳定碎石层上钻孔,孔眼直径与深度略小于支撑钢筋及支撑深度,支模前根据设计纵横缝传力杆、拉力杆设置要求对钢模进行钻孔、编号,并严格按编号顺序支模,孔眼大小略大于设计传力杆、拉力杆直径,安装时将钢模垫至设计标高,钢模与水泥稳定砂石层间隙用细石混凝土填灌,以免漏浆,模板支好后进行标高复测,并检查是否牢固,水泥混凝土浇筑前刷隔离剂。

③混凝土搅拌、运输。混凝土采用现场集中搅拌混凝土,提前按照设计要求进行试验配合比设计,要求搅拌时严格按试验室提供的配合比准确下料。混凝土采用混凝土运输车运送。

④钢筋制作安放。钢筋统一在场外按设计要求加工制作后运至现场,在水泥混凝土浇筑前安放。

⑤混凝土摊铺、振捣。钢筋安放就位后即进行混凝土摊铺,摊铺前刷隔离剂,摊铺时保护钢筋不产生移动或错位。即混凝土铺筑到厚度一半后,先采用平板式振动器振捣一遍,等初步整平后再用平板式振动器再振捣一遍。经平板振动器整平后的混凝土表面,基本平整,无明显的凹凸痕迹。然后用振动夯样板振实整平。振动夯样板在振捣时其两端搁在两侧纵向模板上,或搁在已浇好的两侧水泥板上,作为控制路面标高的依据。自一端向另一端依次振动两遍。

⑥抹面与压纹。混凝土板振捣后用抹光机对混凝土面进行抹光,再人工对混凝土面进行催光,最后一次要求细致,消灭砂眼,使混凝土板面符合平整度要求,催光后用排笔沿横坡方向轻轻拉毛,以扫平痕迹,然后用压纹机进行混凝土面压纹,为保证压痕深度均匀,控制好压纹作业时间,压纹时根据压纹机的尺寸,用焦铁做靠尺,掌握人可以在其上面操作而靠尺不下陷、不沾污路面为原则。施工中要经常对靠尺的直顺度进行检查,发现偏差时及时更换。

⑦拆模。拆模时小心谨慎,勿用大锤敲打以免碰伤边角,拆模时间掌握在混凝土终凝后36~48 h以内,以避免过早拆模、损坏混凝土边角。

⑧胀缝。胀缝板采用2 cm厚沥青木板,两侧刷沥青各1~2 mm,埋入路面,板高与路面高度一致。在填灌沥青玛碲脂前,将其上部刻除4~5 cm后再灌沥青玛碲脂。

⑨切缝。缩缝采用混凝土切割机切割,深度为5 cm,割片厚度为3 mm,切割在拆模后进行,拆模时将已做缩缝位置记号标在水泥混凝土块上,如横向缩缝(不设传力杆)位置正位于检查井及雨水口位置,重新调整缩缝位置,原则上控制在距井位1.2 m以上。切割前要求画线,画线与已切割线对齐,以保证同一桩号位置的横缝直顺美观,切割时均匀用力做到深度一致。

⑩灌缝。胀缝、缩缝均灌注沥青胶泥,灌注前将缝内灰尘、杂物等清洗干净,待缝内完全干燥后再灌注。

⑪养护。待道路混凝土终凝后进行覆盖草袋、洒水养护,养护期间不堆放重物,行人及车辆不在混凝土路面上通行。

(3)钢纤维混凝土面层。钢纤维混凝土是在混凝土中掺入一定量的钢纤维材料的新品种混凝土,它可以增强路面的强度和刚度,由于目前钢纤维混凝土的钢纤维含量还没有统一的标准,所以,在套用定额时应根据实际情况计算。

6)附属设施

附属设施包括:人行道基础、铺筑预制人行道、现浇人行道、排砌预制侧平石、现浇圆弧侧石、混凝土块砌边、小方石砌路边线、砖砌挡土墙及踏步、路名牌、升降检查井进水口及开关箱、调换检查井盖座盖板、调换进水口盖座侧石等。

(1)人行道基础。包括现浇混凝土、级配三渣、级配碎石、道渣等项目。

(2)预制人行道板。预制人行道板分为预制混凝土人行道板和彩色预制块两种。

(3)现浇人行道。现浇人行道包括人行道、斜坡和彩色人行道。

①现浇混凝土人行道和斜坡。现浇混凝土人行道和斜坡的施工程序为:放样、混凝土配制、运输、浇筑、抹平、养护、清理场地等。

②彩色混凝土人行道。彩色混凝土人行道是一种新型装饰铺面,是在面层混凝土处于初凝期间,洒铺上彩色强化料、成形后在混凝土表面形成色彩和图案的一种新型的施工工艺。

彩色混凝土铺面按成形工艺可分为纸模和压模两种。纸模是在有一定韧性和抗水性的纸上预先做成各种图形,在混凝土浇筑后铺在其表面,以形成不同花纹和图案的一种成形工艺。压模是用具有各种图形的软性塑料组成的模具,压入混凝土面层表面,以形成各种仿天然的石纹和图案的一种成形工艺。

(4)排砌预制侧平石。包括侧石、平石、侧平石、隔离带侧石、高侧平石、高侧石等项目。

①侧石和平石。侧石和平石可合并或单独使用。侧平石通常设置在沥青类路面边缘,平石铺在沥青路面与侧石之间形成街沟,侧石支护其外侧人行道或其他组成部分。水泥混凝土路面边缘通常仅设置侧石,同样可起到街沟的作用。侧石和平石一般采用水泥混凝土预制块。

其通用结构如图 2-17 和图 2-18 所示。

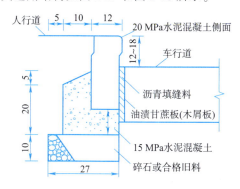 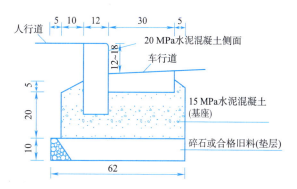

图 2-17 城市道路刚性面层侧石通用结构图(单位:cm)　　图 2-18 城市道路柔性面层侧石通用结构图(单位:cm)

②高侧平石。高侧平石施工与普通预制侧平石基本相同,只是规格有所不同,高侧石的规格为 1 000 mm × 400 mm × 120 mm,普通预制侧石的规格为 1 000 mm × 300 mm × 120 mm。

(5)路名牌。凡新辟道路应新装路名牌。

2. 道路面层工程量计算方法

1)道路工程沥青混凝土、水泥混凝土及其他类型路面定额工程量

$$工程量 = 面层宽度 \times 面层长度 \quad (m^2)$$

注:①不扣除各类井所占面积,但扣除路面相连的平石、侧石、缘石所占的面积。
②水泥混凝土路面按平口考虑,当设计为企口时,按相应项目执行,其中人工乘以系数 1.01,模板摊销量乘以系数 1.05。
③喷洒沥青油料中,透层适用于无结合料基层和半刚性基层,黏层适用于新建沥青层、旧沥青路面和水泥混凝土。当设计与定额取定的喷油量不同时可以调整,人工、机械不调整。

(1)转角路口面积计算,如图 2-19 所示:

当道路正交时,每个转角的路口面积 $= 0.214\ 6R^2$;

当道路斜交时,每个转角的路口面积 $= R^2[(\tan \alpha)/2 - 0.008\ 73]$

式中　R——每个路口的转角半径。

(2)转角转弯侧平石长度计算,如图 2-20 所示:

当道路正交时,每个转角的转弯侧平石长度 $L = 1.570\ 8R$;

当道路斜交时,每个转角的转弯侧平石长度 $L = 0.017\ 45R\alpha$。

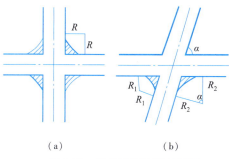 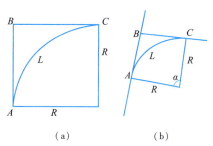

图 2-19 转角路口面积计算图　　图 2-20 转角转弯侧平石长度计算图

2)伸缩嵌缝工程量

$$工程量 = 设计缝长 \times 设计缝深 \quad (m^2)$$

3)锯缝机切缩缝、填灌缝工程量

$$工程量 = 设计图示长度 \quad (m)$$

4)土工布贴缝工程量

$$工程量 = 混凝土路面缝长 \times 设计宽度 \quad (m^2)(纵横相交处面积不扣除)$$

想一想：

道路面层的工程量计算方法。

知识模块 4：人行道及其他工程量计算

一、人行道及其他工程量计算规则

(1)人行道整形碾压面积按设计人行道图示尺寸以面积计算，不扣除树池和各类井所占面积。

(2)人行道块料铺设按设计图示尺寸以面积计算，不扣除检查井、雨水井等所占面积，但应扣除侧石、树池、花池等所占面积。

(3)花岗岩人行道板伸缩缝按图示尺寸以长度计算。

(4)侧(平、缘)石垫层区分不同材质，以体积计算。

(5)侧(平、缘)石按设计图示中心线长度计算。

(6)现浇混凝土侧(平、缘)石模板按混凝土模板接触面的面积计算。

(7)检查井升降以数量计算。

(8)砌筑树池侧石按设计外围尺寸以长度计算。

(9)广场石材项目中的零星项目是指树池、花池、水池等项目。零星砌体抹面适用于台阶、水池、树池、花池等零星砌筑面抹面。

二、人行道及其他工程量计算实例

1. 人行道及其他工程量计算方法

1)人行道整形碾压定额工程量

$$工程量 = 人行道图示尺寸以面积计算 \quad (m^2)$$

不扣除树池和各类井所占面积。

2)人行道块料铺设、现浇混凝土人行道及进口坡定额工程量

(1)人行道块料铺设工程量 = 按设计图示尺寸以面积计算 (m^2)

不扣除检查井、雨水井等所占面积，但应扣除侧石、树池、花池等所占面积。

(2)花岗岩人行道板伸缩缝工程量 = 按图示尺寸以长度计算 (m)

3)安砌侧(平、缘)石；现浇侧(平、缘)石定额工程量

(1)侧(平、缘)石垫层区分不同材质，以体积计算(m^3)

(2)侧(平、缘)石按设计图示中心线长度计算(m)

(3)现浇混凝土侧(平、缘)石模板按混凝土模板接触面的面积计算(m^2)

4)树池砌筑定额工程量

(1)砌筑树池侧石工程量 = 按设计外围尺寸以长度计算 (m)

(2)广场石材项目中的零星项目是指树池、花池、水池等项目。

(3)零星砌体抹面适用于台阶、水池、树池、花池等零星砌筑面抹面。

2. 人行道及其他工程量计算举例

【例 2-13】某道路工程长 360 m，车行道宽 15 m，两侧人行道宽 3 m，结构如图 2-21 所示，路牙宽 12.5 cm，全线雨、污水井 20 座，计算道路各层定额工程量。

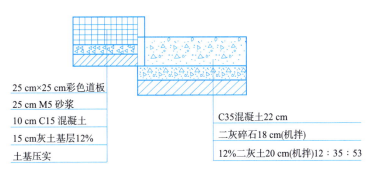

图 2-21 道路结构图

【解】计算结果见表 2-25。

表 2-25 定额工程量计算表

序号	定额编码	项目名称	计量单位	工 程 量
1	2-148	石灰、粉煤灰、土人工拌和	100 m²	$S=(15+0.125\times2)\times360=5\,490$ m²/100=54.9
2	2-156-157×2	石灰、粉煤灰、碎石	100 m²	$S=(15+0.125\times2)\times360=5\,490$ m²/100=54.9
3	2-262	水泥混凝土路面预拌	m²	$S=15\times360=5\,400$
4	2-298	混凝土彩色步砖(水泥砂浆)	100 m²	$S=3\times2\times360=2\,160$ m²/100=21.6
	2-311	混凝土垫层 C15 混凝土	10 m³	$V=3\times2\times360\times0.1=216$ m²/10=21.6
	2-292	石灰土垫层	100 m²	$S=3\times2\times360=2\,160$ m²/100=21.6
5	2-283	人行道整形碾压	100 m²	$S=3\times2\times360=2\,160$ m²/100=21.6
6	2-336	路缘石安砌	100 m	$L=360\times2=720$ m²/100=7.2

查一查：

人行道的定额工程量计算规则。

一、单选题

1.《市政工程消耗量定额》(HLJD-SZ—2019)中规定,石灰桩是按桩径 500 mm 编制的,设计桩径每增加 50 mm,人工、机械乘以系数( )。

　　A. 1.05　　　　B. 1.20　　　　C. 1.10　　　　D. 1.22

2.《市政工程消耗量定额》(HLJD-SZ—2019)中规定,强夯分满夯、点夯,区分不同夯击能量,按设计图示尺寸的夯击范围以( )计算。

　　A. 面积　　　　B. 套　　　　C. 体积　　　　D. 个

3.《市政工程消耗量定额》(HLJD-SZ—2019)中规定,水泥搅拌桩(含深层水泥搅拌法和粉体喷搅法)工程量按桩长乘以桩径截面积以体积计算,桩长按设计桩顶标高至桩底长度另增加( )mm 计算。

　　A. 510　　　　B. 500　　　　C. 490　　　　D. 520

4.《市政工程消耗量定额》(HLJD-SZ—2019)中规定,路床整形已包括平均厚度( )以内的人工挖高填低计算。

　　A. 8 cm　　　　B. 10 cm　　　　C. 12 cm　　　　D. 14 cm

5.《市政工程消耗量定额》(HLJD-SZ—2019)中规定,道路工程沥青混凝土、水泥混凝土及其他类型路面工程量按设计图示( )计算。

　　A. 长度　　　　B. 面积　　　　C. 数量　　　　D. 体积

二、多选题

1.《市政工程消耗量定额》(HLJD-SZ—2019)中规定,喷洒沥青油料中,(　　)分别列有石油沥青和乳化沥青两种油料。

　　A. 透层　　　B. 面层　　　C. 黏层　　　D. 底层　　　E. 封层

2.《市政工程消耗量定额》(HLJD-SZ—2019)中规定,人行道块料铺设按设计图示尺寸以面积计算,不扣除(　　)等所占面积。

　　A. 侧石　　　B. 树池　　　C. 检查井　　　D. 雨水井　　　E. 花池

3.《市政工程消耗量定额》(HLJD-SZ—2019)中规定,以下(　　)均按设计图示尺寸以体积计算。

　　A. 掺石灰　　B. 改换炉渣　　C. 改换片石　　D. 掺砂石　　E. 抛石挤淤

三、判断题

1.《市政工程消耗量定额》(HLJD-SZ—2019)中规定,振冲桩(填料)定额中不包括泥浆排放处理的费用,需要时另行计算。　　　　　　　　　　　　　　　　　　　　　　　　　　　　　　　　　　　　(　　)

2.《市政工程消耗量定额》(HLJD-SZ—2019)中规定,分层注浆加固的扩散半径为80 cm,压密注浆加固半径为75 cm。　　　　　　　　　　　　　　　　　　　　　　　　　　　　　　　　　　　　　　(　　)

3.《市政工程消耗量定额》(HLJD-SZ—2019)中规定,振动砂石桩按设计桩截面乘以桩长(不包括桩尖)以体积计算。　　　　　　　　　　　　　　　　　　　　　　　　　　　　　　　　　　　　　　　(　　)

4.《市政工程消耗量定额》(HLJD-SZ—2019)中规定,盲沟按设计图示尺寸以延米计算。　(　　)

5.《市政工程消耗量定额》(HLJD-SZ—2019)中规定,土工布贴缝按混凝土路面缝长乘以设计宽度以面积计算(纵横相交处面积不扣除)。　　　　　　　　　　　　　　　　　　　　　　　　　(　　)

6.《市政工程消耗量定额》(HLJD-SZ—2019)中规定,多合土基层中各种材料是按常用的配合比编制的,当设计与定额取定的材料不同时,可进行换算,但人工和机械均不调整。　　　　　　　　　　(　　)

7.《市政工程消耗量定额》(HLJD-SZ—2019)中规定,混合料多层次铺筑时,其基础各层需进行养生,养生期按5天考虑。　　　　　　　　　　　　　　　　　　　　　　　　　　　　　　　　　　(　　)

8.《市政工程消耗量定额》(HLJD-SZ—2019)中规定,厂拌基层混合料的损耗系数为1.05。　(　　)

9.《市政工程消耗量定额》(HLJD-SZ—2019)中规定,广场石材项目中的零星项目是指树池、花池、水池等项目。　　　　　　　　　　　　　　　　　　　　　　　　　　　　　　　　　　　　　　(　　)

10.《市政工程消耗量定额》(HLJD-SZ—2019)中规定,侧(平、缘)石按设计图示中心线长度计算。　(　　)

四、简答题

1. 简述人行道整形的工程量计算规则。
2. 简述伸缩嵌缝工程量计算规则。
3. 简述水泥粉煤灰碎石桩(CFG)工程量计算规则。
4. 简述道路基层、养生工程量计算规则。

任务 2　计划单

课程	市政工程预算		
学习情境二	定额工程量解析	学时	27
任务 2	道路工程定额计价工程量计算	学时	6
计划方式	小组讨论、团结协作共同制订计划		
序　号	实　施　步　骤	使用资源	
1			
2			
3			
4			
5			
6			
7			
8			
9			
制订计划说明			
计划评价	班　级　　　　　　　　　第　组　　　组长签字		
	教师签字　　　　　　　　　　　　　日　期		
	评语：		

任务 2　决策单

课程	市政工程预算		
学习情境二	定额工程量解析	学时	27
任务 2	道路工程定额计价工程量计算	学时	6
方案讨论			

	组号	方案合理性	实施可操作性	安全性	综合评价
方案对比	1				
	2				
	3				
	4				
	5				
	6				
	7				
	8				
	9				
	10				
方案评价	评语：				

班级		组长签字		教师签字		月　日

任务2 实施单

课程	市政工程预算		
学习情境二	定额工程量解析	学时	27
任务2	道路工程定额计价工程量计算	学时	6
实施方式	小组成员合作;动手实践		
序 号	实 施 步 骤	使用资源	
1			
2			
3			
4			
5			
6			
7			
8			
9			
10			
11			
12			
13			
14			
15			
16			

实施说明：

班　级		第　　组	组长签字	
教师签字			日　期	
评　语				

任务 2 作业单

课程	市政工程预算		
学习情境二	定额工程量解析	学时	27
任务 2	道路工程定额计价工程量计算	学时	6
实施方式	小组成员动手计算一个道路工程定额工程量,学生自己收集资料、计算		

班级		第　组	组长签字	
教师签字		日　期		
评语				

任务2 检查单

课程	市政工程预算		
学习情境二	定额工程量解析	学时	27
任务2	道路工程定额计价工程量计算	学时	6
序 号	检查项目	检查标准	学生自查	教师检查
1				
2				
3				
4				
5				
6				
7				
8				
9				
10				
11				
12				
13				
14				
15				

检查评价	班 级		第 组	组长签字	
	教师签字		日 期		
	评语：				

任务2 评价单

1. 工作评价单

课程			市政工程预算		
学习情境二		定额工程量解析		学时	27
任务2		道路工程定额计价工程量计算		学时	6
评价类别	项目	子项目	个人评价	组内互评	教师评价
专业能力	资讯(10%)	搜集信息(5%)			
		引导问题回答(5%)			
	计划(5%)				
	实施(20%)				
	检查(10%)				
	过程(5%)				
	结果(10%)				
社会能力	团结协作(10%)				
	敬业精神(10%)				
方法能力	计划能力(10%)				
	决策能力(10%)				
评价	班级		姓名	学号	总评
	教师签字		第　组	组长签字	日期

2. 小组成员素质评价单

课程	市政工程预算			
学习情境二	定额工程量解析		学时	27
任务2	道路工程定额计价工程量计算		学时	6
班级		第　　组	成员姓名	
评分说明	每个小组成员评价分为自评和小组其他成员评价两部分,取平均值计算,作为该小组成员的任务评价个人分数。评价项目共设计五个,依据评分标准给予合理量化打分。小组成员自评分后,要找小组其他成员不记名方式打分,成员互评分为其他小组成员的平均分			
对象	评分项目	评分标准		评分
自评 (100分)	核心价值观(20分)	是否有违背社会主义核心价值观的思想及行动		
	工作态度(20分)	是否按时完成负责的工作内容、遵守纪律,是否积极主动参与小组工作,是否全过程参与,是否吃苦耐劳,是否具有工匠精神		
	交流沟通(20分)	是否能良好地表达自己的观点,是否能倾听他人的观点		
	团队合作(20分)	是否与小组成员合作完成,做到相互协助、相互帮助、听从指挥		
	创新意识(20分)	看问题是否能独立思考,提出独到见解,是否能够创新思维解决遇到的问题		
成员互评 (100分)	核心价值观(20分)	是否有违背社会主义核心价值观的思想及行动		
	工作态度(20分)	是否按时完成负责的工作内容、遵守纪律,是否积极主动参与小组工作,是否全过程参与,是否吃苦耐劳,是否具有工匠精神		
	交流沟通(20分)	是否能良好地表达自己的观点,是否能倾听他人的观点		
	团队合作(20分)	是否与小组成员合作完成,做到相互协助、相互帮助、听从指挥		
	创新意识(20分)	看问题是否能独立思考,提出独到见解,是否能够创新思维解决遇到的问题		
最终小组成员得分				
小组成员签字			评价时间	

任务2　教学反馈单

课程	市政工程预算		
学习情境二	定额工程量解析	学时	27
任务2	道路工程定额计价工程量计算	学时	6
序号	调查内容	是	否	理由陈述

序号	调查内容	是	否	理由陈述
1	你是否喜欢这种上课方式？			
2	与传统教学方式比较你认为哪种方式学到的知识更实用？			
3	针对每个学习任务你是否学会如何进行资讯？			
4	计划和决策感到困难吗？			
5	你认为学习任务对你将来的工作有帮助吗？			
6	通过本任务的学习,你学会道路工程的定额工程量计算规则了吗？			
7	你能计算道路工程的定额工程量吗？			
8	你知道道路工程的施工方法吗？			
9	通过几天来的工作和学习,你对自己的表现是否满意？			
10	你对小组成员之间的合作是否满意？			
11	你认为本情境还应学习哪些方面的内容？（请在下面空白处填写）			

你的意见对改进教学非常重要,请写出你的建议和意见：

被调查人签名　　　　　　　　　　　　　　调查时间

任务 3　桥涵工程定额计价工程量计算

课程	市政工程预算		
学习情境二	定额工程量解析	学时	27
任务 3	桥涵工程定额计价工程量计算	学时	6
布置任务			
任务目标	(1)掌握桥涵工程项目定额计算规则； (2)掌握桥涵工程工程量计算的方法； (3)学会计算桥涵工程的定额工程量； (4)能够在完成任务过程中锻炼职业素养，做到工作程序严谨认真对待，完成任务能够吃苦耐劳主动承担，能够主动帮助小组落后的其他成员，有团队意识，诚实守信、不瞒骗，培养保证质量等建设优质工程的爱国情怀		
任务描述	计算某桥涵工程相关的定额工程量。具体任务如下： (1)根据任务要求，收集桩基、基坑与边坡支护、现浇混凝土构件、预制混凝土构件、砌筑工程、立交箱涵工程、钢结构的定额工程量计算规则； (2)确定桩基、基坑与边坡支护、现浇混凝土构件、预制混凝土构件、砌筑工程、立交箱涵工程、钢结构的定额工程量计算方法； (3)计算桩基、基坑与边坡支护、现浇混凝土构件、预制混凝土构件、砌筑工程、立交箱涵工程、钢结构的定额工程量		

学时安排	资讯	计划	决策	实施	检查	评价
	3学时	0.5学时	0.5学时	1学时	0.5学时	0.5学时

对学生学习及成果的要求	(1)每名同学均能按照资讯思维导图自主学习，并完成知识模块中的自测训练； (2)严格遵守课堂纪律，学习态度认真、端正，能够正确评价自己和同学在本任务中的素质表现，积极参与小组工作任务讨论，严禁抄袭； (3)具备工程造价的基础知识；具备桥涵工程的构造、结构、施工知识； (4)具备识图的能力；具备计算机知识和计算机操作能力； (5)小组讨论桥涵工程工程量计算的方案，能够确定桥涵工程工程量的计算规则，掌握桥涵工程定额工程量的计算方法，能够正确计算桥涵工程的定额工程量； (6)具备一定的实践动手能力、自学能力、数据计算能力、沟通协调能力、语言表达能力和团队意识； (7)严格遵守课堂纪律，不迟到、不早退；学习态度认真、端正；每位同学必须积极动手并参与小组讨论； (8)讲解桥涵工程定额工程量的计算过程，接受教师与同学的点评，同时参与小组自评与互评

资讯思维导图

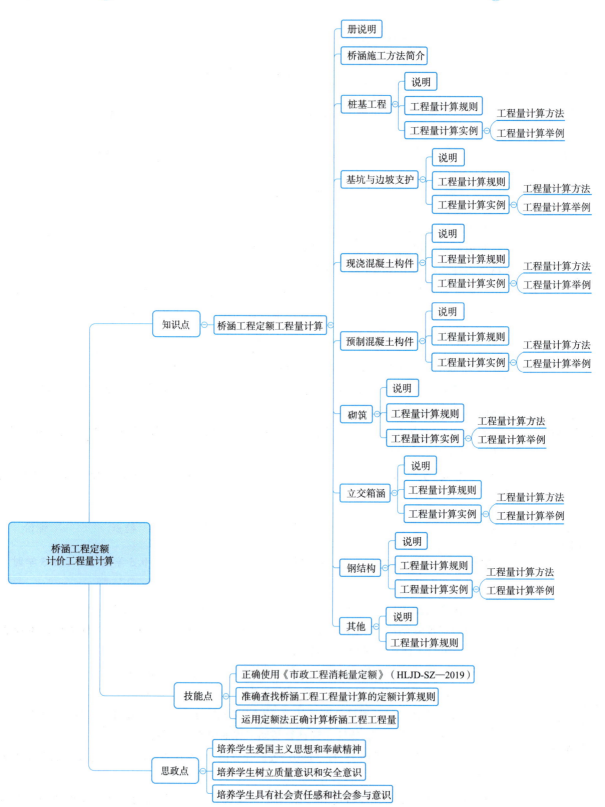

《桥涵工程》册说明

《桥涵工程》册是《市政工程消耗量定额》(HLJD-SZ—2019)的第三册,包括桩基工程、基坑与边坡支护、现浇混凝土构件、预制混凝土构件、砌筑、立交箱涵、钢结构、其他,共八章。《桥涵工程》册定额适用于城镇范围内新建、扩建、改建的市政道路工程。

(1)《桥涵工程》册定额适用于:

①城镇范围内的桥梁工程;

②单跨 5 m 以内的各种板涵、拱涵工程(圆管涵执行第五册《市政管网工程》相关项目,其中管道铺设及基础项目人工、机械费乘以系数 1.25);

③穿越城市道路及铁路的立交箱涵工程。

(2)《桥涵工程》册定额中预制混凝土构件中预制均为现场预制,不适用于商品构配件厂所生产的构配件,采用商品构配件编制造价时,按构配件到达工地的价格计算。

(3)《桥涵工程》册定额中混凝土均采用预拌混凝土,定额中未考虑混凝土输送,发生时执行"第三章 现浇混凝土构件"中"混凝土输送"相关项目。

(4)《桥涵工程》册定额中提升高度按原地面标高至梁底标高 8 m 时,超过部分可另行计算超高费:

①现浇混凝土项目按提升高度不同将全桥划分为若干段,以超高段承台顶面以上混凝土(不含泵送混凝土)、模板的工程量,按表 2-26 调整相应定额中人工、起重机械台班的消耗量分段计算。

②陆上安装梁按表 2-26 调整相应定额中的人工及起重机械台班的消耗量分段计算。

表 2-26 现浇混凝土、陆上安装梁消耗量系数表

提升高度 H/m	消耗量系数	
	人工	起重机械
$H \leq 15$	1.10	1.25
$H \leq 22$	1.25	1.60
$H > 22$	1.50	2.00

(5)《桥涵工程》册定额中均未包括各类操作脚手架,发生时执行第十一册《措施项目》相关项目。

知识模块 1:桥涵施工方法简介

各种底板虽然其功能形状位置各不相同,施工方法不尽一致,但大体上是相同的。浇筑顺序为先主体后两侧,先低后高。基底土质如不够干燥坚实,必要时经监理工程师批准,可先浇筑 10 cm 厚 C10 混凝土垫层,而后再浇筑底板。

一、模板工程

采用组合钢模板施工,局部止水处采用木模板在加工场按图纸配制,检查合格后运至现场安装。木模板表面应刨光。安装前涂刷隔离剂。木模板采用 25 mm 厚松木板(木工板),背筋均为 50 mm × 100 mm 扁方。模板采用地垄木固定,模板木支撑水平向夹角不得大于 40°,(墙、梁模板用对拉螺栓等)模板安装好后,现场检查安装质量、尺寸、位置均符合要求后,再进行下道工序施工。

二、钢筋工程

钢筋在内场加工成形,现场绑扎定位,上、下层钢筋片间用工字型钢筋支撑,支撑与上、下层钢筋网片点焊,以确保网片之间的尺寸。下层钢筋网片垫混凝土垫块,垫块强度不低于底板混凝土,以确保钢筋保护层,支撑间距不应大于 1.5 m。需要焊接的钢筋现场焊接,为加快施工进度,直径 14 mm 以下的钢筋尽量采用搭接。

三、止水橡胶

止水片的形式、尺寸满足设计要求,各种物理性能符合有关规定。模板立制时,在设计位置安装止水,使止水片嵌固于模板中,另外,应用小木板固定止水片,便其在混凝土浇筑过程中不移位,止水片搭接长度不小于10 cm,采用氯丁橡胶黏结法,搭接面平整,人工挫毛,层间均匀刷涂胶水。胶接后,采用特制铁夹固定夹紧,加压时间不得少于 24 h。

伸缩缝的混凝土面层完全清除干净,并用沥青砂灌注,防止缝面之间的黏结,以达到结构有伸缩变形时不损伤混凝土的目的。对已安装的止水设施,加以保护,以防意外破坏,在止水片附近浇混凝土时,应仔细、认真振捣,不得冲撞止水片,当混凝土即将淹埋止水片时,清除其表面污垢。嵌固止水片的模板适当推迟拆模时间,防止止水产生变形和破坏。

四、混凝土工程

混凝土采用机械拌制,机动翻斗车将混凝土运输至施工现场,人工上料至浇筑仓面,混凝土浇筑严格分层,层厚 30 cm,浇筑层面积与机械拌制、运输相适应,施工中不得产生冷缝。上层混凝土浇筑时,振动棒插入下层混凝土 5 cm。确保上下层混凝土结合紧密。仓内混凝土泌水及时排除。混凝土浇筑成形后,用水准仪控制表面高程,确保成形混凝土面高程与设计相符,混凝土终凝前,人工压实、抹平、收光。混凝土终凝后,及时养护。混凝土浇筑过程中要注意钢筋、预埋件、止水等位置的准确性,并使止水周围混凝土浇筑振捣密实。施工缝预留为台阶形。

简述桥涵施工方法。

知识模块 2:桩基工程工程量计算

一、说明

(1)桩基工程项目不包括桩基施工中遇到障碍必须清除的工作,发生时另行计算。

(2)打桩工作平台根据相应的打桩项目打桩机的锤重进行选择。钻孔灌注桩工作平台按孔径 $\phi \leqslant$ 1 000 mm 套用锤重小于或等于 2 500 kg 打桩工作平台;$\phi > 1 000$ mm 套用锤重小于或等于 5 000 kg 打桩工作平台。

(3)打桩土质类别综合取定。本章定额均为打直桩,打斜桩(包括俯打、仰打)斜率在 1∶6 以内时,人工乘以系数 1.33,机械乘以系数 1.43。

(4)陆上、支架上打桩项目均为包括运桩。

(5)送桩定额按送 4 m 为界,如实际超过 4 m 时,按相应项目乘以下列调整系数:

①送桩 5 m 以内乘以系数 1.2;

②送桩 6 m 以内乘以系数 1.5;

③送桩 7 m 以内乘以系数 2.0;

④送桩 7 m 以上,以调整后 7 m 为基础,每超过 1 m 递增系数 0.75。

(6)打钢管桩项目不包括接桩费用,如发生接桩,按实际接头数量套用钢管桩接桩定额;打钢管桩送桩,按相应打桩项目调整计算:不计钢管桩主材,人工、机械数量乘以系数 1.9。

(7)成孔项目按孔径、深度和土质划分项目,若超过定额使用范围时,应另行计算。

(8)埋设钢护筒项目钢护筒按摊销量计算,若在深水作业,钢护筒无法拔出时,经建设项目签证后,可按钢护筒实际用量(或参考表 2-27)减去定额数量一次增列计算,但该部分不得取除税金外的其他费用。

表 2-27 钢护筒质量

桩径/mm	800	1 000	1 200	1 500	2 000
每米护筒质量/kg	155.06	184.87	285.93	345.09	554.6

(9)灌注混凝土均按水下混凝土导管倾注考虑,采用非水下混凝土时混凝土材料可替换。项目已包括设备(如导管等)摊销,混凝土用量中均已包括了充盈系数和材料损耗。

(10)泥浆制作定额按普通泥浆考虑。

二、桩基工程工程量计算规则

1. 搭拆打桩工作平台面积计算

(1)桥梁打桩：

$$F = N_1 F_1 + N_2 F_2$$

每座桥台(桥墩)：

$$F_1 = (5.5 + A + 2.5) \times (6.5 + D)$$

每条通道：

$$F_2 = 6.5 \times [L - (6.5 + D)]$$

(2)钻孔灌注桩：

$$F = N_1 F_1 + N_2 F_2$$

每座桥台(桥墩)：

$$F_1 = (A + 6.5) \times (6.5 + D)$$

每条通道：

$$F_2 = 6.5 \times [L - (6.5 + D)]$$

式中 F——工作平台总面积;

F_1——每座桥台(桥墩)工作平台面积;

F_2——桥台至桥墩间或桥墩至桥墩间通道工作平台面积;

N_1——桥台和桥墩总数量;

N_2——通道总数量;

D——两排桩之间的距离,m;

L——桥梁跨径或护岸的第一根桩中心至最后一根桩中心之间的距离,m;

A——桥台(桥墩)每排桩的第一根桩中心至最后一根桩中心之间的距离,m。

2. 打桩

(1)钢筋混凝土方桩按桩长度(包括桩尖长度)乘以桩横断面面积计算。

(2)钢筋混凝土管桩按桩长度(包括桩尖长度)乘以桩横断面面积,空心部分体积不计。

(3)钢管桩按成品桩考虑,以吨计算。

3. 焊接桩型钢用量可按实际情况调整

略。

4. 送桩

(1)陆上打桩时,以原地面平均标高增加1 m为界线,界线以下至设计桩顶标高之间的打桩实体积为送桩工程量。

(2)支架上打桩时,以当地施工期间的最高水位增加0.5 m为界线,界线以下至设计桩顶标高之间的打桩实体积为送桩工程量。

5. 灌注桩

(1)回旋钻机钻孔、冲击式钻机钻孔、卷扬机带冲抓锥冲孔的成孔工程量按设计入土深度计算。项目的孔深指原地面(水上指工作平台顶面)至设计桩底的深度。成孔项目同一孔内的不同土质,不论其所在的深度如何,均执行总孔深定额。

旋挖钻机钻孔按设计入土深度乘以桩截面面积计算,入岩增加费按实际入岩体积计算,中风化岩和微风化岩作入岩计算。

(2)灌注桩水下混凝土工程量按设计桩长增加1 m乘以设计桩径截面面积计算。

(3)人工挖孔工程量按护壁外缘包围的面积乘以深度计算,现浇混凝土护壁和灌注桩混凝土按设计图示尺寸以"m^3"为单位计算。

(4)灌注桩后注浆工程量计算按设计注浆量计算,注浆管管材费用另计,但利用声测管注浆时不得重复计算。

(5)声测管工程量按设计数量计算。

另外,台与墩或墩与墩之间不能连续施工时(如不能断航、断交通或拆迁工作不能配合),每个墩、台可计一次组装、拆卸柴油打桩架及设备运输费。

三、桩基工程工程量计算实例

1. 桩基工程工程量计算方法

1）预制钢筋混凝土方桩、管桩定额工程量

$$V = V_1 - V_2$$

式中　V——钢筋混凝土桩工程量，m^3；
　　　V_1——方桩、管桩体积，m^3；
　　　V_2——管桩空心部分体积，m^3。

注：①钢筋混凝土方桩按桩长度（包括桩尖长度）乘以桩横断面面积计算；
　　②钢筋混凝土管桩按桩长度（包括桩尖长度）乘以桩横断面面积，空心部分体积不计；
　　③本章定额均为打直桩，打斜桩（包括俯打、仰打）斜率在1:6以内时，人工乘以系数1.33，机械乘以系数1.43。

2）钢管桩定额工程量

按成品桩考虑以吨计算(t)。

注：打钢管桩项目不包括接桩费用，如发生接桩，按实际接头数量套用钢管桩接桩定额；打钢管桩送桩，按相应打桩项目调整计算；不计钢管桩主材，人工、机械数量乘以系数1.9。

3）泥浆护壁成孔灌注桩、沉管灌注桩、干作业成孔灌注桩定额工程量

（1）回旋钻机钻孔、冲击式钻机钻孔、卷扬机带冲抓锥冲孔的成孔：

$$工程量 = 设计入土深度 \quad (m)$$

注：项目的孔深指原地面（水上指工作平台顶面）至设计桩底的深度。

（2）旋挖钻机钻孔：

$$工程量 = 设计入土深度 \times 桩截面面积 \quad (m^3)$$

注：入岩增加费按实际入岩体积计算，中风化岩和微风化岩作入岩计算。

（3）灌注桩水下混凝土：

$$工程量 = (设计桩长 + 1) \times 设计桩径截面面积 \quad (m^3)$$

4）人工挖孔灌注桩定额工程量

（1）人工挖孔：

$$工程量 = 护壁外缘包围的面积 \times 深度 \quad (m^3)$$

（2）现浇混凝土护壁和灌注桩混凝土：

$$工程量 = 设计体积 \quad (m^3)$$

5）灌注桩后注浆定额工程量

$$工程量 = 设计注浆量 \quad (m^3)$$

注：注浆管管材费用另计，但利用声测管注浆时不得重复计算。

6）截桩头定额工程量

$$工程量 = 凿除钢筋混凝土体积 \quad (m^3)$$

7）声测管定额工程量

$$工程量 = 设计图示质量 \quad (t)$$

2. 桩基工程工程量计算举例

【例2-14】某桥涵工程，采用打桩机打钢筋混凝土板桩，尺寸如图2-22所示，求钢筋混凝土板桩工程量。

【解】：$V = L \times S = 13.5 \times 0.25 \times 0.55 = 1.86 (m^3)$

【例2-15】某桥梁工程采用混凝土空心管桩，其尺寸如图2-23所示，求管桩工程量。

【解】：定额工程量：

$$管桩体积 \ V_1 = 1/4 \times 3.14 \times (0.5 + 0.1 \times 2)^2 \times (21 + 0.6) = 8.31 (m^3)$$

$$空心体积 \ V_2 = 1/4 \times 3.14 \times 0.5^2 \times 21 = 4.12 (m^3)$$

$$空心管桩体积 \ V = V_1 - V_2 = 8.31 - 4.12 = 4.19 (m^3)$$

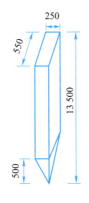 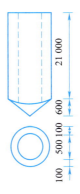

图 2-22　钢筋混凝土板桩(单位:mm)　　图 2-23　混凝土管桩(单位:mm)

思一思:
预制混凝土方桩的工程量计算规则是什么?

知识模块 3:基坑与边坡支护工程量计算

一、说明

(1)基坑与边坡支护定额适用于黏土、砂土及冲填土等软土层图纸情况下桥涵工程的基坑与边坡支护项目,遇其他较硬地层时执行相应项目。

(2)基坑与边坡支护定额均为打直桩,打斜桩(包括俯打、仰打)斜率在1:6以内时,人工乘以系数1.33,机械乘以系数1.43。

(3)打桩工作平台根据相应的打桩项目打桩机的锤重进行选择,执行《桥涵工程》册第一章桩基相关项目。

(4)打板桩项目均已包括打、拔导向桩内容,不得重复计算。

(5)陆上、支架上、打桩项目均未包括运桩。

(6)地下连续墙成槽的护壁泥浆,是按普通泥浆编制的,若需要重晶石泥浆时,可替换材料。

(7)咬合灌注桩导墙执行地下连续墙导墙相应项目。

(8)砂浆土钉定额钢筋按 $\phi 10$ mm 以外编制,材料品种、规格不同时允许换算。

二、基坑与边坡支护工程量计算规则

(1)打桩:钢筋混凝土板按桩长度(包括桩尖长度)乘以桩截面面积计算。

(2)地下连线墙成槽土方量及浇筑混凝土工程量按连续墙设计截面面积(设计长度乘以宽度)槽深(设计槽深加超深0.5 m)以"m^3"为单位计算;锁口管、接头箱吊拔及清底置换按设计图示连续墙的单元以"段"为单位,其中清底置换按连续墙设计段数计算,锁口管、接头箱吊拔按连续墙段数加1段计算。

(3)混凝土搅拌墙按设计截面面积乘以设计长度以"m^3"为单位计算,搅拌桩成孔中重复套钻工程量已在项目中考虑,不另行计算。

(4)咬合灌注桩按设计图示单桩尺寸以"m^3"为单位计算。

(5)锚杆和锚索的钻孔、压浆按设计图示长度以"m"为单位计算,制作、安装按照设计图示主材(钢筋或钢绞线)质量以"t"为单位计算,不包括附件质量;砂浆土钉、钢管护坡土钉按照设计图示长度以"m"为单位计算;喷射混凝土按设计图示尺寸以"m^2"为单位计算,挂网按设计用钢量计算。

三、基坑与边坡支护工程量计算实例

1. 基坑与边坡支护工程量计算方法

地下连续墙:

$$V = L \times C \times H$$

式中 V——地下连续墙体积,m^3；

L——图示墙中心线长度,m；

C——图示墙厚度,m；

H——槽深,m。

2. 基坑与边坡支护工程量计算举例

【例 2-16】某砂性土进行地下连续墙制作,在地下挖1.5 m深的深槽,浇筑C25的混凝土形成墙体,用锁口管将墙体相连制成连续墙,利用基坑挖土将地下连续墙围成的土体挖出形成基坑,连续墙宽度尺寸和基坑宽度尺寸如图2-24所示,试编制地下连续墙和基坑挖土工程量。

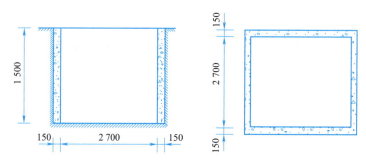

图 2-24　地下连续墙和基坑挖土示意图(单位:mm)

【解】①地下连续墙工程量 $= L \times C \times H = (2.7 + 0.15) \times 2 \times 2 \times 0.15 \times 1.5 = 2.57(m^3)$

②基坑挖土工程量 $= 2.7 \times 2.7 \times 1.5 = 10.94(m^3)$

忆一忆：

简述基坑与边坡支护工程量计算规则。

知识模块4：现浇混凝土构件工程量计算

一、说明

(1)现浇混凝土构件定额适用于桥涵工程现浇各种混凝土构筑物。

(2)现浇混凝土构件项目均未包括预埋铁件,如设计要求预埋铁件时,执行其他分册相关项目。

(3)本章项目毛石混凝土的块石含量为15%,如与设计不同时可以换算,但人工、机械不作调整。

(4)承台分有底模及无底模两种,应按不同的施工方法执行本章相应项目。

(5)项目混凝土按常用强度等级列出,如设计要求不同时可以换算。

(6)钢纤维混凝土中的钢纤维含量,如设计含量不同时可以相应调整。

(7)现浇混凝土构件项目模板按部位取定了木模、工具式钢模(除防撞护栏采用定型模外),并结合桥梁实际情况综合了不分部位的复合模板与定型钢模项目。

(8)现浇梁、板等模板项目均已包括铺筑底模内容,但不包括支架部分,如发生时执行本章有关项目。

(9)桥梁支架不包括底模及地基加固。

(10)挂篮与0号块扇形支架场外运输费用另行计算。

二、现浇混凝土构件工程量计算规则

(1)混凝土工程量按设计尺寸以实体积计算(不包括空心板、梁的空心体积),不扣除钢筋、铁丝、铁件、预留压浆孔道和螺栓所占的体积。

(2)模板工程量按模板接触混凝土的面积计算。

(3)现浇混凝土墙、板上单孔面积在0.3 m²以内的孔洞不予扣除,洞侧壁模板面积亦不再计算;单孔面积在0.3 m²以上时应予扣除,洞侧壁模板面积并入墙、板模板工程量之内计算。

(4)桥涵拱盔、支架空间体积计算：

①桥涵拱盔体积按起拱线以上弓形侧面积乘以(桥宽+2 m)计算；

②桥涵支架体积为结构底到原地面(水上支架为水上支架平台顶面)平均高度乘以纵向距离再乘以(桥宽+2 m)计算。

(5)支架堆载预压按设计要求计算，设计未规定时按支架承载的梁体设计质量乘以系数1.1计算。

(6)装配式钢支架定额只含万能杆件摊销量，其使用费另行计算，工程量按每立方米空间体积125 kg计算。

(7)满堂式钢管支架定额只含搭拆，使用费另行计算，工程量按每立方米空间体积50 kg计算(包括扣件等)。

(8)0号块扇形支架安拆工程量按顶面梁宽计算。边跨采用挂篮施工时，其合拢段扇形支架的安拆工程量按梁宽的50%计算。

(9)项目的挂篮形式为自锚式无压重钢挂篮，钢挂篮质量按设计要求确定。推移工程量按挂篮质量乘以推移距离以"t·m"为单位计算。

(10)混凝土输送及泵管安拆使用：

①混凝土输送按混凝土相应定额子目的混凝土消耗量以"m^3"为单位计算，若采用多级输送时，工程量应分级计算。

②泵管安拆按实际需要的长度以"m"为单位计算。

③泵管使用以延长米"m·d"为单位计算。

三、现浇混凝土构件工程量计算实例

1. 现浇混凝土构件工程量计算方法

1)现浇混凝土构件

垫层、基础、承台、墩(台)帽、墩(台)身、支撑梁及横梁、墩(台)盖梁、拱桥拱座、拱桥拱肋、拱上构件、箱梁、连续板、板梁、板拱、挡墙墙身、挡墙压顶、桥头搭板、搭板枕梁、桥塔身、连系梁、钢管拱混凝土工程量按设计图示尺寸以体积计算。

$$V = h \times S$$

式中　　V——工程量，m^3；

　　　　h——构件高度(厚度)，m；

　　　　S——构件横断面面积，m^2。

棱台计算公式为

$$V = \frac{h}{3}(A_1 + A_2 + \sqrt{A_1 A_2})$$

式中　　V——工程量，m^3；

　　　　A_1——棱台体上口的面积，m^2；

　　　　A_2——棱台体下口的面积，m^2；

　　　　h——棱台的高度，m。

混凝土工程量按设计尺寸以体积计算，扣除空心板、梁的空心体积，不扣除钢筋、铁丝、铁件、预留压浆孔道和螺栓所占的体积。

2)现浇混凝土楼梯定额工程量

$$S = L \times B$$

式中　　S——水平投影面积，m^2；

　　　　L——水平投影长度，m；

　　　　B——水平投影宽度，m。

3)现浇混凝土防撞护栏定额工程量

$$V = V_1 - V_2$$

式中　　V——混凝土防撞护栏工程量，m^3；

　　　　V_1——护栏体积，m^3；

　　　　V_2——空心部分体积，m^3。

板类构件均不扣除单孔面积在 0.3 m² 以内孔洞的混凝土体积。

4)桥面铺装定额工程量

$$S = L \times B$$

式中　S——桥面铺装面积,m²;

　　　L——桥面铺装长度,m;

　　　B——桥面铺装宽度,m。

沥青类材料铺装桥面时,定额工程量执行第二册"道路工程"相应定额,如铺装面积在 800 m² 以内时,人工、机械乘以系数 1.5。

2. 现浇混凝土构件工程量计算举例

【例 2-17】某桥墩盖梁如图 2-25 所示,现场浇筑混凝土施工,求该盖梁混凝土工程量。

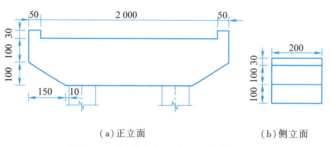

图 2-25　桥墩盖梁示意图(单位:cm)

【解】$V = [(1+1) \times (20+0.5 \times 2) - 1 \times 1.5 + 0.5 \times 0.3 \times 2] \times 2 = 81.60 (m^3)$

【例 2-18】图 2-26 所示为某桥梁双棱形花纹的栏杆,栏杆总长度为 80 m,试计算其工程量。

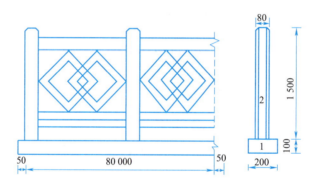

图 2-26　双棱形花纹栏杆(单位:mm)

【解】定额工程量 $= (80 + 2 \times 0.05) \times 0.1 \times 0.2 + 80 \times 0.08 \times 1.5 = 1.6 + 9.6 = 11.2 (m^3)$

想一想:

现浇混凝土楼梯定额工程量的计算方法是什么?

知识模块 5:预制混凝土构件工程量计算

一、说明

(1)构件预制定额适用于现场制作的预制构件。

(2)本章项目均未包括预埋铁件,可按设计用量执行相应项目。

(3)预制构件项目未包括胎、地模,需要时执行本章有关项目。

(4)安装预制构件,应根据施工现场具体情况采用合理的施工方法,执行相应项目。

(5)预应力桁架梁预制套用桁架拱拱片子目;构件安装执行板拱项目,人工、机械乘以系数 1.2。

(6)预制构件场内运输定额适用于除小型构件外的预制混凝土构件。小型构件指单件混凝土体积小于或等于 0.05 m³ 的构件,其场内运输已包括在定额项目内。

(7)双导梁安装构件项目不包括导梁的安拆及使用,执行装配式钢支架项目,工程量按实计算。

二、预制混凝土构件工程量计算规则

1. 混凝土工程量计算

(1)预制空心构件按设计图示尺寸扣除空心体积,以实体积计算。空心板梁的堵头板体积不计入工程量内,其消耗量已在定额项目中考虑。

(2)预制空心板梁,采用橡胶囊做内模时,考虑其压缩变形因素,可增加混凝土数量,当梁长在 16 m 以内时,可按设计计算体积增加 7%,若梁长大于 16 m 时,则按增加 9% 计算。如设计图注明已考虑橡胶囊变形时,不另外计算增加混凝土量。

(3)预应力混凝土构件的封锚混凝土数量并入构件混凝土工程量计算。

2. 模板工程量计算

(1)预制构件中预应力混凝土构件及 T 形梁、I 形梁、双曲拱、桁架拱等构件均按模板接触混凝土的面积(包括侧模、底模)计算。

(2)灯柱、端柱、栏杆等小型构件按平面投影面积计算。

(3)预制构件中非预应力构件按模板接触混凝土的面积计算,不包括胎、地模。

(4)空心板梁中空心部分,本定额均采用橡胶囊抽拔,其摊销量已包括在项目内,不再计算空心部分模板工程量。

(5)空心板中空心部分,可按模板接触混凝土的面积计算工程量。

安装预制构件以"m³"为计量单位的,均按构件混凝土实体积(不包括空心部分)计算。

三、预制混凝土构件工程量计算实例

1. 预制混凝土构件工程量计算方法

$$V = h \times S$$

式中　V——工程量,m³;

　　　h——构件高度(厚度),m;

　　　S——构件横断面面积,m²。

2. 预制混凝土构件工程量计算举例

【例 2-19】:某桥梁工程,158 根 C30 预制钢筋混凝土柱,如图 2-27 所示。试计算柱定额工程量。

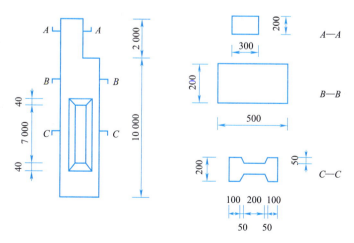

图 2-27　某工程钢筋混凝土柱示意图(单位:mm)

【解】

混凝土柱体积 = 上部柱子的体积 V_1 + 下部柱子的体积 V_2 − 凹下去两个棱台的体积 V_3

$V_1 = 0.3 \times 0.2 \times 2 = 0.12 (m^3)$

$V_2 = 0.5 \times 0.2 \times 10 = 1 \, (\text{m}^3)$

$V_3 = 2 \times 1/3 \times 0.05 \times (0.2 \times 7 + 0.3 \times 7.08 + \sqrt{0.2 \times 7 \times 0.3 \times 7.08})$

$\quad = 2 \times 1/3 \times 0.05 \times (1.4 + 2.124 + 1.724) = 0.175 \, (\text{m}^3)$

定额工程量计算见表2-28。

表 2-28 定额工程量计算表

定额编码	项目特征	计量单位	工程量计算
3-330	预制混凝土柱制作	m³	$V = (0.12 + 1 - 0.175) \times 158 = 0.945 \times 158 = 149.31 \, (\text{m}^3)$
3-332	预制混凝土柱安装	m³	$V = (0.12 + 1 - 0.175) \times 158 = 0.945 \times 158 = 149.31 \, (\text{m}^3)$
3-430	起重机装车　平板拖车运输　构件质量 15 t 以内 1 km 以内	m³	$V = (0.12 + 1 - 0.175) \times 158 = 0.945 \times 158 = 149.31 \, (\text{m}^3)$

查一查：

预制混凝土工程量的计算规则是什么？

知识模块 6：砌筑工程量计算

一、说明

(1) 本章定额适用于砌筑高度在 8 m 以内的桥涵砌筑工程。

(2) 砌筑项目未包括垫层、拱背和台背的填充项目,如发生上述项目,执行相关项目。

(3) 拱圈项目已包括底模,但不包括拱盔和支架,执行相关项目。

(4) 本章定额中砂浆均按预拌干混砂浆编制。

二、砌筑工程量计算规则

(1) 砌筑工程量按设计砌体尺寸以立方米体积计算,嵌入砌体中的钢管、沉降缝、伸缩缝以及单孔面积 0.3 m² 以内的预留孔所占体积不予扣除。

(2) 滤层按设计尺寸以立方米体积计算。

三、砌筑工程量计算实例

1. 砌筑工程量计算方法

(1) 垫层、干砌块料、浆砌块料、砖砌体(计算规则同预制混凝土构件)。

(2) 护坡：

$$\text{工程量} = \text{图示面积}$$

2. 砌筑工程量计算举例

【例 2-20】某桥梁桥头引道两侧护坡采用砖护墙,立面形式如图 2-28 所示,已知砌筑长度为 3 m,砌成 37 墙,高度为 2.2 m,总共 6 段,且墙体上有直径为 0.15 m 的泄水孔,计算该桥梁护墙砌筑工程量。

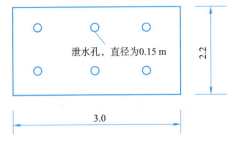

图 2-28　桥头引道护坡侧立面示意图(单位:m)

【解】：单个泄水孔面积为：$3.14 \times (0.15/2)^2 = 0.018 < 0.3 (m^2)$，则不用扣除其面积。

$$护墙砌筑工程量 = 2.2 \times 3 \times 0.37 \times 6 = 14.652 (m^3)$$

查一查：

简述砖砌体的工程量计算方法。

知识模块7：立交箱涵工程量计算

一、说明

(1)立交箱涵定额适用于穿越城市道路及铁路的立交箱涵顶进工程及现浇箱涵工程。

(2)立交箱涵定额顶进土质按一、二类土考虑，若实际土质与定额不同时，三类土人工、机具乘以系数1.14，四类土人工、机具乘以系数1.30。

(3)立交箱涵定额中未包括箱涵顶进的后靠背设施等，其费用另行计算。

(4)立交箱涵定额中未包括深基坑开挖、支撑及井点降水的工作内容，执行相关项目。

(5)立交桥引道的结构及路面铺筑工程，根据施工方法执行相关项目。

(6)箱涵顶进定额分空顶、无中继间实土顶和有中继间实土顶，有中继间实土顶适用于一级中继间接力顶进。

(7)立交箱涵项目箱涵自重是指箱涵顶进时的总质量，应包括拖带的设备质量(按箱质量的5%计)，采用中继间接力顶进时还应包括中继间的质量。

二、立交箱涵工程量计算规则

(1)箱涵滑板下的肋楞，其工程量并入滑板内计算。

(2)箱涵混凝土工程量，不扣除单孔面积在0.3 m²以内预留孔洞所占的体积。

(3)顶柱、中继间护套及挖土支架均属专用周转性金属构件，项目已摊销量计列，不得重复计算。

(4)箱涵顶进工程量计算：

①空顶工程量按空顶的单节箱涵质量乘以箱涵位移距离计算。

②实土顶工程量按被顶箱涵的质量乘以箱涵位移距离分段累计计算。

(5)气垫只考虑在预制箱涵底板上使用，按箱涵底面积计算。气垫的使用天数由施工组织设计确定，但采用气垫后在套用顶进定额时乘以系数0.7。

三、立交箱涵工程量计算实例

1. 立交箱涵工程量计算方法

滑板、箱涵底板、箱涵侧墙、箱涵顶板：

$$工程量 = 图示体积$$

箱涵滑板下的肋楞，其工程量并入滑板内计算。

箱涵混凝土按设计图示尺寸以体积计算，不扣除单孔面积在0.3 m²以内预留孔洞所占的体积。

2. 立交箱涵工程量计算举例

【例2-21】 某箱涵的道桥滑板采用顶进法施工，滑板的具体结构如图2-29所示，为了增加滑板底板土层的摩擦阻力，防止箱体启动时带动滑板，在设计滑板时，底板每隔8.0 m设置一个反梁，另外，为减少启动阻力，在滑板施工过程中埋入带孔的寸管，滑板长30 m，宽3 m，计算该滑板的工程量。

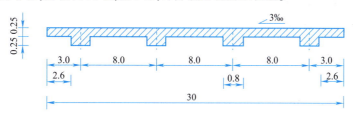

图2-29 滑板结构示意图(单位：m)

【解】：$(30 \times 0.25 + 0.8 \times 0.25 \times 4) \times 3 = 24.9 (m^3)$

查一查：

箱涵底板的工程量计算方法。

知识模块 8：钢结构工程量计算

一、说明

(1) 钢结构定额适用于工厂制作,现场吊装的钢结构。

(2) 构件由制作工程至安装现场的运输费用计入构件价格内。

二、钢结构工程量计算规则

(1) 钢构件工程量按设计图纸的主材(不包括螺栓)质量,以"t"为单位计算。

(2) 钢梁质量为钢梁(含横隔板)、桥面板、横肋、横梁及锚筋之和。

(3) 钢拱肋的工程量包括肋钢管、横撑、腹板、拱脚处外侧钢板、拱脚接头钢板及各种加筋块。

(4) 钢立柱上的节点板、加强环、内衬管、牛腿等并入钢立柱工程量内。

三、钢结构工程量计算实例

1. 钢结构工程量计算方法

$$m = \frac{\rho \times V}{1\,000}$$

式中　m——工程量,t；

　　　ρ——钢金属密度,kg/m³；

　　　V——图示体积,m³。

2. 钢结构工程量计算举例

【例 2-22】某斜拉桥的四个索塔布置形式相同,如图 2-30 所示,每根斜索均采用直径为 50 mm 的钢筋,已知该钢筋每米理论质量为 15.425 kg,计算其斜索工程量。

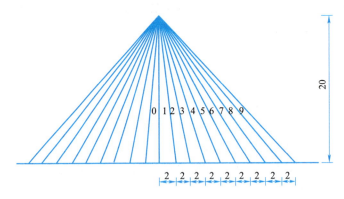

图 2-30　斜拉桥(单位：m)

【解】：$L_0 = 20 (m)$

$L_1 = \sqrt{20^2 + 2^2} = 20.10 (m)$

$L_2 = \sqrt{20^2 + 4^2} = 20.40 (m)$

$L_3 = \sqrt{20^2 + 6^2} = 20.88 (m)$

$L_4 = \sqrt{20^2 + 8^2} = 21.54 (m)$

$L_5 = \sqrt{20^2 + 10^2} = 22.36 (m)$

$L_6 = \sqrt{20^2 + 12^2} = 23.32 (m)$

$L_7 = \sqrt{20^2 + 14^2} = 24.41(\text{m})$

$L_8 = \sqrt{20^2 + 16^2} = 25.61(\text{m})$

$L_9 = \sqrt{20^2 + 18^2} = 26.91(\text{m})$

$L = L_0 + (L_1 + L_2 + L_3 + L_4 + L_5 + L_6 + L_7 + L_8 + L_9) \times 2 = 20 + 205.53 \times 2 = 431.06(\text{m})$

索塔工程量：$m = 15.425 \times L \times 4 = 26\,596.402(\text{kg}) = 26.596(\text{t})$

忆一忆：
钢结构工程量计算规则是什么？

知识模块9：其他工程工程量计算

一、说明

(1) 金属栏杆项目主材品种、规格与设计不符时可以换算，栏杆面漆按房屋建筑与装饰工程定额相应项目计算。

(2) 与四氟板式橡胶支座配套的上下钢板、不锈钢板、锚固螺栓等费用摊入支座价格中计列。

(3) 梳形钢板、钢板、橡胶板及毛勒伸缩缝均按成品考虑。

(4) 安装排水管项目已包括集水斗安装工作内容，但集水斗的材料费需按实另行计算。

二、其他工程工程量计算规则

(1) 金属栏杆工程量按设计图纸的主材质量，以"t"为单位计算。

(2) 橡胶支座按支座橡胶板（含四氟）尺寸以体积计算。

自测训练

一、单选题

1．《市政工程消耗量定额》(HLJD-SZ—2019)中规定，打桩土质类别综合取定。本章定额均为打直桩，打斜桩（包括俯打、仰打）斜率在1:6以内时，人工乘以系数（　　），机械乘以系数1.43。

　　A. 1.33　　　　B. 1.30　　　　C. 1.20　　　　D. 1.22

2．《市政工程消耗量定额》(HLJD-SZ—2019)中规定，泥浆制作定额按（　　）考虑。

　　A. 普通泥浆　　B. 水泥浆　　　C. 混合浆　　　D. 石灰浆

3．《市政工程消耗量定额》(HLJD-SZ—2019)中规定，满堂式钢管支架定额只含搭拆，使用费另行计算，工程量按每立方米空间体积（　　）计算（包括扣件等）。

　　A. 55 kg　　　B. 50 kg　　　C. 60 kg　　　D. 70 kg

4．《市政工程消耗量定额》(HLJD-SZ—2019)中规定，灌注桩水下混凝土工程量按设计桩长增加（　　）乘以设计桩径截面面积计算。

　　A. 0.8 m　　　B. 1 m　　　　C. 1.2 m　　　D. 1.4 cm

5．《市政工程消耗量定额》(HLJD-SZ—2019)中规定，钢管桩按成品桩考虑，以（　　）计算。

　　A. 长度　　　　B. 吨　　　　　C. 根　　　　　D. 体积

二、多选题

1．《市政工程消耗量定额》(HLJD-SZ—2019)中规定，送桩定额按送4 m为界，如实际超过4 m时，按相应项目乘以下列调整系数（　　）。

　　A. 送桩5 m以内乘以系数1.2

　　B. 送桩6 m以内乘以系数1.5

　　C. 送桩7 m以内乘以系数2.0

D. 送桩7 m以上,以调整后7 m为基础,每超过1 m递增系数0.75

E. 送桩5 m以内乘以系数1.3

2.《市政工程消耗量定额》(HLJD-SZ—2019)中规定,以下计算规则正确的有( )。

A. 锚杆和锚索的钻孔、压浆按设计图示长度以"m"为单位计算,制作、安装按照设计图示主材(钢筋或钢绞线)质量以"t"为单位计算,不包括附件质量

B. 砂浆土钉、钢管护坡土钉按照设计图示长度以"m"为单位计算

C. 喷射混凝土按设计图示尺寸以"m²"为单位计算,挂网按设计用钢量计算

D. 咬合灌注桩按设计图示单桩尺寸以"m³"为单位计算

E. 钢筋混凝土板按桩长度(不包括桩尖长度)乘以桩截面面积计算

三、判断题

1.《市政工程消耗量定额》(HLJD-SZ—2019)中规定,陆上、支架上打桩项目均为包括运桩。　　　　　　　　　　　　　　　　　　　　　　　　( )

2.《市政工程消耗量定额》(HLJD-SZ—2019)中规定,桩基工程项目不包括桩基施工中遇到障碍必须清除的工作,发生时另行计算。　　　　　　　　　　　　　　　　　　　　　　　　　　　　( )

3.《市政工程消耗量定额》(HLJD-SZ—2019)中规定,打钢管桩项目不包括接桩费用,如发生接桩,按实际接头数量套用钢管桩接桩定额。　　　　　　　　　　　　　　　　　　　　　　　　( )

4.《市政工程消耗量定额》(HLJD-SZ—2019)中规定,钢筋混凝土管桩按桩长度(包括桩尖长度)乘以桩横断面面积,空心部分体积并入计算。　　　　　　　　　　　　　　　　　　　　　( )

5.《市政工程消耗量定额》(HLJD-SZ—2019)中规定,陆上打桩时,以原地面平均标高增加1m为界线,界线以下至设计桩顶标高之间的打桩实体积为送桩工程量。　　　　　　　　　　　　　　( )

6.《市政工程消耗量定额》(HLJD-SZ—2019)中规定,灌注桩后注浆工程量计算按设计注浆量计算,注浆管管材费用另计,但利用声测管注浆时不得重复计算。　　　　　　　　　　　　　( )

7.《市政工程消耗量定额》(HLJD-SZ—2019)中规定,模板工程量按模板接触混凝土的面积计算。　　( )

8.《市政工程消耗量定额》(HLJD-SZ—2019)中规定,预制空心构件按设计图示尺寸不扣除空心体积,以实体积计算。　　　　　　　　　　　　　　　　　　　　　　　　　　　　　　( )

9.《市政工程消耗量定额》(HLJD-SZ—2019)中规定,泵管安拆按实际需要的长度以"m"为单位计算。　　　　　　　　　　　　　　　　　　　　　　　　　　　　　　　　　　　　( )

10.《市政工程消耗量定额》(HLJD-SZ—2019)中规定,泵管使用以延米"m·d"为单位计算。　( )

四、简答题

1. 简述桥涵砌筑工程的工程量计算规则。
2. 简述立交箱涵工程的工程量计算规则。
3. 简述钢结构工程的工程量计算规则。
4. 简述金属栏杆工程的工程量计算规则。

任务3 计划单

课程	市政工程预算		
学习情境二	定额工程量解析	学时	27
任务3	桥涵工程定额计价工程量计算	学时	6
计划方式	小组讨论、团结协作共同制订计划		

序 号	实 施 步 骤	使用资源
1		
2		
3		
4		
5		
6		
7		
8		
9		

制订计划说明	

计划评价	班 级		第 组		组长签字	
	教师签字				日 期	
	评语:					

任务3 决策单

课程	市政工程预算		
学习情境二	定额工程量解析	学时	27
任务3	桥涵工程定额计价工程量计算	学时	6
方案讨论			

	组号	方案合理性	实施可操作性	安全性	综合评价
方案对比	1				
	2				
	3				
	4				
	5				
	6				
	7				
	8				
	9				
	10				
方案评价	评语：				

班级		组长签字		教师签字		月 日

任务 3　实施单

课程	市政工程预算		
学习情境二	定额工程量解析	学时	27
任务 3	桥涵工程定额计价工程量计算	学时	6
实施方式	小组成员合作;动手实践		
序　号	实　施　步　骤	使用资源	
1			
2			
3			
4			
5			
6			
7			
8			
9			
10			
11			
12			
13			
14			
15			
16			

实施说明：

班　级		第　　组	组长签字	
教师签字			日　期	
评　语				

任务3 作业单

课程	市政工程预算		
学习情境二	定额工程量解析	学时	27
任务3	桥涵工程定额计价工程量计算	学时	6
实施方式	小组成员动手计算一个桥涵工程定额工程量,学生自己收集资料、计算		

班　级		第　　组	组长签字	
教师签字		日　期		
评语				

任务3 检查单

课程	市政工程预算		
学习情境二	定额工程量解析	学时	27
任务3	桥涵工程定额计价工程量计算	学时	6
序　号	检查项目	检查标准	学生自查	教师检查
---	---	---	---	---
1				
2				
3				
4				
5				
6				
7				
8				
9				
10				
11				
12				
13				
14				
15				

检查评价	班　级		第　组		组长签字	
	教师签字		日　期			
	评语：					

任务3 评价单

1. 工作评价单

课程		市政工程预算			
学习情境二		定额工程量解析		学时	27
任务3		桥涵工程定额计价工程量计算		学时	6
评价类别	项目	子项目	个人评价	组内互评	教师评价
专业能力	资讯(10%)	搜集信息(5%)			
		引导问题回答(5%)			
	计划(5%)				
	实施(20%)				
	检查(10%)				
	过程(5%)				
	结果(10%)				
社会能力	团结协作(10%)				
	敬业精神(10%)				
方法能力	计划能力(10%)				
	决策能力(10%)				
评 价	班级		姓名	学号	总评
	教师签字		第 组	组长签字	日期

2. 小组成员素质评价单

课程	市政工程预算		
学习情境二	定额工程量解析	学时	27
任务3	桥涵工程定额计价工程量计算	学时	6
班级		第 组	成员姓名
评分说明	每个小组成员评价分为自评和小组其他成员评价两部分,取平均值计算,作为该小组成员的任务评价个人分数。评价项目共设计五个,依据评分标准给予合理量化打分。小组成员自评分后,要找小组其他成员不记名方式打分,成员互评分为其他小组成员的平均分		
对 象	评分项目	评分标准	评 分
自 评（100分）	核心价值观(20分)	是否有违背社会主义核心价值观的思想及行动	
	工作态度(20分)	是否按时完成负责的工作内容、遵守纪律,是否积极主动参与小组工作,是否全过程参与,是否吃苦耐劳,是否具有工匠精神	
	交流沟通(20分)	是否能良好地表达自己的观点,是否能倾听他人的观点	
	团队合作(20分)	是否与小组成员合作完成,做到相互协助、相互帮助、听从指挥	
	创新意识(20分)	看问题是否能独立思考,提出独到见解,是否能够创新思维解决遇到的问题	
成员互评（100分）	核心价值观(20分)	是否有违背社会主义核心价值观的思想及行动	
	工作态度(20分)	是否按时完成负责的工作内容、遵守纪律,是否积极主动参与小组工作,是否全过程参与,是否吃苦耐劳,是否具有工匠精神	
	交流沟通(20分)	是否能良好地表达自己的观点,是否能倾听他人的观点	
	团队合作(20分)	是否与小组成员合作完成,做到相互协助、相互帮助、听从指挥	
	创新意识(20分)	看问题是否能独立思考,提出独到见解,是否能够创新思维解决遇到的问题	
最终小组成员得分			
小组成员签字		评价时间	

 任务3 教学反馈单

课程	市政工程预算			
学习情境二	定额工程量解析		学时	27
任务3	桥涵工程定额计价工程量计算		学时	6
序 号	调 查 内 容	是	否	理由陈述
1	你是否喜欢这种上课方式？			
2	与传统教学方式比较你认为哪种方式学到的知识更实用？			
3	针对每个学习任务你是否学会如何进行资讯？			
4	计划和决策感到困难吗？			
5	你认为学习任务对你将来的工作有帮助吗？			
6	通过本任务的学习，你学会桥涵工程的定额工程量计算规则了吗？			
7	你能计算桥涵工程的定额工程量吗？			
8	你知道桥涵工程的施工方法吗？			
9	通过几天来的工作和学习,你对自己的表现是否满意？			
10	你对小组成员之间的合作是否满意？			
11	你认为本情境还应学习哪些方面的内容？（请在下面空白处填写）			
你的意见对改进教学非常重要，请写出你的建议和意见：				
被调查人签名		调查时间		

任务4　管网工程定额计价工程量计算

任务单

课程	市政工程预算		
学习情境二	定额工程量解析	学时	27
任务4	管网工程定额计价工程量计算	学时	5
布置任务			
任务目标	（1）掌握管网工程项目定额计算规则； （2）掌握管网工程工程量计算的方法； （3）学会计算管网工程的定额工程量； （4）能够在完成任务过程中锻炼职业素养，做到工作程序严谨认真对待，完成任务能够吃苦耐劳主动承担，能够主动帮助小组落后的其他成员，有团队意识，诚实守信、不瞒骗，培养保证质量等建设优质工程的爱国情怀		
任务描述	计算某管网工程相关的定额工程量。具体任务如下： （1）根据任务要求，收集管道铺设、管件阀门及附件安装、管道附属构筑物、措施项目的定额工程量计算规则； （2）确定管道铺设、管件阀门及附件安装、管道附属构筑物、措施项目的定额工程量计算方法； （3）计算管道铺设、管件阀门及附件安装、管道附属构筑物、措施项目的定额工程量		

学时安排	资讯	计划	决策	实施	检查	评价
	2学时	0.5学时	0.5学时	1学时	0.5学时	0.5学时

对学生学习及成果的要求	（1）每名同学均能按照资讯思维导图自主学习，并完成知识模块中的自测训练； （2）严格遵守课堂纪律，学习态度认真、端正，能够正确评价自己和同学在本任务中的素质表现，积极参与小组工作任务讨论，严禁抄袭； （3）具备工程造价的基础知识；具备管网工程的构造、结构、施工知识； （4）具备识图的能力；具备计算机知识和计算机操作能力； （5）小组讨论管网工程工程量计算的方案，能够确定管网工程工程量的计算规则，掌握管网工程定额工程量的计算方法，能够正确计算管网工程的定额工程量； （6）具备一定的实践动手能力、自学能力、数据计算能力、沟通协调能力、语言表达能力和团队意识； （7）严格遵守课堂纪律，不迟到、不早退；学习态度认真、端正；每位同学必须积极动手并参与小组讨论； （8）讲解管网工程定额工程量的计算过程，接受教师与同学的点评，同时参与小组自评与互评

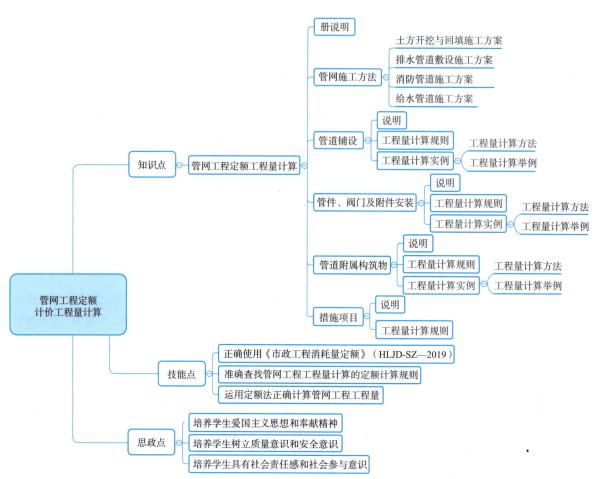

《市政管网工程》册是《市政工程消耗量定额》(HLJD-SZ—2019)的第五册,包括管道铺设,管件、阀门及附件安装,管道附属构筑物、措施项目,共四章。

(1)《市政管网工程》册定额适用于城镇范围内的新建、改建、扩建的市政给水、排水、燃气、集中供热、管道附属构筑物工程。

(2)《市政管网工程》册定额是按无地下水考虑的(排泥湿井、钢筋混凝土井除外),有地下水需降水时执行本专业第十一册《措施项目》相应项目;需设排水盲沟时执行本专业第二册《道路工程》相应项目。

(3)《市政管网工程》册定额中燃气工程、集中供热工程压力 P(MPa)划分范围:

①燃气工程:

高压 A 级 $2.5\ \text{MPa} < P \leq 4.0\ \text{MPa}$;

高压 B 级 $1.6\ \text{MPa} < P \leq 2.5\ \text{MPa}$;

次高压 A 级 $0.8\ \text{MPa} < P \leq 1.6\ \text{MPa}$;

次高压 B 级 $0.4\ \text{MPa} < P \leq 0.8\ \text{MPa}$;

中压 A 级 $0.2\ \text{MPa} < P \leq 0.4\ \text{MPa}$;

中压 B 级 $0.01\ \text{MPa} \leq P \leq 0.2\ \text{MPa}$;

低压 $P < 0.01$ MPa。

②集中供热工程：

低压 $P \leq 1.6$ MPa。

中压 1.6 MPa $< P \leq 2.5$ MPa。

（4）《市政管网工程》册定额中铸铁管安装是按中压 B 级及低压燃气管道、低压集中供热管道综合考虑的，如安装中压 A 级和次高压、高压燃气管道、中压集中供热管道，人工乘以系数 1.3，钢管及其管件安装是按低压、中压、高压综合考虑的。

（5）《市政管网工程》册定额中混凝土养护是按塑料薄膜考虑的，使用土工布养护时，土工布消耗量按塑料薄膜用量乘以系数 0.4，其他不变。

（6）需要说明的有关事项：

①管道沟槽和给排水构筑物的土石方执行《市政工程消耗量定额》（HLJD-SE—2019）第一册《土石方工程》相应项目；打拔工具桩、支撑工程、井点降水执行《市政工程消耗量定额》（HLJD-SE—2019）第十一册《措施项目》相应项目。

②管道刷油、防腐、保温和焊缝探伤执行《安装工程消耗量定额》相应项目。

③防水刚性、柔性套管制作安装、管道支架制作安装、室外消火栓安装执行安装定额相应项目。

④《市政管网工程》册定额混凝土管的管径均指内径。

知识模块 1：管网施工方法

一、土方开挖与回填施工方案

1. 土方开挖

1）场地平整

场内地坪以下的垃圾、树根、杂土均需清理与掘除、外弃。

2）开挖前施工准备

（1）技术准备：施工前通知测量人员做好技术准备，以保证施工的准确性和效率要求。施工前技术负责人向所有参加的施工人员进行有针对性的技术交底，必须使每个操作者对施工的要求和步骤清楚明了。

（2）现场准备：

①提前做好土方开挖的施工安全和交通安全各项措施；

②测量人员随时撒线，保证开挖线各部尺寸与标高；

③妥善处理好与土建、装修和绿化单位的关系，避免交叉施工中出现不必要的矛盾；

④根据现场情况确定不同的开槽断面，配备足够的机械设备，确定好土方开挖的平面顺序、进出场道路。

3）施工机械配置

（1）土方采用机械分段、分步、分层挖土，在土方挖运施工过程中，必须观测边坡稳定变化情况，严禁超挖。在挖至基底标高以上 200 mm 时，由人工配合清底。

（2）管线沟槽开挖每个工作面采用 WLY60A 履带式液压反铲挖掘机 1 台，ZL50 装载机 1 台，采取流水施工作业。

（3）为达到绿色施工的要求，施工机械均采用高性能、低噪音、少污染的设备。

4）施工方法

各管线沟槽深度由深到浅按施工顺序依次为：设计污水→设计雨水→设计电力→设计给水。局部管线视槽深度对开槽施工顺序进行调整。

（1）管道工程沟槽深度在 1.5 m 以内，管线沟槽开挖拟控制边坡为 1:0.33，沟槽开挖边坡以不造成滑坡塌方为准，确保沟槽安全，当沟槽较深、土质较差时，开挖边坡可调整到 1:0.5；如现场不具备放坡条件，将采用密板支撑。

（2）开挖沟槽时，不得挖至设计标高以下，应在沟槽底面的设计标高上留 20 cm 土方不用机械开挖，改用人工开挖清底。

（3）沟槽开挖采用挖掘机和人工配合开挖，并采用分阶段分工作面进行围挡和沟槽开挖，尽量形成每个施工段同时具备管道开挖和回填的条件,减少土方的外弃和外运。

(4)在沟槽及井、坑边缘1 m范围内不得堆放挖出土方,堆放应在指定地点并安排及时外弃。堆土的最大高度不超过1.5 m。堆土严禁掩埋消防栓、各种地下管道的井盖及排水设施,不得掩埋测量标志,危及临近建筑物的安全。

5)土方开挖施工技术措施

(1)雨天对沟槽采取可靠的覆盖和排水措施。

外观鉴定:不扰动槽底土壤,如发生超挖,应按规定处理。槽底不得受水浸泡。沟槽边坡平整且不陡于规定的要求。

(2)预防基土扰动措施:

①沟槽开挖好后,立即作垫层保护地基。不能立即进行下道工序施工时,应预留150~200 mm厚土层不挖,待下道工序开始再挖至设计标高。

②机械开挖应由深而浅,基底应预留一层150 mm厚用人工清理找平,以避免超大开挖和基底土遭受扰动。

③沟槽挖好后,避免在基土上行驶机械和车辆或大量堆放材料。必要时,应铺路基或垫道木保护。

④如遇地基土质差,开槽后及时请设计、勘察部门人员验槽确定基础处理措施。遇到软土、松土、扰动土层,土质不均匀或水浸泡等情况会同监理部门、设计单位及时研究确定处理措施并办理洽商手续。

(3)地基处理方法:

①槽底超挖或扰动在15 cm以内,可用原土回填夯实,其压实度不低于原状天然地基土;在15 cm以上,可用石灰土分层处理,其相对压实度不低于95%。

②槽底有地下水或地基土含水量较大时,在10 cm以内可换天然级配砂石或砂砾石处理;在30 cm以内,但下部坚硬,经排水清泥后,换大卵石或块石,并用砂砾石填充空隙表面找平。

③槽底处理超过30 cm以上深度按设计要求进行处理。

④地基处理必须符合规范和设计标准,满足和达到地基承载力的要求。

(4)预防沟槽泡水措施:开挖沟槽周围应设截水沟或挡水堤,防止地面水流入沟槽。

(5)预防边坡塌方措施:

①做好地面排水措施,避免在影响边坡稳定的范围内积水,造成边坡塌方,做好沟槽四周的降水、排水措施。

②土方开挖应自上而下分段分层、依次进行,随时做成一定的坡势,以利泄水,避免先挖坡脚,造成坡体失稳。

(6)预防边坡超挖措施:机械开挖边坡应采用人工修坡。对松软土层避免各种外界机械车辆等的振动,采取适当保护措施。加强测量复测,进行严格定位,在坡顶边脚设置明显标志和边线,并设专人检查。

(7)预防边坡滑坡措施:

加强地质勘察和调查研究,注意地形、地貌、滑坡迹象及地表、地下水流向和分布,避免破坏地表的排水、泄洪设施,消除滑坡因素,保持坡体稳定。施工中尽量避免在坡脚处取土、在坡体上弃土或推放材料。尽量遵循先治理后开挖的原则。

6)紧急预案

在土方开挖过程中,如出现滑坡迹象(如裂缝、滑动等)时,应立即采取下列措施:

(1)暂停施工,必要时,所有人员和机械撤至安全地点。

(2)通过现场管理人员,迅速采取处理措施,如用挖掘机在坡脚迅速回填。

(3)根据滑动迹象设置观测点,观测滑坡体平面位移和沉降变化,并做好记录。

2. 土方回填施工

土方回填主要包括管线土方回填、各式检查井土方回填两项。管线土方回填遵循先深后浅的原则按设计回填要求进行,回填时充分利用流水作业,分段施工,并合理调配土方。回填工作开始前,项目经理部必须向驻地监理工程师申报管线回填土专项部位工程开工申请,上报施工方案,批复后方可开始施工。施工前要有施工负责人组织所有管理人员和回填工人召开专门回填土会议,讲明回填土的重要性,认真学习回填方案,详细分工,责任落实到人。对回填要合理安排,集中段落回填,形成规模回填,以便严格控制回填质量。

1)填土程序

(1)沟槽内的混凝土构筑物,必须在其强度达到设计强度的70%以上时,才能回填。

(2)回填前,试验员、质检员事先按规定频率进行回填土的轻、重型击实试验,求得该填料的最佳含水量和最大压实度,选择合格的土源。

2)沟槽清理

(1)回填前必须进行沟槽清理,砖块、石块、木块等垃圾杂物要彻底清除干净。窄槽采取扩槽措施,确保沟槽底部宽度不少于行夯宽度。

(2)槽底如发现出水、淤泥,要将水排出后清泥至硬底。不符合设计要求的土层必须全部挖除,换填级配砂砾或12%石灰土至设计槽底,严禁在水中回填土。

(3)遇墓穴及其他腐殖土,也要清理干净,换填级配砂石或12%灰土处理。

3)回填土质要求

回填要选择合格土源,回填土中不得夹有砖头、混凝土块、树根、房渣、垃圾和腐殖土。回填土粒径必须小于50 mm,含水量控制在最佳含水量±2%以内。

4)回填施工方法

(1)填下土时,装载机或运输车运土到槽边采用人工铁锹下土或小推车运至槽内,禁止机械推填。下土不得砸中管身、管口及结构物。

(2)下土后,人工及时摊平,每层虚铺厚度严格控制在250 mm以内。管顶500 mm范围采用振动夯夯实,混凝土结构顶板以上1.5 m回填后方可上压路机。

(3)管道两侧回填土要对称进行,两侧高差不超过300 mm。

(4)分段回填的端头及非同时进行的两个回填段落搭接处,将虚土切除,将分头层留成阶梯状,台阶宽/高比要大于2,台阶压实度应达到规范要求。

(5)振动夯应夯夯相接;相邻行夯面的搭接宽度至少20 cm,压路机碾压的重叠宽度不得小于30 cm。夯实机具至少避开管道结构外缘10 cm,不得碰撞管道、井室砌筑结构。人工夯实虚厚20 cm;打夯机虚厚25 cm;压路机虚厚30 cm。

(6)检查井周围100 cm范围内采用设计要求的材料,与回填层同步进行,采用小型振动夯实机具夯打压实。为提高井周回填质量,采取加大回填压实度的措施。

二、排水管道敷设施工方案(雨水管和排水管道)

1. 排水管道敷设施工

污水排水管道采用PE双壁波纹排水管,承插式接口,橡胶圈密封。污水接户管径采用W型排水管;雨水管道管径小于或等于600 mm采用PE双壁波纹管,承插式接口,橡胶圈密封。管径大于600 mm采用钢筋混凝土管,预制钢筋混凝土套环石棉水泥接口,下做135°混凝土通基。管道回填前应按规范要求做灌水试验和通水试验。雨水检查井在车行道、停车场下采用重型井盖,人行便道、绿地下采用轻型井盖。

1)控制环节

为确保管道施工达到设计、使用要求,必须严格控制以下环节:

(1)严把原材料质量关,管材从管身到管口工作面尺寸、外观将直接影响接口性能,所用橡胶密封圈机械性能指标、截面、环径尺寸严格控制。

(2)基础强度均匀一致,高程准确。

(3)接口部位均匀,管道直顺,橡胶密封圈滚动距离一致,不扭曲。

(4)严格控制回填土工序,确保安装后的管道不变形、移位。

2)施工流程

施工准备→测量放线→管道开槽→槽底验收→管道对接→安装弹性密封圈→附件井砌筑及一次回填→管道水压试验→管件设备安装→土方二次回填→管道冲洗消毒→管道勾头→管道试运行→清理交验。

3)中心、高程控制:

中心与高程分两级控制,一级控制即操作过程的控制;将中心控制桩投放到槽底,以控制中心的位置,高程桩设在槽帮下部管道流水面以上,间距不大于5 m,挂纵线横线控制,二级控制即复核控制,在管段首、末节管及过程中定期用经纬仪和水准仪检查。

4)管材质量控制

若管道为柔性接口,其阻水性能取决于接口质量,因此必须对管材质量严格控制,管身不得有裂缝、麻面等缺陷,管口椭圆度误差必须满足接口间隙即密封圈压缩率的要求,接口工作面平整、光洁,确保接口正常工作。管材质量控制首先设专人在加工厂把关,逐根检查、记录、编号,确保不合格的管材不进入现场,为防止运输、存放过程中的损坏,下管前逐根复查,确保不合格的管材不使用。

5)密封圈质量控制

(1)密封圈由管材供应厂家提供,其原材料的各项物理、力学指标必须符合国家有关标准规定,密封圈直径、环径系数满足设计要求,压缩率为25%~30%。

(2)密封圈接头强度不得低于密封圈母材抗拉强度。

(3)密封圈外观必须光滑,接头平顺,无扭曲、破损、裂痕、飞边等缺陷。

(4)密封圈运输过程要在封闭的环境下进行。

(5)密封圈要存放在0~40℃的室内,现场随用随取,存放时应注意距热源的距离不小于1 m,相对湿度不应大于80%,放置应避免长期挤压、拉伸,以免变形,存放地点要防止与溶液,易挥发物和油脂接触。

6)下管、排管

根据现场实际情况,尽量采用不同型号的吊车下管、排管,对于局部槽上不具备吊车排管的地段,采用定点集中下管,槽下使用龙门架水平运输、排管的方法,下管、排管时管承口应朝来水方向。

(1)根据检查井的位置,安装第一根管,由于首节管直接影响到整个管段的安装质量,必须严格控制其高程、中心直顺度。

(2)根据首节管的位置,放线开挖相邻3~5节管的承口坑,为避免累积误差,其余管承口工作坑随安随挖。

(3)吊管时应在钢丝绳和管体之间垫橡胶垫或软木板,以避免损伤管体。

7)管道安装

(1)安装管道关键是要确保位置准确,高程一致,管道必须座落在坚实的基础上,管道起吊、就位所需吊链提前调试并有足够备用部分,以确保安装顺利进行。

(2)稳管从下游开始安管,承口为管子的进水方向。先把第一节管按照井位稳好,把第一节管的承口工作面清理干净,均匀刷涂一层润滑液。并在管体套好两根钢丝绳,留以后撞口备用。撞口就位后插口止胶台完全与承口齐平,放松钢丝绳后回弹量为5~10 mm即符合要求。

8)上密封圈

把第二节管子插口工作面清理干净,把密封圈套在插口顶端,即插口工作面始端,套好后密封圈要均匀、平直、无扭曲。这样在撞口时可以使密封圈均匀滚动。

管节对接就位,对接就位操作程序为起吊对口→清扫承、插口工作面→套密封圈→安装对接水平传力装置→插口进入承口八字→调整密封圈滚动距离→插口小台进入八字。

9)外观鉴定

管材无裂缝、破损。管道垫稳,管底坡度无倒流水现象,缝宽均匀,管道内无泥土砖石、砂浆、木块等杂物。

2. 闭水试验

工程根据设计要求对污水管线采取闭水试验的方法检查管道安装的严密性,所有井段带井进行闭水试验检测,安排在回填土之前进行,试验频率为100%。

(1)闭水分段根据井段和管径划分,结合施工进度安排,试验工作应及时进行。

(2)试验用水取自自来水,部分用水可重复使用。

(3)串水过程中要随时检查管口,发生问题及时处理。

(4)试验工作要在管道与检查井满水浸泡24 h后开始。

3. 回填

1)一般规定

(1)管道敷设后应立即进行沟槽回填。在密闭性检验前,除接头部位可外露外,管道两侧和管顶以上的回填高度不宜小于0.5 m;密闭性检验合格后,应及时回填其余部分。

(2)沟槽回填应从管道、检查井等构筑物两侧同时对称进行,并确保管道和构筑物不产生位移。必要时宜采取临时限位措施,防止上浮。

(3)从管底基础至管顶以上0.5 m 范围内,必须采用人工回填,严禁用机械推土回填。

(4)管顶0.5 m 以上沟槽采用机械回填时应从管轴线两侧同时均匀进行,并夯实,两侧高差不超过30 cm。

(5)回填时沟槽内应无积水,不得带水回填,不得回填淤泥、有机物和冻土,回填土中不得含有石块、砖及其他坚硬物体。

(6)沟槽回填时应严格控制管道的竖向变形。当管径较大、管顶覆土较高时,可在管内设置临时支撑或采取预变形等措施。回填时,可利用管道胸腔部分回填压实过程中出现的管道竖向反向变形来抵消一部分垂直荷载引起的管道竖向变形,但必须将其控制在设计规定的管道竖向变形范围内。

2)质量检验

(1)管道安装并回填完成后,在12~24 h 内量测检验管道的初始径向挠曲值。采用圆形心轴或闭路电视等方法进行检测,初始径向挠曲值不得大于3%,如果超出,必须采取措施进行纠正。

(2)变形超过3%,但不超过8%时:

①把回填材料挖出,直至露出管径的85%,管顶和两侧采用手工工具挖掘,防止损坏管道。

②检查管道是否损伤,进行必要的修复或更换。

③重新回填并逐层夯实至设计要求。

④重新检测,不超过3%,满足要求为止。

(3)变形超过8%时,必须更换新管道,重新安装、检测。

(4)计算径向挠曲值(%)公式:

$$径向挠曲值 = (实际内径 - 安装后垂直内径) \times 100\% / 实际内径$$

3)沟槽土方回填密实度要求(见表2-29)

表2-29 沟槽土方回填密实度要求

槽内部位		最佳密实度/%	回填土质
超挖部分		95	砂石料或最大粒径小于40 mm级配碎石
管道基础	管底基础层	85~90	中砂、粗砂,软土地基按本规程规定执行
	基础中心角2α+30°	95	中砂、粗砂
管道两侧		95	中砂、粗砂、碎石屑,最大粒径小于40 mm级配砂砾或符合要求的原土
管顶以上 0.5 m 范围	管道两侧	90	
	管道上部	85	
管顶0.5 m 以上		按地面或道路要求,但不小于80	原土

二、消防管道施工方案

(1)管道铺设前,要对已完成的土建结构(沟槽鉴底)进行检查验收,合格后才能进行管道敷设。沟内下管、排管要放在方木或临时支架上。直埋管道下面不得有垃圾物及房渣土,应在管底以下作厚度15 cm 的素土垫层,不得作刚性垫层。

(2)排管、槽上焊管。管材经检验合格后方可排管,应逐根量测管材编号配管,选用壁厚相同、管径相差最小的管节组合对接。在槽上连接的管段,应尽量长一些,但不应大于35 m,并要考虑以下几点:

①设计上的变坡点应落在固定口处。

②支线开口不应落在管道的焊缝上。

③沟槽在下管前要复测槽底高程,每一个管道工、焊工必须了解当天所施管段的走向、坡度。

(3)吊管采用专用吊带,防止破坏防护层。入槽后如有碰撞损伤要作出标记,及时修补。吊管要稳起慢放,平稳就位。

(4)对口要保证管端面与管轴线垂直,要保证两管材轴线对正,必须在自由状态下,检查管道的直顺度、同心度。

(5) 管道连接时,不得强力对口,不得用加热管材,加偏垫,多层垫等方法消除端面的错口、不同心缺陷。

(6) 排管时尽量采用整管,减少短管的使用数量,以利节约材料,提高工程质量。

(7) 管材对口后要垫置牢固,使用 10×10 方木楔楔紧。避免焊接中产生变形,不应使焊口承受焊接应力。

(8) 固定口对口间隙,要求上口间隙大于下口间隙 0.5 mm。

(9) 固定口位置必须有足够的作业空间,确保施工人员的作业安全。

(10) 钢管道接头焊法。接头时尽量采用热接法,引弧处在溶池后 5~10 mm 处。冷接头要在弧坑部位打磨成缓坡形,然后再引弧焊接。前半圆焊接要在起焊处,收尾处预留斜坡并修磨好,以保证后半圆得到过渡平缓的接头。后半圆焊接越过中心线后先把预留斜坡填满,焊至接头处待根部熔透后施焊。运条焊至上方接头时要将电弧稍向坡口里压送,并做稳弧动作,待熔透接头时,将焊缝接头处填满后熄弧。

(11) 管道回填。直埋管道回填前应先将槽底清除干净,有积水时应先排除,不得回填淤泥、腐殖土以及有机物质。填沙时沙的粒径为 0.25~2 mm,回填土中不得含有碎砖、石块大于 100 mm 的冻土块及其他杂物。胸腔回填时要求两侧同时回填,以防管道中心偏移。回填土铺土厚度应根据夯实或压实机具的性能及压实度要求分层进行,管顶以上 500 mm 范围内,应采用轻夯夯实,严禁采用动力夯实机或压路机压实;回填压实时,应确保管道安全。回填土中应按设计要求铺设警告带,警告带距管保温外顶 500 mm。

四、给水管道施工方案

1. PE 给水管道施工方案

1) 工艺流程

施工准备→测量放线→管道开槽→槽底验收→管道安装→附件井砌筑及一次回填→管道水压试验→管件设备安装→土方二次回填→管道冲洗消毒→管道勾头。

2) 沟槽开挖施工

(1) 一般稳固的土壤管道沟槽断面形式有直壁、放坡以及直壁与放坡相结合等形式,管沟断面形式确定应根据现场施工环境、施工设备、土质条件、沟槽深度、气象条件和施工季节等因素综合确定。沟槽放坡按国家现行标准《给水排水管道工程施工及验收规范》(GB 50268—2008)的规定执行。

(2) 槽底最小宽度应根据土质条件、沟槽断面形式及深度确定如下:公称外径 $d_n ≤ 400$,槽底宽度 $B ≥ d_n + 300$;公称外径 $400 < d_n ≤ 630$,槽底宽度 $B ≥ d_n + 450$。当管材、管件在槽底连接或管道与附近连接的位置,应适当加宽。

(3) 管道基础或垫层应符合下列规定:

① 管道必须敷设在原状土地基上,局部超挖部分应回填夯实。当沟底无地下水时,超挖在 0.15 m 以内时,可用原土回填夯实,其密实度不应低于原地基天然土的密实度;超挖在 0.15 m 以上时,可用石灰土或砂填层处理,其密实度不应低于 95%。当沟底有地下水或沟底土层含水量较大时,可用天然砂回填。

② 沟底遇有废旧构筑物、硬石、木头、垃圾等杂物时,必须在清除后铺一层厚度不小于 0.15 m 砂土或素土,且平整夯实。

③ 管道附件或阀门,管道支墩位置应垫碎石,夯实后按设计要求设混凝土找平层或垫层。

④ 对软弱管基及特殊性腐蚀土壤,应按设计要求进行处理。

⑤ 对岩石基础,应铺垫厚度不小于 0.15 m 的砂层。

3) PE 管的操作工艺

(1) 准备工作:

① 沟槽的深度和宽度应符合设计要求。

② 材料的要求:PE 管内壁应光滑,压力必须达到设计要求,气密性能要安全可靠,对地基沉降或地震波动要有较强的适应性,必须抗酸碱腐蚀,而管材无损坏,PE 管及管道附件、阀件、管线所配备的零部件齐全,必须有出厂合格证、检验报告等手续,严禁使用三无产品。阀门经耐压试验合格,直观检查无裂纹。

(2) 垫层施工:

① 沟槽经验收合格后进行垫层施工,PE 管采用粗砂在槽底铺设 150 mm 砂垫层,如基础松软时,采用混凝土整体基础。用平板振动器振平。

② 材料的选择和把关按照以下程序进行:选样→批准→进场→验收→使用。

③ 粗砂中不得混有大的砾石、石块及杂物,砂垫层要做到平整密实。

（3）PE管安装：

①PE管运输和存储。PE管由生产厂家供货，运至现场可暂时沿管线方向摆放在沟槽一侧，PE管的运输和存储应注意：运输过程中必须垫稳绑牢，起吊管节时，宜采用兜身吊，轻装轻放。管节安装前，将管、管件按施工设计的规定摆放，摆放的位置应便于下管。管节现场存储量应做到适中，既不影响施工进度，又不能太多，以免长时间在阳光下曝晒。

②PE管安装与铺设。由于PE管较轻，可采用人工下管，用麻绳系住管身多处，下管时不得与槽壁碰撞，不得在砂垫层上拖动PE管。

（4）对接熔化焊接头施工工艺：

①清理管端。

②将管子夹紧在熔焊设备上用双面修整机具修整两个焊接接头端面。

③取出修整机具，通过推进器使两管端相接触，检查两表面的一致性，严格保证管端正确对中。

④在两端面之间插入210 ℃的加热板，以指定压力推进管子，将管端压紧在加热板上，在两管端周围形成一致的熔化束（环状凸起）。

⑤一旦完成加热，迅速移出加热板，避免加热板与管子熔化端摩擦。

⑥以指定的连接压力将两管端推进至结合，形成一个双翻边的熔化束（两侧翻边、内外翻边的环状凸起）；熔焊接头冷却至少30 min。

值得注意的是，加热板的温度都由焊机自动控制在预先设定的范围内。但如果控制设施失控，加热板温度过高，会造成溶化端面的PE材料失去活性，相互间不能熔合。良好焊接的4″管子焊缝能承受十几磅大锤的数次冲击而不破裂，而加热过度的焊缝一拗即断。

（5）电热熔焊接头施工工艺：

①清理管子接头内外表面及端面，清理长度要大于插入管件的长度。管端要切削平整，最好使用专用非金属管道割刀处理。

②管子接头外表面（熔合面）要用专用工具刨掉薄薄的一层，保证接头外表面的老化层和污染层彻底被除去。专用刨刀的刀刃成锯齿状，处理后的管接头表面会形成细丝螺纹状的环向刻痕。

③如果管子接头刨削后不能立即焊接，应使用塑料薄膜将其密封包装，以防二次污染。在焊接前应使用厂家提供的清洁纸巾对管接头外表面进行擦拭。如果处理后的接头被长时间放置，建议在正式连接时重新制作接头。考虑到刨削使管壁减薄，重新制作接头时最好将原刨削过的接头切除。

④管件一般密封在塑料袋内，应在使用前再开封。管件内表面在拆封后使用前也应使用同样的清洁纸巾擦拭。

⑤将处理好的两个管接头插入管件，并用管道卡具固定焊接接头以防止对中偏心或震动破坏焊接熔合。每个接头的插入深度为管件承口到内部突台的长度（或管箍长度的一半）。接头与突台之间（或两个接头之间）要留出5～10 mm间隙，以避免焊接加热时管接头膨胀伸长互相顶推，破坏熔合面的结合。在每个接头上作出插入深度标记。

⑥将焊接设备连到管件的电极上，启动焊接设备，输入焊接加热时间。开始焊接至焊机在设定时间停止加热。一般每个管件上都附有一张卡片，记录着该管件要求的加热电压、加热时间、冷却时间等技术参数。Wavin制造厂提供的新式焊机已内置数据库和光电扫描笔，并按管件的类型、直径、材质配以焊接参数卡片，焊接时只要用光电笔在相应的卡片上扫入条形码即可。管件上一般都带有两个异色的塑料按钮，在加热过程中，按钮会逐步跳起。到加热时间过半、加热快完成时，按钮会完全跳起以指示加热过程将结束。

2. 管件安装

1）阀门安装

闸阀、蝶阀安装前应检查填料，其压盖、螺栓需有足够的调解余量，操作机械和转动装置应进行必要的调整，使之动作灵活，指示准确，并按设计要求核对无误，清理干净，不存杂物。闸阀安装应保持水平，大口径密封垫片，需拼接时采用迷宫形式不得采用斜口搭接或平口对接。

2）法兰安装

（1）法兰盘密封面及密封垫片，应进行外观检查，不得有影响密封性能的缺陷存在。

(2)法兰盘端面应保持平整,两法兰之间的间隙误差不应大于 2 mm,不得用强紧螺栓方法消除歪斜。

(3)法兰盘连接要保持同轴,螺栓孔中心偏差不超过孔径的 5%,并保证螺栓的自由出入。

(4)螺栓应使用相同的规格,安装方向一致,螺栓应对称紧固,紧固好的螺栓应露出螺母之外 2~3 扣。

(5)严禁采用先拧紧法兰螺栓,再焊接法兰盘焊口的方法。

3. 水压试验及清洗

(1)管道试压前必须将试压段管道两侧至管顶以上 500 mm 的土方回填并分层夯实,局部范围暂不回填,将水压试验合格后再回填其余部分。

试压时管道端头应采取加固措施,保证安全,试压合格后应在冲洗后进行消毒,合格后方能投入使用。试压前应对试验用的所有管件、阀门、仪表进行检验,合格后方可试压。试压前应对管道转弯及三通处加装缓冲垫或填充软质柔性材料以吸收管道位移。试压前,管道两端及支线处封盲板堵,盲板堵厚度为 16 mm。不得采用闸阀座堵板。试压段注满水后,应充分排气后再进行试压。试压段管道两端头必须加临时固定支墩。

(2)水压试验程序:管道升压时管道的气体应排除,升压过程中,当发现弹簧压力计表针摆动不稳,且升压较慢时,应重新排气后再升压。应分级升压,每升一级应检查后背、支墩、管身及接口,当无异常现象时,再继续升压。水压试验过程中,后背顶撑,管道两端严禁站人。水压试验时,严禁对管身、接口进行敲打或修补缺陷,遇有缺陷时,应做出标记,卸压后修补。水压升至试验压力后保持 10 min,然后降至工作压力进行检查,不渗漏为合格。试压完毕,应及时拆除。

(3)管道清洗:

①管道清洗前,把不应与管道同时清洗的设备及仪表等与需清洗的管道隔开。管道冲洗由上至下逐级进行,冲洗过程中应随时检查管道情况,并做好冲洗记录。

应先打开枢纽总控制阀和待冲洗的阀门,关闭其他阀门,启动水泵对管道进行冲洗,直到干管末端出水清洁,然后关闭干管末端阀门,进行支管冲洗,直到支管末端出水清洁为止。

②冲洗工作介质采用水冲洗。小口径管道中的脏物,在一般情况下不宜进入大口径管道中。水力冲洗应连续进行并尽量加大管道内的流量,一般情况下管内的平均流速不应低于 1 m/s,以入水口与排水口的透明度相同为合格。

③合格后,应填写管网清洗记录,并对接口部位进行回填。

(4)管道消毒:

①管道分段试压合格后应对整条管道进行冲洗消毒。

②管道冲洗、消毒应做实施方案。

③冲洗水应清洁,浊度应小于 5 NTU,冲洗流速应大于 1.0 m/s,直到冲洗水的排放水与进水的浊度相一致为止。

④管道冲洗后应进行含氯水浸泡消毒,经有效氯浓度不低于 20 mg/L 的清洁水浸泡 24 h 后冲洗,并从末端取水检验;当水质不合格则应重新进行含氯水浸泡消毒,再冲洗,直至水质管理部门取样化验合格为止。

⑤工程开工时派专人负责与建设单位、管理单位联系落实冲洗水源和勾头施工,提前做好临时冲洗和排水管线,准备好各种装配设备、工具和排水机具,保证管道冲洗和水质化验一次合格。

4. 沟槽土方回填

(1)管道铺设后应及时进行回填,回填时应留出管道连接部位,连接部位应待管道水压试验合格后再行回填,回填前应按相关规定,对管道系统进行加固。

(2)回填时应先填实管底,再同时回填管道两侧,然后回填至管顶 0.5 m 处。沟内有积水时,必须全部排尽后,再行回填。

(3)管道两侧及管顶以上 0.5 m 内的回填土,不得含有碎石、砖块、垃圾等杂物,不得用冻土回填。距离管顶 0.5 m 以上的回填土内允许有少量直径不大于 0.1 m 的石块和冻土,其数量不得超过填土总体积的 15%。

(4)回填土应分层夯实,每层厚度应为 0.2~0.3 m,管道两侧及管顶 0.5 m 以上的回填土必须人工夯实;当回填土超出管顶 0.5 m 时,可使用小型机械夯实,每层松土厚度应为 0.25~0.4 m。

(5)当管道覆土较深,且管道回填土质及压实系数设计无规定时,其回填土土质及压实系数应符合要求,管底应有 0.1 m 以上、压实系数 85%~90% 的垫层;管道两侧每 0.2 m 分层回填夯实,压实系数为 95%;管顶 0.3 m

(6)管道经试压且通过隐蔽工程验收,人工回填到管顶以上0.5 m后,方可采用机械回填,但不得在管道上方行驶。机械回填时应在管道内充满水的情况下进行。

(7)各类管道阀门井等周围回填应符合以下规定:

①应采用砂砾、石灰土等材料,宽度不应小于0.4 m。

②回填后沿管道中心线对称分层夯实,其密实度应不低于管沟内分层要求。管道井在路面位置,管顶0.5 m以上应按路面要求回填。

5. 井室砌筑

1)井室基础施工

(1)井底地基土质必须满足设计要求,遇有松软地基、流砂等特殊地质变化时,应与设计单位商定处理措施,一般情况下可以换填级配碎石处理。

(2)井基础的混凝土强度和厚度等尺寸,必须符合设计图纸要求。对于无地下水地段采用240 mm厚砖砌扩大基础,井室垫层采用100 mm厚碎石垫层;对于有地下水地段基础采用200 mm厚C20混凝土垫层。

(3)应按施工规范进行混凝土浇筑。浇筑完后,要给混凝土一定时间的养护期。

只有当混凝土基础强度达1.2 MPa时,方能进行下道工序。

(4)严禁留出井位,先施工管道,再施工砖砌井室或先砌井壁后浇筑混凝土底板的错误作业法。

2)井体砌筑施工

(1)测量人员准确测设井位,支垫层模板,浇筑垫层混凝土。

(2)施工前,应将砌体浇水湿润。每层砖砌体的砌筑水泥砂浆必须填充饱满,水泥砂浆强度不得低于M7.5。

(3)对于行车道上的井室井壁的砌筑一般一次性砌到二灰碎石基层的底部标高为宜,井壁的二次接高要根据施工组织设计中编制的程序进行。

(4)对于雨、污水排水砖砌检查井内的流槽应与井壁同时进行砌筑。

(5)砖砌井室接入圆管的管口与井壁间空隙应封堵严密,当接入管径大于300 mm时,应砌砖圈加固。

(6)井内外壁粉刷必须严格按设计要求进行,内外壁粉刷必须在回填土之前进行,且在排干井筒内积水后一次粉刷到底。

(7)严格控制井室的几何尺寸在允许偏差之内。井室内的踏步采用塑钢踏步,在砌砖时用砂浆埋固,随砌随安,不得事后凿洞补装,并及时检查踏步的上下、左右间距及外露尺寸,保证位置准确无误。

(8)砌圆井时随时掌握直径尺寸,收口时每次收进尺寸,四面收口的不超过3 cm,三面收口的最大可收进4~5 cm,不得出现通缝。

(9)砖墙勾缝砂浆塞入灰缝中,压实拉平,深浅一致,横竖缝交接处应平整。凹缝比墙面凹入3~4 mm,勾完一段应及时将墙面清扫干净,灰缝不应有搭茬、毛刺、舌头灰等现象。

(10)各种附件井如位于道路和步道下,井口高度与路面平齐,在绿地处,则井口高于地面200 mm。井盖应注上"水"字样。

3)砖砌井室周的回填土

(1)现浇混凝土或砌体水泥砂浆的强度应达到设计规定的强度后方允许回填,严禁与砌井体同步回填。

(2)井周40 cm宽范围内的回填材料,均应采用6%石灰土。对于雨水口砌体外的回填,因其回填空间实际上无法达到40 cm宽(一般只有5~15 cm宽),致使施工机械无法入内操作,要采用合理级配砂石料回填充实。

(3)特别要配置小型机械,如蛙式打夯机和立式冲击夯等,在施工中,优先采用立式冲击夯。

(4)井室周围的回填,应与管道沟槽的回填同时进行,当井室周围的回填与管道沟槽的回填不便同时进行时,应留台阶形接茬。

(5)当沟槽内每一层回填土压实成形后,用人工将井室周围40 cm范围内的松土挖去,换填预先拌制好的6%石灰土,并在保持最佳含水量的状态下用冲击夯夯实直至成形。要使石灰土压实后与井壁紧贴。

(6)井室周围回填压实时应沿井室中心对称进行,且不得漏夯。

(7)在进入道路结构层施工时,除采用压路机碾压外,还应采用蛙式打夯机或立式冲击夯逐层对井周60 cm范围内进行补夯,以清除碾压死角。

4)井座(盖)安装施工

(1)对井周进行加固:在路基结构层二灰碎石施工完成后,要对井周进行加固。

①沿井周将二灰碎石挖除(挖至12%灰土顶面),放加固钢筋箍。

②放置预制钢筋混凝土井圈,注意要将预制混凝土井圈平面位置及标高调整好(井圈顶至设计路面标高之间,厚度为路面厚,井圈与砖砌井室平面位置一致)。

③井周浇筑 C25 混凝土进行加固(浇筑混凝土时必须严格采用机械振捣)。

④用临时盖板将井口盖好盖严,严禁后续施工过程中将泥土、垃圾等杂物掉入井内。

(2)对遇沥青道路内井室井盖标高的调整是在细粒式沥青摊铺后进行的。

①将井周沥青混凝土挖除,露出预制钢筋混凝土井圈。

②根据相邻平石上的标高以及摊铺机实际摊铺横坡放线,确定砖砌井室的井盖标高。

③将砖砌井室盖放置在预制钢筋混凝土井圈上,井盖底沿井周用 4~6 个铁制楔形塞,将井盖顶面调至放线标高位置。

④井盖底与预制钢筋混凝土井圈间用高标号砂浆进行填充。

⑤每调好一座井后用围护进行隔离直至砂浆达到强度后方可撤去围护。

⑥井周用细石沥青混凝土进行补填,并用冲击夯具进行夯实,标高控制比粗粒式沥青混凝土高 5~10 mm。

忆一忆:

给水管道施工的工艺流程。

知识模块 2:管道铺设工程量计算

一、说明

(1)管道铺设定额中的管道铺设工作内容除另有说明外,均包括沿沟排管、清沟底、外观检查及消扫管材。

(2)管道铺设定额中管道的管节长度为综合取定。

(3)本定额中的管道安装不包括管件(三通、弯头、异径管)、阀门的安装。管件、阀门安装执行《市政管网工程》册第二章相应项目。

(4)本定额中的管道铺设采用胶圈接口时,如管材为成套购置,即管材单价中已包括了胶圈价格,胶圈价值不再另外计取。

(5)塑料管分为塑料管安装和玻璃钢夹砂管安装。塑料管安装适用于玻璃钢夹砂管以外的塑料管,包括PPR(聚丙烯)、PVC(聚氯乙烯)、PB(聚丁烯)、PE(聚乙烯)、HDPE(增强高密度聚乙烯)等。

(6)在沟槽土基上直接铺设混凝土管道时,相应项目人工、机械乘以系数 1.18。

(7)混凝土管道需满包混凝土加固时,满包混凝土加固执行现浇混凝土枕基项目,人工、机械乘以系数 1.2。

(8)预制钢套钢复合保温管安装

①预制钢套钢复合保温管的管径为内管公称直径。

②预制钢套钢复合保温管安装不包括接口绝热、外套钢接口制作安装和防腐工作内容。外套钢接口制作安装执行《市政管网工程》册第二章相应项目,接口绝热、防腐执行安装定额相应项目。

(9)水平导向钻进回拖布管的按钢管考虑,如为塑料管按此定额执行;如为钢筋混凝土管时,管材的消耗量调整为 10.1 m/10 m。

(10)回拖布管采用多根管道捆绑一起施工拖动时,管径按多根管道外直径考虑。

(11)顶管工程:

①挖工作坑、回填执行第一册《土石方工程》相应项目;支撑安装拆除执行第十一册《措施项目》相应项目。

②工作坑垫层、基础执行《市政管网工程》册第二章相应项目,人工乘以系数 1.1,其他不变。

③顶管工程按无地下水考虑,遇地下水排(降)水费用另行计算。

④顶管工程中钢板内、外套环接口项目,仅适用于设计要求的永久性套环管口。顶进中为防止错口,在管内

接口处所设置的工具式临时性钢胀圈不应套用。

⑤顶进断面大于 4 m² 的方(拱)涵工程,执行第三册《桥涵工程》相应项目。

⑥单位工程中,管径 1 650 mm 以内敞开式顶进在 100 m 以内、封闭式顶进(不分管径)在 50 m 以内时,顶进相应项目人工、机械乘以系数 1.3。

⑦顶进定额仅包括土方出坑,不包括土方外运费用。

⑧顶管采用中继间顶进时,顶进定额中的人工、机械按调整系数分级计算,见表 2-30。

表 2-30 顶进定额中的人工、机械按调整系数分级计算

中继间顶进分级	一级顶进	二级顶进	三级顶进	四级顶进	五级顶进
人工费、机械费调整系数	1.36	1.64	2.15	2.80	另计

(12)新旧管线连接管径是指新旧管中的最大管径。

(13)本章中石砌体均按块石考虑,如采用片石或平石时,项目中的块石和砂浆用量分别乘以系数 1.09 和 1.19,其他不变。

(14)现浇混凝土方沟底板,执行管道(渠)基础中平基相应项目。

(15)拱(弧)型混凝土盖板的安装,按相应矩形板子目人工、机械乘以系数 1.15。

(16)钢丝网水泥砂浆抹带接口按管座 1 200 和 1 800 编制。如管座角度为 900 和 1 350,按管座 1 200 定额分别乘以系数 1.33 和 0.89。

(17)钢丝网水泥砂浆接口均不包括内抹口,如设计要求内抹口,按抹口周长每 100 m 增加水泥沙浆 0.042 m³、9.22 工日计算。

(18)闭水试验、试压、吹扫:

①液压试验、气压试验、气密性试验,均考虑了管道两端所需的卡具、盲板堵、临时管线用的钢管、阀门、螺栓等材料的摊销量,也包括了一次试压的人工、材料和机械台班的耗用量。

②闭水试验水源是按自来水考虑的,液压试验是按普通水考虑的,如试压介质有特殊要求,介质可按实调整。

③试压水如需加温,热源费用及排水设施另行计算。

④井、池渗漏试验注水采用电动单级离心清水泵,定额中已包括了泵的安装与拆除用工。

(19)其他有关说明:

①新旧管道连接、闭水试验、试压、消毒冲洗、井、池试验不包括排水工作内容,排水另行计算。

②新旧管连接工作坑的土方执行第一册《土石方工程》相应项目,工作坑垫层、抹灰执行本章相应项目,人工乘以系数 1.1,马鞍卡子、盲板堵安装执行《市政管网工程》册第二章相应项目。

二、管道铺设工程量计算规则

(1)管道(渠)垫层和基础按设计图示尺寸以体积计算。

(2)排水管道铺设工程量,按设计井中至井中的中心线长度扣除井的长度计算,见表 2-31。

表 2-31 每座井扣除长度表

检查井规格/mm	扣除长度/m	检查井规格	扣除长度/m
φ700	0.40	各种矩形井	1.00
φ1 000	0.70	各种交汇井	1.20
φ1 250	0.95	各种扇形井	1.00
φ1 500	1.20	圆形跌水井	1.60
φ2 000	1.70	矩形跌水井	1.70
φ2 500	2.20	阶梯式跌水井	按实扣

(3)给水管道铺设工程量按设计管道中心线长度计算(支管长度从主管中心开始计算到支管末端交接处的中心),不扣除管件、阀门、法兰所占的长度。

(4)燃气与集中供热管道铺设工程量按设计管道中心线长度计算,不扣除管件、阀门、法兰、煤气调长器所

占的长度。

(5)水平导向钻进定额中,钻导向孔及扩孔工程量按两个工作坑之间的水平长度计算,回拖布管工程量按钻导向孔长度加1.5 m计算。

(6)顶管:

①各种材质管道的顶管工程量,按设计顶进长度计算。

②顶管接口应区分接口材质,分别以实际接口的个数或断面积计算。

(7)新旧管连接时,管道安装工程量计算到碰头的阀门处,阀门及与阀门相连的承(插)盘短管、法兰盘的安装均包括在新旧管连接内,不再另计。

(8)渠道沉降缝应区分材质按设计图示尺寸以面积或铺设长度计算。

(9)混凝土盖板的制作、安装按设计图示尺寸以体积计算。

(10)混凝土排水管道接口区分管径和做法,以实际接口个数计算。

(11)方沟闭水试验的工程量,按实际闭水长度乘以断面积以体积计算。

(12)管道闭水试验,以实际闭水长度计算,不扣除各种井所占长度。

(13)各种管道试验、吹扫的工程量均按设计管道中心线长度计算,不扣除管件、阀门、法兰、煤气调长器等所占的长度。

(14)井、池渗漏试验,按井、池容量以体积计算。

(15)防水工程:

①各种防水层按设计图示尺寸以面积计算,不加除0.3 m^2 以内孔洞所占面积。

②平面与立面交接处的防水层,上卷高度超过500 mm时,按立面防水层计算。

(16)各种材质的施工缝填缝及盖缝不分断面面积按设计长度计算。

(17)警示(示踪)带按铺设长度计算。

(18)塑料管与检查井的连接按砂浆或混凝土的成品体积计算。

(19)管道支墩(挡墩)按设计图示尺寸以体积计算。

三、管道铺设工程量计算实例

1. 管道铺设工程量计算方法

1)混凝土管定额工程量

计算公式:

$$工程量 = L - l_1 \times n$$

式中 L——图示总长度,m;

l_1——每座检查井扣除长度,m;

n——检查井个数,座。

(1)各种角度的混凝土基础、混凝土管、缸瓦(陶土)管等管道铺设,设计图纸上明确标示管线长度的,按照设计管线中心线长度以延米计算;如设计图纸上没有明示管线长度的,按井中至井中的中心线长度扣除检查井长度,以延米计算,每座检查井扣除长度按表2-31计算:

(2)管道闭水试验,以实际闭水长度计算,不扣除各种井所占长度。

(3)混凝土管安装不需要接口时,按第六册《水处理工程》相应定额执行。

2)钢管、铸铁管、塑料管、直埋式预制保温管定额工程量

计算公式:

$$工程量 = 图示长度 \quad (m)$$

定额工程量计算规则:

(1)管道安装均按施工图中心线的长度计算(支管长度从主管中心开始计算到支管末端交接处的中心),管件、阀门所占长度定额已在管道施工损耗中综合考虑,计算工程量时均不扣除其所占长度。

(2)管道安装均不包括管件(指三通、弯头、异径管)、阀门的安装,管件安装执行《市政管网工程》册有关定额。

(3)遇有新旧管连接时,管道安装工程量计算到碰头的阀门处,但阀门及与阀门相连的承(插)盘短管、法兰

盘的安装均包括在新旧管连接定额内,不再另计。

3)管道架空跨越定额工程量

计算公式:
$$工程量 = 图示长度 \quad (m)$$

按设计图示中心线长度以延米计算。不扣除管件及阀门等所占长度。

4)隧道(沟、管)内管道定额工程量

计算公式:
$$工程量 = 图示长度 \quad (m)$$

按设计图示中心线长度以延米计算。不扣除附属构筑物、管件及阀门等所占长度。

5)水平导向钻进、夯管、顶管定额工程量

计算公式:
$$工程量 = 图示长度 - 附属构筑物长度 \quad (m)$$

按设计图示中心线长度以延米计算,不扣除附属构筑物(检查井)、管件及阀门等所占长度。

6)顶(夯)管工作坑、预制混凝土工作坑定额工程量

计算公式:
$$工程量 = 图示数量 \quad (座)$$

按设计图示数量计算。

7)土壤加固定额工程量

(1)计算公式:
$$工程量 = 图示长度 \quad (m)$$

按设计图示加固段长度以延米计算。

(2)计算公式:
$$工程量 = 加固长度 \times 加固宽度 \times 加固厚度 \quad (m^3)$$

按设计图示加固段体积以立方米计算。

8)新旧管连接定额工程量

计算公式:
$$工程量 = 图示数量 \quad (处)$$

按设计图示数量计算。

9)临时放水管线定额工程量

计算公式:
$$工程量 = 图示长度 \quad (m)$$

按放水管线长度以延米计算,不扣除管件、阀门所占长度。

10)砌筑方沟、混凝土方沟、砌筑渠道、混凝土渠道定额工程量

计算公式:
$$工程量 = 图示长度 \quad (m)$$

按设计图示长度以延米计算。

11)警示(示踪)带铺设定额工程量

计算公式:
$$工程量 = 铺设长度 \quad (m)$$

按铺设长度以延米计算。

2. 管道铺设工程量计算举例

【例2-23】图2-31所示为某排水工程管线示意图,管线长420 m,有DN500和DN600两种管道,管子采用混凝土污水管(每节长2 m),180°混凝土基础,水泥砂浆接口(180°管基),3座圆形直径1 000 mm的检查井,试计算主要项目定额工程量。

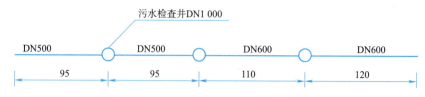

图 2-31 某排水工程管线示意图(单位:m)

【解】定额工程量计算:

(1)管线基础(考虑扣除长度),查表 2-31 可知,$L_1 = 420 - 0.7 \times 3 = 417.9(\text{m})$

(2)管道铺设(与管线基础相同),$L_2 = 417.9(\text{m})$

(3)管道接口(单根管长 2 m)

$$DN500 \text{ 的混凝土管 } L_3 = 190 - (0.7 + 0.35) = 188.95(\text{m})$$
$$接口 n_1 = 188.95/2 - 1 = 94(个)$$
$$DN600 \text{ 的混凝土管 } L_4 = 230 - (0.7 + 0.35) = 228.95(\text{m})$$
$$接口 n_2 = 228.95/2 - 1 = 114(个)$$

(4)闭水试验 $L_5 = 420(\text{m})$

(5)检查井:3(座)

思一思:

给水管道铺设工程量如何计算?

知识模块 3:管件、阀门及附件安装工程量计算

一、说明

(1)《市政管网工程》册第二章定额包括管件安装、转换件安装、阀门安装、法兰安装等项目。

(2)铸铁管件安装定额中综合考虑了承口、插口、带盘的接口,但与盘连接的阀门或法兰应另计。

(3)预制钢套钢复合保温管管件管径为内管公称直径,外套管接口制作安装为外套管公称直径,定额中未包括接口绝热、防腐工作内容,接口绝热、防腐执行安装定额相应项目。

(4)法兰、阀门安装:

①电动阀门安装不包括阀体与电动机分立组合的电动机安装。

②阀门水压试验如设计要求其他介质,可按实调整。

③法兰、阀门安装以低压考虑,中压法兰、阀门安装执行低压相应项目,人工乘以系数 1.2。法兰、阀门安装定额中的垫片均按石棉橡胶板考虑,如与实际不符时,可按实调整。

④各种法兰、阀门安装,定额中只包括一个垫片,不包括螺栓。螺栓数量按附录"螺栓用量表"计算。

(5)盲板堵安装不包括螺栓,螺栓数量按附录"螺栓用量表"计算。

(6)焊接盲堵板(封头)执行《市政管网工程》册第二章弯头安装相应项目乘以系数 0.6。

(7)法兰水表安装:

①法兰水表如实际安装形式与本定额不同时,可按实调整。

②水表安装不分冷、热水表,均执行水表组成安装相应项目,阀门或管件材质不同可按实调整。

(8)碳钢波纹补偿器按焊接法兰考虑,直接焊接时,应扣减法兰安装用材料,其他不变。法兰用螺栓按附录"螺栓用量表"计算。

(9)凝水缸安装:

①碳钢、铸铁凝水缸安装如使用成品头部装置时,可按实调整材料费,其他不变。

②碳钢凝水缸安装未包括缸体、套管、抽水管的刷油、防腐,应按设计要求执行安装定额相应项目。

(10)各类调压器安装均不包括过滤器、萘油分离器(脱萘筒)、安全放散装置(包括水封)安装。

(11)检漏管安装是按在套管上钻眼攻丝安装考虑的,已包括小井砌筑。

(12)马鞍卡子安装直径是指主管直径。

(13)挖眼接管焊接加强筋已在相应项目中综合考虑。

(14)钢塑过渡接头(法兰连接)安装不包括螺栓,螺栓数量按附录"螺栓用量表"计算。

(15)平面法兰式伸缩套、铸铁管连接套接头安装按自带螺栓考虑,如果不带螺栓,螺栓数量按附录"螺栓用量表"计算。

(16)煤气调长器:

①煤气调长器按焊接法兰考虑,直接对焊时,应扣减法兰安装用材料,其他不变。

②煤气调长器按三波考虑,安装三波以上时,人工乘以系数1.33,其他不变。

二、管件、阀门及附件安装工程量计算规则

(1)管件制作、安装按设计图示数量计算。

(2)水表、分水栓、马鞍卡子安装按设计图示数量计算。

(3)预制钢套钢复合保温管外套管接口制作安装按接口数量计算。

(4)法兰、阀门安装按设计图示数量计算。

(5)阀门水压试验按实际发生数量计算。

(6)设备、容器具安装按设计数量计算。

(7)挖眼接管以支管管径为准,按接管数量计算。

二、管件、阀门及附件安装工程量计算实例

1. 管件、阀门及附件安装工程量计算方法

1)铸铁管管件、钢管管件制作安装、塑料管管件、转换件定额工程量

计算公式:

$$工程量 = 图示数量\ (个)$$

按设计图示数量计算。

(1)对焊钢制管件如图2-32所示。

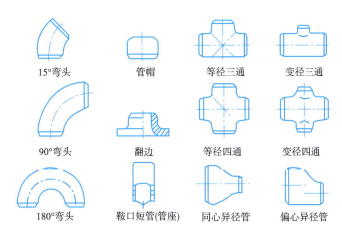

图2-32 对焊钢制管件

(2)给水铸铁管件如图2-33所示。

(3)排水铸铁管件如图2-34所示。

2)阀门、法兰、水表、消火栓、补偿器(波纹管)定额工程量

计算公式:

$$工程量 = 图示数量\ (个)$$

按设计图示数量计算。

(1)市政管网中常用的仪表图例见表2-32。

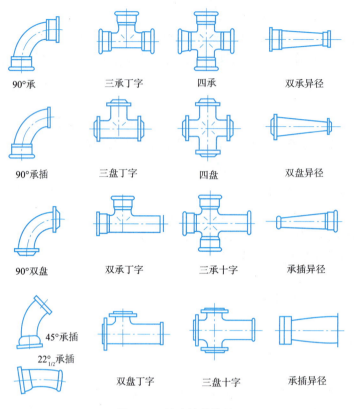

图 2-33　给水铸铁管件

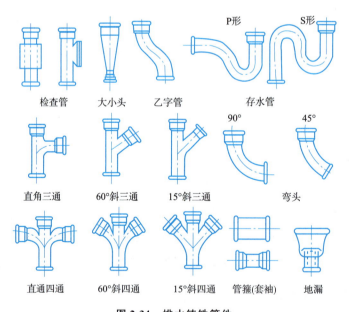

图 2-34　排水铸铁管件

表 2-32 市政管网中常用的仪表图例

仪表图例

序号	名称	图例	序号	名称	图例
1	温度计		8	真空表	
2	压力表		9	温度传感器	T
3	自动记录压力表		10	压力传感器	P
4	水表		11	pH 传感器	pH
5	压力控制器		12	酸传感器	H
6	自动记录流量表		13	碱传感器	Na
7	转子流量计	平面　系统	14	余氯传感器	Cl

（2）市政管网中常用阀门的图例见表 2-33。

表 2-33 市政管网中常用的阀门图例

阀门图例

序号	名称	图例	序号	名称	图例
1	闸阀		8	液动闸阀	
2	角阀		9	气动闸阀	
3	三通阀		10	电动蝶阀	
4	四通阀		11	液动蝶阀	
5	截止阀		12	气动蝶阀	
6	蝶阀				
7	电动闸阀				

续上表

序号	名称	图例	序号	名称	图例
13	减压阀	 左侧为高压端	26	持压阀	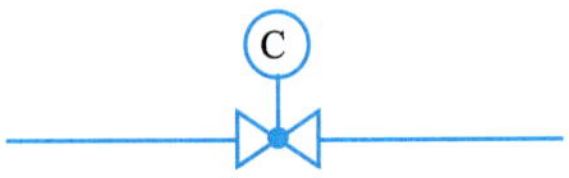
14	旋塞阀	 平面　系统	27	泄压阀	
15	底阀	 平面　系统	28	弹簧安全阀	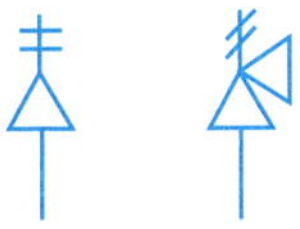 左侧为通用
16	球阀		29	平衡锤安全阀	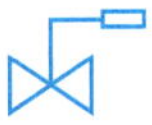
17	隔膜阀		30	自动排气阀	 平面　系统
18	气开隔膜阀	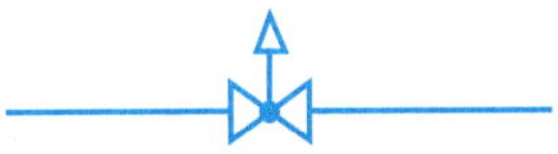	31	浮球阀	 平面　系统
19	气闭隔膜阀		32	水力液位控制阀	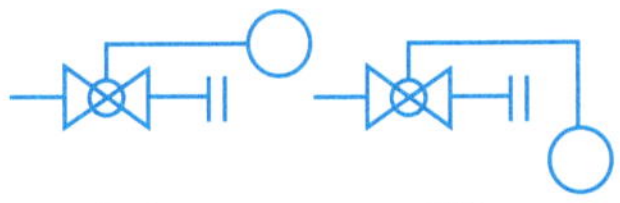 平面　系统
20	电动隔膜阀	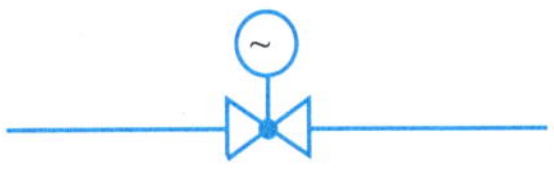	33	延时自闭冲洗阀	
21	温度调节阀	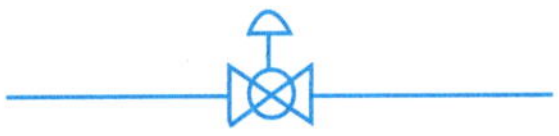	34	感应式冲洗阀	
22	压力调节阀				
23	电磁阀		35	吸水喇叭口	平面　系统
24	止回阀				
25	消声止回阀		36	疏水阀	

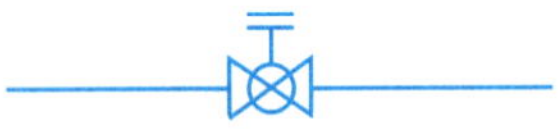

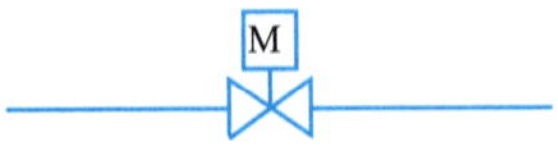

2. 管件、阀门及附件安装工程量计算举例

【例2-24】如图2-35所示,某市政给水管道采用钢管铺设,若 ⋈ 表示阀门,计算阀门的工程量。

【解】:

阀门工程量:3(个)。

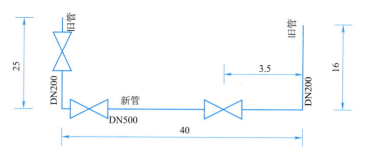

图 2-35 管线布置图(单位:m)

忆一忆:

给水铸铁管件、排水铸铁管件工程量如何计算?

知识模块 4:管道附属构筑物工程量计算

一、说明

(1)《市政管网工程》册第三章定额包括定型井、非定型井、塑料检查井、井筒、出水口、雨水口等项目。

(2)各类定型井的井盖、井座按重型球墨铸铁考虑,爬梯按塑钢考虑。设计要求不同时,井盖、井座及爬梯材料可以换算,其他不变。

(3)塑料检查井按设在非铺装路面考虑,《市政管网工程》册第三章其他各类井均按设在铺装路面考虑。

(4)跌水井跌水部位的抹灰,执行流槽抹面相应项目。

(5)抹灰项目适用于井内侧抹灰,井外壁抹灰时执行侧抹灰相应项目,人工乘以系数 0.8,其他不变。

(6)石砌井执行非定型井相应项目,石砌体按块石考虑。采用片石或平石时,项目中的块石和砂浆用量分别乘以系数 1.09 和 1.19,其他不变。

(7)各类井的井深是指井盖顶面到井基础或混凝土底板顶面的距离,没有基础的到井垫层顶面。

(8)井深大于 1.5 m 的井不包括井字架的搭拆费用,井字架的搭拆执行《市政管网工程》册措施项目相应项目。

(9)模板安装拆除执行《市政管网工程》册措施项目相应项目;钢筋制作安装执行《钢筋工程》相应项目。

二、管道附属构筑物工程量计算规则

(1)各类定型井按设计图示数量计算。

(2)非定型井各项目的工程量按设计图示尺寸计算,其中:

①砌筑按体积计算,扣除管道所占体积。

②抹灰、勾缝按面积计算,扣除管道所占面积。

(3)井壁(墙)凿洞按实际凿洞面积计算。

(4)检查井筒砌筑适用于井深不同的调整和方沟井筒的砌筑,区分高度按数量计算,高度不同时用每增减 0.2 m 计算。

(5)塑料检查井按设计图示数量计算。

(6)井深及井筒调增按实际发生数量计算。

(7)管道出水口区分形式、材质及管径,以"处"为计量单位计算。

三、管道附属构筑物工程量计算实例

1. 管道附属构筑物工程量计算方法

1)砌筑井、混凝土井、塑料检查井定额工程量

计算公式:

$$工程量 = 图示数量 \quad (座)$$

按设计图示数量计算,各种定型井、雨水井、连接井按不同形式、井深、井径以"座"为单位计算。

2)砖砌井筒、预制混凝土井筒定额工程量

计算公式:

$$工程量 = 图示高度 \quad (m)$$

砖砌井筒、预制混凝土井筒定额工程量按设计图示尺寸以延米计算。

3)砌体出水口、混凝土出水口、整体化粪池、雨水口定额工程量

计算公式:

$$工程量 = 图示数量 \quad (处)$$

按设计图示数量以"处"计算。

出水口定额中砖砌、石砌一字式、门字式、八字式等项目适用于 D300 mm ~ D2 400 mm 不同覆土厚度的出水口。

干砌、浆砌出水口的平坡、锥坡、翼墙执行《市政工程消耗量定额》(HLJD-SZ—2019)的第三册"桥涵工程"相应项目。

2. 管道附属构筑物工程量计算举例

【例 2-25】砌筑井分布如图 2-36 所示,某管网工程中,采用 DN250 和 DN400 两种管道,该工程混凝土污水管每根长 1.5 m,使用 120°混凝土基础,水泥砂浆接口,共有 5 座直径为 1 m 的圆形混凝土井,计算砌筑井的工程量。

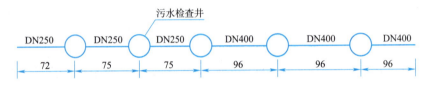

图 2-36 砌筑井分布示意图(单位:m)

【解】

砌筑井的工程量:5(座)。

想一想:

砌筑井、混凝土井、塑料检查井定额工程量如何计算?

知识模块 5:措施项目工程量计算

一、说明

(1)《市政管网工程》册第四章定额包括现浇混凝土模板工程、预制混凝土模板工程、脚手架等项目。

(2)模板定额中已包括了钢筋垫块和第一层底浆的人工、材料及看模工日,使用时不应重复计算。

(3)地、胎模和砖、石拱的拱盔、支架执行第三册《桥涵工程》相应项目。

(4)模板安拆以槽(坑)深 3 m 为准,超过 3 m 时,人工乘以系数 1.08,其他不变。

(5)现浇混凝土梁、板、柱、墙的支模高度按 3.6 m 考虑,支模高度大于 3.6 m 时,执行《市政管网工程》册第四章相应项目。

(6)除章节另有说明外,砌筑物高度超过 1.2 m 应计算脚手架搭建费用。木、钢管脚手架已包括斜道及拐弯平台的搭设。

(7)小型构件指单件体积在 0.05 m³ 以内定额未列出的构件。

(8)墙帽分矩形墙帽和异形墙帽,矩形墙帽按圈梁考虑,异形墙帽按异形梁考虑。

二、措施项目工程量计算规则

(1)现浇及预制混凝土构件模板按模板与混凝土构件的接触面积计算。

(2)井字架区分材质和搭设高度按搭设数量计算。

(3)脚手架工程量按墙面长度乘以高度以面积计算;柱按设计图示柱结构外围周长另加3.6 m乘以高度以面积计算。

查一查:

现浇及预制混凝土构件模板定额工程量如何计算?

自测训练

一、单选题

1.《市政工程消耗量定额》(HLJD—SZ—2019)中规定,在沟槽土基上直接铺设混凝土管道时相应项目,人工、机械乘以系数( )。
　　A.1.18　　　　B.1.20　　　　C.1.10　　　　D.1.22

2.《市政工程消耗量定额》(HLJD—SZ—2019)中规定,管道(渠)垫层和基础按设计图示尺寸以( )计算。
　　A.面积　　　　B.套　　　　C.体积　　　　D.个

3.《市政工程消耗量定额》(HLJD—SZ—2019)中规定,水平导向钻进定额中,钻导向孔及扩孔工程量按两个工作坑之间的水平长度计算,回拖布管工程量按钻导向孔长度加( )m计算。
　　A.1.3　　　　B.1.5　　　　C.1.10　　　　D.1.2

4.《市政工程消耗量定额》(HLJD—SZ—2019)中规定,法兰、阀门安装按设计图示( )计算。
　　A.面积　　　　B.数量　　　　C.长度　　　　D.体积

5.《市政工程消耗量定额》(HLJD—SZ—2019)中规定,各类定型井按设计图示( )计算。
　　A.长度　　　　B.面积　　　　C.数量　　　　D.体积

二、多选题

1.《市政工程消耗量定额》(HLJD—SZ—2019)中规定,管道安装不包括( )安装。
　　A.三通　　　B.弯头　　　C.异径管　　　D.沿沟排管　　　E.阀门

2.《市政工程消耗量定额》(HLJD—SZ—2019)中规定,塑料管安装适用于玻璃钢夹砂管以外的塑料管,包括( )。
　　A.PPR(聚丙烯)　　　B.PVC(聚氯乙烯)　　　C.PB(聚丁烯)
　　D.PE(聚乙烯)　　　E.HDPE(增强高密度聚乙烯)

3.《市政工程消耗量定额》(HLJD—SZ—2019)中规定,铸铁管件安装定额中综合考虑了( )的接口。
　　A.承口　　　B.插口　　　C.阀门　　　D.沿沟排管　　　E.带盘

三、判断题

1.《市政工程消耗量定额》(HLJD—SZ—2019)中规定,管道铺设采用胶圈接口时,如管材为成套购置,即管材单价中不包括胶圈价格。( )

2.《市政工程消耗量定额》(HLJD—SZ—2019)中规定,顶管工程按无地下水考虑,遇地下水排(降)水费用另行计算。( )

3.《市政工程消耗量定额》(HLJD—SZ—2019)中规定,新旧管线连接管径是指新旧管中的最小管径。( )

4.《市政工程消耗量定额》(HLJD—SZ—2019)中规定,各种材质的施工缝填缝及盖缝不分断面面积按设计长度计算。( )

5.《市政工程消耗量定额》(HLJD—SZ—2019)中规定,井、池渗漏试验,按井、池容量以体积计算。( )

6.《市政工程消耗量定额》(HLJD—SZ—2019)中规定,法兰、阀门安装以低压考虑。( )

7.《市政工程消耗量定额》(HLJD-SZ—2019)中规定,马鞍卡子安装直径是指主管直径。（　　）

8.《市政工程消耗量定额》(HLJD-SZ—2019)中规定,各类井的井深是指井盖顶面到井基础或混凝土底板底面的距离,没有基础的到井垫层顶面。（　　）

9.《市政工程消耗量定额》(HLJD-SZ—2019)中规定,现浇混凝土梁、板、柱、墙的支模高度按3.6 m考虑。（　　）

10.《市政工程消耗量定额》(HLJD-SZ—2019)中规定,塑料检查井按设计图示数量计算。（　　）

四、简答题

1. 简述脚手架的工程量计算规则。
2. 简述管件、阀门及附件安装工程量计算规则。
3. 简述给水管道铺设工程量计算规则。
4. 简述管道闭水试验工程量计算规则。

任务4　计划单

课程	市政工程预算		
学习情境二	定额工程量解析	学时	27
任务4	管网工程定额计价工程量计算	学时	5
计划方式	小组讨论、团结协作共同制订计划		
序　号	实　施　步　骤		使用资源
1			
2			
3			
4			
5			
6			
7			
8			
9			
制订计划说明			

	班　级		第　组		组长签字	
	教师签字				日　期	
计划评价	评语:					

任务 4　决策单

课程		市政工程预算		
学习情境二		定额工程量解析	学时	27
任务 4		管网工程定额计价工程量计算	学时	5
方案讨论				
方案对比	组号	方案合理性	实施可操作性	安全性	综合评价
	1				
	2				
	3				
	4				
	5				
	6				
	7				
	8				
	9				
	10				
方案评价	评语：				
班级		组长签字		教师签字		月　日

任务4 实施单

课程	市政工程预算		
学习情境二	定额工程量解析	学时	27
任务4	管网工程定额计价工程量计算	学时	5
实施方式	小组成员合作;动手实践		
序 号	实 施 步 骤		使用资源
1			
2			
3			
4			
5			
6			
7			
8			
9			
10			
11			
12			
13			
14			
15			
16			

实施说明：

班 级		第 组	组长签字	
教师签字		日 期		
评 语				

任务 4　作业单

课程	市政工程预算		
学习情境二	定额工程量解析	学时	27
任务 4	管网工程定额计价工程量计算	学时	5
实施方式	小组成员动手计算一个管网工程定额工程量,学生自己收集资料、计算		

班　级		第　组	组长签字	
教师签字			日　期	
评语				

任务 4　检查单

课程	市政工程预算		
学习情境二	定额工程量解析	学时	27
任务 4	管网工程定额计价工程量计算	学时	5
序　号	检查项目	检查标准	学生自查	教师检查
1				
2				
3				
4				
5				
6				
7				
8				
9				
10				
11				
12				
13				
14				
15				

检查评价	班　级		第　组	组长签字	
	教师签字		日　期		
	评语：				

1. 工作评价单

课程		市政工程预算			
学习情境二		定额工程量解析		学时	27
任务4		管网工程定额计价工程量计算		学时	5
评价类别	项目	子项目	个人评价	组内互评	教师评价
专业能力	资讯(10%)	搜集信息(5%)			
		引导问题回答(5%)			
	计划(5%)				
	实施(20%)				
	检查(10%)				
	过程(5%)				
	结果(10%)				
社会能力	团结协作(10%)				
	敬业精神(10%)				
方法能力	计划能力(10%)				
	决策能力(10%)				
评　价	班级		姓名		学号		总评	
	教师签字		第　　组	组长签字		日期	

2. 小组成员素质评价单

课程	市政工程预算		
学习情境二	定额工程量解析	学时	27
任务4	管网工程定额计价工程量计算	学时	5
班级		第 组	成员姓名
评分说明	每个小组成员评价分为自评和小组其他成员评价两部分,取平均值计算,作为该小组成员的任务评价个人分数。评价项目共设计五个,依据评分标准给予合理量化打分。小组成员自评分后,要找小组其他成员不记名方式打分,成员互评分为其他小组成员的平均分		
对象	评分项目	评分标准	评分
自评(100分)	核心价值观(20分)	是否有违背社会主义核心价值观的思想及行动	
	工作态度(20分)	是否按时完成负责的工作内容、遵守纪律,是否积极主动参与小组工作,是否全过程参与,是否吃苦耐劳,是否具有工匠精神	
	交流沟通(20分)	是否能良好地表达自己的观点,是否能倾听他人的观点	
	团队合作(20分)	是否与小组成员合作完成,做到相互协助、相互帮助、听从指挥	
	创新意识(20分)	看问题是否能独立思考,提出独到见解,是否能够创新思维解决遇到的问题	
成员互评(100分)	核心价值观(20分)	是否有违背社会主义核心价值观的思想及行动	
	工作态度(20分)	是否按时完成负责的工作内容、遵守纪律,是否积极主动参与小组工作,是否全过程参与,是否吃苦耐劳,是否具有工匠精神	
	交流沟通(20分)	是否能良好地表达自己的观点,是否能倾听他人的观点	
	团队合作(20分)	是否与小组成员合作完成,做到相互协助、相互帮助、听从指挥	
	创新意识(20分)	看问题是否能独立思考,提出独到见解,是否能够创新思维解决遇到的问题	
最终小组成员得分			
小组成员签字		评价时间	

任务4 教学反馈单

课程	市政工程预算		
学习情境二	定额工程量解析	学时	27
任务4	管网工程定额计价工程量计算	学时	5
序 号	调 查 内 容	是	否	理由陈述
1	你是否喜欢这种上课方式？			
2	与传统教学方式比较你认为哪种方式学到的知识更实用？			
3	针对每个学习任务你是否学会如何进行资讯？			
4	计划和决策感到困难吗？			
5	你认为学习任务对你将来的工作有帮助吗？			
6	通过本任务的学习，你学会管网工程的定额工程量计算规则了吗？			
7	你能计算出管道铺设的定额工程量吗？			
8	你能计算出管件、阀门及附件安装的定额工程量吗？			
9	通过几天来的工作和学习，你对自己的表现是否满意？			
10	你对小组成员之间的合作是否满意？			
11	你认为本情境还应学习哪些方面的内容？（请在下面空白处填写）			

你的意见对改进教学非常重要，请写出你的建议和意见：

被调查人签名		调查时间	

任务 5　其他工程及措施项目定额计价工程量计算

任 务 单

课程	市政工程预算				
学习情境二	定额工程量解析			学时	27
任务 5	其他工程及措施项目定额计价工程量计算			学时	4
布置任务					
任务目标	(1) 其他工程及措施项目定额计算规则； (2) 掌握其他工程及措施项目工程量计算的方法； (3) 学会计算掌握其他工程及措施项目的定额工程量； (4) 能够在完成任务过程中锻炼职业素养，做到工作程序严谨认真对待，完成任务能够吃苦耐劳主动承担，能够主动帮助小组落后的其他成员，有团队意识，诚实守信、不瞒骗，培养保证质量等建设优质工程的爱国情怀				
任务描述	计算其他工程及措施项目相关的定额工程量。具体任务如下： (1) 根据任务要求，收集路灯工程、钢筋工程、拆除工程、措施项目的定额工程量计算规则； (2) 确定路灯工程、钢筋工程、拆除工程、措施项目的定额工程量计算方法； (3) 计算路灯工程、钢筋工程、拆除工程、措施项目的定额工程量				
学时安排	资讯	计划	决策	实施	检查	评价
	1 学时	0.5 学时	0.5 学时	1 学时	0.5 学时	0.5 学时
对学生学习及成果的要求	(1) 每名同学均能按照资讯思维导图自主学习，并完成知识模块中的自测训练； (2) 严格遵守课堂纪律，学习态度认真、端正，能够正确评价自己和同学在本任务中的素质表现，积极参与小组工作任务讨论，严禁抄袭； (3) 具备工程造价的基础知识；具备其他工程及措施项目的构造、结构、施工知识； (4) 具备识图的能力；具备计算机知识和计算机操作能力； (5) 小组讨论其他工程及措施项目工程量计算的方案，能够确定其他工程及措施项目工程量的计算规则，掌握其他工程及措施项目定额工程量的计算方法，能够正确计算其他工程及措施项目的定额工程量； (6) 具备一定的实践动手能力、自学能力、数据计算能力、沟通协调能力、语言表达能力和团队意识； (7) 严格遵守课堂纪律，不迟到、不早退；学习态度认真、端正；每位同学必须积极动手并参与小组讨论； (8) 讲解其他工程及措施项目定额工程量的计算过程，接受教师与同学的点评，同时参与小组自评与互评					

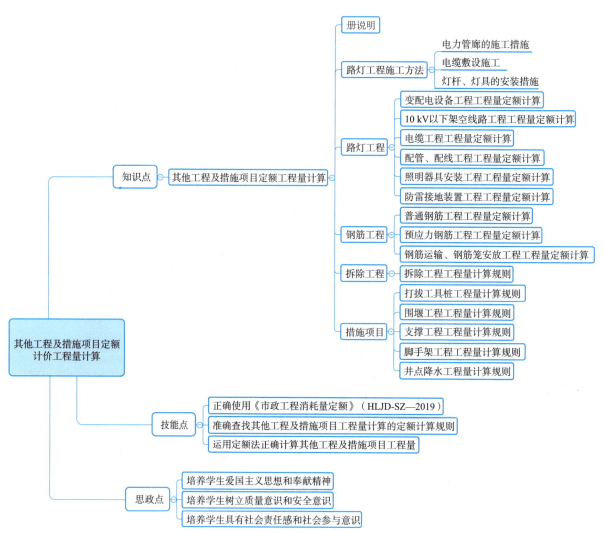

一、路灯工程

(1)《路灯工程》册是《市政工程消耗量定额》(HLJD-SZ—2019)的第八册,包括变配电设备工程,10 kV以下架空线路工程,电缆工程,配管、配线工程,照明器具安装工程,防雷接地装置工程,共六章。

(2)《路灯工程》册定额适用于新建、扩建的城镇道路、市政公共广场、市政地下通道的照明工程,不适用于维修改造及庭院(园)内的照明工程。

(3)《路灯工程》册定额编制依据:

①《市政工程工程量计算规范》(GB 50857—2013);

②《通用安装工程消耗量定额》(TY 02-31—2015);

③《建筑电气工程施工质量验收规范》(GB 50303—2015);

④《电气装置安装工程 电气设备交接试验标准》(GB 50150—2006);

⑤《电气装置安装工程 电缆线路施工及验收标准》(GB 50168—2018);

⑥《电气装置安装工程 66 kV 及以下架空电力线路施工及验收规范》(GB 50173—2014);

⑦《电气装置安装工程 电力变压器、油浸电抗器、互感器施工及验收规范》(GB 50148—2010);

⑧《电气装置安装工程 高压电器施工及验收规范》(GB 50147—2010);

⑨《黑龙江省 2010 年建设工程计价依据 电气设备及建筑智能化系统设备安装工程计价定额》;

⑩相关省、市、行业现行的市政预算定额及基础资料。

(4)《路灯工程》册定额与安装定额相关项目的界线划分,以路灯系统与城市供电系统相交为界,界线以内执行《路灯工程》册定额。

(5)《路灯工程》册定额不包括线路参数的测定、运行和系统调试工作。

(6)《路灯工程》册定额电压等级按 10 kV 以下考虑。

(7)《路灯工程》册定额中除另有说明外,均不含土石方项目,如发生执行本专业第一册《土石方工程》相应项目。

(8)《路灯工程》册说明未尽事宜,详见各章节说明。

二、钢筋工程

(1)《钢筋工程》册是《市政工程消耗量定额》(HLJD-SZ—2019)的第九册,包括普通钢筋、预应力钢筋和钢筋运输、钢筋笼安放,共三章。

(2)《钢筋工程》册定额适用范围:

①道路工程;

②桥涵工程;

③市政管网工程;

④水处理及生活垃圾处理工程;

⑤隧道工程。

(3)《钢筋工程》册定额编制依据:

①《市政工程工程量计算规范》(GB 50857—2013);

②《市政工程消耗量定额》(ZYA 1-31—2015);

③《建设工程劳动定额 市政工程-拆除与临时工程》(LD/T 99.1—2008);

④《建设工程劳动定额 建筑工程-钢筋工程》(LD/T 72.7—2008);

⑤《黑龙江省 2010 年市政工程计价定额》;

⑥相关省、市、行业现行的市政预算定额及基础资料。

(4)钢筋工程计价时,如个别子目需借用建筑工程定额时,人工、机械消耗量乘以系数 1.25。

(5)隧道工程采用本定额子目时,人工、机械消耗量应乘以系数 1.20。

(6)预应力构件中的非预应力钢筋按普通钢筋相应项目计算。

(7)现场钢筋水平运距包括在项目中,加工的钢筋由附属工厂至工地水平运输或现场钢筋水平运距超过 150 m 的应另列项,按钢筋水平运输子目执行。

(8)以设计地坪为界,±3.00 m 以内的构筑物不计垂直运输费,超过+3.00 m 的构筑物,±0.00 m 以上部分钢筋全部计算垂直运输费,-3.00 m 以下的构筑物,±0.00 m 以下部分钢筋全部计算垂直运输费。

(9)现浇构件和预制构件钢筋均按《钢筋工程》册定额执行。

(10)地下连续墙钢筋笼制作执行第一章"普通钢筋"相应子目(不含地下连续墙钢筋制作平台费用),安放执行第三章"钢筋运输、钢筋笼安放"相应子目。

(11)凡《钢筋工程》册说明未尽事宜,详见各章说明。

三、拆除工程

(1)《拆除工程》册是《市政工程消耗量定额》(HLJD-SZ—2019)的第十册,包括拆除旧路,拆除人行道,拆除预制侧缘石,拆除混凝土管道,拆除金属管道,拆除砖石构筑物,拆除混凝土障碍物,伐树、挖树蔸,路面凿毛,路面铣刨机铣刨沥青路面等项目。

(2)《拆除工程》册定额编制依据:

①《市政工程工程量计算规范》(GB 50857—2013);
②《市政工程消耗量定额》(ZYA 1-31—2015);
③《全国统一建筑工程基础定额》(GJD-101—1995);
④《建设工程劳动定额-市政工程》(LD/T 99.1—2008);
⑤《黑龙江省 2010 年市政工程计价定额》;
⑥相关省、市、行业现行的市政预算定额及基础资料。
(3)《拆除工程》册说明未尽事宜,详见各章节说明。

四、措施项目工程

(1)《措施项目工程》册是《市政工程消耗量定额》(HLJD-SZ—2019)的第十一册,包括打拔工具桩、围堰工程、支撑工程、脚手架工程、井点及降水工程、临时便道,共六章。

(2)《措施项目工程》册定额编制依据:
①《市政工程工程量计算规范》(GB 50857—2013);
②《市政工程消耗量定额》(ZYA 1-31—2015);
③《全国统一建筑工程基础定额》(GJD-101—1995);
④《建设工程劳动定额-市政工程》(LD/T 99.1—2008);
⑤《黑龙江省 2010 年市政工程计价依据》;
⑥相关省、市、行业现行的市政预算定额及基础资料。

(3)定额子目表中的施工机械是按合理机械进行配备的,在执行中不得因机械型号不同而调整。

(4)《措施项目工程》册说明未尽事宜,详见各章节说明。

知识模块 1:路灯工程施工方法

一、电力管廊的施工措施

1. 土方开挖及回填

1)施工流程
深化设计图纸及技术交底→定位放线→基础及管沟开挖→回填→夯实→中间验收→竣工验收。

2)管沟开挖
(1)地面照明配线穿管埋地深度为地面以下 0.5 m。
(2)对轴线桩、水准基点桩等按图纸进行复测,若发现标志不足、被移动或精度不符合要求时,进行补测处理。
(3)施工测量:
①施工前由测量人员先校核图纸,根据甲方提供的测量控制点和水准点及图上的线点位置,以及施工地段的地形地物,确定施测方法,布设测量控制网,并报监理工程师批准。
②由测量人员根据设计图纸放出接线井、灯基础、箱式变压器基础位置,再根据管中线及缆沟开挖要求,放出线位。
③将施工地段的原地标高复测一次,以确定该施工地段的开挖深度。
④在施工过程中,施工人员要注意保护测量控制点,如发现测量控制点被破坏,及时通知测量人员补测,以保证测量精确度。
(4)查明地下管线及其他地下构筑物情况,确保施工安全。
(5)按轴线准确测放地面开挖边线,纵向开挖,采用机械纵向分层开挖,人力挖土配合,自卸车运输,挖出的土方可用于回填的就近堆放,余土运至指定地点。
(6)机械开挖至距设计坑底标高 10 cm 厚时,采用人工开挖、把沟底土层夯实找平后才能捣垫层,尽量避免超挖现象,如有超挖,回填碎石砂或砖碎砂并夯实至沟底设计标高。
(7)做好防水措施,及时抽干沟内积水。沟槽底面两侧设置 10 cm×10 cm 的通长排水沟,每隔 60 m 设一个集水井,及时排除槽底积水,避免槽底土壤受水浸泡。

(8)开挖时,随时测量监控,保证开挖沟槽尺寸、轴线达到施工方案及设计要求。

3)基础开挖质量控制点

(1)在基坑开挖中,地基承载力是质量控制的关键。地基承载力必须满足设计要求。其质量保证措施如下:

①严禁扰动坑底土壤,避免发生超挖。控制超挖的方法如下:

- 预先测出基坑底标高,并在沿线钢板桩或挡土板上用红油漆在相应位置上标出。
- 机械挖土时,在距基底尚有10 cm时,改用人力挖土,平整坑底;如雨季施工,则留20 cm土在进入下一工序前才挖除。
- 基坑标高边开挖边测量。

②如发生超挖,严禁用土回填,超挖地段要用碎石砂或砖碎砂回填并夯实。

③基坑挖好后,应填写隐蔽质量验收,经监理工程师验收合格后方可进入下一道工序施工。

④换填的碎石砂和石屑必须用水充实,并用灌砂法进行密实度检测。

(2)防基坑开挖边坡坍塌:

①基坑开挖时根据现场实际地质情况确定基坑开挖边坡坡度。

②基坑开挖后及时修整边坡并拍实。

③在基坑边坡顶设置截水天沟截排地表水,不使冲刷边坡。

④如遇暴雨,用彩条布覆盖边坡,防止雨水冲刷。

⑤施工中随时观测边坡,发现问题及时处理。

(3)管沟开挖每侧临时堆土应符合下列规定:

①不得影响邻近的建筑物、各种管线和其他设施的安全。

②不得掩埋邻近的各种井口、测量标志,不得妨碍其正常使用。

4)降水措施

(1)井点降水。若遇地下水位较高、水量较大时,采取井点降水措施(单排)。拟采用轻型井点抽水来降低水位,井点管采用$\phi 38$ mm钢管,滤管采用$\phi 50$ mm多孔钢管,外包尼龙网两层,抽水管总管采用$\phi 150$ mm钢管,井点中抽取的地下水排入就近水道,具体方案报监理批准后实施。以上降水方案以不影响任何相邻的现有设施或构筑物为前提。

(2)基坑明排抽水。在地下水位较低,基坑中积水很少的情况下,可采用基坑明排抽水的方法降水,这种方式可作为井点降水的补充。为保证抽水设备的连续运行,备用抽水设备和备用发电机一台。

5)地下障碍物的防护

(1)在每段沟槽和基础开工前,与有关部门联系核实所有地下和地上构筑物的特点,逐个制定保护措施。在现有公用设施附近开始施工前48 h,书面通知有关单位及业主,得到他们的支持和帮助。对施工万一损坏的各种公用设施,保证将其恢复原貌及至达到有关部门满意的程度。

(2)工程施工过程中,会有部分既有管道、电缆及其他构筑物需要拆除、迁移或重修。对已知的地下既有管道、电缆在开槽之前将其细心开挖暴露,然后用钢板桩和槽钢构成支架,作支吊保护,使之能正常使用。对于其他构筑物,可在其邻近施工部位打钢板桩保护。对邻近的既有平行管道用密打钢板桩保护。对于与施工管道交叉涵洞、电缆或管道,施工时可按有关规定执行,与有关部门取得联系,以便采取适当措施予以保护、清除或迁移。

(3)施工中不得不破坏的路面,在施工过程中应另设便道供车辆和行人流通,完工后严格按照规定及时予以恢复,并聘请有关工程技术人员做现场指导。

(4)在施工现场意外发现的具有历史意义或重大价值或其他价值的任何物品,应立即将其发现通知监理工程师并执行监理工程师有关处理这些发现的指示,同时采取一切合理措施保护现场。

6)不良地质条件施工

(1)根据电缆沿线地质勘测资料,对可能遇到的不良水文地质条件的管线,采用特殊的沟槽开挖方式和不同的地基处理措施,经监理工程师批准后实施。

①对于松软地基,采用碾压法、夯实法和换土法进行地基处理。

②对于饱和土地采用打桩法、木筏基础和换土法进行地基处理,沟槽开挖时可采用打板装法进行边坡支护,并采取有效的降水措施,以避免出现滑坡和流砂现象。

③对于湿陷性黄土采用夯实法、土垫层法、灰土垫层法、打混凝土或钢筋混凝土垫层法和桩基法进行地基处理。

(2)松软土层一经扰动,其絮状结构受破坏,土的强度显著降低,甚至呈流动状态,因此,在高灵敏度的软土地基上进行开挖基坑时,应力求避免土层扰动。若一旦出现土层扰动时,可用碎石抛入法进行弥补,碎石经夯实后上部方可再铺垫加密的中粗砂层。

7)土方回填

(1)如利用挖沟槽的可回填土方回填。回填前,做好各种土的最佳含水量试验,确定各种土的最佳含水量。

(2)测定待回填土的实际含水量。将待回填土的含水量控制在接近最佳含水量。过湿的翻晒,过干的洒水,大块的土打碎或取出。

(3)回填土采用分层回填、机械压实,层厚≤30 cm,并确保密实度达到设计要求。

(4)回填土土质不同时,分段分层填筑。

(5)每天所铺筑的土方,当天夯实完毕,以防雨水泡软土层。

(6)夯实机等施工机械严格执行其相应的机电设备安全技术操作规程,维修、保养规程。严格执行操作人员持证上岗制度。

(7)填写检测报告,报监理工程师验收合格后进入下一道工序。

(8)如回填石屑采用灌砂法进行压实度检测,回填土方采用环刀法进行检测,压实度必须满足设计要求。

2. 基础工程施工

1)路灯基础

(1)路旁灯设在人行道边处,选用混凝土基础,该基础施工内容包括:土石方开挖、混凝土基础施工的材料、机具、预埋管线、预埋接地线、预埋灯基础固定螺栓、灯座垫板、余土外运及恢复人行道。

(2)桥上灯基础设在桥的防撞栏上,土建单位已预埋了接线口、预埋接线管、预埋灯基础。

(3)根据图纸的灯位里程,结合现场附近的实际情况,按设计要求定好灯杆基础位置,并同现场施工单位进行沟通,收集道路边的放线、标高和有关地下设施管线的资料。

(4)施工工艺流程:深化设计图纸及技术交底→垫层捣制→钢筋成形→立模→浇筑混凝土→养护→自检→验收。

(5)施工方法。开挖后首先对原测设的永久性标桩进行复测检查,并将复测结果报告监理工程师核对无误后,按设计图提供的桩号位置进行放样,确保误差在许可范围内。

根据施工测量完成土方开挖,重新进行轴线和高程的测设,并会同有关部门对地基土进行鉴别和隐蔽工程验收,如果基础的土质出现淤泥或流砂现象,必须及时上报,会同甲方及设计进行处理。随即在沟槽上捣制素混凝土垫层,待混凝土垫层达到一定强度(至少高于初凝强度)后,进行底板及侧板钢筋的绑扎和安放工作、模板安装、混凝土捣制、防水防腐施工。

①钢筋工程。该工程所用钢筋必须有出厂合格证或实验报告,并经实验室按规定取样,检验合格后方能正常使用。工程所需钢筋主要在现场临时加工制作。钢筋加工前应严格按图纸设计要求进行认真的翻样工作,钢筋翻样单经土建主管审核后才能交付钢筋加工场进行加工。钢筋加工应按部位、构件类型依照绑扎顺序的先后安排加工,并将加工好的钢筋半成品分类、分区、分段堆放,且挂标志牌,以便运输和安装。

a. 钢筋绑扎前,要认真对照设计图纸,确定好方向和尺寸,然后竖向钢筋。为确定其位置正确,保证在混凝土浇筑后不发生偏移,将四角的竖筋与上下板筋焊接起来,钢筋绑扎好后,在其各面上按规定保护层厚度绑上带铅丝的水泥砂浆块,保证其有足够的保护层;柱模支好后,将其四周的柱筋用绑扎丝固定在四周的模板上,防止混凝土浇筑过程中引起柱筋位移。钢筋搭接时,钢筋的接头位置要按要求错开,钢筋搭接长度如果图中未注明者,按45 d(二级钢筋)或30 d(一级钢筋)施工。

b. 水平钢筋严格按设计图纸及施工规范要求进行施工,钢筋搭接长度按以下方法进行:钢筋采用冷接搭接。其搭接长度如果设计图纸中未注明,按42 d(二级钢筋)或30 d(一级钢筋)施工;锚固长度取35 d(二级钢筋)或25 d(一级钢筋)。

c. 靠近外围两行钢筋的相交点全部扎牢外,中间部分交叉点亦必须全部扎牢,并保证受力钢筋不产生位置偏移;安装完成后,报请现场监理工程师会同有关人员验收,并签字确认后方可进行模板安装。

d. 地脚螺栓应按灯杆基础大样布置,按要求焊接,做到尺寸准确。

e. 灯杆脚板按要求焊接,确保水平度。

②模板工程。模板及其支撑系统必须满足以下要求:保证结构构件各部分的形状尺寸和相互间位置正确;必须具有足够的强度、刚度和稳定性;模板接缝要严密,不得漏浆;便于模板的拆除。现场施工用的模板在指定的加工场制作并进行流水施工周转使用,模板表面要涂满隔离剂;施工前要浇水湿润模板,固定在模板上的预埋件和预留洞均不得遗漏,安装必须牢固,位置准确。模板的安装采取分层分段支模的方法,且上层支架的立柱应对准下层支架的立柱,并应铺设垫板。

模板安装完成后,必须对结构位置进行复核,在确认无误后方可向现场监理工程师申请混凝土捣制施工。

立模后,先敷设好预埋管,基础坑制作完应请监理工程师签证确认后再进行水泥捣制,并做好基础水泥标号试压等有关验证的标本制作,送有关质监部门试验。

基础施工出现与设计定位重大偏差时,应报监理工程师和设计、业主,取得变更同意后方可进行施工。

③混凝土施工。基础水泥按要求采用合格搅拌厂的产品,并根据设计的混凝土强度等级和质量检验以及混凝土和易性的要求,结合现场施工需要和劳动力的实际情况,委托符合资质的试验室进行混凝土施工配合比设计。同时,在施工过程中及时与混凝土供应站保持联系,控制好混凝土的水灰比,对出槽混凝土的坍落度,每台班至少要进行2次抽验,如超过质量标准,要马上找出原因进行修正。

在混凝土施工阶段应掌握天气的变化情况,特别在雷雨台风季节更应注意,准备好在浇筑过程中所必需的防雨物资,保证混凝土连续浇筑的顺利进行。

浇筑混凝土应连续进行。对每台班的浇筑时间、浇筑范围进行测算,如必须间歇,其间歇时间应尽可能缩短(不大于2 h),并应在前层混凝土凝结之前,将次层混凝土浇筑完毕。

混凝土捣制除水平板采用平板式振动器外,其余结构均采用插入式振动器。每一振点的振捣延续时间,应使表面呈现浮浆和不再沉落;插入式振捣器的移动间距不宜大于其作用半径的1.5倍,振捣器与模板的距离,不应大于其作用半径的0.5倍,并应避免碰撞钢筋、模板等,注意要"快插慢拔,直上直下,不漏点",上下层搭接不少于50 mm,平板振捣器移动间距应保证振捣器的平板能覆盖已振实部分的边缘。

混凝土应在浇筑完毕后的12 h以内对其进行覆盖和浇水养护,浇水养护时间不得小于7 d,在拆模之前均应连续保持湿润。

候干期为10天,才可进入灯杆安装工作。

在混凝土拆模后进行防水防腐施工,主要是防水砂浆批荡,在施工中采用分层整体施工,以确保密实度,面层压光。

2)箱式变压器基础

(1)基础的开挖必须做好原有管线(如果有时)的探测迁移或保护工作,如有异常情况应书面报告监理工程师,处理方案获批准后方可施工。

(2)基础应高出所处地面300 mm以上,不应设在可能存在积水的地方。

(3)基础的具体尺寸要根据箱式变压器厂家提供的安装大样图而定。

(4)设备的基础、构架、预埋件、预埋孔应符合设计要求,达到设备安装的强度要求。

(5)基础涉及的建筑材料应符合现行国家标准。

(6)预埋件、预留孔的位置尺寸应符合设备安装要求,预埋件应牢固、耐用。

(7)具体施工方法参照路灯基础的施工工艺流程。

3. 接线井施工方法

(1)检查开挖尺寸、位置是否符合图纸要求,有误差时要及时修正。

(2)接线井施工前要将井壁位置地面找平,夯实,铺一定厚度的水泥砂浆。

(3)采取有效的措施保护预埋管不受损坏、走位及管口堵塞。

(4)砌砖做到平直。

(5)井壁内腔按要求批荡。

(6)井盖高度应与人行道面同一水平。

(7)砌筑过程中应设置围栏,防止不必要的损坏或坠落。

4. 保护管安装

1)钢管施工方法

(1)管材验收和搬运:

①接收管材必须进行验收,先验收产品合格证、质量保证书和各项性能检验报告等有关资料。

②验收管材、管件时,应在同一批中抽样,按标准的规定进行规格尺寸和外观性能检查。

③管材搬运时,必须用金属绳吊装。管材应小心轻放,排列整齐,不得抛掉和沿地拖动。

④管材在场内运输,要使用非金属绳固定,避免管材受到损害。

(2)布(下)管:

①当沟底平整完后,应按图纸的管材规格按顺序轻放在沟槽旁边,管材之间保持首尾衔接。

②管的抬放必须防止损伤,做到轻放,不允许在地上拖动和抛甩。抬大口径管时要注意安全,避免发生人身事故。

③在布放管材时应进行检查,尤其封头部位要仔细检查,符合要求方准使用,严禁使用有隐患的管材。

④往沟内下管时要保持管子平衡,轻起轻放,严禁抛摔。

(3)连接:

钢管可采用法兰连接、丝口连接或加套管焊接连接等方式。

2)PE、PVC 管施工方法

(1)常用工具:弯管弹簧、管剪刀、黏结剂及其系列。

(2)连接方法:

①采用 PE 管,承插黏结式接头连接,在对接时应注意黏结剂不得进入塑料管内。

②PE 管的弯曲。根据施工图纸现场实例,记录管段的长短,弯曲时用弯管弹簧,两端施加压力,弯曲的半径不应小于管子直径的 4 倍。管子弯曲处无明显折皱。

二、电缆敷设施工

1. 准备工作

(1)电缆敷设施工实施电缆从厂家直接运到现场。敷设前对电缆的出厂合格证、规格进行核对,确认无错漏和无质量问题后才进行敷设施工。未及时敷设的电缆,采取措施防雨、防晒、防盗,并注意防止电缆摆放的安全措施,以免造成事故。

(2)电缆敷设前应检查预埋保护管是否畅通,并核对电缆型号、电压规格是否符合设计要求,外观是否扭绞、压扁、保护层断裂等缺陷,是否有完整的封签、保证书、产品测试合格证。

(3)用 500 V 兆欧表对低压电缆绝缘进行检测,按规定进行有关的电气试验,并记录数据后方可敷设。

2. 施工安装

(1)敷设前应按设计和实际路径计算每根电缆长度,合理安排每盘电缆,减少电缆接头,直埋电缆应在全长上留少量裕度,并作波浪形敷设。

(2)电缆敷设时应排列整齐,不宜交叉,加以固定,并及时装设标志牌,标志牌应注明线路编号。当无编号时,应写明电缆型号、规格及其建讫地点。

(3)明确岗位责任,统一指挥,沿途各岗位及时配合,电缆敷设施工时,应做好围蔽施工现场措施,防止事故发生。

(4)电缆敷设时采用电缆放线架将电缆盘架起,电缆穿管时将已准备在管内的钢丝绳或铁丝套在电缆头,另一侧用人或用电缆牵引机缓慢牵引。要统一信号、统一指挥。缆沟敷设时,应有足够的电缆引导架,用力均匀,防止拉伤电缆。电缆的转弯半径应符合规范要求。转弯处还应派专人看守。

(5)电缆进入电缆沟时,出入口应密闭,以防虫害、鼠害及水进入。

(6)所有线缆在钢管或灯杆内不应有接头,并留有一定余量。

(7)电缆与地下管道接近或交叉时为 0.25 m,禁止将电缆平等敷设在管道的上面或下面;与热力管道交叉时,电缆应从热力管道的下面通过;当穿越可能受机械损坏的地方时,均应穿钢管保护;若穿过排水沟底时,管顶距排水沟通底不应小于0.5 m;穿越公路或铁路时,管长除跨越路面或轨道宽度外,一般应在两端伸出0.5 m;在桥上或桥侧、桥下敷设电缆时,在桥的两端和伸缩缝处应留有电缆松弛部分,以防电缆由于结构胀缩而受到损伤。

3. 电缆头制作及接线施工

（1）电缆终端头和中间接头制作时,严格遵守制作工艺流程,应有防尘和防外来污物的措施,电缆终端头和接头从开始到完毕,必须连续进行一次完成以防止受潮。

（2）在电缆接线前,再进行一次绝缘性能测试,记录数据,合格后方可进行接线（电缆的安装、接线必须按照设计图纸的回路进行编号、对线、接线）。

（3）所有全股导线应压接线耳,低压三相导线应标明相色。导线的敷设应符合避免热效应、水侵入、机械损害、灰尘聚集和强烈日光辐射等外部环境带来影响的规定。

（4）用对线器将线按接线图校好,校好的线编上线号,且编号清楚。

（5）将导线校直后将其用绳绑扎成束,然后由线束引出导线接到端子板,接线端子板的导线应留有余量,同时预防接线端头处有应力。

（6）必须按设计的系统图进行负荷分布接线,以保持三相供电的平衡,在电缆头制作时同时完成连接灯杆引线。

三、灯杆、灯具的安装措施

1. 灯杆安装

1）一般技术要求

（1）要求同一路灯安装高度（从光源到地面）、仰角,装灯方向宜保持一致。灯杆位置应合理选择,灯杆不得设在易被车辆碰撞地点,且与供电线路等空中障碍物的安全距离应符合供电有关规定。

（2）基础坑开挖尺寸应符合设计规定,基础混凝土强度等级不应低于C20,基础内电缆护管从基础中心穿出并应超出基础平面30~50 mm。浇制钢筋混凝土基础前必须排除坑内积水。

2）规定

灯具安装纵向中心线和灯臂纵向中心线一致,灯具横向水平线应与地面平行,坚固后目测应无歪斜。常规照明灯具的效率不应低于60%,且应符合下列规定：

（1）灯具配件应齐全,无机械损伤、变形、油漆剥落、灯具破裂等现象。灯具的防护等级、密封性能必须在IP55以上。

（2）反光器应干净整洁,并应进行抛光氧化或镀膜处理,反光器表面应无明显划痕。

（3）透明罩的透光率达到90%以上,并应无气泡、明显的划横和裂纹。

（4）封闭灯具的灯头引线应采用耐热绝缘管保护,灯罩与尾座的连接配合无间隙。

（5）灯具应抽样进行漫升和光学性能等测试,测试结果应符合现行国家标准的规定,测试单位应具备资质证书。

（6）灯头应固定牢靠,可调灯头应按设计调整至正确位置,灯头接线应符合下列规定：相线应接在中心触点端上,零线应接螺纹口端子。

（7）灯具绝缘外壳应无损伤、开裂。

（8）高压钠灯宜采用中心触点伸缩式灯口。

（9）灯头线应使用额定电压不低于500 V的铜芯绝缘线。功率小于400 W的最小允许线芯截面应为1.5 mm^2,功率在400~1 000 W的最小允许线芯截面应为2.5 mm^2。

（10）在灯臂、灯盘灯杆内穿线不得有接头,穿线孔口或管口应光滑、无毛刺,并应采用绝缘套管或包带包扎,长度不得小于200 mm。

（11）每盏灯的相线宜装设熔断器,熔断器应固定牢靠,接线端子上线头弯曲方向应为顺时针方向并用垫圈压紧,熔断器上端应接电源进线,下端应接电源出线。

（12）高压钠灯等气体放电灯的灯泡、镇流器、触发器等应配套使用,严禁混用。镇流器、电容器的接线端子不得超过两个线头,线头弯曲方向、外壳应无渗水和锈蚀现象,当钠灯镇流器采用多股导线接线时,多股导线不能散股。

(13)路灯安装使用的灯杆、灯臂、抱箍、螺栓、压板等金属构件应进行热镀锌处理,防腐质量应符合现行国家标准《金属材料 金属及其他无机覆盖层的维氏和努氏显微硬度试验》(GB/T 9790—2021)、《热喷涂 金属零部件表面的预处理》(GB/T 11373—2017)的有关规定。

(14)灯杆、灯臂等热镀锌后应进行油漆涂层处理,其外观、附着力、耐湿热性应符合现行行业标准《灯具油漆涂层》(QB 1551—1992)的有关规定;进行喷塑处理后覆盖层应无鼓包、针孔、粗糙、裂纹或漏喷区缺陷,覆盖层与基体应有牢固的结合强度。

(15)各种螺母坚固,宜加垫片和弹簧垫。坚固后螺丝露出螺母不得少于两个螺距。

(16)质量标准见表2-34。

表2-34 杆组立实测项目

项次	检查项目	允许偏差或规定值	检查方法和频率
1	顺线路方向位移	20 mm	经纬仪、量尺逐根测
2	横线路方向位移	10 mm	经纬仪、量尺逐根检查
3	基坑深度	+50 mm、−50 mm	水准仪逐根检查
4	对接错口偏心	2 mm	尺量逐个接口检查
5	杆梢位移	大于杆梢直径的1/5	经纬仪逐根检查两个方向

2. 杆件吊装施工

1)施工流程

消化设计图纸及技术交底→基础钢筋构件预埋→灯杆委托制作及运输→灯架、灯具组装→灯座调整→灯杆吊装→系统接线调试→中间验收→竣工验收。

2)搬运装卸

灯杆若为分段的镀锌钢结构,灯杆密封并包复顶端以防水气进入,不能使用敞口的杆件。灯杆应设有被认可的永久性编号。

应采用吊装或专用工具起吊,装卸时应轻装轻放,在运输时应垫稳、垫牢,不得相互撞击,严格按照防护和紧固的要求进行操作,避免对灯杆及保护层造成损坏。

在灯杆运至施工现场之前根据现场地形在不妨碍他人的情况下,平整一块适合安装需要的场所,必须占道或其他方面有影响时,应及时会同有关单位协调解决,以便取得相互关照。

3)起吊工具

使用吊车起吊时应使用专用吊钩,专用吊钩应是在钢构外包橡胶皮或使用尼龙绳吊带、外包橡胶管的钢丝绳,达到保护灯杆涂层的目的。

4)起吊指挥

参加吊装作业的全体人员,必须遵守政府及企业所颁发的各项安全法规和制度,认真执行吊装工艺要领和安全技术措施。从事作业的人员,必须身体健康,凡患有不适于高空作业疾病者,均不得参加高空作业。

根据此项工程灯杆的特点,设专人统一指挥,明确统一信号,并以人辅助吊机起吊,防止灯杆碰撞摔扭。

各岗位操作人员必须严格按总指挥指令及岗位职责认真操作。如遇任何意外情况,应立即向总指挥报告,确保吊装作业全过程的安全。

设置专职的安全监督人员,对施工现场的安全措施,施工机具以及在施工准备和吊装过程中的安全作业全面进行监督管理。

对吊装作业区的安全标志、安全围栏等安全设施进行检查并清除安全隐患。

吊装作业期间,必须天气晴朗,风力级数在四级以下。

5)起吊提升

灯杆吊装前须对原有基础进行校验、校正、清理,重新检查好基础螺丝,根据设计要求做好详细记录,并先检测基础的接地电阻,符合设计要求后进行灯杆吊装。

吊装前须做好灯杆清洁工作。

在吊装时应计算选定吊装的吊点,防止出现灯杆扭曲变形或安全事故,注意灯杆重心位置,钢丝绳的角度。提升过程应平稳、缓慢,切记钢丝绳缠绕灯杆致使灯杆在空中旋转,避免突然启动或停止。

6）灯杆安装

为保证道路畅通，尽量缩短占道时间，在起重吊车进入工地之前，首先考虑能用钢板、沙土或其他方法铺筑临时道路。以确保永久性的路面不受破坏。

照明装置中各种机械部件由生产厂家加工完成，并按照设计图纸的技术要求进行检验，合格后，运至现场进行装配。现场分段插接（高杆灯），各节插接长度为最大插口直径1.5倍以上，并用原厂所提供的插接专用工具施工。

灯杆吊装到位时，施工人员可随时做好法兰螺栓的连接工作，技术人员跟随进行灯杆垂直度的校核，当灯杆垂直校核至规定标准误差范围内后，施工人员可将法兰螺栓紧固到位。

灯杆直立完成后，使用经纬仪对灯杆与水平面的垂直度做检验，以垂直度≤3‰为合格。

当灯杆安装完成后，再用砂浆填充混凝土上部至与地坪持平，以达到美观和地脚螺栓防锈的目的。

3. 灯具安装措施

1）灯具开箱

灯具设备要运到现场才开箱，开箱时应有监理、业主三方在场，检查设备是否符合设计要求、设备在运输过程中是否有损伤等情况。

2）灯具安装

灯具安装过程中应注意防碰撞，特别是玻璃、灯泡等易损件，必须采取防震、防破碎、防变形和防漆面金属层受损的措施。

灯具、光源、灯杆的组合在地面上完成，杆内的电源引线同时敷放连接，并用发电机供电测试，减少高空作业的施工难度和不安全，在施工中严格按照规范要求保护好灯具并切实做好安全施工。

灯具接地线或接零线保护，必须有灯具专用接地螺栓并加垫圈和弹簧垫圈压紧。

知识模块2：路灯工程工程量计算

一、变配电设备工程工程量定额计算

1. 说明

（1）本定额包括变压器安装，组合型成套箱式变电站及集装箱式配电室安装，电力电容器安装，配电柜、箱安装，铁构件制作、安装及箱、盒制作、安装喷漆，成套配电箱安装，熔断器、限位开关安装，控制器、启动器安装，盘、柜配线，接线端子，控制继电器保护屏安装，控制台安装，仪表、电器、小母线、分流器安装等项目。

（2）变压器安装用枕木、绝缘导线、石棉布按折旧率摊销计算。

（3）变压器油是按设备带来考虑，但施工中变压器油的过滤损耗及操作损耗已包括在有关定额子目中。

（4）地理变压器安装执行组合型成套箱式变电站安装子目。

（5）干式变压器安装执行安装工程定额第四册《电气设备安装工程》相应项目。

（6）高压成套配电柜安装定额是按综合情况考虑编制的，执行中不做调整。

（7）配电及控制设备安装均不包括支架制作和基础型钢制作安装，也不包括设备元器件安装及端子板外部接线，应另按相应项目执行。

（8）铁构件制作安装适用于本定额范围内的各种支架制作安装，但铁构件制作安装均不包括无损探伤、除锈、防腐工程，如发生执行安装定额相应项目。轻型铁构件是指厚度在3 mm以内的构件。

2. 工程量计算规则

（1）变压器安装是按不同容量以"台"为计量单位。一般情况下不需要变压器干燥，如确实需要干燥，执行安装工程定额相应项目。

（2）变压器油过滤，不论过滤多少次，直到过滤合格为止。以"t"为计量单位，变压器油的过滤量可按制造厂提供的油量计算。

（3）高压成套配电柜和组合箱式变电站安装以"台"为计量单位，均未包括基础槽钢、母线及引下线的安装。

（4）集装箱式配电室安装以"台"为计量单位。

（5）各种配电箱、柜安装均按不同半周长以"套"为单位计算。

(6)铁构件制作、安装以"100 kg"为单位计算。

(7)盘柜配线按不同截面、长度按表2-35计算。

表2-35 盘柜配线计算表

项 目	预留长度/m	说 明
各种开关柜、箱、板	高+宽	盘面尺寸
单独安装(无箱、盘)的铁壳开关、闸刀开关、启动器等	0.3	从安装对象中心计算

(8)各种接线端子按不同导线截面积,以"10个"为单位计算。

二、10 kV以下架空线路工程工程量定额计算

1. 说明

(1)《路灯工程》册第二章定额包括底盘、卡盘、拉盘安装及电杆焊接、防腐,立杆,引下线支架安装,10 kV以下横担安装,1 kV以下横担安装,进户线横担安装,拉线制作、安装,导线架设,导线跨越架设,路灯设施编号,基础工程,绝缘子安装等项目。

(2)《路灯工程》册第二章定额按平原条件编制,如在丘陵、山地施工,其人工和机械乘以下列地形调整系数,见表2-36。

表2-36 地形调整系数

地形类别	丘陵(市区)	一般山地
调整系数	1.2	1.6

(3)地形划分:

①平原地带:指地形比较平坦,地面比较干燥的地带。

②丘陵地带:指地形起伏的矮岗、土丘等地带。

③一般山地:指一般山岭、沟谷地带、高原台地等。

(4)金属杆的组立子目是按预埋基础带法兰连接方式考虑的,如采用现浇混凝土基础预埋地脚螺栓安装形式,按预埋螺栓定额子目计算,并扣除金属杆的组立定额中的螺栓消耗量,其他不变。

(5)导线跨越:

①在同一跨越档内,有两种以上跨越物时,每一跨越物视为"一处"跨越,分别按相应项目执行。

②单线广播线不算跨越物。

(6)横担安装定额已包括金具及绝缘子安装人工。

(7)本章定额基础项目适用于路灯杆塔、金属灯柱、控制箱安置基础工程。

2. 工程量计算规则

(1)底盘、卡盘、拉线盘的设计用量以"块"为单位计算。

(2)各种电线杆组立分材质与高度,按设计数量以"根"为单位计算。

(3)拉线制作、安装按施工图设计规定,分不同形式以"组"为单位计算。

(4)横担安装,分不同线数和电压等级以"组"为单位计算。

(5)导线架设分导线类型与截面按1 km/单线计算,导线预留长度见表2-37。

表2-37 导线预留长度

项 目		预留长度/m
高压	转角	2.5
	分支、终端	2.0
低压	分支、终端	0.5
	交叉跳线转角	1.5
	与设备连线	0.5

注:导线长度按设计线路总长加预留长度计算。

(6)导线跨越架设是指越线架的搭设、拆除和运输以及因跨越施工难度而增加的工作量,以"处"为单位计算,每个跨越间距按 50 m 以内考虑,大于 50 m 且小于 100 m 时,按 2 处计算。

(7)路灯设施编号是按"100 个"为单位计算;开关箱号、路灯编号、钉粘贴号牌不满 10 个,按 10 个计算。

(8)混凝土基础制作以体积计算,如有钢筋工程,执行第九册《钢筋工程》相关项目。

(9)绝缘子安装以"10 个"为单位计算。

三、电缆工程工程量定额计算

1. 说明

(1)《路灯工程》册第三章定额包括电缆沟铺砂盖板、揭盖板,电缆保护管敷设,铜芯电缆敷设,铝芯电缆敷设,电缆端头制作、安装,电缆中间头制作、安装,电缆井设置。未考虑在河流和水区、水底、井下等条件的电缆敷设等项目。

(2)电缆在山地丘陵地区直埋敷设时,人工乘以系数 1.3。该地质情况所需的材料如固定桩、夹具等按实际计算。

(3)电缆敷设定额中均未考虑波形增加长度及预留等富余长度,该长度应计入工程量之内。

(4)顶管工程执行第五册《市政管网工程》相关项目。

(5)竖直电缆敷设是指垂直高度达到 2 m 以上时方可执行相应子目。

(6)《路灯工程》册第三章定额未包括下列工作内容:
①隔热层、保护层的制作、安装。
②电缆的冬季施工加温工作。

2. 工程量计算规则

(1)直埋电缆的挖、填土(石)方除特殊要求外,可按表 2-38 计算土方量。

表 2-38 直埋电缆的土方量

项 目	电 缆 根 数	
	1~2	每增一根
每米沟长挖方量/(m³/m)	0.45	0.153

(2)电缆沟盖板揭、盖定额,按每揭、盖一次以长度计算,如又揭又盖,则按两次计算。

(3)电缆保护管长度,除按设计规定长度计算外,如遇下列情况,应按以下规定增加保护管长度。
①横穿道路,按路基宽度两端各加 2 m;
②垂直敷设时管口离地面加 2 m;
③穿过建筑物外墙时,按基础外缘以外加 2 m;
④穿过排水沟,按沟壁外缘以外加 1 m。

(4)电缆保护管埋地敷设时,其土方量有设计图注明的,按设计图计算;设计图未注明的可按一般沟深 0.9 m,沟宽度按最外边的保护管两侧边缘外各加 0.3 m 工作面计算。

(5)电缆敷设按单根长度计算。

(6)电缆敷设长度根据敷设路径水平和垂直敷设长度,预留长度参考表 2-39 计算。

表 2-39 预留长度计算表

项 目	留 长 度	说 明
电缆敷设的弛度、波形弯度、交叉	2.5%	按电缆全长计算
电缆进入灯杆接线盒内	2.0 m	规范规定最小值
电缆进入沟内或吊架时引上预留	1.5 m	规范规定最小值
电缆终端头	1.5 m	检修余量
高压开关柜	2.0 m	柜下进出线

注:电缆预留长度是电缆敷设长度的组成部分,计入电缆长度工程量之中。

(7)电缆终端头及中间头均以"个"为计量单位,一根电缆按两个终端头,中间头设计有图示的,按图示确定,没有图示的,按实际计算。

四、配管、配线工程工程量定额计算

1. 说明

（1）《路灯工程》册第四章定额包括钢管敷设、塑料管敷设、管内穿线、塑料护套导线明敷设、钢索架设、母线拉紧装置及钢索拉紧装置制作、安装、接线箱安装、接线盒安装，开关、按钮、插座安装等项目。

（2）《路灯工程》册第四章定额中未包括钢索架设及拉紧装置、接线箱（盒）、支架的制作、安装，其费用另行计算。

（3）《路灯工程》册第四章控制柜、箱进出线管安装适用于杆上、落地等各种形式。

2. 工程量计算规则

（1）管内穿线工程量计算应区别线路性质、导线材质、导线截面积，按单线路长度计算。线路的分支接头线的长度已经综合考虑在定额中，不再计算接头长度。

（2）塑料护套导线管内穿线及明敷设工程量计算应区别导线截面积、导线芯数、敷设位置，按单线路长度计算。

（3）各种配管的工程量计算应区别不同敷设方式、敷设位置、管材材质、规格，以"m"为计量单位，不扣除管路中间的接线箱（盒）、灯盒、开关盒所占长度。

（4）钢索架设工程量计算应区分圆钢、钢索直径，按图示设计尺寸以长度计算，不扣除拉紧装置所占长度。

（5）母线拉紧装置及钢索拉紧装置制作、安装工程量计算应区别母线截面积、花篮螺栓直径以"10套"为单位计算。

（6）接线盒安装工程量计算应区别安装形式以及接线盒类型，以"10个"为单位计算。

（7）开关、插座、按钮等的预留线已分别综合在相应定额内，不得另行计算。

五、照明器具安装工程工程量定额计算

1. 说明

（1）《路灯工程》册第五章定额包括单臂挑灯架安装、双臂悬挑灯架安装、广场灯架安装、高钢杆路灯架安装、其他灯具安装、照明器件安装、太阳能电池板及蓄电池安装、路灯杆底座的安装等项目。

（2）各种灯柱、灯架、元器件配线执行管内穿线相关项目。

（3）《路灯工程》册第五章定额灯架安装工程中高度 18 m 以上为高钢杆路灯架。

（4）《路灯工程》册第五章定额已包括利用仪表测量绝缘及一般灯具试亮。

（5）《路灯工程》册第五章定额未包括灯光调试费用，按实际发生计算。

2. 工程量计算规则

（1）各种悬挑灯、广场灯、高钢杆路灯架分别以"10套""套"为单位计算。

（2）各种灯具、照明器件安装分别以"10套""套"为单位计算。

（3）灯杆底座安装以"10套"为单位计算。

六、防雷接地装置工程工程量定额计算

1. 说明

（1）《路灯工程》册第五章定额包括接地极（板）制作、安装，接地母线敷设，接地跨接线安装，避雷针安装，避雷引下线敷设等项目。

（2）《路灯工程》册第五章定额适用于高杆灯杆防雷接地、变配电系统接地及避雷针接地装置。

（3）接地母线敷设定额按自然地坪和一般土质考虑，包括地沟的挖填土和夯实工作，执行本定额不应再计算土方量。如遇有石方、矿渣、积水、障碍物等情况执行第一册《土石方工程》相应项目。

（4）《路灯工程》册第五章定额不适用于采用爆破法施工敷设接地线、安装接地极，也不包括高土壤电阻率地区采用换土或化学处理的接地装置及接地电阻的测试工作。

（5）《路灯工程》册第五章定额避雷针安装、避雷引下线安装均已考虑了高空作业的因素。

（6）《路灯工程》册第五章定额避雷针按成品件考虑。

2. 工程量计算规则

（1）接地极制作、安装以"根"为计量单位，其长度按设计长度计算，设计无规定时，按每根 2.5 m 计算，设计

有管帽时,管帽另按照加工件计算。

(2)接地母线、避雷线敷设均按施工图设计水平和垂直图示长度另加3.9%的附加长度(包括转弯、上下波动、避绕障碍物、搭接头所占长度)及2%的损耗量。

(3)接地跨接线以"10处"为计量单位计算。凡需接地跨接线时,每跨接一次按一处计算。

思一思:
变配电设备工程定额工程量如何计算?

知识模块3:钢筋工程工程量计算

一、普通钢筋工程工程量定额计算

1. 说明

(1)《钢筋工程》册第一章定额包括普通钢筋、钢筋连接和铁件、拉杆、植筋项目。

(2)钢筋工作内容包括制作、绑扎、安装以及浇灌混凝土时维护钢筋用工。

(3)钢筋的搭接(接头)数量应按设计图示及规范要求计算;设计图示及规范要求未标明的,φ10 mm以上的长钢筋按每9 m计算一个搭接(接头)。

(4)钢筋未包括冷拉、冷拔,如设计要求冷拉、冷拔时,费用另行计算。

(5)传力杆按φ22 mm编制,若实际不同时,人工和机械消耗量应按表2-40所示系数调整。

表2-40 系数调整表

传力杆直径/mm	φ28	φ25	φ22	φ20	φ18	φ16
调整系数	0.62	0.78	1.00	1.21	1.49	1.89

(6)植筋增加费工作内容包括钻孔和装胶。定额中的钢筋埋深按以下规定计算:

①钢筋直径规格为20 mm以下的,按钢筋直径的15倍计算,并大于或等于100 mm。

②钢筋直径规格为20 mm以上的,按钢筋直径的20倍计算。

当设计埋深长度与定额取定不同时,定额中的人工和材料可以调整。

植筋用钢筋的制作、安装,按钢筋质量执行普通钢筋相应子目。

(7)钢筋挤压套筒定额按成品编制。如实际为现场加工时,挤压套筒按加工铁件予以换算。套筒质量可参考表2-41计算。

表2-41 套筒重量计算表

规格/mm	φ22	φ25	φ28	φ32
质量(kg/个)	0.62	0.78	1.00	1.21

注:表内套筒内径按钢筋规格加2 mm、壁厚8 mm、长300 mm计算质量。如不同时,质量可以调整。

2. 普通钢筋工程工程量计算规则

(1)钢筋工程量应区别不同钢筋种类和规格,分别按设计长度乘以单位理论质量计算。

(2)电渣压力焊接、套筒挤压、直螺纹接头,按设计图示个数计算。

(3)铁件、拉杆按设计图示尺寸以质量计算。

(4)植筋增加费按个数计算。

二、预应力钢筋工程工程量定额计算

1. 说明

(1)《钢筋工程》册第二章定额包括低合金预应力钢筋和预应力钢绞线项目。

(2)预应力钢筋项目未包括时效处理,设计要求时效处理时,费用另行计算。

(3)预应力钢绞线张拉项目的锚具按单孔锚具计算,每根钢绞线有两端计2个锚具。如果采用多孔锚具,可

按锚具预算价格除以有效锚孔数量折算单价,调整价差。

2. 工程量计算规则

(1)预应力钢筋应区别不同钢筋种类和规格,分别按规定长度乘以单位理论质量计算。

(2)先张法钢筋长度按构件外形长度计算。

(3)后张法钢筋按设计图示的预应力钢筋孔道长度,并区别不同锚具类型,分别按下列规定计算:

①低合金钢筋端采用螺杆锚具时,预应力钢筋按孔道长度共减 0.35 m,螺杆按加工铁件另列项计算。

②低合金钢筋一端采用墩头插片,另一端为螺杆锚具时,预应力钢筋长度按预留孔道长度计算,螺杆按加工铁件另列项计算。

③低合金钢筋一端采用墩头插片,另一端采用帮条锚具时,预应力钢筋按孔道长度增加 0.15 m,两端均采用帮条锚具时,预应力钢筋共增加 0.3 m 计算。

④低合金钢筋采用后张混凝土自锚时,预应力钢筋长度增加 0.35 m 计算。

(4)钢绞线采用 JM、XM、OVM、QM 型锚具,孔道长度在 20 m 以内时,预应力钢绞线增加 1 m;孔道长度在 20 m 以上时,预应力钢绞线增加 1.8 m。

(5)预应力构件孔道成孔和孔道灌浆按孔道长度计算。

(6)后张法预应力钢绞线张拉应区分单根设计长度,按图示根数计算。

(7)无黏结预应力钢绞线端头封闭,按图示张拉端头个数计算。

三、钢筋运输、钢筋笼安放工程工程量定额计算

1. 说明

(1)《钢筋工程》册第三章定额包括水平及垂直运输和钢筋笼安放项目。

(2)场外运输适用于施工企业因施工场地限制,租用施工场地加工钢筋情况。

2. 工程量计算规则

(1)钢筋水平及垂直运输均按设计图示用量以质量计算。垂直运输按 20 m 以内考虑,超过 20 m 另行计算。

(2)现浇灌注混凝土桩钢筋笼安放,均按设计图示用量以质量计算。

(3)地下连续墙钢筋笼安放均按设计图示用量以质量计算。

忆一忆:

普通钢筋工程定额工程量如何计算?

知识模块 4:拆除工程工程量计算

一、说明

(1)《拆除工程》册定额拆除均未包括挖土方,挖土方执行第一册《土石方工程》相应项目。

(2)《拆除工程》册定额小型机械拆除项目中包括人工配合作业。

(3)人工及小型机械拆除后的旧料应整理干净就近堆放整齐。如需运至指定地点回收利用或弃置,则另行计算运费和回收价值。

(4)管道拆除要求拆除后的旧管保持基本完好,破坏性拆除不能套用本定额。拆除混凝土管道未包括拆除基础及垫层用工。基础及垫层拆除按《拆除工程》册相应项目执行。

(5)《拆除工程》册定额中未考虑地下水因素,若发生则另行计算。

(6)人工拆除石灰土、二渣、三渣、二灰结石基层应根据材料组成情况执行拆除无骨料多合土基层或拆除有骨料多合土基层项目。小型机械拆除石灰土执行小型机械拆除无筋混凝土面层项目乘以系数 0.70;小型机械拆除二渣、三渣、二灰结石等其余半刚性基层执行小型机械拆除无筋混凝土面层项目乘以系数 0.80。

(7)沥青混凝土路面切边执行第二册《道路工程》锯缝机锯缝项目。

二、工程量计算规则

(1)拆除旧路及人行道按面积计算。

(2)拆除侧缘石及各类管道按长度计算。
(3)拆除构筑物及障碍物按体积计算。
(4)伐树、挖树蔸按实挖数以"棵"计算。
(5)路面凿毛、路面铣刨按设计图纸或施工组织设计以面积计算。铣刨路面厚度大于 5 cm 时需分层铣刨。

> **想一想:**
> 拆除旧路及人行道定额工程量如何计算?

知识模块 5:措施项目工程工程量计算

一、打拔工具桩

1. 说明

(1)《措施项目工程》册第一章定额适用于市政各专业册的打、拔工具桩。
(2)定额中所指的水上作业是以距岸线 1.5 m 以外或者水深在 2 m 以上的打拔桩。距岸线 1.5 m 以内时,水深在 1 m 以内的,按陆上作业考虑;如水深在 1 m 以上 2 m 以内,其工程量则按水、陆各 50% 计算。
(3)打桩根据桩入土深度不同和土壤类别所占比例,分别执行相应项目。
(4)打拔工具桩均以直桩为准,如遇打斜桩(斜度≤1∶6,包括俯打、仰打),按相应项目人工、机械乘以系数 1.35。
(5)导桩及导桩夹木的制作、安装、拆除已包括在相应定额中。
(6)圆木桩按疏打计算,钢板桩按密打计算,如钢板桩需要梳打时,执行相应定额,人工乘以系数 1.05。
(7)打拔桩架 90°调面及超运距移动已综合考虑。
(8)竖、拆柴油打桩机架费用另行计算。
(9)铜板桩和本桩的防腐费用等已包括在其他材料费用中。

2. 工程量计算规则

(1)圆木桩:按设计桩长(检尺长)L 和圆木桩小头直径(检尺径)D(可查《木材·立木材积速算表》)以体积计算。
(2)钢板桩:打、拔桩按设计图纸数量或施工组织设计数量以质量计算。
钢板桩使用费 = 设计使用量 × 使用天数 × 钢板桩使用费标准[元/(吨·天)]。
钢板桩的使用费标准按市场价确定。
(3)凡打断、打弯的桩,均需拔出重打,但不重复计算工程量。
(4)如需计算竖、拆打拔桩架费用,竖、拆打拔桩架次数按施工组织设计规定计算。如无规定,则按打桩的进行方向,双排桩每 100 延米、单排桩每 200 延米计算一次,不足一次者均各计算一次。

二、围堰工程

1. 说明

(1)《措施项目工程》册第二章定额适用于人工筑、拆的围堰项目。机械筑、拆的围堰执行第一册《土石方工程》相关项目。
(2)围堰定额未包括施工期内发生潮汛冲刷后所需的养护工料。如遇特大潮汛发生人力所不能拒的损失时,应根据实际情况另行处理。
(3)围堰工程 50 m 范围以内取土、砂、砂砾,均不计土方和砂、砂砾的材料价格。取 50 m 范围以外的土、砂、砂砾,应计算土方和砂、砂砾材料的挖、运或外购费用。定额括号中所列黏土数量为取自然土数量,结算中可按取土的实际情况调整。
(4)围堰定额中的各种木桩、钢桩的打、拔均执行《措施项目工程》册第一章"打拔工具桩"相应项目,数量按实际计算。定额括号中所列打拔工具桩数量仅供参考。
(5)草袋围堰如使用麻袋、尼龙袋装土围筑,应根据麻袋、尼龙袋的规格调整材料的消耗量,但人工、机械应按定额规定执行。

(6)围堰施工中若未使用驳船,而是搭设了栈桥,则应扣除定额中驳船费用而执行相应的脚手架项目。

(7)定额围堰尺寸的取定:

①土草围堰的堰顶宽为 1~2 m,堰高为 4 m 以内。

②土石混合围堰的堰顶宽为 2 m,高为 6 m 以内。

③圆木桩围堰的堰顶宽为 2~2.5 m,高为 5 m 以内。

④钢桩围堰的堰顶宽为 2.5~3 m,高为 6 m 以内。

⑤钢板桩围堰的堰顶宽为 2.5~3 m,高为 6 m 以内。

⑥竹笼围堰竹笼间黏土填心的宽度为 2~2.5 m,高为 5 m 以内。

⑦木笼围堰的堰顶宽为 2.4 m,高为 4 m 以内。

(8)筑岛填心项目是指在围堰围成的区域内填土、砂及砂砾石。

(9)双层竹笼围堰竹笼间黏土填心的宽度超过 2.5 m 时,超出部分执行筑岛填心项目。

(10)施工围堰的尺寸按有关设计施工规范确定,堰内坡脚至堰内基坑边缘距离根据河床土质及基坑深度确定,但不得小于 1 m。

2. 工程量计算规则

(1)围堰工程分别按体积和长度计算。

(2)以体积计算的围堰,工程量按围堰的施工断面乘以围堰中心线的长度计算。

(3)以长度计算的围堰,工程量按围堰中心线的长度计算。

(4)围堰高度按施工期内的最高临水面加 0.5 m 计算。

三、支撑工程

1. 说明

(1)《措施项目工程》册第三章定额适用于沟槽、基坑、工作坑、检查井及大型基坑的支撑。

(2)挡土板间距不同时,不作调整。

(3)除槽钢挡土板外,本章定额均按模板、竖撑计算;如采用竖板、横撑时,其人工工日乘以系数 1.20。

(4)定额中挡土板支撑按槽坑两侧同时支撑挡土板考虑,支撑面积为两侧挡土板面积之和,支撑宽度为 4.1 m 以内。槽坑宽度超过 4.1 m 时,其两侧均按一侧支挡土板考虑,按槽坑一侧支撑挡土板面积计算时,工日数乘以系数 1.33,除挡土板外,其他材料乘以系数 2.0。

(5)放坡开挖不得再计算挡土板,如遇上层放坡、下层支撑,则按实际支撑面积计算。

(6)钢桩挡土板中的槽钢桩按设计数量以质量计算,执行《措施项目工程》册第一章"打拔工具桩"相应项目。

(7)如采用井字支撑时,按疏撑相应项目乘以系数 0.61。

2. 工程量计算规则

(1)大型基坑支撑安装及拆除工程量按设计质量计算,其余支撑工程按施工组织设计确定的支撑面积计算。

(2)大型基坑支撑使用费 = 设计使用量×使用天数×使用费[元/(吨·天)]。

四、脚手架工程

1. 说明

(1)《措施项目工程》册第四章定额中竹、钢管脚手架已包括斜道及拐弯平台的搭设。

(2)砌筑物高度超过 1.2 m 时可计算脚手架搭拆费用。

(3)仓面脚手架不包括斜道,若发生应另行计算,但采用井字架或吊扒杆运转施工材料时,不再计算斜道费用。无筋或单层布筋的基础和垫层不计算仓面脚手架费。

(4)仓面脚手架斜道、满堂脚手架执行房屋建筑与装饰工程定额相应项目。

2. 工程量计算规则

(1)脚手架工程量按墙面水平边线长度乘以墙面砌筑高度以面积计算。

(2)柱形砌体按图示柱结构外围周长另加 3.6 m 乘以砌筑高度以面积计算。

(3)浇混凝土用仓面脚手架按仓面的水平面积。

五、井点及降水工程

1. 说明

(1)《措施项目工程》册第五章定额适用于地下水位较高的粉砂土、砂质粉土、黏质粉土或淤泥质夹薄层砂性土的地层。

(2)轻型井点、喷射井点、大口径井点、深井井点的采用由施工组织设计确定。一般情况下,降水深度6 m以内采用轻型井点,6 m以上至30 m以内采用相应的喷射井点,特殊情况下可选用大口径井点及深井井点。井点使用时间按施工组织设计确定。喷射井点定额包括两根观察孔制作,喷射井管包括了内管和外管。井点材料使用摊销量中已包括井点拆除时的材料损耗量。

井点(管)间距根据地质和降水要求由施工组织设计确定。

(3)井点降水过程中,如需提供资料,则水位监测和资料整理费用另计。

(4)井点降水成孔过程中产生的泥水处理及挖沟排水工作应另行计算。遇有天然水源可用时,不计水费。

(5)井点降水必须保证连续供电,在电源无保证的情况下,使用备用电源的费用另行计算。

2. 工程量计算规则

(1)轻型井点以50根为一套,喷射井点以30根为一套,大口径井点以10根为一套;井点的安装、拆除以"10根"计算;井点使用的定额单位为"套·天",累计根数不足一套的按一套计算。

(2)深井井点的安装、拆除以"座"计算,井点使用的定额单位为"座·天"。

(3)井点使用一天按24 h计算。

查一查:

沟槽、基坑、工作坑、检查井及大型基坑的支撑定额工程量如何计算?

自测训练

一、单选题

1.《市政工程消耗量定额》(HLJD-SZ—2019)中规定,铁构件制作、安装是以(　　)为单位计算。
　　A. 100 kg　　B. 110 kg　　C. 120 kg　　D. 90 kg

2.《市政工程消耗量定额》(HLJD-SZ—2019)中规定,轻型铁构件是指厚度在(　　)以内的构件。
　　A. 4 mm　　B. 1 mm　　C. 3 mm　　D. 2 mm

3.《市政工程消耗量定额》(HLJD-SZ—2019)中规定,路灯设施编号是按(　　)为单位计算。
　　A. 95个　　B. 100个　　C. 105个　　D. 103个

4.《市政工程消耗量定额》(HLJD-SZ—2019)中规定,电缆在山地丘陵地区直埋敷设时,人工乘以系数(　　)计算。
　　A. 1.1　　B. 1.3　　C. 1.2　　D. 1.5

5.《市政工程消耗量定额》(HLJD-SZ—2019)中规定,电缆保护管埋地敷设时,其土方量有设计图注明的,按设计图计算;设计图未注明的可按一般沟深(　　)。
　　A. 0.8 m　　B. 1.0 m　　C. 0.9 m　　D. 1.1 m

6.《市政工程消耗量定额》(HLJD-SZ—2019)中规定,各种配管的工程量计算应区别不同敷设方式、敷设位置、管材材质、规格,以(　　)为计量单位,不扣除管路中间的接线箱(盒)、灯盒、开关盒所占长度。
　　A. mm　　B. m³　　C. m　　D. m²

7.《市政工程消耗量定额》(HLJD-SZ—2019)中规定,接地极制作、安装以"根"为计量单位,其长度按设计长度计算,设计无规定时,按每根(　　)计算。
　　A. 2.3 m　　B. 2.4 m　　C. 2.5 m　　D. 2.8 m

二、多选题

1.《市政工程消耗量定额》(HLJD-SZ—2019)中规定,管内穿线工程量计算应区别(　　),按单线路长度计算。

  A. 线路性质　　　B. 导线材质　　　C. 导线截面积　　　D. 导线尺寸　　　E. 线路材质

2.《市政工程消耗量定额》(HLJD-SZ—2019)中规定,以下(　　)按设计图示个数计算。

  A. 电渣压力焊接　B. 套筒挤压　　　C. 直螺纹接头　　　D. 铁件　　　　　E. 拉杆

三、判断题

1.《市政工程消耗量定额》(HLJD-SZ—2019)中规定,变压器油过滤,不论过滤多少次,直到过滤合格为止。(　　)

2.《市政工程消耗量定额》(HLJD-SZ—2019)中规定,平原地带指地形比较平坦,地面比较干燥的地带。(　　)

3.《市政工程消耗量定额》(HLJD-SZ—2019)中规定,底盘、卡盘、拉线盘的设计用量以"根"为单位计算。(　　)

4.《市政工程消耗量定额》(HLJD-SZ—2019)中规定,导线跨越架设是指越线架的搭设、拆除和运输以及因跨越施工难度而增加的工作量,以"处"为单位计算。(　　)

5.《市政工程消耗量定额》(HLJD-SZ—2019)中规定,绝缘子安装以"10个"为单位计算。(　　)

6.《市政工程消耗量定额》(HLJD-SZ—2019)中规定,电缆敷设定额中均未考虑波形增加长度及预留等富余长度,该长度应计入工程量之内。(　　)

7.《市政工程消耗量定额》(HLJD-SZ—2019)中规定,电缆敷设按单根长度计算。(　　)

8.《市政工程消耗量定额》(HLJD-SZ—2019)中规定,接线盒安装工程量计算应区别安装形式以及接线盒类型,以"10个"为单位计算。(　　)

9.《市政工程消耗量定额》(HLJD-SZ—2019)中规定,灯杆底座安装以"100套"为单位计算。(　　)

10.《市政工程消耗量定额》(HLJD-SZ—2019)中规定,钢筋工程量应区别不同钢筋种类和规格,分别按设计长度乘以单位理论质量计算。(　　)

四、简答题

1. 简述拆除工程的工程量计算规则。
2. 简述打拔工具桩的工程量计算规则。
3. 简述围堰工程的工程量计算规则。
4. 简述井点降水的工程量计算规则。

任务5 计划单

课程	市政工程预算		
学习情境二	定额工程量解析	学时	27
任务5	其他工程及措施项目定额计价工程量计算	学时	4
计划方式	小组讨论、团结协作共同制订计划		
序 号	实 施 步 骤		使用资源
1			
2			
3			
4			
5			
6			
7			
8			
9			
制订计划说明			
计划评价	班级： 第 组 组长签字 教师签字 日 期 评语：		

任务5　决策单

课程	市政工程预算		
学习情境二	定额工程量解析	学时	27
任务5	其他工程及措施项目定额计价工程量计算	学时	4
方案对比	方案讨论				
	组号	方案合理性	实施可操作性	安全性	综合评价
	1				
	2				
	3				
	4				
	5				
	6				
	7				
	8				
	9				
	10				
方案评价	评语：				
班级		组长签字		教师签字		月　日

任务 5 实施单

课程	市政工程预算		
学习情境二	定额工程量解析	学时	27
任务 5	其他工程及措施项目定额计价工程量计算	学时	4
实施方式	小组成员合作;动手实践		
序 号	实 施 步 骤	使用资源	
1			
2			
3			
4			
5			
6			
7			
8			
9			
10			
11			
12			
13			
14			
15			
16			

实施说明：

班 级		第　　组	组长签字	
教师签字			日　期	
评　语				

任务 5　作业单

课程	市政工程预算		
学习情境二	定额工程量解析	学时	27
任务 5	其他工程及措施项目定额计价工程量计算	学时	4
实施方式	小组成员动手计算一个其他工程及措施项目工程定额工程量,学生自己收集资料、计算		

班　级		第　组	组长签字	
教师签字			日　期	
评语				

任务 5 检查单

课程	市政工程预算		
学习情境二	定额工程量解析	学时	27
任务 5	其他工程及措施项目定额计价工程量计算	学时	4
序 号	检查项目	检查标准	学生自查	教师检查
1				
2				
3				
4				
5				
6				
7				
8				
9				
10				
11				
12				
13				
14				
15				

检查评价	班 级		第 组	组长签字	
	教师签字		日 期		
	评语:				

1. 工作评价单

课程		市政工程预算			
学习情境二		定额工程量解析		学时	27
任务 5		其他工程及措施项目定额计价工程量计算		学时	4
评价类别	项目	子项目	个人评价	组内互评	教师评价
专业能力	资讯(10%)	搜集信息(5%)			
		引导问题回答(5%)			
	计划(5%)				
	实施(20%)				
	检查(10%)				
	过程(5%)				
	结果(10%)				
社会能力	团结协作(10%)				
	敬业精神(10%)				
方法能力	计划能力(10%)				
	决策能力(10%)				
评价	班级		姓名	学号	总评
	教师签字		第　　组	组长签字	日期

2. 小组成员素质评价单

课程	市政工程预算			
学习情境二	定额工程量解析		学时	27
任务5	其他工程及措施项目定额计价工程量计算		学时	4
班　级		第　　组	成员姓名	
评分说明	每个小组成员评价分为自评和小组其他成员评价两部分,取平均值计算,作为该小组成员的任务评价个人分数。评价项目共设计五个,依据评分标准给予合理量化打分。小组成员自评分后,要找小组其他成员不记名方式打分,成员互评分为其他小组成员的平均分			
对　象	评分项目	评分标准		评　分
自　评 (100分)	核心价值观(20分)	是否有违背社会主义核心价值观的思想及行动		
	工作态度(20分)	是否按时完成负责的工作内容、遵守纪律,是否积极主动参与小组工作,是否全过程参与,是否吃苦耐劳,是否具有工匠精神		
	交流沟通(20分)	是否能良好地表达自己的观点,是否能倾听他人的观点		
	团队合作(20分)	是否与小组成员合作完成,做到相互协助、相互帮助、听从指挥		
	创新意识(20分)	看问题是否能独立思考,提出独到见解,是否能够创新思维解决遇到的问题		
成员互评 (100分)	核心价值观(20分)	是否有违背社会主义核心价值观的思想及行动		
	工作态度(20分)	是否按时完成负责的工作内容、遵守纪律,是否积极主动参与小组工作,是否全过程参与,是否吃苦耐劳,是否具有工匠精神		
	交流沟通(20分)	是否能良好地表达自己的观点,是否能倾听他人的观点		
	团队合作(20分)	是否与小组成员合作完成,做到相互协助、相互帮助、听从指挥		
	创新意识(20分)	看问题是否能独立思考,提出独到见解,是否能够创新思维解决遇到的问题		
最终小组成员得分				
小组成员签字			评价时间	

任务 5　教学反馈单

课程	市政工程预算			
学习情境二	定额工程量解析		学时	27
任务 5	其他工程及措施项目定额计价工程量计算		学时	4
序号	调查内容	是	否	理由陈述
1	你是否喜欢这种上课方式？			
2	与传统教学方式比较你认为哪种方式学到的知识更实用？			
3	针对每个学习任务你是否学会如何进行资讯？			
4	计划和决策感到困难吗？			
5	你认为学习任务对你将来的工作有帮助吗？			
6	通过本任务的学习，你学会措施项目的定额工程量计算规则了吗？			
7	你能计算路灯工程的定额工程量吗？			
8	你能计算出钢筋工程的定额工程量吗？			
9	通过几天来的工作和学习，你对自己的表现是否满意？			
10	你对小组成员之间的合作是否满意？			
11	你认为本情境还应学习哪些方面的内容？（请在下面空白处填写）			

你的意见对改进教学非常重要，请写出你的建议和意见：

被调查人签名　　　　　　　　　　　　　　　调查时间

学习情境三 清单工程量解析

学习指南

【学习情境描述】

本学习情境是根据学生的就业岗位造价员的工作职责和职业要求创设的第三个学习情境,主要要求学生能够运用清单的计算规则计算各类市政工程的工程量,从而胜任岗位工作。以土石方工程清单工程量计算、道路工程清单工程量计算、桥涵工程清单工程量计算、管网工程清单工程量计算、其他工程及措施项目清单工程量计算五个工作任务为载体,采用任务驱动的教学做一体化教学模式,学生分成小组在教师的引导下通过资讯、计划、决策、实施、检查和评价六个环节完成工作任务,进而达到本学习情境设定的学习目标。

【学习目标】

1. 知识目标

(1)掌握市政工程清单项目的工程量计算规则;

(2)掌握市政工程清单项目的工程量计算方法;

(3)理解市政工程招标工程量清单编制步骤、方法、要求。

2. 能力目标

(1)能够正确使用《市政工程工程量计算规范》(GB 50857—2013);

(2)能够正确使用《建设工程工程量清单计价规范》(GB 50500—2013);

(3)能够运用清单法正确计算市政工程项目的工程量;

(4)具备造价员应知应会的知识,能够独立完成完整的造价工作。

3. 素质目标

(1)培养爱国情怀及民族自豪感,增强团队协作意识和与人沟通的能力;

(2)具有精益求精的工匠精神,在学习中不断提升职业素质,树立起严谨认真、吃苦耐劳、诚实守信的工作作风。

【工作任务】

1. 土石方工程清单工程量计算;

2. 道路工程清单工程量计算;

3. 桥涵工程清单工程量计算;

4. 管网工程清单工程量计算;

5. 其他工程及措施项目清单工程量计算。

任务1　土石方工程清单工程量计算

课程	市政工程预算				
学习情境三	清单工程量解析			学时	20
任务1	土石方工程清单工程量计算			学时	4
布置任务					
任务目标	(1)掌握土石方工程项目清单计算规则； (2)掌握土石方工程清单工程量计算的方法； (3)学会计算土石方工程的清单工程量； (4)能够在完成任务过程中锻炼职业素养,做到工作程序严谨认真对待,完成任务能够吃苦耐劳主动承担,能够主动帮助小组落后的其他成员,有团队意识,诚实守信、不瞒骗,培养保证质量等建设优质工程的爱国情怀				
任务描述	计算某土石方工程相关的清单工程量。具体任务如下： (1)根据任务要求,收集土方工程、石方工程的清单工程量计算规则； (2)确定土方工程、石方工程的清单工程量计算方法； (3)计算土方工程、石方工程的清单工程量				
学时安排	资讯	计划	决策	实施	检查	评价
	1学时	0.5学时	0.5学时	1学时	0.5学时	0.5学时
对学生学习及成果的要求	(1)每名同学均能按照资讯思维导图自主学习,并完成知识模块中的自测训练； (2)严格遵守课堂纪律,学习态度认真、端正,能够正确评价自己和同学在本任务中的素质表现,积极参与小组工作任务讨论,严禁抄袭； (3)具备工程造价的基础知识；具备土石方工程的构造、施工知识； (4)具备识图的能力；具备计算机知识和计算机操作能力； (5)小组讨论土石方工程工程量计算的方案,能够确定土石方工程工程量的计算规则,掌握土石方工程清单工程量的计算方法,能够正确计算土石方工程的清单工程量； (6)具备一定的实践动手能力、自学能力、数据计算能力、沟通协调能力、语言表达能力和团队意识； (7)严格遵守课堂纪律,不迟到、不早退；学习态度认真、端正；每位同学必须积极动手并参与小组讨论； (8)讲解土石方工程清单工程量的计算过程,接受教师与同学的点评,同时参与小组自评与互评				

资讯思维导图

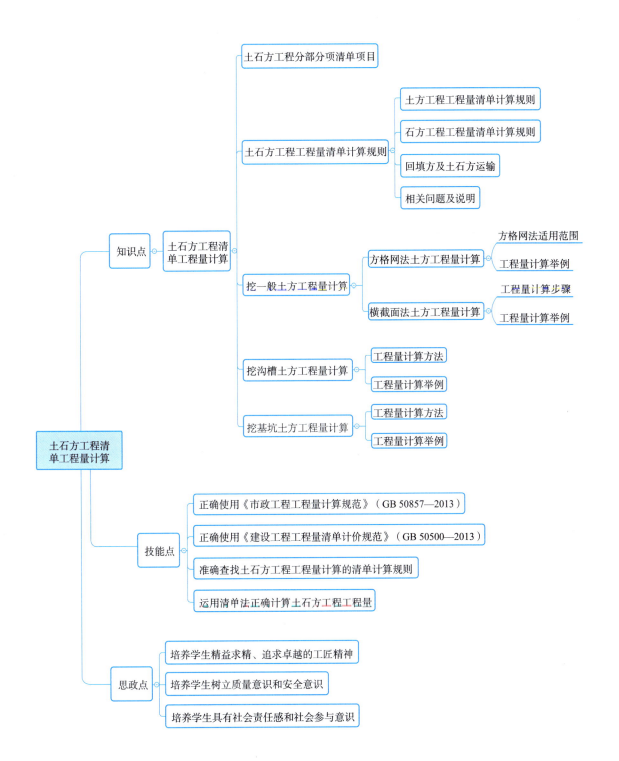

土石方工程分部分项清单项目

《市政工程工程量计算规范》(GB 50857—2013)附录 A 土石方工程中,设置了 3 个小节 10 个清单项目,3 个小节分别为:土方工程、石方工程、回填方及土石方运输。

1. 土方工程

本节主要按照挖土方式和种类的不同,设置了 5 个清单项目:挖一般土方、挖沟槽土方、挖基坑土方、暗挖土方、挖淤泥流砂。

2. 石方工程

本节主要按照挖石方的方式不同,设置了 3 个清单项目:挖一般石方、挖沟槽石方、挖基坑石方。

3. 回填方及土石方运输

本节设置了 2 个清单项目:回填方、余方弃置。

知识模块 1:土石方工程工程量清单计算规则

一、土方工程工程量清单计算规则

土方工程工程量清单项目设置、项目特征描述的内容、计量单位及工程量计算规则,应按表 3-1 的规定执行。

表 3-1　土方工程(编号:040101)

项目编码	项目名称	项目特征	计量单位	工程量计算规则	工作内容
040101001	挖一般土方	1. 土壤类别 2. 挖土深度	m³	按设计图示尺寸以体积计算	1. 排地表水 2. 土方开挖 3. 围护(挡土板)及拆除 4. 基底钎探 5. 场地运输
040101002	挖沟槽土方			按设计图示尺寸以基础垫层底面积乘以挖土深度计算	
040101003	挖基坑土方				
040101004	暗挖土方	1. 土壤类别 2. 平洞、斜洞(坡度) 3. 运距		按设计图示断面乘以长度以体积计算	1. 排地表水 2. 土方开挖 3. 场内运输
040101005	挖淤泥、流砂	1. 挖掘深度 2. 运距		按设计图示位置、界限以体积计算	1. 开挖 2. 运输

注:①沟槽、基坑、一般土方的划分为:底宽≤7 m 且底长>3 倍底宽为沟槽,底长≤3 倍底宽且底面积≤150 m² 为基坑。超出上述范围则为一般土方。
②土壤的分类应按表 3-1-1 确定。
③如土壤类别不能准确划分时,招标人可注明为综合,由投标人根据地勘报告决定报价。
④土方体积应按挖掘前的天然密实体积计算。
⑤挖沟槽、基坑土方中的挖土深度,一般指原地面标高至槽、坑底的平均高度。
⑥挖沟槽、基坑、一般土方因工作面和放坡增加的工程量,是否并入各土方工程量中,按各省、自治区、直辖市或行业建设主管部门的规定实施。如并入各土方工程量中,编制工程量清单时,可按表 3-1-2、表 3-1-3 规定计算;办理工程结算时,按经发包人认可的施工组织设计规定计算。
⑦挖沟槽、基坑、一般土方和暗挖土方清单项目的工作内容中仅包括了土方场内平衡所需的运输费用,如需土方外运时,按 040103002"余方弃置"项目编码列项。
⑧挖方出现流砂、淤泥时,如设计未明确,在编制工程量清单时,其工程数量可为暂估值。结算时,应根据实际情况由发包人与承包人双方现场签证确认工程量。
⑨挖淤泥、流砂的运距可以不描述,但应注明由投标人根据施工现场实际情况自行考虑决定报价。

表 3-1-1　土壤分类表

土壤分类	土壤名称	开挖方法
一、二类土	粉土、砂土(粉砂、细砂、中砂、粗砂、砾砂)、粉质黏土、弱中盐渍土、软土(淤泥质土、泥炭、泥炭质土)、软塑红黏土、冲填土	用锹,少许用镐、条锄开挖。机械能全部直接铲挖满载者
三类土	黏土、碎石土(圆砾、角砾)、混合土、可塑红黏土、硬塑红黏土、强盐渍土、素填土、压实填土	主要用镐、条锄,少许用锹开挖。机械需部分刨松方能铲挖满载者或可直接铲挖但不能满载者
四类土	碎石土(卵石、碎石、漂石、块石)、坚硬红黏土、超盐渍土、杂填土	全部用镐、条锄挖掘,少许用撬棍挖掘。机械需普遍刨松方能铲挖满载者

注:本表土的名称及其含义按现行国家标准《岩土工程勘察规范》(GB 50021—2001)(2009年局部修订版)定义。

表 3-1-2　放坡系数表

土类别	放坡起点/m	人工挖土	机械挖土		
			在沟槽、坑内作业	在沟槽侧、坑边上作业	顺沟槽方向坑上作业
一、二类土	1.20	1:0.50	1:0.33	1:0.75	1:0.50
三类土	1.50	1:0.33	1:0.25	1:0.67	1:0.33
四类土	2.00	1:0.25	1:0.10	1:0.33	1:0.25

注:①沟槽、基坑中土类别不同时,分别按其放坡起点、放坡系数,依不同土类别厚度加权平均计算。
　　②计算放坡时,在交接处的重复工程量不予扣除,原槽、坑做基础垫层时,放坡自垫层上表面开始计算。
　　③本表按《全国统一市政工程预算定额》(GYD-301—1999)整理,并增加机械挖土顺沟槽方向坑上作业的放坡系数。

表 3-1-3　管沟施工每侧所需工作面宽度计算表　　　　　　　　　　　　　　　　　　单位:mm

管道结构宽	混凝土管道基础90°	混凝土管道基础>90°	金属管道	构　筑　物	
				无防潮层	有防潮层
500 以内	400	400	300	400	600
1 000 以内	500	500	400		
2 500 以内	600	500	400		
2 500 以上	700	600	500		

注:①管道结构宽:有管座按管道基础外缘,无管座按管道外径计算;构筑物按基础外缘计算。
　　②本表按《全国统一市政工程预算定额》(GYD-301—1999)整理,并增加管道结构宽2 500 mm以上的工作面宽度值。

二、石方工程工程量清单计算规则

石方工程工程量清单项目设置、项目特征描述的内容、计量单位及工程量计算规则,应按表3-2的规定执行。

表 3-2　石方工程(编号:040102)

项目编码	项目名称	项目特征	计量单位	工程量计算规则	工作内容
040102001	挖一般石方	1. 岩石类别 2. 开凿深度	m^3	按设计图示尺寸以体积计算	1. 排地表水 2. 石方开凿 3. 修整底、边 4. 场内运输
040102002	挖沟槽石方			按设计图示尺寸以基础垫层底面积乘以挖石深度计算	
040102003	挖基坑石方				

注:①沟槽、基坑、一般石方的划分为:底宽≤7 m且底长>3倍底宽为沟槽;底长≤3倍底宽且底面积≤150 m²为基坑;超出上述范围则为一般石方。
　　②岩石的分类应按表3-2-1确定。
　　③石方体积应按挖掘前的天然密实体积计算。
　　④挖沟槽、基坑、一般石方因工作面和放坡增加的工程量,是否并入各石方工程量中,按各省、自治区、直辖市或行业建设主管部门的规定实施。如并入各石方工程量中,编制工程量清单时,其所需增加的工程数量可为暂估值,且在清单项目中予以注明;办理工程结算时,按经发包人认可的施工组织设计规定计算。
　　⑤挖沟槽、基坑、一般石方清单项目的工作内容中仅包括了石方场内平衡所需的运输费用,如需石方外运时,按040103002"余方弃置"项目编码列项。
　　⑥石方爆破按现行国家标准《爆破工程工程量计算规范》(GB 50862—2013)相关项目编码列项。

表 3-2-1　岩石分类表

岩石分类		代表性岩石	开挖方法
极软岩		1. 全风化的各种岩石 2. 各种半成岩	部分用手凿工具、部分用爆破法开挖
软质岩	软岩	1. 强风化的坚硬岩或较硬岩 2. 中等风化-强风化的较软岩 3. 未风化-微风化的页岩、泥岩、泥质砂岩等	用风镐和爆破法开挖
	较软岩	1. 中等风化-强风化的坚硬岩或较硬岩 2. 未风化-微风化的凝灰岩、千枚岩、泥灰岩、砂质泥岩等	
硬质岩	较硬岩	1. 微风化的坚硬岩 2. 未风化-微风化的大理岩、板岩、石灰岩、白云岩、钙质砂岩等	用爆破法开挖
	坚硬岩	未风化-微风化的花岗岩、闪长岩、辉绿岩、玄武岩、安山岩、片麻岩、石英岩、石英砂岩、硅质砾岩、硅质石灰岩等	

注：本表依据现行国家标准《工程岩体分级标准》(GB 50218—2014)和《岩土工程勘察规范》(GB 50021—2001)(2009年局部修订版)整理。

三、回填方及土石方运输

回填方及土石方运输工程量清单项目设置、项目特征描述的内容、计量单位及工程量计算规则，应按表 3-3 的规定执行。

表 3-3　回填方及土石方运输（编号：040103）

项目编码	项目名称	项目特征	计量单位	工程量计算规则	工作内容
040103001	回填方	1. 密实度要求 2. 填方材料品种 3. 填方粒径要求 4. 填方来源、运距	m³	1. 按挖方清单项目工程量加原地面线至设计要求标高间的体积，减基础、构筑物等埋入体积计算 2. 按设计图示尺寸以体积计算	1. 运输 2. 回填 3. 压实
040103002	余方弃置	1. 废弃料品种 2. 运距		按挖方清单项目工程量减利用回填方体积（正数）计算	余方点装料运输至弃置点

注：①填方材料品种为土时，可以不描述。
②填方粒径，在无特殊要求情况下，项目特征可以不描述。
③对于沟、槽坑等开挖后再进行回填方的清单项目，其工程量计算规则按第1条确定；场地填方等按第2条确定。其中，对工程量计算规则1，当原地面线高于设计要求标高时，则其体积为负值。
④回填方总工程量中若包括场内平衡和缺方内运两部分时，应分别编码列项。
⑤余方弃置和回填方的运距可以不描述，但应注明由投标人根据施工现场实际情况自行考虑决定报价。
⑥回填方如需缺方内运，且填方材料品种为土方时，是否在综合单价中计入购买土方的费用，由投标人根据工程实际情况自行考虑决定报价。

四、相关问题及说明

（1）隧道石方开挖按《市政工程工程量计算规范》(GB 50857—2013)附录 D 隧道工程中相关项目编码列项。

（2）废料及余方弃置清单项目中，如需发生弃置、堆放费用的，投标人应根据当地有关规定计取相应费用，并计入综合单价中。

思一思：

简述挖一般土方清单计算规则。

知识模块 2：挖一般土方工程量计算

一、方格网法土方工程量计算

1. 方格网法适用范围

适用于开挖线起伏变化不大的场地。
确定场地设计标高步骤如下：
1）考虑的因素
(1) 满足生产工艺和运输的要求。
(2) 尽量利用地形，减少挖填方数量。
(3) 争取在场区内挖填平衡，降低运输费。
(4) 有一定泄水坡度，满足排水要求。
(5) 场地设计标高一般在设计文件上规定，如无规定。
①小型场地——挖填平衡法；
②大型场地——最佳平面设计法。
2）初步标高（按挖填平衡法）
场地初步标高公式：

$$H_0 = \left(\sum H_1 + 2\sum H_2 + 3\sum H_3 + 4\sum H_4\right)/4N$$

式中　H_0——计算场地的初定设计标高；
　　　H_1——计算时使用一次的交点高程，m（角点为一个方格所有）；
　　　H_2——计算时使用两次的交点高程，m（角点为二个方格所有）；
　　　H_3——计算时使用三次的交点高程，m（角点为三个方格所有）；
　　　H_4——计算时使用四次的交点高程，m（角点为四个方格所有）；
　　　N——方格数。

3）场地设计标高的调整
按泄水坡度调整各角点设计标高：
(1) 单向排水时，各方格角点设计标高为：

$$H_n = H_0 \pm Li$$

(2) 双向排水时，各方格角点设计标高为：

$$H_n = H_0 \pm L_x i_x \pm L_y i_y$$

2. 方格网法土方工程量计算举例

【例 3-1】某建筑物场地地形图和方格网（边长 $a = 20.0$ m）布置如图 3-1 所示。土壤为二类土，场地地面泄水坡度 $i_x = 0.3\%$，$i_y = 0.2\%$。试确定场地设计标高（不考虑土的可松性影响，余土加宽边坡），计算各方格挖、填土方工程量。

【解】(1) 计算场地设计标高 H_0：

$\sum H_1 = (9.45 + 10.71 + 8.65 + 9.52)\text{m} = 38.33\text{ m}$

$2\sum H_2 = 2 \times (9.75 + 10.14 + 9.11 + 10.27 + 8.80 + 9.86 + 8.91 + 9.14)\text{m} = 151.96\text{ m}$

$4\sum H_4 = 4 \times (9.43 + 9.68 + 9.16 + 9.41)\text{m} = 150.72\text{ m}$

$H_0 = \left(\sum H_1 + 2\sum H_2 + 4\sum H_4\right)/4N = (38.33 + 151.96 + 150.72)/(4 \times 9)\text{ m} = 9.47\text{ m}$

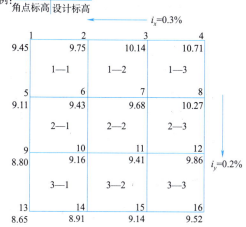

图 3-1　场地地形图和方格网布置（单位：m）

(2)根据泄水坡度计算各方格角点的设计标高:

以场地中心点(几何中心)为 H_0,计算各角点设计标高为:

$H_1 = H_0 - 30 \times 0.3\% + 30 \times 0.2\% = (9.47 - 0.09 + 0.06)\text{m} = 9.44 \text{ m}$

$H_2 = H_1 + 20 \times 0.3\% = (9.44 + 0.06)\text{m} = 9.50 \text{ m}$

$H_5 = H_0 - 30 \times 0.3\% + 10 \times 0.2\% = (9.47 - 0.09 + 0.02)\text{m} = 9.40 \text{ m}$

$H_6 = H_5 + 20 \times 0.3\% = (9.40 + 0.06)\text{m} = 9.46 \text{ m}$

$H_9 = H_0 - 30 \times 0.3\% - 10 \times 0.2\% = (9.47 - 0.09 - 0.02)\text{m} = 9.36 \text{ m}$

其余各角点设计标高均可求出,详见图 3-2(a)。

(3)计算各角点的施工高度:

各角点的施工高度(以"+"为填方,"-"为挖方):

$h_1 = (9.44 - 9.45)\text{m} = -0.01 \text{ m}$

$h_2 = (9.50 - 9.75)\text{m} = -0.25 \text{ m}$

$h_3 = (9.56 - 10.14)\text{m} = -0.58 \text{ m}$

各角点施工高度如图 3-2(b)所示。

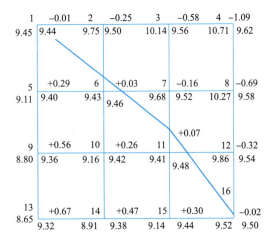
(a)方格角点标高、方格编号、角点编号图

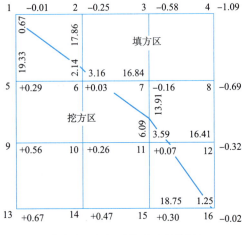
(b)角点施工高度、零线、角点编号图

图 3-2　场地方格网图(单位:m)

(4)确定"零线"(即挖、填方的分界线):

从图 3-2(b)中得知,1~5、2~6、6~7、7~11、11~12、15~16 三条方格边两端的施工高度符号不同,表明在这些方格边上有零点存在。

确定零点的位置,将相邻边线上的零点相连,即为"零线",如图 3-2(b)所示。

1~5 线上:$X_1 = [0.01/(0.01+0.29)] \times 20 \text{ m} = 0.67 \text{ m}$,即零点距角点 1 的距离为 0.67 m。

2~6 线上:$X_2 = [0.25/(0.25+0.03)] \times 20 \text{ m} = 17.86 \text{ m}$,即零点距角点 2 的距离 17.86 m。

6~7 线上:$X_6 = [0.03/(0.03+0.16)] \times 20 \text{ m} = 3.16 \text{ m}$,即零点距角点 6 的距离为 3.16 m。

7~11 线上:$X_7 = [0.16/(0.16+0.07)] \times 20 \text{ m} = 13.91 \text{ m}$,即零点距角点 7 的距离为 13.91 m。

11~12 线上:$X_{11} = [0.07/(0.07+0.32)] \times 20 \text{ m} = 3.59 \text{ m}$,即零点距角点 11 的距离为 3.59 m。

15~16 线上:$X_{15} = [0.30/(0.30+0.02)] \times 20 \text{ m} = 18.75 \text{ m}$,即零点距角点 15 的距离为 18.75 m。

将各零点标于图上,并将零点线连接起来。

(5)计算各方格土方工程量(以"+"为填方,"-"为挖方):

①全填或全挖方格:

全填或全挖方格计算:

$$V^{(+)}_{2-1} = \frac{20^2}{4} \times (0.29 + 0.03 + 0.56 + 0.26)\text{m}^3 = (29 + 3 + 56 + 26)\text{m}^3 = 114 \text{ m}^3 \quad (+)$$

$$V^{(+)}_{3-1} = (56 + 26 + 67 + 47)\text{m}^3 = 196 \text{ m}^3 \quad (+)$$

$$V_{3-2}^{(+)} = (26+7+47+30) \text{ m}^3 = 110 \text{ m}^3 \quad (+)$$

$$V_{1-3}^{(-)} = (58+109+16+69) \text{ m}^3 = 252 \text{ m}^3 \quad (-)$$

②两挖、两填方格：

两挖、两填方格计算：

$$V_{1-1}^{(+)} = \frac{19.33+2.14}{2} \times 20 \times \frac{0.29+0.03}{4} \text{ m}^3 = 10.735 \times 20 \times 0.08 \text{ m}^3 = 17.18 \text{ m}^3 \quad (+)$$

$$V_{1-1}^{(-)} = \frac{0.67+17.86}{2} \times 20 \times \frac{0.01+0.25}{4} \text{ m}^3 = 9.265 \times 20 \times 0.065 \text{ m}^3 = 12.04 \text{ m}^3 \quad (-)$$

$$V_{3-3}^{(+)} = 11.17 \times 20 \times 0.025 \text{ m}^3 = 5.58 \text{ m}^3 \quad (+)$$

$$V_{3-3}^{(-)} = 8.83 \times 20 \times 0.065 \text{ m}^3 = 11.48 \text{ m}^3 \quad (-)$$

③三填一挖或三挖一填方格：

三填一挖或三挖一填方格计算：

$$V_{1-2}^{(+)} = \frac{2.14 \times 3.16}{2} \times \frac{0.03}{3} \text{ m}^3 = 3.38 \times 0.01 \text{ m}^3 = 0.034 \text{ m}^3 \quad (+)$$

$$V_{1-2}^{(-)} = \left(20^2 - \frac{2.14 \times 3.16}{2}\right) \times \frac{0.25+0.58+0.16}{5} \text{ m}^3 = 396.62 \times 0.198 \text{ m}^3 = 78.53 \text{ m}^3 \quad (-)$$

$$V_{2-2}^{(+)} = 282.88 \times 0.072 \text{ m}^3 = 20.37 \text{ m}^3 \quad (+)$$

$$V_{2-2}^{(-)} = \frac{16.84 \times 13.91}{2} \times \frac{0.16}{3} \text{ m}^3 = 117.12 \times 0.053 \text{ m}^3 = 6.20 \text{ m}^3 \quad (-)$$

$$V_{2-3}^{(+)} = \frac{6.09 \times 3.59}{2} \times \frac{0.07}{3} \text{ m}^3 = 10.93 \times 0.023 \text{ m}^3 = 0.25 \text{ m}^3 \quad (+)$$

$$V_{2-3}^{(-)} = 389.07 \times 0.234 \text{ m}^3 = 91.04 \text{ m}^3 \quad (-)$$

将算出的各方格土方工程量按挖、填方分别相加，得场地土方工程量总计：

挖方：463.41 m²

填方：451.29 m²

挖方、填方基本平衡。

清单工程量计算见表3-4。

表3-4　清单工程量

序号	清单编码	项目名称	项目特征	计量单位	工程量计算
1	040101001001	挖一般土方	1. 土壤类别：三类土 2. 挖土深度：2 m	m³	463.41
2	040103001001	回填方	1. 密实度：见设计 2. 材料品种：见设计 3. 填方粒径：见设计 4. 填方来源、运距：就地	m³	451.29
3	040103002001	余方弃置	1. 弃料品种： 2. 运距：5 km	m³	12.12

忆一忆：

挖土方放坡系数如何确定？

二、横截面法土方工程量计算

1. 横截面法

当地形复杂起伏变化较大，或地狭长、挖填深度较大且不规则的地段，宜选择横断面法进行土方量计算。用断面法计算土方量，需要在计算范围内布置断面线，断面一般垂直于等高线，或垂直于大多数主要构筑物的长轴线。断面的多少应根据设计地面和自然地面复杂程序及设计精度要求确定。在地形变化不大的地段,可少取断面。

相反,在地形变化复杂、设计计算精度要求较高的地段要多取断面。两断面的间距一般小于100 m,通常采用20~50 m。

挖一般土方工程清单横截面法

图3-3所示为一渠道的测量图形,利用横断面法进行计算土方量时,可根据渠LL,按一定的长度L设横断面$A_1,A_2,A_3,\cdots,A_i$等。然后分别计算每个断面的填、挖方面积。计算两相邻断面之间的填、挖方量,并将计算结果进行统计。由于计算机的发展,使面积计算已具有较高的精度,如采用辛普生法计算。断面法土方量的计算,通常仍采用由两端横断面的平均面积乘以两横断面之间的间距算得,此方法称为平均断面法,由于只需要知道两端横断面的面积,因而计算很简单,是公路上常采用的方法,土石方量精度与间距L的长度有关,L越小,精度就越高。当A_1、A_2相差较大时,则按棱台体公式计算更为接近,其公式如下:

$$V = \frac{1}{3}(A_1 + A_2)L\left(1 + \frac{\sqrt{m}}{1+m}\right)$$

式中　$m = A_1/A_2$,其中$A_1 < A_2$。

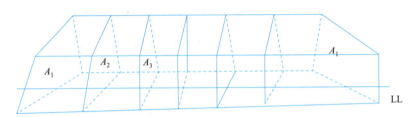

图3-3　某渠道的断面划分

按棱台体积公式计算的方法精度较高,应尽量采用,特别适用计算机计算。

横截面法的计算步骤如下:

(1)划分横截面。根据地形图、竖向布置或现场测绘,将要计算的场地划分截面AA'、BB'、CC'、$\cdots$,使截面尽量垂直于等高线或主要建筑物的边长,各断面间的间距可以不等,一般为10 m或20 m,在平坦地区可以大一些,但最大不大于100 m。

(2)画横截面图形。按比例绘制每个横截面的自然地面和设计地面的轮廓线。自然地面轮廓线与设计地面轮廓线之间的面积,即为挖方或填方的截面。

(3)计算横截面面积。横截面面积可套用公式计算,如图3-4所示。

$$A = b\frac{h_1 + h_2}{2} + h_1 h_2 \frac{m+n}{2}$$

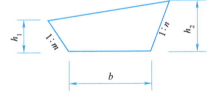

图3-4　道路横截面示意图

式中　A——开挖横截面的面积,m^2;
　　　h_1,h_2——横截面的高度,m;
　　　b——横截面地面的宽度,m;
　　　m,n——放坡系数。

(4)计算土石方量。根据横截面面积按下面公式计算土石方量:

$$V = \frac{A_1 + A_2}{2} \times s$$

式中　V——相邻两横截面间的土石方量,m^3;
　　　A_1,A_2——相邻两横截面挖或填的截面积,m^2;
　　　s——相邻两横截面的间距,m。

2. 横截面法土方工程量计算举例

【例3-2】计算某道路土方工程量。

【解】计算各截面间土方量,见表3-5,并加以汇总。

表 3-5　土石方数量计算表

里程	中心高/m		横断面积/m²		平均面积/m²		距离/m	总数量/m²	
	填	挖	填	挖	填	挖		填	挖
K0+0.00		8.92	0.00	59.36					
					0.00	50.30	20.00	0.00	1 006.09
K0+20.00		7.18	0.00	41.25					
					0.00	48.21	20.00	0.00	964.23
K0+40.00		8.75	0.00	55.17					
					0.00	95.42	20.00	0.00	1 908.48
K0+60.00		16.70	0.00	135.68					
					0.00	123.68	20.00	0.00	2 473.64
K0+80.00		14.74	0.00	111.68					
					0.00	100.28	20.00	0.00	2 005.53
K0+100.00		12.88	0.00	88.87					
					0.00	118.10	20.00	0.00	2 361.99
K0+120.00		18.36	0.00	147.33					
					0.00	163.47	20.00	0.00	3 269.38
K0+140.00		20.50	0.00	179.61					
					0.00	163.30	20.00	0.00	3 265.98
K0+160.00		17.88	0.00	146.99					
					0.00	134.39	20.00	0.00	2 687.74
K0+180.00		15.24	0.00	121.78					
合计								0.00	19 943.1

思　思:

横截面法计算挖一般土石方的适用范围。

知识模块 3：挖沟槽土方工程量计算

一、挖沟槽土方工程量计算方法

清单工程量计算方法,参数如图 3-5 所示。

$$V = B \times L \times (H - h)$$

式中　V——沟槽挖土体积,m³;
　　　L——沟槽长,m;
　　　B——沟槽底宽,即原地面线以下的构筑物最大宽度,m;
　　　H——沟槽原地面线平均标高,m;
　　　h——沟槽底平均标高,m。

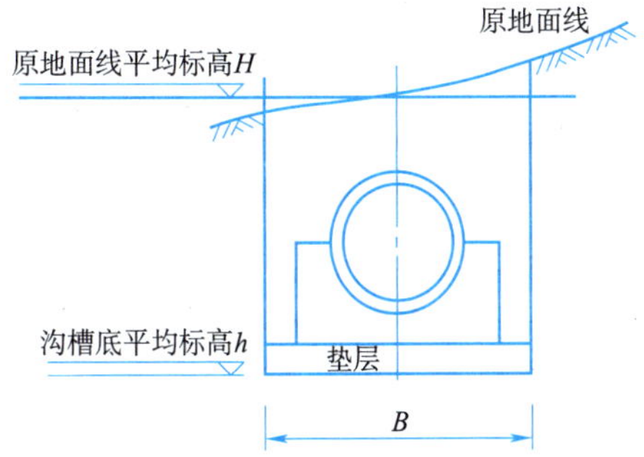

图 3-5　管道地沟挖方示意图

二、挖沟槽土方工程量计算举例

【例 3-3】混凝土管排水工程沟槽开挖,如图 3-6 所示,土壤类别为三类,地面平均标高为 4.2 m,设计槽底平均标高为 2.2 m,设计管道基础垫层底宽 2.1 m,垫层厚度 0.3 m,管道外径 0.9 m,管道底座宽 1.2 m、混凝土体积 20 m³,沟槽长 500 m,斗容量 1 m³ 反铲挖掘机边退边挖土至基底标高以上 30 cm 处,其余为人工开挖。人工回填夯填土。余土外运,装载机装土 10 t 自卸汽车运土 5 km。

试计算该工程的土方清单工程量。

【解】土方清单工程量计算见表 3-6。

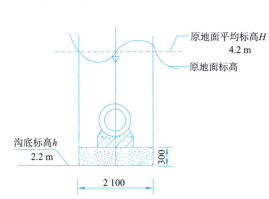

图 3-6　混凝土管排水工程沟槽开挖图(单位:mm)

表 3-6 土方清单工程量计算表

序号	清单编码	项目名称	项目特征	计量单位	工程量计算
1	040101002001	挖沟槽土方	1. 土壤类别:三类土 2. 挖土深度:2 m	m^3	$V_{挖清} = B \times L \times (H-h)$ $= 2.1 \times 500 \times (4.2-2.2) = 2\ 100\ m^3$
2	040103001001	回填	1. 密实度:见设计 2. 材料品种:见设计 3. 填方粒径:见设计 4. 填方来源、运距:就地	m^3	$V_{回清} = V_{挖清} - V_{结}$ $= 2\ 100 - (2.1 \times 0.3 \times 500 + 3.14 \times 0.9^2/4 \times 500 + 20)$ $= 2\ 100 - (315 + 317.93 + 20) = 2\ 100 - 645.93$ $= 1\ 454.07\ m^3$
3	040103002001	余土外运	1. 弃料品种:三类土 2. 运距:5 km	m^3	$V_{运清} = V_{挖清} - V_{回清}$ $= 2\ 100 - 1\ 454.07 = 645.93$

忆一忆:

挖沟槽土方的深度如何确定?

知识模块 4:挖基坑土方工程量计算

一、挖基坑土方工程量计算方法

清单工程量计算方法,如图 3-7 所示。

$$V = a \times b \times (H-h)$$

式中　V——基坑挖土体积,m^3;
　　　H——基坑原地面线平均标高,m;
　　　h——基坑底平均标高,m;
　　　a——基坑底宽,及原地面线以下的构筑物最大长度,m;
　　　b——基坑底长,及原地面线以下的构筑物最大长度,m。

图 3-7　桥台挖方示意图

二、挖基坑土方工程量计算举例

【例 3-4】基坑下底长 10 m,下底宽 6 m,基坑上底长 14 m,上底宽 10 m,开挖深度 3 m,求基坑清单开挖土方量。

【解】$V = a \times b \times (H-h) = 10 \times 6 \times 3 = 180\ (m^3)$

思一思:

如何计算挖基坑土方清单工程量?

忆一忆:

基坑土方清单工程量的计算。

自测训练

一、填空题

1. 沟槽、基坑中土类别不同时,分别按其放坡起点、放坡系数,依_____计算。
2. 挖沟槽、基坑土方中的挖土深度,一般指原地面标高至_____高度。
3. 计算放坡时,在交接处的重复工程量_____扣除,原槽、坑做基础垫层时,放坡自垫层_____开始计算。
4. 管沟施工每侧所需工作面宽度按照管道_____查表。
5. 回填方总工程量中若包括场内平衡和缺方内运两部分时,_____分别编码列项。

二、多选题

1. 土方放坡系数的确定与( )有关。
   A. 土壤类别　　B. 挖土深度　　C. 挖土方式　　D. 机械挖土作业位置
2. 管沟施工每侧所需工作面宽度确定与( )有关。
   A. 管道结构宽　B. 管道材质　　C. 有无防潮层　D. 混凝土管道基础角度
3. 土方工程清单项目包括( )。
   A. 挖一般土方　B. 挖沟槽土方　C. 挖基坑土方　D. 暗挖土方　　E. 挖淤泥流砂
4. 回填方及土石方运输清单项目包括( )。
   A. 沟槽回填　　B. 基坑回填　　C. 回填方　　　D. 余方弃置

三、简答题

1. 简述方格网法计算土石方工程量的适用范围和方法。
2. 简述横截面法计算土石方工程量的适用范围和方法。

任务1 计划单

课程	市政工程预算		
学习情境三	清单工程量解析	学时	20
任务1	土石方工程清单工程量计算	学时	4
计划方式	小组讨论、团结协作共同制订计划		
序 号	实施步骤		使用资源
1			
2			
3			
4			
5			
6			
7			
8			
9			
制订计划说明			
计划评价	班　级　　　　　　　　第　组　　　　　组长签字		
	教师签字　　　　　　　　　　　　　　日　期		
	评语：		

任务1　决策单

课程	市政工程预算		
学习情境三	清单工程量解析	学时	20
任务1	土石方工程清单工程量计算	学时	4
方案讨论			

	组号	方案合理性	实施可操作性	安全性	综合评价
方案对比	1				
	2				
	3				
	4				
	5				
	6				
	7				
	8				
	9				
	10				
方案评价	评语：				
班级		组长签字		教师签字	月　　日

任务1 实施单

课程	市政工程预算		
学习情境三	清单工程量解析	学时	20
任务1	土石方工程清单工程量计算	学时	4
实施方式	小组成员合作;动手实践		
序 号	实施步骤	使用资源	
1			
2			
3			
4			
5			
6			
7			
8			
9			
10			
11			
12			
13			
14			
15			
16			

实施说明：

班 级		第 组	组长签字	
教师签字			日 期	
评 语				

任务1 作业单

课程	市政工程预算		
学习情境三	清单工程量解析	学时	20
任务1	土石方工程清单工程量计算	学时	4
实施方式	小组成员动手计算一个土石方工程清单工程量,学生自己收集资料、计算		

班 级		第 组	组长签字	
教师签字		日 期		
评 语				

任务1 检查单

课程	市政工程预算		
学习情境三	清单工程量解析	学时	20
任务1	土石方工程清单工程量计算	学时	4
序 号	检查项目	检查标准	学生自查	教师检查
1				
2				
3				
4				
5				
6				
7				
8				
9				
10				
11				
12				
13				
14				
15				
检查评价	班 级		第 组	组长签字	
	教师签字		日 期		
	评语:				

任务1 评价单

1. 工作评价单

课程			市政工程预算			
学习情境三			清单工程量解析		学时	20
任务1			土石方工程清单工程量计算		学时	4
评价类别	项目	子项目	个人评价	组内互评	教师评价	
专业能力	资讯（10%）	搜集信息（5%）				
		引导问题回答（5%）				
	计划（5%）					
	实施（20%）					
	检查（10%）					
	过程（5%）					
	结果（10%）					
社会能力	团结协作（10%）					
	敬业精神（10%）					
方法能力	计划能力（10%）					
	决策能力（10%）					
评 价	班级		姓名		学号	总评
	教师签字		第　组	组长签字		日期

2. 小组成员素质评价单

课程		市政工程预算			
学习情境三		清单工程量解析		学时	20
任务1		土石方工程清单工程量计算		学时	4
班　级			第　　组	成员姓名	
评分说明	每个小组成员评价分为自评和小组其他成员评价两部分,取平均值计算,作为该小组成员的任务评价个人分数。评价项目共设计五个,依据评分标准给予合理量化打分。小组成员自评分后,要找小组其他成员不记名方式打分,成员互评分为其他小组成员的平均分				
对　象	评分项目		评分标准		评　分
自　评 (100分)	核心价值观(20分)		是否有违背社会主义核心价值观的思想及行动		
	工作态度(20分)		是否按时完成负责的工作内容、遵守纪律,是否积极主动参与小组工作,是否全过程参与,是否吃苦耐劳,是否具有工匠精神		
	交流沟通(20分)		是否能良好地表达自己的观点,是否能倾听他人的观点		
	团队合作(20分)		是否与小组成员合作完成,做到相互协助、相互帮助、听从指挥		
	创新意识(20分)		看问题是否能独立思考,提出独到见解,是否能够创新思维解决遇到的问题		
成员互评 (100分)	核心价值观(20分)		是否有违背社会主义核心价值观的思想及行动		
	工作态度(20分)		是否按时完成负责的工作内容、遵守纪律,是否积极主动参与小组工作,是否全过程参与,是否吃苦耐劳,是否具有工匠精神		
	交流沟通(20分)		是否能良好地表达自己的观点,是否能倾听他人的观点		
	团队合作(20分)		是否与小组成员合作完成,做到相互协助、相互帮助、听从指挥		
	创新意识(20分)		看问题是否能独立思考,提出独到见解,是否能够创新思维解决遇到的问题		
最终小组成员得分					
小组成员签字				评价时间	

任务1　教学反馈单

课程	市政工程预算			
学习情境三	清单工程量解析	学时	20	
任务1	土石方工程清单工程量计算	学时	4	
序号	调查内容	是	否	理由陈述
1	你是否喜欢这种上课方式？			
2	与传统教学方式比较你认为哪种方式学到的知识更实用？			
3	针对每个学习任务你是否学会如何进行资讯？			
4	计划和决策感到困难吗？			
5	你认为学习任务对你将来的工作有帮助吗？			
6	通过本任务的学习，你学会如何计算挖一般土方清单工程量了吗？			
7	你能计算挖沟槽土方清单工程量吗？			
8	你知道如何计算基坑清单工程量吗？			
9	通过几天来的工作和学习，你对自己的表现是否满意？			
10	你对小组成员之间的合作是否满意？			
11	你认为本情境还应学习哪些方面的内容？（请在下面空白处填写）			

你的意见对改进教学非常重要，请写出你的建议和意见．

被调查人签名		调查时间	

任务 2 道路工程清单工程量计算

任务单

<table>
<tr><td>课程</td><td colspan="6">市政工程预算</td></tr>
<tr><td>学习情境三</td><td colspan="4">清单工程量解析</td><td>学时</td><td>20</td></tr>
<tr><td>任务 2</td><td colspan="4">道路工程清单工程量计算</td><td>学时</td><td>4</td></tr>
<tr><td colspan="7">布置任务</td></tr>
<tr><td>任务目标</td><td colspan="6">(1)掌握道路工程项目清单计算规则;
(2)掌握道路工程清单工程量计算的方法;
(3)学会计算道路工程的清单工程量;
(4)能够在完成任务过程中锻炼职业素养,做到工作程序严谨认真对待,完成任务能够吃苦耐劳主动承担,能够主动帮助小组落后的其他成员,有团队意识,诚实守信、不瞒骗,培养保证质量等建设优质工程的爱国情怀</td></tr>
<tr><td>任务描述</td><td colspan="6">计算某道路工程相关的清单工程量。具体任务如下:
(1)根据任务要求,收集路基处理、道路基层、道路面层、人行道及其他、交通管理设施的清单工程量计算规则;
(2)确定路基处理、道路基层、道路面层、人行道及其他、交通管理设施的清单工程量计算方法;
(3)计算路基处理、道路基层、道路面层、人行道及其他、交通管理设施的清单工程量</td></tr>
<tr><td rowspan="2">学时安排</td><td>资讯</td><td>计划</td><td>决策</td><td>实施</td><td>检查</td><td>评价</td></tr>
<tr><td>1 学时</td><td>0.5 学时</td><td>0.5 学时</td><td>1 学时</td><td>0.5 学时</td><td>0.5 学时</td></tr>
<tr><td>对学生学习及成果的要求</td><td colspan="6">(1)每名同学均能按照资讯思维导图自主学习,并完成知识模块中的自测训练;
(2)严格遵守课堂纪律,学习态度认真、端正,能够正确评价自己和同学在本任务中的素质表现,积极参与小组工作任务讨论,严禁抄袭;
(3)具备工程造价的基础知识;具备道路工程的构造、结构、施工知识;
(4)具备识图的能力;具备计算机知识和计算机操作能力;
(5)小组讨论道路工程工程量计算的方案,能够确定道路工程工程量的计算规则,掌握道路工程清单工程量的计算方法,能够正确计算道路工程的清单工程量;
(6)具备一定的实践动手能力、自学能力、数据计算能力、沟通协调能力、语言表达能力和团队意识;
(7)严格遵守课堂纪律,不迟到、不早退;学习态度认真、端正;每位同学必须积极动手并参与小组讨论;
(8)讲解道路工程清单工程量的计算过程,接受教师与学生的点评,同时参与小组自评与互评</td></tr>
</table>

学习情境三　清单工程量解析

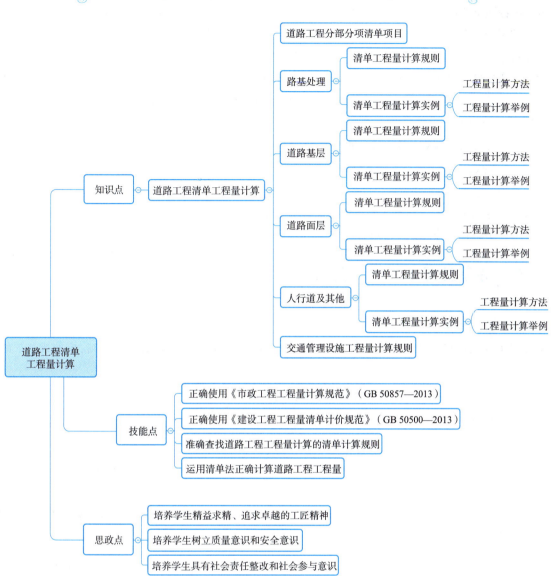

《市政工程工程量计算规范》(GB 50857—2013)附录 B 道路工程中,设置了 5 个小节 80 个清单项目,5 个小节分别为:路基处理、道路基层、道路面层、人行道及其他、交通管理设施。

1. 路基处理

本节主要按照路基处理方式的不同,设置了 23 个清单项目:预压地基、强夯地基、振冲密实(不填料)、掺石灰、掺干土、掺石、抛石挤淤、袋装砂井、塑料排水板、振冲桩(填料)、砂石桩、水泥粉煤灰碎石桩、深层水泥搅拌桩、粉喷桩、高压水泥旋喷桩、石灰桩、灰土(土)挤密桩、柱锤冲扩桩、地基注浆、褥垫层、土工合成材料、排(截)水沟、盲沟。

2. 道路基层

本节主要按照基层材料的不同,设置了 16 个清单项目:路床(槽)整形、石灰稳定土、水泥稳定土、石灰粉煤灰土、石灰碎石土、石灰粉煤灰碎(砾)石、粉煤灰、矿渣、砂砾石、卵石、碎石、块石、山皮石、粉煤灰三渣、水泥稳定碎(砾)石、沥青稳定碎石。

3. 道路面层

本节主要按照道路面层材料的不同,设置了9个清单项目:沥青表面处理、沥青贯入式、透层粘层、封层、黑色碎石、沥青混凝土、水泥混凝土、块料面层、弹性面层。

4. 人行道及其他

本节主要按照道路附属构筑物的不同,设置了8个清单项目:人行道整形碾压、人行道块料铺设、现浇混凝土人行道及进口坡、安砌侧(平、缘)石、现浇侧(平、缘)石、检查井升降、树池砌筑、预制电缆沟铺设。

5. 交通管理设施

本节按不同的交通管理设施设置了24个清单项目。

6. 其他

除上述分部分项清单项目以外,道路工程通常还包括《市政工程工程量计算规范》(GB 50857—2013)附录 A 土石方工程、J 钢筋工程中的有关分部分项清单项目。如果是改建道路工程,还包括附录 K 拆除工程中的有关分部分项清单项目。

微 课

道路工程项目划分

知识模块1:路基处理工程量计算

一、路基处理工程量清单计算规则

路基处理工程量清单项目设置、项目特征描述的内容、计量单位及工程量计算规则,应按表3-7的规定执行。

表3-7 路基处理(编码:040201)

项目编码	项目名称	项目特征	计量单位	工程量计算规则	工作内容
040201001	预压地基	1. 排水竖井种类、断面尺寸、排列方式、间距、深度 2. 预压方法 3. 预压荷载、时间 4. 砂垫层厚度	m²	按设计图示尺寸以加固面积计算	1. 设置排水竖井、盲沟、滤水管 2. 铺设砂垫层、密封膜 3. 堆载、卸载或抽气设备安拆、抽真空 4. 材料运输
040201002	强夯地基	1. 夯击能量 2. 夯击遍数 3. 地耐力要求 4. 夯填材料种类	m²	按设计图示尺寸以加固面积计算	1. 铺设夯填材料 2. 强夯 3. 夯填材料运输
040201003	振冲密实(不填料)	1. 地层情况 2. 振密深度 3. 孔距 4. 振冲器功率			1. 振冲加密 2. 泥浆运输
040201004	掺石灰	含灰量			1. 掺石灰 2. 夯实
040201005	掺干土	1. 密实度 2. 掺土率	m³	按设计图示尺寸以体积计算	1. 掺干土 2. 夯实
040201006	掺石	1. 材料品种、规格 2. 掺石率			1. 掺石 2. 夯实
040201007	抛石挤淤	材料品种、规格			1. 抛石挤淤 2. 填塞垫平、压实

续上表

项目编码	项目名称	项目特征	计量单位	工程量计算规则	工作内容
040201008	袋装砂井	1. 直径 2. 填充料品种 3. 深度	m	按设计图示尺寸以长度计算	1. 制作砂袋 2. 定位沉管 3. 下砂袋 4. 拔管
040201009	塑料排水板	材料品种、规格			1. 安装排水板 2. 沉管插板 3. 拔管
040201010	振冲桩（填料）	1. 地层情况 2. 空桩长度、桩长 3. 桩径 4. 填充材料种类	1. m 2. m^3	1. 以 m 计量，按设计图示尺寸以桩长计算 2. 以 m^3 计量，按设计桩截面乘以桩长以体积计算	1. 振冲成孔、填料、振实 2. 材料运输 3. 泥浆运输
040201011	砂石桩	1. 地层情况 2. 空桩长度、桩长 3. 桩径 4. 成孔方法 5. 材料种类、级配		1. 以 m 计量，按设计图示尺寸以桩长（包括桩尖）计算 2. 以 m^3 计量，按设计桩截面乘以桩长（包括桩尖）以体积计算	1. 成孔 2. 填充、振实 3. 材料运输
040201012	水泥粉煤灰碎石桩	1. 地层情况 2. 空桩长度、桩长 3. 桩径 4. 成孔方法 5. 混合料强度等级	m	按设计图示尺寸以桩长（包括桩尖）计算	1. 成孔 2. 混合料制作、灌注、养护 3. 材料运输
040201013	深层水泥搅拌桩	1. 地层情况 2. 空桩长度、桩长 3. 桩截面尺寸 4. 水泥强度等级、掺量		按设计图示尺寸以桩长计算	1. 预搅下钻、水泥浆制作、喷浆搅拌提升成桩 2. 材料运输
040201014	粉喷桩	1. 地层情况 2. 空桩长度、桩长 3. 桩径 4. 粉体种类、掺量 5. 水泥强度等级、石灰粉要求			1. 预搅下钻、喷粉搅拌提升成桩 2. 材料运输
040201015	高压水泥旋喷桩	1. 地层情况 2. 空桩长度、桩长 3. 桩截面 4. 旋喷类型、方法 5. 水泥强度等级、掺量			1. 成孔 2. 水泥浆制作、高压旋喷注浆 3. 材料运输
040201016	石灰桩	1. 地层情况 2. 空桩长度、桩长 3. 桩径 4. 成孔方法 5. 掺和料种类、配合比		按设计图示尺寸以桩长（包括桩尖）计算	1. 成孔 2. 混合料制作、运输、夯填
040201017	灰土（土）挤密桩	1. 地层情况 2. 空桩长度、桩长 3. 桩径 4. 成孔方法 5. 灰土级配			1. 成孔 2. 灰土拌和、运输、填充、夯实
040201018	柱锤冲扩桩	1. 地层情况 2. 空桩长度、桩长 3. 桩径 4. 成孔方法 5. 桩体材料种类、配合比		按设计图示尺寸以桩长计算	1. 安拔套管 2. 冲孔、填料、夯实 3. 桩体材料制作、运输

续上表

项目编码	项目名称	项目特征	计量单位	工程量计算规则	工作内容
040201019	地基注浆	1. 地层情况 2. 成孔深度、间距 3. 浆液种类及配合比 4. 注浆方法 5. 水泥强度等级、用量	1. m 2. m^3	1. 以 m 计量,按设计图示尺寸以深度计算 2. 以 m^3 计量,按设计图示尺寸以加固体积计算	1. 成孔 2. 注浆导管制作、安装 3. 浆液制作、压浆 4. 材料运输
040201020	褥垫层	1. 厚度 2. 材料品种、规格及比例	1. m^2 2. m^3	1. 以 m^2 计量,按设计图示尺寸以铺设面积计算 2. 以 m^3 计量,按设计图示尺寸以铺设体积计算	1. 材料拌和、运输 2. 铺设 3. 压实
040201021	土工合成材料	1. 材料品种、规格 2. 搭接方式	m^2	按设计图示尺寸以面积计算	1. 基层整平 2. 铺设 3. 固定
040201022	排(截)水沟	1. 断面尺寸 2. 基础、垫层:材料品种、厚度 3. 砌体材料 4. 砂浆强度等级 5. 伸缩缝填塞 6. 盖板材质、规格	m	按设计图示以长度计算	1. 模板制作、安装、拆除 2. 基础、垫层铺筑 3. 混凝土拌和、运输、浇筑 4. 侧墙浇捣或砌筑 5. 勾缝、抹面 6. 盖板安装
040201023	盲沟	1. 材料品种、规格 2. 断面尺寸			铺筑

注:①地层情况按表 3-1-1 和表 3-2-1 的规定,并根据岩土工程勘察报告按单位工程各地层所占比例(包括范围值)进行描述。对无法准确描述的地层情况,可注明由投标人根据岩土工程勘察报告自行决定报价。
②项目特征中的桩长应包括桩尖,空桩长度=孔深-桩长,孔深为自然地面至设计桩底的深度。
③如采用碎石、粉煤灰、砂等作为路基处理的填材料时。应按《市政工程工程量计算规范》(GB 50857—2013)附录 A 土石方工程中"回填方"项目编码列项。
④排(截)水沟清单项目中,当侧墙为混凝土时,还应描述侧墙的混凝土强度等级。

二、路基处理清单工程量计算实例

1. 路基处理工程量计算方法

1)预压地基、强夯地基、振冲密实(不填料)清单工程量

$$S = a \times b$$

式中 S——基层工程量,m^2;

a——路基加固长度,m;

b——路基加固宽度,m。

2)掺石灰、掺干土、掺石、抛石挤淤清单工程量

$$工程量 = 图示体积 \quad (m^3)$$

3)袋装砂井、塑料排水板清单工程量

$$工程量 = 图示长度 \quad (m)$$

4)振冲桩(填料)清单工程量

$$工程量 = 图示长度 \quad (m)$$

或 $$工程量 = 图示体积 \quad (m^3)$$

5)砂石桩清单工程量

$$工程量 = 桩长(包括桩尖) \quad (m)$$

或 $$工程量 = 桩截面 \times 桩长(包括桩尖) \quad (m^3)$$

6)水泥粉煤灰碎石桩、石灰桩、灰土(土)挤密桩清单工程量

$$工程量 = 桩长(包括桩尖) \quad (m)$$

7)深层水泥搅拌桩、粉喷桩、高压水泥旋喷桩、柱锤冲扩桩清单工程量

$$工程量 = 桩长 \quad (m)$$

8)地基注浆清单工程量

$$工程量 = 图示深度 \quad (m)$$

或 $\quad$ 工程量 = 图示加固面积 × 加固厚度 $\quad (m^3)$

9)褥垫层、土工合成材料清单工程量

(1)褥垫层：

$$工程量 = 图示铺设长度 × 图示铺设宽度 \quad (m^2)$$

或 $\quad$ 工程量 = 图示铺设长度 × 图示铺设宽度 × 厚度 $\quad (m^3)$

(2)土工合成材料：

$$工程量 = 图示长度 × 图示宽度 \quad (m^2)$$

10)排水沟、截水沟、盲沟清单工程量

$$工程量 = 图示长度 \quad (m)$$

2. 路基处理工程量计算举例

【例3-5】某道路 K0+300~K0+800 标段，路面宽度为 18 m。为保证路基的稳定性，需要对该段比较疏松的路基进行处理，通过强夯土方使土基密实(密实度大于85%)，以达到规定的压实度。两侧路肩各宽 1.2 m，计算强夯地基的工程量。

【解】清单工程量为 $(800-300) × (18+1.2×2) = 500 × 20.4 = 10\ 200.00(m^2)$

【例3-6】某道路 K0+225~K0+465 标段，设置深层水泥搅拌桩，如图 3-8 所示，该路段路面为水泥混凝土结构，宽度为 18 m，路肩宽度为 1.2 m。填土高度为 3 m。深层水泥搅拌桩前后桩间距为 5 m，桩径为 0.8 m，桩长为 2 m。计算深层水泥搅拌桩工程量。

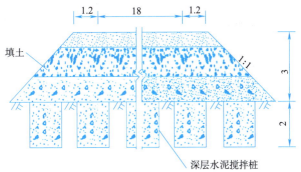

图 3-8 深层水泥搅拌桩道路横断面示意图(单位:m)

【解】清单工程量为 $[(465-225) ÷ (5+0.8) + 1] × [(18+1.2×2) ÷ 5.8 + 1] × 2$
$= 43 × 5 × 2 = 430(m)$

【例3-7】某道路全长为 2 580 m，路面宽度为 22 m，路肩各为 1 m，路基加宽值为 30 cm，其中路堤断面图、喷粉桩如图 3-9 所示，试计算喷粉桩的工程量。

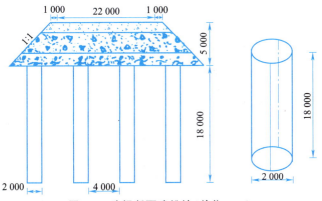

图 3-9 路堤断面喷粉桩(单位:mm)

【解】 清单工程量为 $[2580 \div (4+2) + 1] \times [(22 + 1 \times 2) \div 6 + 1] \times 18$
$= 431 \times 5 \times 18 = 38790 (m)$

忆一忆：
强夯地基的清单工程量计算规则是什么？

知识模块 2：道路基层工程量计算

一、道路基层清单工程量计算规则

道路基层工程量清单项目设置、项目特征描述的内容、计量单位及工程量计算规则，应按表 3-8 的规定执行。

表 3-8 道路基层（编码：040202）

项目编码	项目名称	项目特征	计量单位	工程量计算规则	工作内容
040202001	路床（槽）整形	1. 部位 2. 范围	m²	按设计道路底基层图示尺寸以面积计算，不扣除各类井所占面积	1. 放样 2. 整修路拱 3. 碾压成型
040202002	石灰稳定土	1. 含灰量 2. 厚度		按设计图示尺寸以面积计算，不扣除各类井所占面积	1. 拌和 2. 运输 3. 铺筑 4. 找平 5. 碾压 6. 养护
040202003	水泥稳定土	1. 水泥含量 2. 厚度			
040202004	石灰、粉煤灰、土	1. 配合比 2. 厚度			
040202005	石灰、碎石、土	1. 配合比 2. 碎石规格 3. 厚度			
040202006	石灰、粉煤灰、碎（砾）石	1. 配合比 2. 碎（砾）石规格 3. 厚度			
040202007	粉煤灰	厚度			
040202008	矿渣				
040202009	砂砾石	1. 石料规格 2. 厚度			
040202010	卵石				
040202011	碎石				
040202012	块石				
040202013	山皮石				
040202014	粉煤灰三渣	1. 配合比 2. 厚度			
040202015	水泥稳定碎（砾）石	1. 水泥含量 2. 石料规格 3. 厚度			
040202016	沥青稳定碎石	1. 沥青品种 2. 石料规格 3. 厚度			

注：1. 道路工程厚度应以压实后为准。
　　2. 道路基层设计截面如为梯形时，应按其截面平均宽度计算面积，并在项目特征中对截面参数加以描述。

二、道路基层清单工程量计算实例

1. 道路基层工程量计算方法

路床(槽)整形、不同材料的道路基层清单工程量

$$S = a \times b$$

式中　S——道路基层工程量,不扣除各类井所占面积,m^2;

　　　a——路基长度,m;

　　　b——路基宽度,m。

特别提示:道路基层设计截面为梯形时,应按其截面平均宽度计算面积,并在项目特征中对截面参数加以描述。

2. 道路基层工程量计算举例

【例3-8】图3-10所示为某一级道路沥青混凝土结构,标段标记为K1+100~K1+1 000,路面宽度为20 m,路肩宽度为1 m,路基两侧各加宽50 cm,其中K1+550~K1+650之间为过湿土基,用石灰砂桩进行处理,按矩形布置,桩间距为90 cm。石灰桩示意图如图3-11所示,试计算道路路基处理和道路基层工程量。

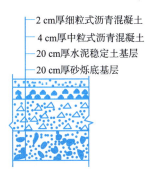
图3-10　道路结构图

图3-11　石灰桩示意图(单位:cm)

【解】清单工程量为

砂砾底基层面积 = 20 × 900 = 18 000(m²)

水泥稳定土基层面积 = 20 × 900 = 18 000(m²)

石灰桩工程量 = [(20 + 1 × 2) ÷ (0.9 + 0.5) + 1] × [100 ÷ (0.9 + 0.5) + 1] × 2

　　　　　　= 18 × 73 × 2 = 2 628(m)

思一思:

路床整形项目清单工程量计算规则与定额工程量计算规则相同吗?

知识模块3:道路面层工程量计算

一、道路面层清单工程量计算规则

道路面层工程量清单项目设置、项目特征描述的内容、计量单位及工程量计算规则,应按表3-9的规定执行。

表 3-9 道路面层(编码:040203)

项目编码	项目名称	项目特征	计量单位	工程量计算规则	工作内容
040203001	沥青表面处治	1. 沥青品种 2. 层数	m²	按设计图示尺寸以面积计算,不扣除各种井所占面积,带平石的面层应扣除平石所占面积	1. 喷油、布料 2. 碾压
040203002	沥青贯入式	1. 沥青品种 2. 石料规格 3. 厚度			1. 摊铺碎石 2. 喷油、布料 3. 碾压
040203003	透层、粘层	1. 材料品种 2. 喷油量			1. 清理下承面 2. 喷油、布料
040203004	封层	1. 材料品种 2. 喷油量 3. 厚度			1. 清理下承面 2. 喷油、布料 3. 压实
040203005	黑色碎石	1. 材料品种 2. 石料规格 3. 厚度			1. 清理下承面 2. 拌和、运输 3. 摊铺、整形 4. 压实
040203006	沥青混凝土	1. 沥青品种 2. 沥青混凝土种类 3. 石料粒径 4. 掺和料 5. 厚度			
040203007	水泥混凝土	1. 混凝土强度等级 2. 掺和料 3. 厚度 4. 嵌缝材料			1. 模板制作、安装、拆除 2. 混凝土拌和、运输、浇筑 3. 拉毛 4. 压痕或刻防滑槽 5. 伸缝 6. 缩缝 7. 锯缝、嵌缝 8. 路面养护
040203008	块料面层	1. 块料品种、规格 2. 垫层:材料品种、厚度、强度等级			1. 铺筑垫层 2. 铺砌块料 3. 嵌缝、勾缝
040203009	弹性面层	1. 材料品种 2. 厚度			1. 配料 2. 铺贴

注:水泥混凝土路面中传力杆和拉杆的制作、安装应按附录 J 钢筋工程中相关项目编码列项。

二、道路面层清单工程量计算实例

1. 道路面层工程量计算方法

不同材料的道路面层清单工程量:

$$S = a \times b$$

式中 S——道路面层工程量,m²;
a——面层长度,m;
b——面层宽度,m。

注:按设计图示尺寸以面积计算,不扣除各种井所占面积,带平石的面层应扣除平石所占面积。

2. 道路面层工程量计算举例

【例 3-9】某道路工程采用水泥混凝土路面,现施工 K0+000~K0+200 段,道路平面图、横断面图如图 3-12 所示,试计算其面层清单工程量。

【解】面层宽度 = 14(m)

面层长度 = 200(m)

清单工程量 = 14 × 200 = 2 800(m²)

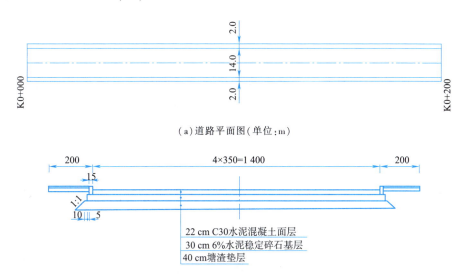

(a)道路平面图(单位:m)

22 cm C30水泥混凝土面层
30 cm 6%水泥稳定碎石基层
40 cm塘渣垫层

(b)道路横断面图(单位:cm)

图3-12　水泥混凝土道路平面、横断面图

【例3-10】某道路工程采用沥青混凝土路面,现施工 K0+000～K0+200 段,道路平面图、横断面图如图3-13 所示,试计算其面层清单工程量。

【解】面层宽度 = 14 − 0.5 × 2 = 13(m)

面层长度 = 200(m)

清单工程量 = 13 × 200 = 2 600(m²)

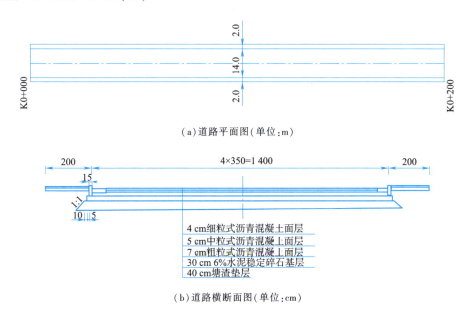

(a)道路平面图(单位:m)

4 cm细粒式沥青混凝土面层
5 cm中粒式沥青混凝土面层
7 cm粗粒式沥青混凝土面层
30 cm 6%水泥稳定碎石基层
40 cm塘渣垫层

(b)道路横断面图(单位:cm)

图3-13　沥青混凝土道路平面、横断面图

查一查:
　　水泥混凝土路面中的传力杆、拉杆及角隅加强钢筋的制作、安装包括在"水泥混凝土道路面层"清单项目中吗?

知识模块4：人行道及其他清单工程量计算

一、人行道及其他清单工程量计算规则

人行道及其他工程量清单项目设置、项目特征描述的内容、计量单位及工程量计算规则，应按表3-10的规定执行。

表3-10　人行道及其他（编码：040204）

项目编码	项目名称	项目特征	计量单位	工程量计算规则	工作内容
040204001	人行道整形碾压	1. 部位 2. 范围	m²	按设计人行道图示尺寸以面积计算，不扣除侧石、树池和各类井所占面积	1. 放样 2. 碾压
040204002	人行道块料铺设	1. 块料品种、规格 2. 基础、垫层：材料品种、厚度 3. 图形	m²	按设计图示尺寸以面积计算，不扣除各类井所占面积，但应扣除侧石、树池所占面积	1. 基础、垫层铺筑 2. 块料铺设
040204003	现浇混凝土人行道及进口坡	1. 混凝土强度等级 2. 厚度 3. 基础、垫层：材料品种、厚度			1. 模板制作、安装、拆除 2. 基础、垫层铺筑 3. 混凝土拌和、运输、浇筑
040204004	安砌侧（平、缘）石	1. 材料品种、规格 2. 基础、垫层：材料品种、厚度	m	按设计图示中心线长度计算	1. 开槽 2. 基础、垫层铺筑 3. 侧（平、缘）石安砌
040204005	现浇侧（平、缘）石	1. 材料品种 2. 尺寸 3. 形状 4. 混凝土强度等级 5. 基础、垫层：材料品种、厚度			1. 模板制作、安装、拆除 2. 开槽 3. 基础、垫层铺筑 4. 混凝土拌和、运输、浇筑
040204006	检查井升降	1. 材料品种 2. 检查井规格 3. 平均升（降）高度	座	按设计图示路面标高与原有的检查井发生正负高差的检查井的数量计算	1. 提升 2. 降低
040204007	树池砌筑	1. 材料品种、规格 2. 树池尺寸 3. 树池盖面材料品种	个	按设计图示数量计算	1. 基础、垫层铺筑 2. 树池砌筑 3. 盖面材料运输、安装
040204008	预制电缆沟铺设	1. 材料品种 2. 规格尺寸 3. 基础、垫层：材料品种、厚度 4. 盖板品种、规格	m	按设计图示中心线长度计算	1. 基础、垫层铺筑 2. 预制电缆沟安装 3. 盖板安装

微　课

人行道及其他清单工程量计算

二、人行道及其他清单工程量计算实例

1. 人行道及其他工程量计算方法

1）人行道整形碾压清单工程量

工程量＝人行道图示尺寸以面积计算　（m²）

不扣除侧石、树池和各类井所占面积。

2）人行道块料铺设、现浇混凝土人行道及进口坡清单工程量

工程量＝按设计图示尺寸以面积计算　（m²）

不扣除各类井所占面积，但应扣除侧石、树池所占面积。

3）安砌侧（平、缘）石；现浇侧（平、缘）石清单工程量

工程量＝按设计图示中心线长度计算　（m）

4）树池砌筑清单工程量

$$工程量 = 按设计图示数量计算$$

2. 人行道及其他工程量计算举例

【例 3-11】某道路工程长 360 m，车行道宽 15 m，两侧人行道宽 3 m，结构如图 3-14 所示，路牙宽 12.5 cm，全线雨、污水井 20 座，计算道路各层清单工程量。

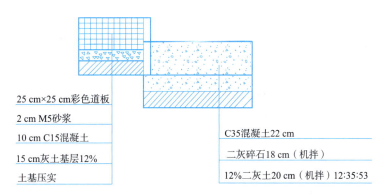

图 3-14 道路结构图

【解】计算结果见表 3-11。

表 3-11 道路各层清单工程量

序号	清单编码	项目名称	项目特征	计量单位	工程量
1	040202004001	石灰、粉煤灰、土基层	1. 配合比:12:35:53 2. 厚度:20 cm	m^2	$S = (15 + 0.125 \times 2) \times 360 = 5\ 490$
	2-148	石灰、粉煤灰、土 人工拌和		100 m^2	$S = (15 + 0.125 \times 2) \times 360$ $= 5\ 490\ m^2/100 = 54.9$
2	040202006001	石灰、粉煤灰、碎石基层	1. 碎石规格:二灰碎石(机制) 2. 厚度:18 cm	m^2	$S = (15 + 0.125 \times 2) \times 360 = 5\ 490$
	2-156-157×2	石灰、粉煤灰、碎石		100 m^2	$S = (15 + 0.125 \times 2) \times 360$ $= 5\ 490\ m^2/100 = 54.9$
3	040203007001	水泥混凝土路面	1. 强度等级:C35 2. 厚度:22 cm	m^2	$S = 15 \times 360 = 5\ 400$
	2-262	水泥混凝土路面 预拌		100 m^2	$S = 15 \times 360 = 5\ 400\ m^2/100 = 54$
4	040204002001	人行道块料铺设	1. 块料品种、规格:25 cm×25 cm;2 cm M5 砂浆 2. 基础、垫层,材料品种、厚度:10 cm C15 混凝土;12% 灰土基层 15 cm	m^2	$S = 3 \times 2 \times 360 = 2\ 160$
	2-298	混凝土彩色步砖(水泥砂浆)		100 m^2	$S = 3 \times 2 \times 360 = 2\ 160\ m^2/100 = 21.6$
	2-311	混凝土垫层 C15 混凝土		10 m^3	$V = 3 \times 2 \times 360 \times 0.1 = 216\ m^2/10 = 21.6$
	2-292	石灰土垫层		100 m^2	$S = 3 \times 2 \times 360 = 2\ 160\ m^2/100 = 21.6$
5	040204001001	人行道整形碾压	1. 部位: 2. 范围:	m^2	$S = 3 \times 2 \times 360 = 2\ 160$
	2-283	人行道整形碾压		100 m^2	$S = 3 \times 2 \times 360 = 2\ 160\ m^2/100 = 21.6$
6	040204004001	路缘石侧砌	材料品种、规格: 石材 12.5 cm×35 cm×80 cm	m	$L = 360 \times 2 = 720$
	2-336	路缘石安砌		100 m	$L = 360 \times 2 = 720\ m/100 = 7.2$

忆一忆：

人行道整形碾压项目清单工程量计算规则与定额工程量计算规则相同吗？如不同，有哪些差别？

知识模块5：交通管理设施工程量计算规则

交通管理设施工程量清单项目设置、项目特征描述的内容、计量单位及工程量计算规则，应按表3-12的规定执行。

表3-12 交通管理设施（编码：040205）

项目编码	项目名称	项目特征	计量单位	工程量计算规则	工作内容
040205001	人（手）孔井	1. 材料品种 2. 规格尺寸 3. 盖板材质、规格 4. 基础、垫层：材料品种、厚度	座	按设计图示数量计算	1. 基础、垫层铺筑 2. 井身砌筑 3. 勾缝（抹面） 4. 井盖安装
040205002	电缆保护管	1. 材料品种 2. 规格	m	按设计图示以长度计算	敷设
040205003	标杆	1. 类型 2. 材质 3. 规格尺寸 4. 基础、垫层：材料品种、厚度 5. 油漆品种	根	按设计图示数量计算	1. 基础、垫层铺筑 2. 制作 3. 喷漆或镀锌 4. 底盘、拉盘、卡盘及杆件安装
040205004	标志板	1. 类型 2. 材质、规格尺寸 3. 板面反光膜等级	块	按设计图示数量计算	制作、安装
040205005	视线诱导器	1. 类型 2. 材料品种	只		安装
040205006	标线	1. 材料品种 2. 工艺 3. 线型	1. m 2. m²	1. 以m计量，按设计图示以长度计算 2. 以m²计量，按设计图示尺寸以面积计算	1. 清扫 2. 放样 3. 画线 4. 护线
040205007	标记	1. 材料品种 2. 类型 3. 规格尺寸	1. 个 2. m²	1. 以个计量，按设计图示数量计算 2. 以m²计量，按设计图示尺寸以面积计算	
040205008	横道线	1. 材料品种 2. 形式	m²	按设计图示尺寸以面积计算	
040205009	清除标线	清除方法			清除
040205010	环形检测线圈	1. 类型 2. 规格、型号	个	按设计图示数量计算	1. 安装 2. 调试
040205011	值警亭	1. 类型 2. 规格 3. 基础、垫层：材料品种、厚度	座	按设计图示数量计算	1. 基础、垫层铺筑 2. 安装

续上表

项目编码	项目名称	项目特征	计量单位	工程量计算规则	工作内容
040205012	隔离护栏	1. 类型 2. 规格、型号 3. 材料品种 4. 基础、垫层：材料品种、厚度	m	按设计图示以长度计算	1. 基础、垫层铺筑 2. 制作、安装
040205013	架空走线	1. 类型 2. 规格、型号			架线
040205014	信号灯	1. 类型 2. 灯架材质、规格 3. 基础、垫层：材料品种、厚度 4. 信号灯规格、型号、组数	套	按设计图示数量计算	1. 基础、垫层铺筑 2. 灯架制作、镀锌、喷漆 3. 底盘、拉盘、卡盘及杆件安装 4. 信号灯安装、调试
040205015	设备控制机箱	1. 类型 2. 材质、规格尺寸 3. 基础、垫层：材料品种、厚度 4. 配置要求	台		1. 基础、垫层铺筑 2. 安装 3. 调试
040205016	管内配线	1. 类型 2. 材质 3. 规格、型号	m	按设计图示以长度计算	配线
040205017	防撞筒（墩）	1. 材料品种 2. 规格、型号	个	按设计图示数量计算	制作、安装
040205018	警示柱	1. 类型 2. 材料品种 3. 规格、型号	根		
040205019	减速垄	1. 材料品种 2. 规格、型号	m	按设计图示以长度计算	
040205020	监控摄像机	1. 类型 2. 规格、型号 3. 支架形式 4. 防护罩要求	台		1. 安装 2. 调试
040205021	数码照相机	1. 规格、型号 2. 立杆材质、形式 3. 基础、垫层：材料品种、厚度		按设计图示数量计算	
040205022	道闸机	1. 类型 2. 规格、型号 3. 基础、垫层：材料品种、厚度	套		1. 基础、垫层铺筑 2. 安装 3. 调试
040205023	可变信息情报板	1. 类型 2. 规格、型号 3. 立（横）杆材质、形式 4. 配置要求 5. 基础、垫层：材料品种、厚度			
040205024	交通智能系统调试	系统类别	系统		系统调试

注：①本节清单项目如发生破除混凝土路面、土石方开挖、回填夯实等，应分别按附录K拆除工程及附录A土石方工程中相关项目编码列项。
②除清单项目特殊注明外，各类垫层应按本规范附录中相关项目编码列项。
③立电杆按附录H路灯工程中相关项目编码列项。
④值警亭按半成品现场安装考虑，实际采用砖砌等形式的，按现行国家标准《房屋建筑与装饰工程工程量计算规范》（GB 50854—2013）中相关项目编码列项。
⑤与标杆相连的，用于安装标志板的配件应计入标志板清单项目内。

自测训练

一、单选题

1. 《市政工程工程量计算规范》(GB 50857—2013)中规定,强夯地基按设计图示尺寸以(　　)计算。
   A. 加固面积　　　　B. 长度　　　　　　C. 桩长　　　　　　D. 体积

2. 《市政工程工程量计算规范》(GB 50857—2013)中规定,高压水泥旋喷桩按设计图示尺寸以(　　)计算。
   A. 面积　　　　　　B. 根　　　　　　　C. 体积　　　　　　D. 桩长

3. 《市政工程工程量计算规范》(GB 50857—2013)中规定,路床(槽)整形按设计道路底基层图示尺寸以(　　)计算,不扣除各类井所占面积。
   A. 座　　　　　　　B. 体积　　　　　　C. 千克　　　　　　D. 面积

4. 《市政工程工程量计算规范》(GB 50857—2013)中规定,沥青表面处治按设计图示尺寸以(　　)计算,不扣除各种井所占面积,带平石的面层应扣除平石所占面积。
   A. 座　　　　　　　B. 体积　　　　　　C. 千克　　　　　　D. 面积

5. 《市政工程工程量计算规范》(GB 50857—2013)中规定,安砌侧(平、缘)石按设计图示(　　)计算。
   A. 块数　　　　　　B. 体积　　　　　　C. 面积　　　　　　D. 中心线长度

二、多选题

1. 《市政工程工程量计算规范》(GB 50857—2013)中规定,强夯地基的项目特征包括(　　)。
   A. 夯击能量　　　　B. 夯击遍数　　　　C. 地耐力要求　　　D. 预压荷载、时间
   E. 夯填材料种类

2. 《市政工程工程量计算规范》(GB 50857—2013)中规定,地基注浆工作内容包括(　　)。
   A. 成孔　　　　　　B. 注浆导管制作、安装　　C. 管道检验及试验　　D. 浆液制作、压浆
   E. 材料运输

三、判断题

1. 《市政工程工程量计算规范》(GB 50857—2013)中规定,石灰桩按设计图示尺寸以桩长(包括桩尖)计算。(　　)
2. 《市政工程工程量计算规范》(GB 50857—2013)中规定,电缆保护管按设计图示以长度计算。(　　)
3. 《市政工程工程量计算规范》(GB 50857—2013)中规定,标线可以以米计量,也可以以平方米计量。(　　)
4. 《市政工程工程量计算规范》(GB 50857—2013)中规定,道路工程厚度应以压实前为准。(　　)
5. 《市政工程工程量计算规范》(GB 50857—2013)中规定,值警亭按半成品现场安装考虑。(　　)
6. 《市政工程工程量计算规范》(GB 50857—2013)中规定,信号灯按设计图示数量以"套"计算。(　　)
7. 《市政工程工程量计算规范》(GB 50857—2013)中规定,检查井升降按设计图示路面标高与原有的检查井发生正负高差的检查井的数量计算。(　　)
8. 《市政工程工程量计算规范》(GB 50857—2013)中规定,沥青混凝土的项目特征不包括沥青混凝土种类。(　　)
9. 《市政工程工程量计算规范》(GB 50857—2013)中规定,振冲密实(不填料)工作内容包括振冲加密和泥浆运输。(　　)
10. 《市政工程工程量计算规范》(GB 50857—2013)中规定,排水沟按设计图示以长度计算。(　　)

四、简答题

1. 简述砂石桩的工程量计算规则。
2. 简述水泥混凝土面层的工程量计算规则。
3. 简述隔离护栏的工程量计算规则。
4. 简述粉煤灰三渣的工程量计算规则。

任务2 计划单

课程	市政工程预算		
学习情境三	清单工程量解析	学时	20
任务2	道路工程清单工程量计算	学时	4
计划方式	小组讨论、团结协作共同制订计划		
序 号	实 施 步 骤	使用资源	
1			
2			
3			
4			
5			
6			
7			
8			
9			
制订计划说明			
计划评价	班级： 第 组 组长签字： 教师签字： 日 期： 评语：		

任务2 决策单

课程	市政工程预算		
学习情境三	清单工程量解析	学时	20
任务2	道路工程清单工程量计算	学时	4
方案讨论			

方案对比	组号	方案合理性	实施可操作性	安全性	综合评价
	1				
	2				
	3				
	4				
	5				
	6				
	7				
	8				
	9				
	10				

方案评价	评语：

| 班级 | | 组长签字 | | 教师签字 | | 月　日 | |

任务2 实施单

课程	市政工程预算		
学习情境三	清单工程量解析	学时	20
任务2	道路工程清单工程量计算	学时	4
实施方式	小组成员合作;动手实践		
序　号	实　施　步　骤	使用资源	
1			
2			
3			
4			
5			
6			
7			
8			
9			
10			
11			
12			
13			
14			
15			
16			

实施说明:

班　级		第　组	组长签字	
教师签字		日　期		
评　语				

任务 2　作业单

课　程	市政工程预算		
学习情境三	清单工程量解析	学时	20
任务 2	道路工程清单工程量计算	学时	4
实施方式	小组成员动手计算一个道路工程清单工程量，学生自己收集资料、计算		

班　级		第　　组	组长签字	
教师签字		日　期		
评　语				

任务2 检查单

课程	市政工程预算		
学习情境三	清单工程量解析	学时	20
任务2	道路工程清单工程量计算	学时	4
序 号	检查项目	检查标准	学生自查	教师检查
1				
2				
3				
4				
5				
6				
7				
8				
9				
10				
11				
12				
13				
14				
15				

检查评价	班 级		第 组	组长签字	
	教师签字		日 期		
	评语：				

任务2 评价单

1. 工作评价单

课程		市政工程预算			
学习情境三		清单工程量解析		学时	20
任务2		道路工程清单工程量计算		学时	4
评价类别	项目	子项目	个人评价	组内互评	教师评价
专业能力	资讯(10%)	搜集信息(5%)			
		引导问题回答(5%)			
	计划(5%)				
	实施(20%)				
	检查(10%)				
	过程(5%)				
	结果(10%)				
社会能力	团结协作(10%)				
	敬业精神(10%)				
方法能力	计划能力(10%)				
	决策能力(10%)				
评 价	班级		姓名	学号	总评
	教师签字		第 组	组长签字	日期

2. 小组成员素质评价单

课程	市政工程预算			
学习情境三	清单工程量解析		学时	20
任务2	道路工程清单工程量计算		学时	4
班级		第 组	成员姓名	
评分说明	每个小组成员评价分为自评和小组其他成员评价两部分,取平均值计算,作为该小组成员的任务评价个人分数。评价项目共设计五个,依据评分标准给予合理量化打分。小组成员自评分后,要找小组其他成员不记名方式打分,成员互评分为其他小组成员的平均分			
对 象	评 分 项 目	评 分 标 准		评 分
自评 (100分)	核心价值观(20分)	是否有违背社会主义核心价值观的思想及行动		
	工作态度(20分)	是否按时完成负责的工作内容、遵守纪律,是否积极主动参与小组工作,是否全过程参与,是否吃苦耐劳,是否具有工匠精神		
	交流沟通(20分)	是否能良好地表达自己的观点,是否能倾听他人的观点		
	团队合作(20分)	是否与小组成员合作完成,做到相互协助、相互帮助、听从指挥		
	创新意识(20分)	看问题是否能独立思考,提出独到见解,是否能够创新思维解决遇到的问题		
成员互评 (100分)	核心价值观(20分)	是否有违背社会主义核心价值观的思想及行动		
	工作态度(20分)	是否按时完成负责的工作内容、遵守纪律,是否积极主动参与小组工作,是否全过程参与,是否吃苦耐劳,是否具有工匠精神		
	交流沟通(20分)	是否能良好地表达自己的观点,是否能倾听他人的观点		
	团队合作(20分)	是否与小组成员合作完成,做到相互协助、相互帮助、听从指挥		
	创新意识(20分)	看问题是否能独立思考,提出独到见解,是否能够创新思维解决遇到的问题		
最终小组成员得分				
小组成员签字			评价时间	

任务 2　教学反馈单

课程	市政工程预算			
学习情境三	清单工程量解析	学时		20
任务 2	道路工程清单工程量计算	学时		4
序　号	调　查　内　容	是	否	理由陈述
1	你是否喜欢这种上课方式？			
2	与传统教学方式比较你认为哪种方式学到的知识更实用？			
3	针对每个学习任务你是否学会如何进行资讯？			
4	计划和决策感到困难吗？			
5	你认为学习任务对你将来的工作有帮助吗？			
6	通过本任务的学习，你学会道路工程的清单工程量计算规则了吗？			
7	你能计算道路工程的清单工程量吗？			
8	你会使用《市政工程工程量计算规范》吗？			
9	通过几天来的工作和学习，你对自己的表现是否满意？			
10	你对小组成员之间的合作是否满意？			
11	你认为本情境还应学习哪些方面的内容？（请在下面空白处填写）			

你的意见对改进教学非常重要，请写出你的建议和意见：

被调查人签名　　　　　　　　　　　　　　　　调查时间

任务3 桥涵工程清单工程量计算

课程	市政工程预算				
学习情境三	清单工程量解析			学时	20
任务3	桥涵工程清单工程量计算			学时	4
布置任务					
任务目标	(1)掌握桥涵工程项目清单计算规则； (2)掌握桥涵工程清单工程量计算的方法； (3)学会计算桥涵工程的清单工程量； (4)能够在完成任务过程中锻炼职业素养,做到工作程序严谨认真对待,完成任务能够吃苦耐劳主动承担,能够主动帮助小组落后的其他成员,有团队意识,诚实守信、不瞒骗,培养保证质量等建设优质工程的爱国情怀				
任务描述	计算某桥涵工程相关的清单工程量。具体任务如下： (1)根据任务要求,收集桩基、基坑与边坡支护、现浇混凝土构件、预制混凝土构件、砌筑、立交箱涵、钢结构、装饰及其他清单工程量计算规则； (2)确定桩基、基坑与边坡支护、现浇混凝土构件、预制混凝土构件、砌筑、立交箱涵、钢结构、装饰及其他清单工程量计算方法； (3)计算桩基、基坑与边坡支护、现浇混凝土构件、预制混凝土构件、砌筑、立交箱涵、钢结构、装饰及其他清单工程量				
学时安排	资讯	计划	决策	实施	检查	评价
	1学时	0.5学时	0.5学时	1学时	0.5学时	0.5学时
对学生学习及成果的要求	(1)每名同学均能按照资讯思维导图自主学习,并完成知识模块中的自测训练； (2)严格遵守课堂纪律,学习态度认真、端正,能够正确评价自己和同学在本任务中的素质表现,积极参与小组工作任务讨论,严禁抄袭； (3)具备工程造价的基础知识;具备桥涵工程的构造、结构、施工知识； (4)具备识图的能力;具备计算机知识和计算机操作能力； (5)小组讨论桥涵工程工程量计算的方案,能够确定桥涵工程工程量的计算规则,掌握桥涵工程清单工程量的计算方法,能够正确计算桥涵工程的清单工程量； (6)具备一定的实践动手能力、自学能力、数据计算能力、沟通协调能力、语言表达能力和团队意识； (7)严格遵守课堂纪律,不迟到、不早退;学习态度认真、端正;每位同学必须积极动手并参与小组讨论； (8)讲解桥涵工程清单工程量的计算过程,接受教师与同学的点评,同时参与小组自评与互评				

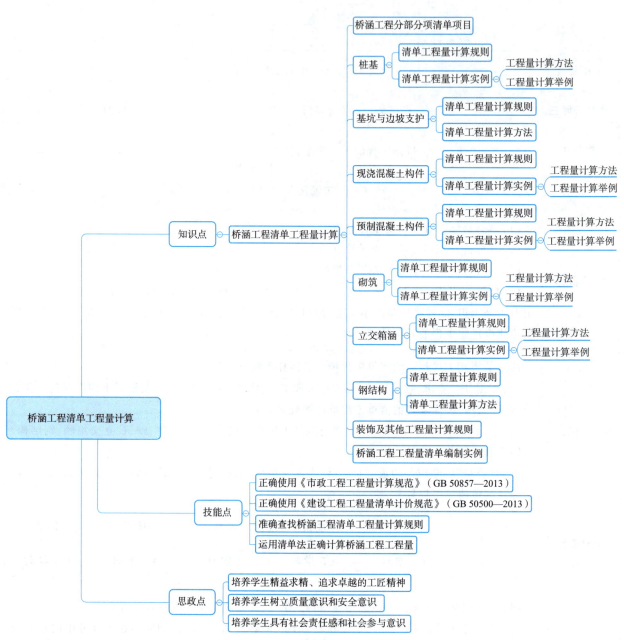

桥梁工程分部分项清单项目

《市政工程工程量计算规范》(GB 50857—2013)附录C桥涵工程中,设置了9个小节86个清单项目,9个小节分别为:桩基、基坑与边坡支护、现浇混凝土构件、预制混凝土构件、砌筑、立交箱涵、钢结构、装饰、其他。

1. 桩基

本节主要设置了12个清单项目:预制钢筋混凝土方桩、预制钢筋混凝土管桩、钢管桩、泥浆护壁成孔灌注桩、沉管灌注桩、干作业成孔灌注桩、挖孔桩土(石)方、人工挖孔灌注桩、钻孔压浆桩、灌注桩后注浆、截桩头、声测管。

2. 基坑与边坡支护

本节主要设置了8个清单项目：圆木桩、预制钢筋混凝土板桩、地下连续墙、咬合灌注桩、型钢水泥土搅拌墙、锚杆（索）、土钉、喷射混凝土。

3. 现浇混凝土构件

本节主要设置了25个清单项目：混凝土垫层、混凝土基础、混凝土承台、混凝土墩（台）帽、混凝土墩（台）身、混凝土支撑梁及横梁、混凝土墩（台）盖梁、混凝土拱桥拱座、混凝土拱桥拱肋、混凝土拱上构件、混凝土箱梁、混凝土连续板、混凝土板梁、混凝土板拱、混凝土挡墙墙身、混凝土挡墙压顶、混凝土楼梯、混凝土防撞护栏、桥面铺装、混凝土桥头搭板、混凝土搭板枕梁、混凝土桥塔身、混凝土连系梁、混凝土其他构件、钢管拱混凝土。

4. 预制混凝土构件

本节主要设置了5个清单项目：预制混凝土梁、预制混凝土柱、预制混凝土板、预制混凝土挡土墙墙身、预制混凝土其他构件。

5. 砌筑工程

本节主要设置了5个清单项目：垫层、干砌块料、浆砌块料、砖砌体、护坡。

6. 立交箱涵

本节主要设置了7个清单项目：透水管、滑板、箱涵底板、箱涵侧墙、箱涵顶板、箱涵顶进、箱涵接缝。

7. 钢结构

本节主要设置了9个清单项目：钢箱梁、钢板梁、钢桁梁、钢拱、劲性钢结构、钢结构叠合梁、其他钢构件、悬（斜拉）索、钢拉杆。

8. 装饰

本节主要设置了5个清单项目：水泥砂浆抹面、剁斧石饰面、镶贴面层、涂料、油漆。

9. 其他

本节主要设置了10个清单项目：金属栏杆、石质栏杆、混凝土栏杆、橡胶支座、钢支座、盆式支座、桥梁伸缩装置、隔声屏障、桥面排（泄）水管、防水层。

知识模块1：桩基工程量计算

一、桩基工程量清单计算规则

桩基工程量清单项目设置、项目特征描述的内容、计量单位及工程量计算规则，应按表3-13的规定执行。

表3-13 桩基（编码：040301）

项目编码	项目名称	项目特征	计量单位	工程量计算规则	工作内容
040301001	预制钢筋混凝土方桩	1. 地层情况 2. 送桩深度、桩长 3. 桩截面 4. 桩倾斜度 5. 混凝土强度等级	1. m 2. m^3 3. 根	1. 以m计量，按设计图示尺寸以桩长（包括桩尖）计算 2. 以m^3计量，按设计图示桩长（包括桩尖）乘以桩的断面积计算 3. 以根计量，按设计图示数量计算	1. 工作平台搭拆 2. 桩就位 3. 桩机移位 4. 沉桩 5. 接桩 6. 送桩
040301002	预制钢筋混凝土管桩	1. 地层情况 2. 送桩深度、桩长 3. 桩外径、壁厚 4. 桩倾斜度 5. 桩尖设置及类型 6. 混凝土强度等级 7. 填充材料种类			1. 工作平台搭拆 2. 桩就位 3. 桩机移位 4. 桩尖安装 5. 沉桩 6. 接桩 7. 送桩 8. 桩芯填充

续上表

项目编码	项目名称	项目特征	计量单位	工程量计算规则	工作内容
040301003	钢管桩	1. 地层情况 2. 送桩深度、桩长 3. 材质 4. 管径、壁厚 5. 桩倾斜度 6. 填充材料种类 7. 防护材料种类	1. t 2. 根	1. 以 t 计量,按设计图示尺寸以质量计算 2. 以根计量,按设计图示数量计算	1. 工作平台搭拆 2. 桩就位 3. 桩机移位 4. 沉桩 5. 接桩 6. 送桩 7. 切割钢管、精割盖帽 8. 管内取土、余土弃置 9. 管内填芯、刷防护材料
040301004	泥浆护壁成孔灌注桩	1. 地层情况 2. 空桩长度、桩长 3. 桩径 4. 成孔方法 5. 混凝土种类、强度等级	1. m 2. m³ 3. 根	1. 以 m 计量,按设计图示尺寸以桩长(包括桩尖)计算 2. 以 m³ 计量,按不同截面在桩长范围内以体积计算 3. 以根计量,按设计图示数量计算	1. 工作平台搭拆 2. 桩机移位 3. 护筒埋设 4. 成孔、固壁 5. 混凝土制作、运输、灌注、养护 6. 土方、废浆外运 7. 打桩场地硬化及泥浆池、泥浆沟
040301005	沉管灌注桩	1. 地层情况 2. 空桩长度、桩长 3. 复打长度 4. 桩径 5. 沉管方法 6. 桩尖类型 7. 混凝土种类、强度等级	1. m 2. m³ 3. 根	1. 以 m 计量,按设计图示尺寸以桩长(包括桩尖)计算 2. 以 m³ 计量,按设计图示桩长(包括桩尖)乘以桩的断面积计算 3. 以根计量,按设计图示数量计算	1. 工作平台搭拆 2. 桩机移位 3. 打(沉)拔钢管 4. 桩尖安装 5. 混凝土制作、运输、灌注、养护
040301006	干作业成孔灌注桩	1. 地层情况 2. 空桩长度、桩长 3. 桩径 4. 扩孔直径、高度 5. 成孔方法 6. 混凝土种类、强度等级			1. 工作平台搭拆 2. 桩机移位 3. 成孔、扩孔 4. 混凝土制作、运输、灌注、振捣、养护
040301007	挖孔桩土(石)方	1. 土(石)类别 2. 挖孔深度 3. 弃土(石)运距	m³	按设计图示尺寸(含护壁)截面积乘以挖孔深度以立方米计算	1. 排地表水 2. 挖土、凿石 3. 基底钎探 4. 土(石)方外运
040301008	人工挖孔灌注桩	1. 桩芯长度 2. 桩芯直径、扩底直径、扩底高度 3. 护壁厚度、高度 4. 护壁材料种类、强度等级 5. 桩芯混凝土种类、强度等级	1. m³ 2. 根	1. 以 m³ 计量,按桩芯混凝土体积计算 2. 以根计量,按设计图示数量计算	1. 护壁制作、安装 2. 混凝土制作、运输、灌注、振捣、养护
040301009	钻孔压浆桩	1. 地层情况 2. 桩长 3. 钻孔直径 4. 骨料品种、规格 5. 水泥强度等级	1. m 2. 根	1. 以 m 计量,按设计图示尺寸以桩长计算 2. 以根计量,按设计图示数量计算	1. 钻孔、下注浆管、投放骨料 2. 浆液制作、运输、压浆
040301010	灌注桩后注浆	1. 注浆导管材料、规格 2. 注浆导管长度 3. 单孔注浆量 4. 水泥强度等级	孔	按设计图示以注浆孔数计算	1. 注浆导管制作、安装 2. 浆液制作、运输、压浆

续上表

项目编码	项目名称	项目特征	计量单位	工程量计算规则	工作内容
040301011	截桩头	1. 桩类型 2. 桩头截面、高度 3. 混凝土强度等级 4. 有无钢筋	1. m³ 2. 根	1. 以 m³ 计量,按设计桩截面乘以桩头长度以体积计算 2. 以根计量,按设计图示数量计算	1. 截桩头 2. 凿平 3. 废料外运
040301012	声测管	1. 材质 2. 规格型号	1. t 2. m	1. 按设计图示尺寸以质量计算 2. 按设计图示尺寸以长度计算	1. 检测管截断、封头 2. 套管制作、焊接 3. 定位、固定

注:①地层情况按表 3-1-1 和表 3-2-1 的规定,并根据岩土工程勘察报告按单位工程各地层所占比例(包括范围值)进行描述。对无法准确描述的地层情况,可注明由投标人根据岩土工程勘察报告自行决定报价。

②各类混凝土预制桩以成品桩考虑,应包括成品桩购置费,如果用现场预制,应包括现场预制桩的所有费用。

③项目特征中的桩截面、混凝土强度等级、桩类型等可直接用标准图代号或设计桩型进行描述。

④打试验桩和打斜桩应按相应项目编码单独列项,并应在项目特征中注明试验桩或斜桩(斜率)。

⑤项目特征中的桩长应包括桩尖,空桩长度 = 孔深 − 桩长,孔深为自然地面至设计桩底的深度。

⑥泥浆护壁成孔灌注桩是指在泥浆护壁条件下成孔,采用水下灌注混凝土的桩。其成孔方法包括冲击钻成孔、冲抓锥成孔、回旋钻成孔、潜水钻成孔、泥浆护壁的旋挖成孔等。

⑦沉管灌注桩的沉管方法包括捶击沉管法、振动沉管法、振动冲击沉管法、内夯沉管法等。

⑧干作业成孔灌注桩是指不用泥浆护壁和套管护壁的情况下,用钻机成孔后,下钢筋笼,灌注混凝土的桩,适用于地下水位以上的土层使用。其成孔方法包括螺旋钻成孔、螺旋钻成孔扩底、干作业的旋挖成孔等。

⑨混凝土灌注桩的钢筋笼制作、安装,按《市政工程工程量计算规范》(GB 50857—2013)附录 J 钢筋工程中相关项目编码列项。

⑩本表工作内容未含桩基础的承载力检测、桩身完整性检测。

二、桩基清单工程量计算实例

1. 桩基工程量计算方法

1)预制钢筋混凝土方桩、管桩清单工程量

$$工程量 = 图示长度(包括桩尖) \quad (m)$$

$$V = L(包括桩尖) \times S \quad (m^3)$$

$$工程量 = 图示数量 \quad (根)$$

式中 V——钢筋混凝土桩工程量,m^3;

L——桩长度(包括桩尖长度),m;

S——桩横断面面积,m^2。

2)钢管桩清单工程量

$$m = \frac{\rho \times V}{1\,000}$$

$$工程量图示数量 \quad (根)$$

式中 m——工程量,t;

ρ——钢金属密度,kg/m^3;

V——图示尺寸,m^3。

3)泥浆护壁成孔灌注桩、沉管灌注桩、干作业成孔灌注桩清单工程量

$$工程量 = 图示长度(包括桩尖) \quad (m)$$

$$工程量 = \sum (桩截面积 \times 桩长) \quad (m^3)$$

$$工程量 = 图示数量 \quad (根)$$

4)人工挖孔灌注桩清单工程量

$$工程量 = 桩芯混凝土体积 \quad (m^3)$$

$$工程量 = 设计图示数量 \quad (根)$$

5)灌注桩后注浆清单工程量

$$工程量 = 设计图示注浆孔数 \quad (孔)$$

6）截桩头清单工程量

$$工程量 = 桩截面积 \times 凿除桩头长度 \quad (m^3)$$

$$工程量 = 图示数量 \quad (根)$$

7）声测管清单工程量

$$工程量 = 设计图示质量 \quad (t)$$

$$工程量 = 设计图示长度 \quad (m)$$

2. 桩基工程量计算举例

【例 3-12】某城市一座灌注桩桥梁，设计桥长 $L = 3 \times 6 \, m$，桥梁宽 $B = 4.5 \, m$，下部结构采用灌注桩，上部采用预制板梁，如图 3-15 至图 3-17 所示，试计算灌注桩工程量。

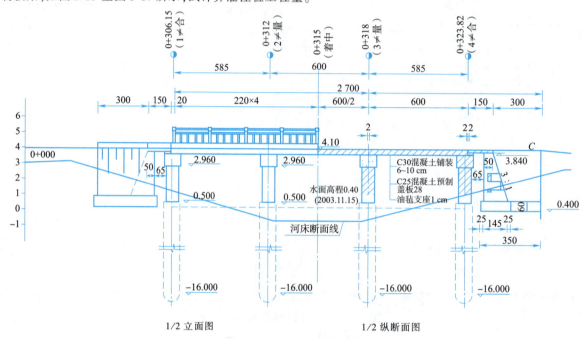

图 3-15 桥梁纵剖面图（单位：高程、里程为 m，尺寸为 cm）

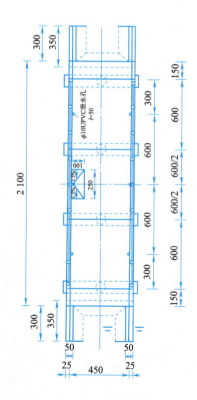

图 3-16 桥梁平面图（单位：cm）

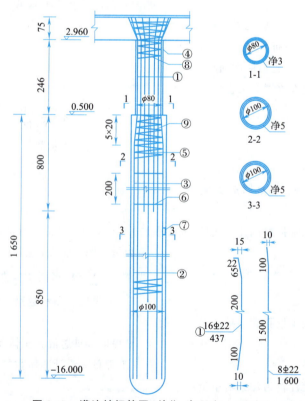

图 3-17 灌注桩钢筋图（单位：高程为 m，尺寸为 cm）

【解】根据施工的时间工序和工艺要求以及施工组织设计方案计算：

(1)钻孔灌注桩水上支架：

每座桥台(墩桩)面积 $F_1 = (A + 6.5) \times (6.5 + D)$
$$= (0.4 + 6.5) \times (6.5 + 5.85) = 85.22(m^2)$$

每座通道的面积 $F_2 = 6.5 \times [L - (6.5 + D)]$
$$= 6.5 \times [18 - (6.5 + 5.85)] = 36.73(m^2)$$

灌注桩支架总面积 $F = N_1 F_1 + N_2 F_2$
$$= 4 \times 85.22 + 3 \times 36.73 = 451.07(m^2)$$

(2)成孔机械装拆：因为在施工期间不能断航，每座墩台或者桩计算一次安拆及设备运输(需要扣除通道面积)，则支架面积 S 成为：$4 \times 85.22 = 340.88(m^2)$

(3)护筒埋设：预算时，直接按照计算规则计量，$(16 + 0.5) \times 4 = 66(m)$

结算时，根据现场签证情况增减深水作业所不能回收的护筒数量。

(4)钻孔数量，假设施工组织设计护筒顶标高为 +2.0(m)，则埋深 $H = 16 + 2 = 18(m)$，钻孔压浆桩数量为 $18 \times 4 = 72(m)$。

(5)泥浆制作：$V_1 = 72 \times (1.0/2)^2 \times 3.14 \times 3 = 169.56(m^3)$

(6)泥浆外运：$V_2 = 72 \times (1.0/2)^2 \times 3.14 = 56.52(m^3)$

(7)水下灌注混凝土桩 C30：
$V_3 = (16.5 + 1) \times 4 \times (1.0/2)^2 \times 3.14 = 54.95(m^3)$

(8)灌注桩钢筋：略。

(9)凿除桩头(拆除工程)：$1 \times 4 \times (1.0/2)^2 \times 3.14 = 3.14(m^3)$

(10)废料弃置：根据施工组织设计要求的运距计算，弃置量一般为拆除量。

清单工程量见表 3-14。

表 3-14 清单工程量

项目编码	项目名称	项目特征	计量单位	工程量
040301009001	钻孔压浆桩	1. 桩长：1 600 cm 2. 钻孔直径：100 cm 3. 水泥强度等级：C30	m/根	72/4

忆一忆：

钢管桩清单工程量的计算方法。

知识模块 2：基坑与边坡支护工程量计算

一、基坑与边坡支护清单工程量计算规则

基坑与边坡支护工程量清单项目设置、项目特征描述的内容、计量单位及工程量计算规则，应按表 3-15 的规定执行。

表 3-15 基坑与边坡支护(编码：040302)

项目编码	项目名称	项目特征	计量单位	工程量计算规则	工作内容
040302001	圆木桩	1. 地层情况 2. 桩长 3. 材质 4. 尾径 5. 桩倾斜度	1. m 2. 根	1. 以 m 计量，按设计图示尺寸以桩长(包括桩尖)计算 2. 以根计量，按设计图示数量计算	1. 工作平台搭拆 2. 桩机移位 3. 桩制作、运输、就位 4. 桩靴安装 5. 沉桩

续上表

项目编码	项目名称	项目特征	计量单位	工程量计算规则	工作内容
040302002	预制钢筋混凝土板桩	1. 地层情况 2. 送桩深度、桩长 3. 桩截面 4. 混凝土强度等级	1. m³ 2. 根	1. 以 m³ 计量,按设计图示桩长(包括桩尖)乘以桩的断面积计算 2. 以根计量,按设计图示数量计算	1. 工作平台搭拆 2. 桩就位 3. 桩机移位 4. 沉桩 5. 接桩 6. 送桩
040302003	地下连续墙	1. 地层情况 2. 导墙类型、截面 3. 墙体厚度 4. 成槽深度 5. 混凝土种类、强度等级 6. 接头形式	m³	按设计图示墙中心线长乘以厚度乘以槽深,以体积计算	1. 导墙挖填、制作、安装、拆除 2. 挖土成槽、固壁、清底置换 3. 混凝土制作、运输、灌注、养护 4. 接头处理 5. 土方、废浆外运 6. 打桩场地硬化及泥浆池、泥浆沟
040302004	咬合灌注桩	1. 地层情况 2. 桩长 3. 桩径 4. 混凝土种类、强度等级 5. 部位	1. m 2. 根	1. 以 m 计量,按设计图示尺寸以桩长计算 2. 以根计量,按设计图示数量计算	1. 桩机移位 2. 成孔、固壁 3. 混凝土制作、运输、灌注、养护 4. 套管压拔 5. 土方、废浆外运 6. 打桩场地硬化及泥浆池、泥浆沟
040302005	型钢水泥土搅拌墙	1. 深度 2. 桩径 3. 水泥掺量 4. 型钢材质、规格 5. 是否拔出	m³	按设计图示尺寸以体积计算	1. 钻机移位 2. 钻进 3. 浆液制作、运输、压浆 4. 搅拌、成桩 5. 型钢插拔 6. 土方、废浆外运
040302006	锚杆(索)	1. 地层情况 2. 锚杆(索)类型、部位 3. 钻孔直径、深度 4. 杆体材料品种、规格、数量 5. 是否预应力 6. 浆液种类、强度等级	1. m 2. 根	1. 以 m 计量,按设计图示尺寸以钻孔深度计算 2. 以根计量,按设计图示数量计算	1. 钻孔、浆液制作、运输、压浆 2. 锚杆(索)制作、安装 3. 张拉锚固 4. 锚杆(索)施工平台搭设、拆除
040302007	土钉	1. 地层情况 2. 钻孔直径、深度 3. 置入方法 4. 杆体材料品种、规格、数量 5. 浆液种类、强度等级	m²		1. 钻孔、浆液制作、运输、压浆 2. 土钉制作、安装 3. 土钉施工平台搭设、拆除
040302008	喷射混凝土	1. 部位 2. 厚度 3. 材料种类 4. 混凝土类别、强度等级		按设计图示尺寸以面积计算	1. 修整边坡 2. 混凝土制作、运输、喷射、养护 3. 钻排水孔、安装排水管 4. 喷射施工平台搭设、拆除

注:①地层情况按表 3-1-1 和表 3-2-1 的规定,并根据岩土工程勘察报告按单位工程各地层所占比例(包括范围值)进行描述。对无法准确描述的地层情况,可注明由投标人根据岩土工程勘察报告自行决定报价。

②地下连续墙和喷射混凝土的钢筋网制作、安装,按《市政工程工程量计算规范》(GB 50857—2013)附录 J 钢筋工程中相关项目编码列项。基坑与边坡支护的排桩按《市政工程工程量计算规范》(GB 50857—2013)附录 C 中相关项目编码列项。水泥土墙、坑内加固按《市政工程工程量计算规范》(GB 50857—2013)附录 B 道路工程中 B.1 中相关项目编码列项。混凝土挡土墙、桩顶冠梁、支撑体系按《市政工程工程量计算规范》(GB 50857—2013)附录 D 隧道工程中相关项目编码列项。

二、基坑与边坡支护清单工程量计算方法

地下连续墙

$$V = L \times C \times H$$

式中　V——地下连续墙体积，m^3；

　　　L——图示墙中心线长度，m；

　　　C——图示墙厚度，m；

　　　H——槽深，m。

思一思：

基坑的清单工程量计算规则是什么？

知识模块3：现浇混凝土构件工程量计算

一、现浇混凝土构件清单工程量计算规则

现浇混凝土构件工程量清单项目设置、项目特征描述的内容、计量单位及工程量计算规则，应按表3-16的规定执行。

表3-16　现浇混凝土构件（编码：040303）

项目编码	项目名称	项目特征	计量单位	工程量计算规则	工作内容
040303001	混凝土垫层	混凝土强度等级			
040303002	混凝土基础	1. 混凝土强度等级 2. 嵌料（毛石）比例			
040303003	混凝土承台	混凝土强度等级			
040303004	混凝土墩（台）帽				
040303005	混凝土墩（台）身	1. 部位 2. 混凝土强度等级			1. 模板制作、安装、拆除 2. 混凝土拌和运输、浇筑 3. 养护
040303006	混凝土支撑梁及横梁				
040303007	混凝土墩（台）盖梁				
040303008	混凝土拱桥拱座	混凝土强度等	m^3	按设计图示尺寸以体积计算	
040303009	混凝土拱桥拱肋				
040303010	混凝土拱上构件	1. 部位 2. 混凝土强度等级			
040303011	混凝土箱梁				
040303012	混凝土连续板	1. 部位 2. 结构形式 3. 混凝土强度等级			
040303013	混凝土板梁				
040303014	混凝土板拱	1. 部位 2. 混凝土强度等级			
040303015	混凝土挡墙墙身	1. 混凝土强度等级 2. 泄水孔材料品种、规格 3. 滤水层要求 4. 沉降缝要求			1. 模板制作、安装、拆除 2. 混凝土拌和、运输、浇筑 3. 养护 4. 抹灰 5. 泄水孔制作、安装 6. 滤水层铺筑 7. 沉降缝
040303016	混凝土挡墙压顶	1. 混凝土强度等级 2. 沉降缝要求			

续上表

项目编码	项目名称	项目特征	计量单位	工程量计算规则	工作内容
040303017	混凝土楼梯	1. 结构形式 2. 底板厚度 3. 混凝土强度等级	1. m² 2. m³	1. 以 m² 计量,按设计图示尺寸以水平投影面积计算 2. 以 m³ 计量,按设计图示尺寸以体积计算	1. 模板制作、安装、拆除 2. 混凝土拌和、运输、浇筑 3. 养护
040303018	混凝土防撞护栏	1. 断面 2. 混凝土强度等级	m	按设计图示尺寸以长度计算	
040303019	桥面铺装	1. 混凝土强度等级 2. 沥青品种 3. 沥青混凝土种类 4. 厚度 5. 配合比	m²	按设计图示尺寸以面积计算	1. 模板制作、安装、拆除 2. 混凝土拌和、运输、浇筑 3. 养护 4. 沥青混凝土铺装 5. 碾压
040303020	混凝土桥头搭板	混凝土强度等级			1. 模板制作、安装、拆除 2. 混凝土拌和、运输、浇筑 3. 养护
040303021	混凝土搭板枕梁				
04030302	混凝土桥塔身	1. 形状 2. 混凝土强度等级	m³	按设计图示尺寸以体积计算	
040303023	混凝土连系梁				
040303024	混凝土其他构件	1. 名称、部位 2. 混凝土强度等级			
040303025	钢管拱混凝土	混凝土强度等级			混凝土拌和、运输、压注

注:台帽、台盖梁均应包括耳墙、背墙。

二、现浇混凝土构件清单工程量计算实例

1. 现浇混凝土构件工程量计算方法

(1)现浇混凝土构件:垫层、基础、承台、墩(台)帽、墩(台)身、支撑梁及横梁、墩(台)盖梁、拱桥拱座、拱桥拱肋、拱上构件、箱梁、连续板、板梁、板拱、挡墙墙身、挡墙压顶、桥头搭板、搭板枕梁、桥塔身、连系梁、钢管拱混凝土工程量按设计图示尺寸以体积计算。

$$V = h \times S$$

式中　V——工程量,m³;
　　　h——构件高度(厚度),m;
　　　S——构件横断面面积,m²。

棱台计算公式为

$$V = \frac{h}{3}(A_1 + A_2 + \sqrt{A_1 A_2})$$

式中　A_1——棱台体上口的面积,m²;
　　　A_2——棱台体下口的面积,m²;
　　　h——棱台的高度,m。

混凝土工程量按设计尺寸以体积计算,扣除空心板、梁的空心体积,不扣除钢筋、铁丝、铁件、预留压浆孔道和螺栓所占的体积。

(2)现浇混凝土楼梯清单工程量

$$S = L \times B$$

式中　S——水平投影面积,m²;
　　　L——水平投影长度,m;
　　　B——水平投影宽度,m。

(3)现浇混凝土防撞护栏清单工程量

$$工程量 = 图示长度$$

(4)桥面铺装清单工程量

$$S = L \times B$$

式中　S——桥面铺装面积,m^2;

L——桥面铺装长度,m;

B——桥面铺装宽度,m。

2.现浇混凝土构件工程量计算举例

【例 3-13】某桥面进行铺装,其结构构造如图 3-18 所示,计算桥面铺装的工程量。

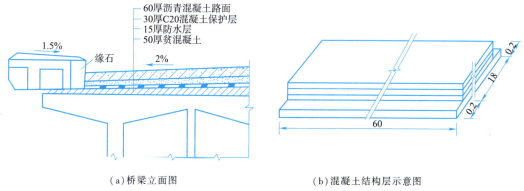

(a)桥梁立面图　　　　　　(b)混凝土结构层示意图

图 3-18　桥面铺装构造(单位:m)

【解】沥青混凝土路面工程量 = $60 \times 18 = 1\,080(m^2)$

C20 混凝土保护层的工程量 = $1\,080(m^2)$

防水层的工程量 = $1\,080(m^2)$

贫混凝土层的工程量 = $60 \times (18 + 0.2 \times 2) = 1\,104(m^2)$

查一查:

钢筋混凝土基础的清单工程量计算规则。

知识模块 4:预制混凝土构件工程量计算

一、预制混凝土构件清单工程量计算规则

预制混凝土构件工程量清单项目设置、项目特征描述的内容、计量单位及工程量计算规则,应按表 3-17 的规定执行。

表 3-17　预制混凝土构件(编码:040304)

项目编码	项目名称	项目特征	计量单位	工程量计算规则	工作内容
040304001	预制混凝土梁	1. 部位 2. 图集、图纸名称 3. 构件代号、名称 4. 混凝土强度等级 5. 砂浆强度等级	m^3	按设计图示尺寸以体积计算	1. 模板制作、安装、拆除 2. 混凝土拌和、运输、浇筑 3. 养护 4. 构件安装 5. 接头灌缝 6. 砂浆制作 7. 运输
040304002	预制混凝土柱				
040304003	预制混凝土板				

续上表

项目编码	项目名称	项目特征	计量单位	工程量计算规则	工作内容
040304004	预制混凝土挡土墙墙身	1. 图集、图纸名称 2. 构件代号、名称 3. 结构形式 4. 混凝土强度等级 5. 泄水孔材料种类、规格 6. 滤水层要求 7. 砂浆强度等级	m³	按设计图示尺寸以体积计算	1. 模板制作、安装、拆除 2. 混凝土拌和、运输、浇筑 3. 养护 4. 构件安装 5. 接头灌缝 6. 泄水孔制作、安装 7. 滤水层铺设 8. 砂浆制作 9. 运输
040304005	预制混凝土其他构件	1. 部位 2. 图集、图纸名称 3. 构件代号、名称 4. 混凝土强度等级 5. 砂浆强度等级			1. 模板制作、安装、拆除 2. 混凝土拌和、运输、浇筑 3. 养护 4. 构件安装 5. 接头灌浆 6. 砂浆制作 7. 运输

二、预制混凝土构件清单工程量计算实例

1. 预制混凝土构件工程量计算方法

预制混凝土清单工程量：

$$V = h \times S$$

式中　V——工程量，m³；

　　　h——构件高度(厚度)，m；

　　　S——构件横断面面积，m²。

2. 预制混凝土构件工程量计算举例

【例3-14】某桥梁工程，有30根C35预制钢筋混凝土边梁，如图3-19所示，试计算混凝土和钢筋清单工程量。

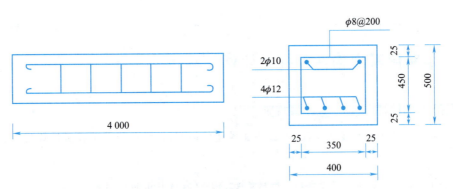

图3-19　某工程钢筋混凝土边梁示意图(单位：mm)

【解】(1)预制钢筋混凝土边梁工程量 $= 0.4 \times 0.5 \times 4 \times 30 = 24 (m^3)$

(2)钢筋工程量：

$\phi10$ 量 $= (4 - 0.05 + 6.25 \times 0.010 \times 2) \times 2 \times 0.617 \times 30 = 5.03 \times 30 = 150.9 (kg)$

$\phi12$ 量 $= (4 - 0.05 + 6.25 \times 0.012 \times 2) \times 2 \times 0.888 \times 30 = 14.56 \times 30 = 436.8 (kg)$

$\phi8$ 量 $= [(0.4 - 0.025 \times 2) \times 2 + (0.5 - 0.025 \times 2) \times 2 + 6.25 \times 0.008 \times 2] \times 0.395 \times (4/0.2 + 1) \times 30 = 14.102 \times 30 = 423.06 (kg)$

清单工程量见表3-18。

表 3-18 清单工程量

清单编码	项目名称	项目特征	计量单位	工程量
040304001001	预制混凝土梁	混凝土种类、强度等级:商品混凝土 C35	m³	24
040901002001	预制构件钢筋	钢筋种类及规格:φ10	t	0.151
040901002002	预制构件钢筋	钢筋种类及规格:φ12	t	0.437
040901002003	预制构件钢筋	钢筋种类及规格:φ8	t	0.423

查一查:

预制混凝土板的清单工程量计算规则。

知识模块 5:砌筑工程量计算

一、砌筑清单工程量计算规则

砌筑工程量清单项目设置、项目特征描述的内容、计量单位及工程量计算规则,应按表 3-19 的规定执行。

表 3-19 砌筑(编码:040305)

项目编码	项目名称	项目特征	计量单位	工程量计算规则	工作内容
040305001	垫层	1. 材料品种、规格 2. 厚度	m³	按设计图示尺寸以体积计算	垫层铺筑
040305002	干砌块料	1. 部位 2. 材料品种、规格 3. 泄水孔材料品种、规格 4. 滤水层要求 5. 沉降缝要求	m³	按设计图示尺寸以体积计算	1. 砌筑 2. 砌体勾缝 3. 砌体抹面 4. 泄水孔制作、安装 5. 滤层铺设 6. 沉降缝
040305003	浆砌块料	1. 部位 2. 材料品种、规格 3. 砂浆强度等级 4. 泄水孔材料品种、规格 5. 滤水层要求 6. 沉降缝要求			
040305004	砖砌体				
040305005	护坡	1. 材料品种 2. 结构形式 3. 厚度 4. 砂浆强度等级	m²	按设计图示尺寸以面积计算	1. 修整边坡 2. 砌筑 3. 砌体勾缝 4. 砌体抹面

注:1. 干砌块料、浆砌块料和砖砌体应根据工程部位不同,分别设置清单编码。
   2. 本节清单项目中"垫层"指碎石、块石等非混凝土类垫层。

二、砌筑清单工程量计算实例

1. 砌筑工程量计算方法

(1)垫层、干砌块料、浆砌块料、砖砌体计算规则同预制混凝土构件。
(2)护坡清单工程量:

$$工程量 = 图示面积$$

2. 砌筑工程量计算举例

【例 3-15】某桥涵工程,护坡采用毛石锥形护坡,如图 3-20 所示,试计算其工程量。

【解】锥形护坡工程量 S = 锥形护坡外锥弧长 × 高度

$$= 2 \times 3.14 \times (4 + 0.3 + 0.6) \times \frac{1}{6} \times 4.3 = 22.05 (m^2)$$

护坡基础工程量 $V = (0.3 + 0.6) \times 0.6 \times 2 \times 3.14 \times \left(4 + \dfrac{0.3 + 0.6}{2}\right) \times \dfrac{1}{6} = 2.52 \, (\text{m}^3)$

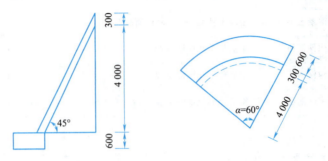

图 3-20　锥形护坡示意图（单位：mm）

忆一忆：

砖砌体的清单工程量计算规则是什么？

知识模块 6：立交箱涵工程量计算

一、立交箱涵清单工程量计算规则

立交箱涵工程量清单项目设置、项目特征描述的内容、计量单位及工程量计算规则，应按表 3-20 的规定执行。

表 3-20　立交箱涵（编码：040306）

项目编码	项目名称	项目特征	计量单位	工程量计算规则	工作内容
040306001	透水管	1. 材料品种、规格 2. 管道基础形式	m	按设计图示尺寸以长度计算	1. 基础铺筑 2. 管道铺设、安装
040306002	滑板	1. 混凝土强度等级 2. 石蜡层要求 3. 塑料薄膜品种、规格	m³	按设计图示尺寸以体积计算	1. 模板制作、安装、拆除 2. 混凝土拌和、运输、浇筑 3. 养护 4. 涂石蜡层 5. 铺塑料薄膜
040306003	箱涵底板	1. 混凝土强度等级 2. 混凝土抗渗要求 3. 防水层工艺要求	m³	按设计图示尺寸以体积计算	1. 模板制作、安装、拆除 2. 混凝土拌和、运输、浇筑 3. 养护 4. 防水层铺涂
040306004	箱涵侧墙				1. 模板制作、安装、拆除 2. 混凝土拌和、运输、浇筑 3. 养护 4. 防水砂浆 5. 防水层铺涂
040306005	箱涵顶板				
040306006	箱涵顶进	1. 断面 2. 长度 3. 弃土运距	kt·m	按设计图示尺寸以被顶箱涵的质量，乘以箱涵的位移距离分节累计计算	1. 顶进设备安装、拆除 2. 气垫安装、拆除 3. 气垫使用 4. 钢刃角制作、安装、拆除 5. 挖土实顶 6. 土方内外运输 7. 中继间安装、拆除
040306007	箱涵接缝	1. 材质 2. 工艺要求	m	按设计图示止水带长度计算	接缝

注：除箱涵顶进土方外，顶进工作坑等土方应按《市政工程工程量计算规范》（GB 50857—2013）附录 A 土石方工程中相关项目编码列项。

二、立交箱涵清单工程量计算实例

1. 立交箱涵工程量计算方法

滑板、箱涵底板、箱涵侧墙、箱涵顶板清单工程量：

$$工程量 = 图示体积$$

箱涵滑板下的肋楞，其工程量并入滑板内计算。

箱涵混凝土按设计图示尺寸以体积计算，不扣除单孔面积在 0.3 m² 以内预留孔洞所占的体积。

2. 立交箱涵工程量计算举例

【例 3-16】如图 3-21 所示某涵洞为箱涵形式，其箱涵底板表面为水泥混凝土板，厚度为 20 cm，C25 混凝土顶板厚 30 cm，C20 混凝土箱涵侧墙厚 50 cm，涵洞长 20 m，计算其箱涵部分工程量。

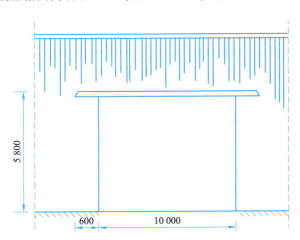

图 3-21　箱涵洞示意图（单位：mm）

【解】箱涵底板：$V_{底板} = 10 \times 20 \times 0.2 = 40 (m^3)$

箱涵顶板：$V_{顶板} = (10 + 0.6 \times 2) \times 20 \times 0.3 = 67.2 (m^3)$

箱涵侧墙：$V_{侧墙} = 20 \times 5.8 \times 0.5 \times 2 = 116 (m^3)$

忆一忆：

箱涵顶板的清单工程量计算方法是什么？

知识模块 7：钢结构工程量计算

一、钢结构清单工程量计算规则

钢结构工程量清单项目设置、项目特征描述的内容、计量单位及工程量计算规则，应按表 3-21 的规定执行。

表 3-21　钢结构（编码：040307）

项目编码	项目名称	项目特征	计量单位	工程量计算规则	工作内容
040307001	钢箱梁	1. 材料品种、规格 2. 部位 3. 探伤要求 4. 防火要求 5. 补刷油漆品种、色彩、工艺要求	t	按设计图示尺寸以质量计算。不扣除孔眼的质量，焊条、铆钉、螺栓等不另增加质量	1. 拼装 2. 安装 3. 探伤 4. 涂刷防火涂料 5. 补刷油漆
040307002	钢板梁				
040307003	钢桁梁				
040307004	钢拱				
040307005	劲性钢结构				
040307006	钢结构叠合梁				
040307007	其他钢构件				

续上表

项目编码	项目名称	项目特征	计量单位	工程量计算规则	工作内容
040307008	悬(斜拉)索	1. 材料品种、规格 2. 直径 3. 抗拉强度 4. 防护方式	t	按设计图示尺寸以质量计算	1. 拉索安装 2. 张拉、索力调整、锚固 3. 防护壳制作、安装
040307009	钢拉杆				1. 连接、紧锁件安装 2. 钢拉杆安装 3. 钢拉杆防腐 4. 钢拉杆防护壳制作、安装

二、钢结构清单工程量计算方法

$$m = \frac{\rho \times V}{1\,000}$$

式中　m——工程量，t；

　　　ρ——钢金属密度，kg/m^3；

　　　V——图示体积，m^3。

想一想：

钢结构叠合梁的清单工程量计算规则是什么？

知识模块8：装饰及其他工程量计算规则

一、装饰清单工程量计算规则

装饰工程量清单项目设置、项目特征描述的内容、计量单位及工程量计算规则，应按表3-22的规定执行。

表3-22　装饰(编码：040308)

项目编码	项目名称	项目特征	计量单位	工程量计算规则	工作内容
040308001	水泥砂浆抹面	1. 砂浆配合比 2. 部位 3. 厚度	m^2	按设计图示尺寸以面积计算	1. 基层清理 2. 砂浆抹面
040308002	剁斧石饰面	1. 材料 2. 部位 3. 形式 4. 厚度			1. 基层清理 2. 饰面
040308003	镶贴面层	1. 材质 2. 规格 3. 厚度 4. 部位			1. 基层清理 2. 镶贴面层 3. 勾缝
040308004	涂料	1. 材料品种 2. 部位			1. 基层清理 2. 涂料涂刷
040308005	油漆	1. 材料品种 2. 部位 3. 工艺要求			1. 除锈 2. 刷油漆

注：如遇本清单项目缺项时，可按现行国家标准《房屋建筑与装饰工程工程量计算规范》(GB 50854—2013)中相关项目编码列项。

二、其他清单工程量计算规则

其他工程量清单项目设置、项目特征描述的内容、计量单位及工程量计算规则,应按表 3-23 的规定执行。

表 3-23　其他(编码:040309)

项目编码	项目名称	项目特征	计量单位	工程量计算规则	工作内容
040309001	金属栏杆	1. 栏杆材质、规格 2. 油漆品种、工艺要求	1. t 2. m	1. 按设计图示尺寸以质量计算 2. 按设计图示尺寸以延米计算	1. 制作、运输、安装 2. 除锈、刷油漆
040309002	石质栏杆	材料品种、规格	m	按设计图示尺寸以长度计算	制作、运输、安装
040309003	混凝土栏杆	1. 混凝土强度等级 2. 规格尺寸			
040309004	橡胶支座	1. 材质 2. 规格、型号 3. 形式	个	按设计图示数量计算	支座安装
040309005	钢支座	1. 规格、型号 2. 形式			
040309006	盆式支座	1. 材质 2. 承载力			
040309007	桥梁伸缩装置	1. 材料品种 2. 规格、型号 3. 混凝土种类 4. 混凝土强度等级	m	以 m 计量,按设计图示尺寸以延米计算	1. 制作、安装 2. 混凝土拌和、运输、浇筑
040309008	隔声屏障	1. 材料品种 2. 结构形式 3. 油漆品种、工艺要求	m²	按设计图示尺寸以面积计算	1. 制作、安装 2. 除锈、刷油漆
040309009	桥面排(泄)水管	1. 材料品种 2. 管径	m	按设计图示以长度计算	进水口、排(泄)水管制作、安装
040309010	防水层	1. 部位 2. 材料品种、规格 3. 工艺要求	m²	按设计图示尺寸以面积计算	防水层铺涂

注:支座垫石混凝土按 C.3 现浇混凝土构件(编码:040303)040303002 混凝土基础项目编码列项。

【相关问题及说明】

(1)本清单项目各类预制桩均按成品构件编制,购置费用应计入综合单价中,如采用现场预制,包括预制构件制作的所有费用。

(2)当以体积为计量单位计算混凝土工程量时,不扣除构件内钢筋、螺栓、预埋铁件、张拉孔道和单个面积≤0.3 m²的孔洞所占体积,但应扣除型钢混凝土构件中型钢所占体积。

(3)桩基陆上工作平台搭拆工作内容包括在相应的清单项目中,若为水上工作平台搭拆,应按《市政工程工程量计算规范》(GB 50857—2013)附录 L 措施项目相关项目单独编码列项。

忆一忆:

混凝土栏杆的清单工程量计算规则。

知识模块 9：桥涵工程工程量清单编制实例

【例 3-17】图 3-22 所示工程为一座非预应力板梁小型桥梁工程。

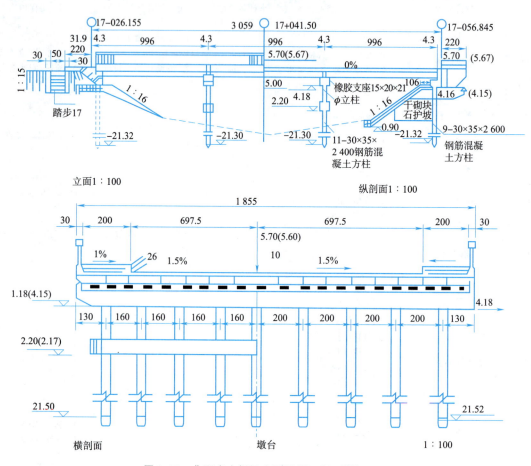

图 3-22　非预应力板梁小型桥梁工程（单位：mm）

(1) 混凝土每立方米组成材料到工地现场价格取定如下：

C15　262.24 元

C20　270.64 元

C25　281.62 元

C30　298.60 元

C40　326.87 元

(2) 管理费费率为 10%，利润为 25%。

表 3-24 所示为编制分部分项工程和单价措施项目清单与计价表和工程量综合单价分析表。

【解】

表 3-24　分部分项工程和单价措施项目清单与计价

分部分项工程和单价措施项目清单与计价表							
工程名称：某小型桥梁工程				标段：			第 1 页　共　页	
序号	项目编码	名称	项目特征描述	计量单位	工程量	金额/元	
						综合单价	合价
1	040101003001	挖基坑土方	1. 土壤类别：三类土 2. 挖土深度：2 m 以内	m³	36		
2	040101005001	挖淤泥、流砂	挖掘深度：人工挖淤泥	m³	153.6		

续上表

序号	项目编码	名称	项目特征描述	计量单位	工程量	金额/元	
						综合单价	合价
3	040103001001	回填方	密实度要求:95%	m³	1589		
4	040103002001	余方弃置	1. 废弃料品种:淤泥 2. 运距:100 m	m³	153.6		
5	040301001001	预制钢筋混凝土方桩	1. 桩截面:墩台基桩30×50 2. 混凝土强度等级:C30	m³	944		
6	040303007001	混凝土墩(台)盖梁	1. 部位:台盖梁 2. 混凝土强度等级:C30	m³	38		
7	040303007002	混凝土墩(台)盖梁	1. 部位:墩盖梁 2. 混凝土强度等级:C30	m³	25		
8	040303003001	混凝土承台	混凝土强度等级:C30	m³	17.4		
9	040303005001	混凝土墩(台)身	1. 部位:墩柱 2. 混凝土强度等级:C20	m³	8.6		
10	040303019001	桥面铺装	1. 沥青混凝土种类:C25 2. 厚度:车行道厚度15 cm	m²	61.9		
11	040304001001	预制混凝土梁	1. 部位:桥梁 2. 混凝土强度等级:C30	m³	166.14		
12	040304005001	预制混凝土其他构件	1. 部位:人行道板 2. 混凝土强度等级:C25	m³	6.4		
13	040304005002	预制混凝土其他构件	1. 部位:栏杆 2. 混凝土强度等级:C30	m³	4.6		
14	040304005003	预制混凝土其他构件	1. 部位:端墙、端柱 2. 混凝土强度等级:C30	m³	6.81		
15	040304005004	预制混凝土其他构件	1. 部位:侧缘石 2. 混凝土强度等级:C25	m³	10.1		
16	040305003001	浆砌块料	1. 部位:踏步 2. 材料品种、规格:料石30×20×100 3. 砂浆强度等级:M10	m³	12		
17	040305005001	护坡—浆砌	1. 材料品种:石砌块护坡 2. 厚度:40 cm 3. 砂浆强度等级:M10	m²	60		
18	040305005002	护坡—干砌	1. 材料品种:石护坡 2. 厚度:40 cm	m²	320		
19	040308001001	水泥砂浆抹面	1. 砂浆配合比:1:2水泥砂浆 2. 部位:人行道	m²	120		
20	040309004001	橡胶支座	1. 材质:橡胶 2. 形式:板式	个	216		
21	040309007001	桥梁伸缩装置	材料品种:橡胶伸缩缝	m	39.85		
22	040309007002	桥梁伸缩装置	材料品种:沥青麻丝伸缩缝	m	28.08		
合　　计							

综合单价分析表

工程名称：某小型桥梁工程　　　　标段：　　　　　　　　　　　　　　　　第1页　共22页

项目编码	040101003001	项目名称	挖基坑土方	计量单位	m³	工程量	36

清单综合单价组成明细

定额编号	定额项目名称	定额单位	数量	单价				合价			
				人工费	材料费	机械费	管理费和利润	人工费	材料费	机械费	管理费和利润
1-20	人工挖基坑土方 三类土深度(m以内)2	100 m³	0.01	5 406	0	0	1 179.78	54.06	0	0	11.8
1-120	人工装土	100 m³	0.01	1 402.5	0	0	306.08	14.03	0	0	3.06
1-124	人工运土 运距20 m以内	100 m³	0.01	1 887	0	0	411.81	18.87	0	0	4.12
1-125	人工运土 100 m以内每增加20 m	100 m³	0.01	674.9	0	0	147.29	6.75	0	0	1.47
人工单价				小计				93.7	0	0	20.45
综合工日:85元/工日				未计价材料费				0			
清单项目综合单价								114.15			

综合单价分析表

工程名称：某小型桥梁工程　　　　标段：　　　　　　　　　　　　　　　　第2页　共22页

项目编码	040101005001	项目名称	挖淤泥、流砂	计量单位	m³	工程量	153.6

清单综合单价组成明细

定额编号	定额项目名称	定额单位	数量	单价				合价			
				人工费	材料费	机械费	管理费和利润	人工费	材料费	机械费	管理费和利润
1-86	人工挖淤泥、流砂	100 m³	0.01	8 533.15	0	0	1 862.24	85.33	0	0	18.62
人工单价				小计				85.33	0	0	18.62
综合工日:85元/工日				未计价材料费				0			
清单项目综合单价								103.95			

综合单价分析表

工程名称：某小型桥梁工程　　　　标段：　　　　　　　　　　　　　　　　第3页　共22页

项目编码	040103001001	项目名称	回填方	计量单位	m³	工程量	1589

清单综合单价组成明细

定额编号	定额项目名称	定额单位	数量	单价				合价			
				人工费	材料费	机械费	管理费和利润	人工费	材料费	机械费	管理费和利润
1-453	人工填土夯实槽、坑	100 m³	0.01	3 372.8	11.76	0	736.06	33.73	0.12	0	7.36
1-138	机动翻斗车运土 运距200 m以内	100 m³	0.01	1 280.95	0	1 061.63	279.55	12.81	0	10.62	2.8
人工单价				小计				46.54	0.12	10.62	10.16
综合工日:85元/工日				未计价材料费				0			
清单项目综合单价								67.43			

续上表

综合单价分析表

工程名称：某小型桥梁工程　　标段：　　第4页　共22页

项目编码	040103002001	项目名称	余方弃置	计量单位	m³	工程量	153.6

清单综合单价组成明细

定额编号	定额项目名称	定额单位	数量	单价				合价			
				人工费	材料费	机械费	管理费和利润	人工费	材料费	机械费	管理费和利润
1-124	人工运土运距20 m以内	100 m³	0.01	1 887	0	0	411.81	18.87	0	0	4.12
1-125 ×4	人工运土100 m以内每增加20 m子目×4（人工含量已修改）	100 m³	0.01	2 699.6	0	0	589.15	27	0	0	5.89
人工单价		小计						45.87	0	0	10.01
综合工日：85元/工日		未计价材料费						0			
清单项目综合单价								55.88			

综合单价分析表

工程名称：某小型桥梁工程　　标段：　　第5页　共22页

项目编码	040301001001	项目名称	预制钢筋混凝土方桩	计量单位	m³	工程量	944

清单综合单价组成明细

定额编号	定额项目名称	定额单位	数量	单价				合价			
				人工费	材料费	机械费	管理费和利润	人工费	材料费	机械费	管理费和利润
1-817	搭拆桩基础支架平台水上支架锤重(kg)1 200	100 m²	0.007	9 536.15	2 433.7	5 120.07	2 081.13	66.75	17.04	35.84	14.57
3-26	打钢筋混凝土方桩 16 m<L≤24 m 0.125 m²<S≤0.16 m² 支架上	10 m³	0.05	753.95	2 720.4	1 778.64	164.54	37.7	136.02	88.93	8.23
3-29	打钢筋混凝土方桩 24 m<L≤28 m 0.16 m²<S≤0.225 m² 支架上	10 m³	0.06	463.25	2 743.7	1 597.16	101.1	27.8	164.62	95.83	6.07
3-64	浆锚接桩	个	0.042	46.75	50.32	131.27	10.21	1.98	2.13	5.56	0.43
3-85	送桩钢筋混凝土方桩 S≤0.16 m² 支架上	10 m³	0.000 4	2 428.45	258.32	5 698.58	529.97	0.97	0.1	2.28	0.21
3-431	起重机装车平板拖车运输构件质量25 t以内 1 km以内	10 m³	0.012	24.48	29.45	326.94	5.35	0.29	0.35	3.92	0.06
3-245	凿除桩顶钢筋混凝土打入桩	10 m³	0.042	3 020.9	67.44	712.23	659.27	126.88	2.83	29.91	27.69
人工单价		小计						262.37	323.1	262.28	57.26
综合工日：85元/工日		未计价材料费						288.86			
清单项目综合单价								905.01			

续上表

综合单价分析表

工程名称:某小型桥梁工程　　　标段:　　　第 6 页 共 22 页

项目编码	040303007001	项目名称	混凝土墩(台)盖梁	计量单位	m³	工程量	38

清单综合单价组成明细

定额编号	定额项目名称	定额单位	数量	单价 人工费	单价 材料费	单价 机械费	单价 管理费和利润	合价 人工费	合价 材料费	合价 机械费	合价 管理费和利润
3-275	台盖梁现拌混凝土	10 m³	0.1	1 398.25	3 083.4	367.74	305.15	139.83	308.34	36.77	30.52
3-248	垫层混凝土现拌混凝土	10 m³	0.009	1 124.55	2 693.6	322.55	245.42	10.15	24.32	2.91	2.22
3-247	垫层碎石	10 m³	0.009	555.05	718.07	0	121.13	5.01	6.48	0	1.09
人工单价			小计					154.99	339.15	39.69	33.82
综合工日:85 元/工日			未计价材料费					0			
清单项目综合单价								567.65			

综合单价分析表

工程名称:某小型桥梁工程　　　标段:　　　第 7 页 共 22 页

项目编码	040303007002	项目名称	混凝土墩(台)盖梁	计量单位	m³	工程量	25

清单综合单价组成明细

定额编号	定额项目名称	定额单位	数量	单价 人工费	单价 材料费	单价 机械费	单价 管理费和利润	合价 人工费	合价 材料费	合价 机械费	合价 管理费和利润
3-273	墩盖梁现拌混凝土	10 m³	0.1	1 419.5	3 081.8	380.7	309.79	141.95	308.18	38.07	30.98
人工单价			小计					141.95	308.18	38.07	30.98
综合工日:85 元/工日			未计价材料费					0			
清单项目综合单价								519.18			

综合单价分析表

工程名称:某小型桥梁工程　　　标段:　　　第 8 页 共 22 页

项目编码	040303003001	项目名称	混凝土承台	计量单位	m³	工程量	17.4

清单综合单价组成明细

定额编号	定额项目名称	定额单位	数量	单价 人工费	单价 材料费	单价 机械费	单价 管理费和利润	合价 人工费	合价 材料费	合价 机械费	合价 管理费和利润
3-253	承台现拌混凝土	10 m³	0.1	1 211.25	2 795.2	331.56	264.34	121.13	279.52	33.16	26.43
人工单价			小计					121.13	279.52	33.16	26.43
综合工日:85 元/工日			未计价材料费					0			
清单项目综合单价								460.23			

续上表

综合单价分析表

工程名称:某小型桥梁工程　　　　　　　　　　　　标段:　　　　　　　　　　　　　　　　　第 9 页　共 22 页

| 项目编码 | 040303005001 | 项目名称 | 混凝土墩(台)身 | 计量单位 | m³ | 工程量 | 8.6 |

清单综合单价组成明细

定额编号	定额项目名称	定额单位	数量	单价				合价			
				人工费	材料费	机械费	管理费和利润	人工费	材料费	机械费	管理费和利润
3-267	柱式墩台身现拌混凝土	10 m³	0.1	1 512.15	2 786	407.85	330.01	151.22	278.6	40.79	33
人工单价				小计				151.22	278.6	40.79	33
综合工日:85 元/工日				未计价材料费				0			
清单项目综合单价								503.6			

综合单价分析表

工程名称:某小型桥梁工程　　　　　　　　　　　　标段:　　　　　　　　　　　　　　　　　第 10 页　共 22 页

| 项目编码 | 040303019001 | 项目名称 | 桥面铺装 | 计量单位 | m² | 工程量 | 61.9 |

清单综合单价组成明细

定额编号	定额项目名称	定额单位	数量	单价				合价			
				人工费	材料费	机械费	管理费和利润	人工费	材料费	机械费	管理费和利润
3-311	桥面混凝土铺装车行道现拌混凝土	10 m³	0.1	1 722.95	3 322.6	259.39	376.01	172.3	332.36	25.94	37.6
人工单价				小计				172.3	332.36	25.94	37.6
综合工日:85 元/工日				未计价材料费				0			
清单项目综合单价								568.2			

综合单价分析表

工程名称:某小型桥梁工程　　　　　　　　　　　　标段:　　　　　　　　　　　　　　　　　第 11 页　共 22 页

| 项目编码 | 040304001001 | 项目名称 | 预制混凝土梁 | 计量单位 | m³ | 工程量 | 166.14 |

清单综合单价组成明细

定额编号	定额项目名称	定额单位	数量	单价				合价			
				人工费	材料费	机械费	管理费和利润	人工费	材料费	机械费	管理费和利润
3-345	预制混凝土梁制作空心板梁非预应力	10 m³	0.1	1 569.1	3 469.9	376.61	342.44	156.91	346.99	37.66	34.24
3-356	水上安装板梁扒杆安装 L≤10 m	10 m³	0.1	796.45	94.74	1 322.96	173.81	79.65	9.47	132.3	17.38
3-328	板梁底砂浆勾缝	100 m	0.031	195.5	3.38	0	42.67	6	0.1	0	1.31
3-431	起重机装车平板拖车运输构件质量25 t 以内1 km 以内	10 m³	0.1	24.48	29.45	326.94	5.35	2.45	2.95	32.69	0.54
人工单价				小计				245	359.51	202.65	53.47
综合工日:85 元/工日				未计价材料费				0			
清单项目综合单价								860.64			

续上表

综合单价分析表

工程名称：某小型桥梁工程　　　　　标段：　　　　　　　　　第 12 页　共 22 页

项目编码	040304005001	项目名称	预制混凝土其他构件	计量单位	m³	工程量	6.4

清单综合单价组成明细

定额编号	定额项目名称	定额单位	数量	单价				合价			
				人工费	材料费	机械费	管理费和利润	人工费	材料费	机械费	管理费和利润
3-404	预制混凝土小型构件制作人行道、缘石、锚锭板	10 m³	0.1	2 158.15	3 085.3	247.71	470.99	215.82	308.53	24.77	47.1
3-406	预制混凝土小型构件安装人行道板	10 m³	0.1	1 356.6	0	0	296.06	135.66	0	0	29.61
3-431	起重机装车平板拖车运输构件质量 25 t 以内 1 km 以内	10 m³	0.1	24.48	29.45	326.94	5.35	2.45	2.95	32.69	0.54
人工单价				小计				353.92	311.48	57.47	77.24
综合工日：85 元/工日				未计价材料费				0			
				清单项目综合单价				800.11			

综合单价分析表

工程名称：某小型桥梁工程　　　　　标段：　　　　　　　　　第 13 页　共 22 页

项目编码	040304005002	项目名称	预制混凝土其他构件	计量单位	m³	工程量	4.6

清单综合单价组成明细

定额编号	定额项目名称	定额单位	数量	单价				合价			
				人工费	材料费	机械费	管理费和利润	人工费	材料费	机械费	管理费和利润
3-405	预制混凝土小型构件制作灯柱、端柱、栏杆	10 m³	0.1	3 296.3	3 184.2	247.71	719.37	329.63	318.42	24.77	71.94
3-410	预制混凝土小型构件安装栏杆	10 m³	0.1	1 861.5	251.37	640.49	406.25	186.15	25.14	64.05	40.63
3-431	起重机装车平板拖车运输构件质量 25 t 以内 1 km 以内	10 m³	0.1	24.48	29.45	326.94	5.35	2.45	2.95	32.69	0.54
人工单价				小计				518.23	346.51	121.51	113.1
综合工日：85 元/工日				未计价材料费				0			
				清单项目综合单价				1 099.34			

续上表

综合单价分析表

工程名称：某小型桥梁工程　　标段：　　第 14 页　共 22 页

项目编码	040304005003	项目名称	预制混凝土其他构件	计量单位	m³	工程量	6.81

清单综合单价组成明细

定额编号	定额项目名称	定额单位	数量	单价 人工费	单价 材料费	单价 机械费	单价 管理费和利润	合价 人工费	合价 材料费	合价 机械费	合价 管理费和利润
3-405	预制混凝土小型构件制作灯柱、端柱、栏杆	10 m³	0.1	3 296.3	3 184.2	247.71	719.37	329.63	318.42	24.77	71.94
3-409	预制混凝土小型构件安装灯柱、端柱	10 m³	0.1	1 694.05	425.01	1 013.38	369.7	169.41	42.5	101.34	36.97
3-431	起重机装车平板拖车运输构件质量 25 t 以内 1 km 以内	10 m³	0.1	24.48	29.45	326.94	5.35	2.45	2.95	32.69	0.54
人工单价				小计				501.48	363.87	158.8	109.44
综合工日：85 元/工日				未计价材料费				0			
				清单项目综合单价				1 133.6			

综合单价分析表

工程名称：某小型桥梁工程　　标段：　　第 15 页　共 22 页

项目编码	040304005004	项目名称	预制混凝土其他构件	计量单位	m³	工程量	10.1

清单综合单价组成明细

定额编号	定额项目名称	定额单位	数量	单价 人工费	单价 材料费	单价 机械费	单价 管理费和利润	合价 人工费	合价 材料费	合价 机械费	合价 管理费和利润
3-404	预制混凝土小型构件制作人行道、缘石、锚锭板	10 m³	0.1	2 158.15	3 085.3	247.71	470.99	215.82	308.53	24.77	47.1
3-407	预制混凝土小型构件安装缘石	10 m³	0.1	1 466.25	0	0	319.99	146.63	0	0	32
3-431	起重机装车平板拖车运输构件质量 25 t 以内 1 km 以内	10 m³	0.1	24.48	29.45	326.94	5.35	2.45	2.95	32.69	0.54
人工单价				小计				364.89	311.48	57.47	79.63
综合工日：85 元/工日				未计价材料费				0			
				清单项目综合单价				813.46			

综合单价分析表

工程名称：某小型桥梁工程　　标段：　　第 16 页　共 22 页

项目编码	040305003001	项目名称	浆砌块料	计量单位	m³	工程量	12

清单综合单价组成明细

定额编号	定额项目名称	定额单位	数量	单价 人工费	单价 材料费	单价 机械费	单价 管理费和利润	合价 人工费	合价 材料费	合价 机械费	合价 管理费和利润
3-457	浆砌料石台阶	10 m³	0.1	2 366.4	1 361.8	26.7	516.43	236.64	136.18	2.67	51.64
3-477	勾平缝浆砌料石面	100 m²	0.05	533.8	184.47	0	116.49	26.69	9.22	0	5.82
人工单价				小计				263.33	145.4	2.67	57.47
综合工日：85 元/工日				未计价材料费				0			
				清单项目综合单价				468.87			

续上表

综合单价分析表

工程名称：某小型桥梁工程　　　　　　　　标段：　　　　　　　　　　第 17 页　共 22 页

| 项目编码 | 040305005001 | 项目名称 | 护坡—浆砌 | 计量单位 | m² | 工程量 | 60 |

清单综合单价组成明细

定额编号	定额项目名称	定额单位	数量	单价 人工费	单价 材料费	单价 机械费	单价 管理费和利润	合价 人工费	合价 材料费	合价 机械费	合价 管理费和利润
3-496	浆砌块石护坡（厚度）40 cm 以内	10 m³	0.04	984.3	1 388.8	58.18	214.81	39.37	55.55	2.33	8.59
3-476	勾平缝浆砌块石面	100 m²	0.01	537.2	206.51	0	117.24	5.37	2.07	0	1.17
人工单价				小计				44.74	57.62	2.33	9.76
综合工日：85 元/工日				未计价材料费				0			
清单项目综合单价								114.45			

综合单价分析表

工程名称：某小型桥梁工程　　　　　　　　标段：　　　　　　　　　　第 18 页　共 22 页

| 项目编码 | 040305005002 | 项目名称 | 护坡—干砌 | 计量单位 | m² | 工程量 | 320 |

清单综合单价组成明细

定额编号	定额项目名称	定额单位	数量	单价 人工费	单价 材料费	单价 机械费	单价 管理费和利润	合价 人工费	合价 材料费	合价 机械费	合价 管理费和利润
3-490	干砌块石护坡厚度（cm 以内）40	10 m³	0.04	872.1	755.22	0	190.33	34.88	30.21	0	7.61
3-475	勾平缝干砌块石面	100 m²	0.01	583.1	206.51	0	127.26	5.83	2.07	0	1.27
人工单价				小计				40.72	32.27	0	8.89
综合工日：85 元/工日				未计价材料费				0			
清单项目综合单价								81.87			

综合单价分析表

工程名称：某小型桥梁工程　　　　　　　　标段：　　　　　　　　　　第 19 页　共 22 页

| 项目编码 | 040308001001 | 项目名称 | 水泥砂浆抹面 | 计量单位 | m² | 工程量 | 120 |

清单综合单价组成明细

定额编号	定额项目名称	定额单位	数量	单价 人工费	单价 材料费	单价 机械费	单价 管理费和利润	合价 人工费	合价 材料费	合价 机械费	合价 管理费和利润
3-328	板梁底砂浆勾缝	100 m	0.03	195.5	3.38	0	42.67	5.87	0.1	0	1.28
人工单价				小计				5.87	0.1	0	1.28
综合工日：85 元/工日				未计价材料费				0			
清单项目综合单价								7.25			

续上表

综合单价分析表

工程名称:某小型桥梁工程　　　　　　　　　标段:　　　　　　　　　　　　　第 20 页　共 22 页

项目编码	040309004001	项目名称	橡胶支座	计量单位	个	工程量	216
清单综合单价组成明细							
定额编号	定额项目名称	定额单位	数量	单价			
				人工费	材料费	机械费	管理费和利润
3-552	橡胶支座板式	100 cm³	0.003	1.7	120	0	0.38
人工单价			小计				
综合工日:85 元/工日			未计价材料费				
			清单项目综合单价				

合价			
人工费	材料费	机械费	管理费和利润
0.01	0.36	0	0
0.01	0.36	0	0
0.36			
0.37			

综合单价分析表

工程名称:某小型桥梁工程　　　　　　　　　标段:　　　　　　　　　　　　　第 21 页　共 22 页

项目编码	040309007001	项目名称	桥梁伸缩装置	计量单位	m	工程量	39.85
清单综合单价组成明细							
定额编号	定额项目名称	定额单位	数量	单价			
				人工费	材料费	机械费	管理费和利润
3-566	伸缩缝橡胶板	10 m	0.1	815.15	176.3	257.49	177.9
人工单价			小计				
综合工日:85 元/工日			未计价材料费				
			清单项目综合单价				

合价			
人工费	材料费	机械费	管理费和利润
81.52	17.63	25.75	17.79
81.52	17.63	25.75	17.79
10.5			
142.68			

综合单价分析表

工程名称:某小型桥梁工程　　　　　　　　　标段:　　　　　　　　　　　　　第 22 页　共 22 页

项目编码	040309007002	项目名称	桥梁伸缩装置	计量单位	m	工程量	28.08
清单综合单价组成明细							
定额编号	定额项目名称	定额单位	数量	单价			
				人工费	材料费	机械费	管理费和利润
3-568	伸缩缝沥青麻丝	10 m	0.1	163.2	41.91	0	35.62
人工单价			小计				
综合工日:85 元/工日			未计价材料费				
			清单项目综合单价				

合价			
人工费	材料费	机械费	管理费和利润
16.32	4.19	0	3.56
16.32	4.19	0	3.56
0			
24.07			

自测训练

一、单选题

1.《市政工程工程量计算规范》(GB 50857—2013)中规定,泥浆护壁成孔灌注桩可以按设计图示数量以( )计算。

　　A. 根　　　　　B. 长度　　　　　C. 桩长　　　　　D. 体积

2.《市政工程工程量计算规范》(GB 50857—2013)中规定,截桩头按设计图示数量以( )计算。
　　A. 面积　　　　B. 根　　　　C. 体积　　　　D. 桩长

3.《市政工程工程量计算规范》(GB 50857—2013)中规定,灌注桩后注浆按设计图示以( )计算。
　　A. 座　　　　B. 体积　　　　C. 千克　　　　D. 注浆孔数

4.《市政工程工程量计算规范》(GB 50857—2013)中规定,桥面铺装按设计图示尺寸以( )计算。
　　A. 座　　　　B. 体积　　　　C. 千克　　　　D. 面积

5.《市政工程工程量计算规范》(GB 50857—2013)中规定,干砌块料按设计图示尺寸以( )计算。
　　A. 块数　　　B. 体积　　　　C. 面积　　　　D. 中心线长度

二、多选题

1.《市政工程工程量计算规范》(GB 50857—2013)中规定,预制钢筋混凝土管桩( )。
　　A. 以米计量,按设计图示尺寸以桩长(包括桩尖)计算
　　B. 以立方米计量,按设计图示桩长(包括桩尖)乘以桩的断面积计算
　　C. 以吨计量,按设计图示尺寸以质量计算
　　D. 按设计图示尺寸(含护壁)截面积乘以挖孔深度以立方米计算
　　E. 以根计量,按设计图示数量计算

2.《市政工程工程量计算规范》(GB 50857—2013)中规定,沉管灌注桩需要描述的项目特征包括( )。
　　A. 空桩长度、桩长　B. 复打长度　　C. 桩径　　　D. 沉管方法　　E. 桩尖类型

3.《市政工程工程量计算规范》(GB 50857—2013)中规定,沉管灌注桩的沉管方法包括( )。
　　A. 锤击沉管法　　B. 冲击钻成孔　　C. 振动沉管法　　D. 振动冲击沉管法　　E. 内夯沉管法

三、判断题

1.《市政工程工程量计算规范》(GB 50857—2013)中规定,地下连续墙按设计图示墙中心线长乘以厚度乘以槽深,以体积计算。(　　)

2.《市政工程工程量计算规范》(GB 50857—2013)中规定,咬合灌注桩以米计量,按设计图示尺寸以桩长计算。(　　)

3.《市政工程工程量计算规范》(GB 50857—2013)中规定,喷射混凝土按设计图示尺寸以面积计算。(　　)

4.《市政工程工程量计算规范》(GB 50857—2013)中规定,锚杆(索)的工作内容不包括锚杆(索)施工平台搭设、拆除。(　　)

5.《市政工程工程量计算规范》(GB 50857—2013)中规定,护坡按设计图示尺寸以体积计算。(　　)

6.《市政工程工程量计算规范》(GB 50857—2013)中规定,箱涵顶板、箱涵底板、箱涵侧墙按设计图示尺寸以体积计算。(　　)

7.《市政工程工程量计算规范》(GB 50857—2013)中规定,钢箱梁按设计图示尺寸以质量计算。不扣除孔眼的质量,焊条、铆钉、螺栓等不另增加质量。(　　)

8.《市政工程工程量计算规范》(GB 50857—2013)中规定,透水管按设计图示数量以根计算。(　　)

9.《市政工程工程量计算规范》(GB 50857—2013)中规定,水泥砂浆抹面按设计图示尺寸以面积计算。(　　)

10.《市政工程工程量计算规范》(GB 50857—2013)中规定,金属栏杆可以按设计图示尺寸以质量计算。(　　)

四、简答题

1. 简述干作业成孔灌注桩的工程量计算规则。
2. 简述钻孔压浆桩的工程量计算规则。
3. 简述型钢水泥土搅拌墙的工程量计算规则。
4. 简述预制混凝土挡土墙墙身的工程量计算规则。

任务3 计划单

课程	市政工程预算		
学习情境三	清单工程量解析	学时	20
任务3	桥涵工程清单工程量计算	学时	4
计划方式	小组讨论、团结协作共同制订计划		
序 号	实 施 步 骤	使用资源	
1			
2			
3			
4			
5			
6			
7			
8			
9			
制订计划说明			
计划评价	班 级		第 组	组长签字	
	教师签字		日 期	
	评语：			

任务3 计划单

任务3 决策单

课程	市政工程预算		
学习情境三	清单工程量解析	学时	20
任务3	桥涵工程清单工程量计算	学时	4
方案讨论			

	组号	方案合理性	实施可操作性	安全性	综合评价
方案对比	1				
	2				
	3				
	4				
	5				
	6				
	7				
	8				
	9				
	10				

方案评价	评语：

班级		组长签字		教师签字		月　日

任务3 实施单

课程	市政工程预算		
学习情境三	清单工程量解析	学时	20
任务3	桥涵工程清单工程量计算	学时	4
实施方式	小组成员合作；动手实践		

序　号	实　施　步　骤	使用资源
1		
2		
3		
4		
5		
6		
7		
8		
9		
10		
11		
12		
13		
14		
15		
16		

实施说明：

班　级		第　　组	组长签字	
教师签字			日　期	
评　语				

任务3 作业单

课程	市政工程预算		
学习情境三	清单工程量解析	学时	20
任务3	桥涵工程清单工程量计算	学时	4
实施方式	小组成员动手计算一个桥涵工程清单工程量,学生自己收集资料、计算		

班 级		第 组	组长签字	
教师签字		日 期		
评语				

任务 3 检查单

课程	市政工程预算		
学习情境三	清单工程量解析	学时	20
任务 3	桥涵工程清单工程量计算	学时	4
序　号	检查项目	检查标准	学生自查	教师检查

序号	检查项目	检查标准	学生自查	教师检查
1				
2				
3				
4				
5				
6				
7				
8				
9				
10				
11				
12				
13				
14				
15				

检查评价	班　级		第　组	组长签字	
	教师签字		日　期		
	评语：				

任务3 评价单

1. 工作评价单

课程			市政工程预算			
学习情境三			清单工程量解析		学时	20
任务3			桥涵工程清单工程量计算		学时	4
评价类别	项目	子项目	个人评价		组内互评	教师评价
专业能力	资讯(10%)	搜集信息(5%)				
		引导问题回答(5%)				
	计划(5%)					
	实施(20%)					
	检查(10%)					
	过程(5%)					
	结果(10%)					
社会能力	团结协作(10%)					
	敬业精神(10%)					
方法能力	计划能力(10%)					
	决策能力(10%)					
评 价	班级		姓名		学号	总评
	教师签字		第 组		组长签字	日期

2. 小组成员素质评价单

课程	市政工程预算		
学习情境三	清单工程量解析	学时	20
任务3	桥涵工程清单工程量计算	学时	4
班级		第　组	成员姓名

评分说明	每个小组成员评价分为自评和小组其他成员评价两部分,取平均值计算,作为该小组成员的任务评价个人分数。评价项目共设计五个,依据评分标准给予合理量化打分。小组成员自评分后,要找小组其他成员不记名方式打分,成员互评分为其他小组成员的平均分

对象	评分项目	评分标准	评分
自评 (100分)	核心价值观(20分)	是否有违背社会主义核心价值观的思想及行动	
	工作态度(20分)	是否按时完成负责的工作内容、遵守纪律,是否积极主动参与小组工作,是否全过程参与,是否吃苦耐劳,是否具有工匠精神	
	交流沟通(20分)	是否能良好地表达自己的观点,是否能倾听他人的观点	
	团队合作(20分)	是否与小组成员合作完成,做到相互协助、相互帮助、听从指挥	
	创新意识(20分)	看问题是否能独立思考,提出独到见解,是否能够创新思维解决遇到的问题	
成员互评 (100分)	核心价值观(20分)	是否有违背社会主义核心价值观的思想及行动	
	工作态度(20分)	是否按时完成负责的工作内容、遵守纪律,是否积极主动参与小组工作,是否全过程参与,是否吃苦耐劳,是否具有工匠精神	
	交流沟通(20分)	是否能良好地表达自己的观点,是否能倾听他人的观点	
	团队合作(20分)	是否与小组成员合作完成,做到相互协助、相互帮助、听从指挥	
	创新意识(20分)	看问题是否能独立思考,提出独到见解,是否能够创新思维解决遇到的问题	
最终小组成员得分			
小组成员签字		评价时间	

任务 3　教学反馈单

课程	市政工程预算			
学习情境三	清单工程量解析	学时	20	
任务 3	桥涵工程清单工程量计算	学时	4	
序　号	调　查　内　容	是	否	理由陈述
1	你是否喜欢这种上课方式？			
2	与传统教学方式比较你认为哪种方式学到的知识更实用？			
3	针对每个学习任务你是否学会如何进行资讯？			
4	计划和决策感到困难吗？			
5	你认为学习任务对你将来的工作有帮助吗？			
6	通过本任务的学习，你学会桥涵工程的清单工程量计算规则了吗？			
7	你能计算桥涵工程的清单工程量吗？			
8	你会使用《市政工程工程量计算规范》吗？			
9	通过几天来的工作和学习，你对自己的表现是否满意？			
10	你对小组成员之间的合作是否满意？			
11	你认为本情境还应学习哪些方面的内容？（请在下面空白处填写）			
你的意见对改进教学非常重要，请写出你的建议和意见：				
被调查人签名		调查时间		

任务 4　管网工程清单工程量计算

任 务 单

课程	市政工程预算		
学习情境三	清单工程量解析	学时	20
任务 4	管网工程清单工程量计算	学时	4
布置任务			
任务目标	(1)掌握管网工程项目清单计算规则； (2)掌握管网工程清单工程量计算的方法； (3)学会计算管网工程的清单工程量； (4)能够在完成任务过程中锻炼职业素养，做到工作程序严谨认真对待，完成任务能够吃苦耐劳主动承担，能够主动帮助小组落后的其他成员，有团队意识，诚实守信、不瞒骗，培养保证质量等建设优质工程的爱国情怀		
任务描述	计算某管网工程相关的清单工程量。具体任务如下： (1)根据任务要求，收集管道铺设、管件阀门及附件安装、管道附属构筑物、措施项目的清单工程量计算规则； (2)确定管道铺设、管件阀门及附件安装、管道附属构筑物、措施项目的清单工程量计算方法； (3)计算管道铺设、管件阀门及附件安装、管道附属构筑物、措施项目的清单工程量		

学时安排	资讯	计划	决策	实施	检查	评价
	1学时	0.5学时	0.5学时	1学时	0.5学时	0.5学时

| 对学生学习及成果的要求 | (1)每名同学均能按照资讯思维导图自主学习，并完成知识模块中的自测训练；
(2)严格遵守课堂纪律，学习态度认真、端正，能够正确评价自己和同学在本任务中的素质表现，积极参与小组工作任务讨论，严禁抄袭；
(3)具备工程造价的基础知识；具备管网工程的构造、结构、施工知识；
(4)具备识图的能力；具备计算机知识和计算机操作能力；
(5)小组讨论管网工程工程量计算的方案，能够确定管网工程工程量的计算规则，掌握管网工程清单工程量的计算方法，能够正确计算管网工程的清单工程量；
(6)具备一定的实践动手能力、自学能力、数据计算能力、沟通协调能力、语言表达能力和团队意识；
(7)严格遵守课堂纪律，不迟到、不早退；学习态度认真、端正；每位同学必须积极动手并参与小组讨论；
(8)讲解管网工程清单工程量的计算过程，接受教师与同学的点评，同时参与小组自评与互评 |

资讯思维导图

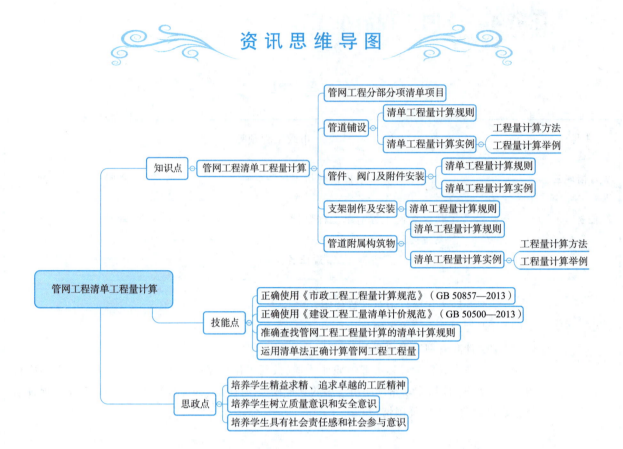

管网工程分部分项清单项目

《市政工程工程量计算规范》(GB 50857—2013)附录 E 管网工程中,设置了 4 个小节 51 个清单项目,4 个小节分别为:管道铺设,管件、阀门及附件安装,支架制作及安装,管道附属构筑物。

1. 管道铺设

本节主要设置了 20 个清单项目:混凝土管、钢管、铸铁管、塑料管、直埋式预制保温管、管道架空跨越、隧道(沟、管)内管道、水平导向钻进、夯管、顶(夯)管工作坑、预制混凝土工作坑、顶管、土壤加固、新旧管连接、临时放水管线、砌筑方沟、混凝土方沟、砌筑渠道、混凝土渠道、警示(示踪)带铺设。

2. 管件、阀门及附件安装

本节主要设置了 18 个清单项目:铸铁管管件,钢管管件制作、安装,塑料管管件,转换件,阀门,法兰,盲堵板制作、安装,套管制作、安装,水表,消火栓,补偿器(波纹管),除污器组成、安装,凝水缸,调压器,过滤器,分离器,安全水封,检漏(水)管。

3. 支架制作及安装

本节主要设置了 4 个清单项目:砌筑支墩,混凝土支墩,金属支架制作、安装,金属吊架制作、安装。

4. 管道附属构筑物

本节主要设置了 9 个清单项目:砌筑井、混凝土井、塑料检查井、砖砌井筒、预制混凝土井筒、砌体出水口、混凝土出水口、整体化粪池、雨水口。

知识模块1:管道铺设工程量计算

一、管道铺设工程量清单计算规则

管道铺设工程量清单项目设置、项目特征描述的内容、计量单位及工程量计算规则,应按表3-25的规定执行。

表 3-25　管道铺设(编码:040501)

项目编码	项目名称	项目特征	计量单位	工程量计算规则	工作内容
040501001	混凝土管	1. 垫层、基础材质及厚度 2. 管座材质 3. 规格 4. 接口方式 5. 铺设深度 6. 混凝土强度等级 7. 管道检验及试验要求	m	按设计图示中心线长度以延米计算。不扣除附属构筑物、管件及阀门等所占长度	1. 垫层、基础铺筑及养护 2. 模板制作、安装、拆除 3. 混凝土拌和、运输、浇筑、养护 4. 预制管枕安装 5. 管道铺设 6. 管道接口 7. 管道检验及试验
040501002	钢管	1. 垫层、基础材质及厚度 2. 材质及规格 3. 接口方式 4. 铺设深度 5. 管道检验及试验要求 6. 集中防腐运距			1. 垫层、基础铺筑及养护 2. 模板制作、安装、拆除 3. 混凝土拌和、运输、浇筑、养护 4. 管道铺设 5. 管道检验及试验 6. 集中防腐运输
040501003	铸铁管				
040501004	塑料管	1. 垫层、基础材质及厚度 2. 材质及规格 3. 连接形式 4. 铺设深度 5. 管道检验及试验要求			1. 垫层、基础铺筑及养护 2. 模板制作、安装、拆除 3. 混凝土拌和、运输、浇筑、养护 4. 管道铺设 5. 管道检验及试验
040501005	直埋式预制保温管	1. 垫层材质及厚度 2. 材质及规格 3. 接口方式 4. 铺设深度 5. 管道检验及试验的要求			1. 垫层铺筑及养护 2. 管道铺设 3. 接口处保温 4. 管道检验及试验
040501006	管道架空跨越	1. 管道架设高度 2. 管道材质及规格 3. 接口方式 4. 管道检验及试验要求 5. 集中防腐运距		按设计图示中心线长度以延米计算。不扣除管件及阀门等所占长度	1. 管道架设 2. 管道检验及试验 3. 集中防腐运输
040501007	隧道(沟、管)内管道	1. 基础材质及厚度 2. 混凝土强度等级 3. 材质及规格 4. 接口方式 5. 管道检验及试验要求 6. 集中防腐运距		按设计图示中心线长度以延米计算。不扣除附属构筑物、管件及阀门等所占长度	1. 基础铺筑、养护 2. 模板制作、安装、拆除 3. 混凝土拌和、运输、浇筑、养护 4. 管道铺设 5. 管道检测及试验 6. 集中防腐运输
040501008	水平导向钻进	1. 土壤类别 2. 材质及规格 3. 一次成孔长度 4. 接口方式 5. 泥浆要求 6. 管道检验及试验要求 7. 集中防腐运距		按设计图示长度以延米计算。扣除附属构筑物(检查井)所占的长度	1. 设备安装、拆除 2. 定位、成孔 3. 管道接口 4. 拉管 5. 纠偏、监测 6. 泥浆制作、注浆 7. 管道检测及试验 8. 集中防腐运输 9. 泥浆、土方外运

续上表

项目编码	项目名称	项目特征	计量单位	工程量计算规则	工作内容
040501009	夯管	1. 土壤类别 2. 材质及规格 3. 一次夯管长度 4. 接口方式 5. 管道检验及试验要求 6. 集中防腐运距	m		1. 设备安装、拆除 2. 定位、夯管 3. 管道接口 4. 纠偏、监测 5. 管道检测及试验 6. 集中防腐运输 7. 土方外运
040501010	顶(夯)管工作坑	1. 土壤类别 2. 工作坑平面尺寸及深度 3. 支撑、围护方式 4. 垫层、基础材质及厚度 5. 混凝土强度等级 6. 设备、工作台主要技术要求	座	按设计图示数量计算	1. 支撑、围护 2. 模板制作、安装、拆除 3. 混凝土拌和、运输、浇筑、养护 4. 工作坑内设备、工作台安装及拆除
040501011	预制混凝土工作坑	1. 土壤类别 2. 工作坑平面尺寸及深度 3. 垫层、基础材质及厚度 4. 混凝土强度等级 5. 设备、工作台主要技术要求 6. 混凝土构件运距			1. 混凝土工作坑制作 2. 下沉、定位 3. 模板制作、安装、拆除 4. 混凝土拌和、运输、浇筑、养护 5. 工作坑内设备、工作台安装及拆除 6. 混凝土构件运输
040501012	顶管	1. 土壤类别 2. 顶管工作方式 3. 管道材质及规格 4. 中继间规格 5. 工具管材质及规格 6. 触变泥浆要求 7. 管道检验及试验要求 8. 集中防腐运距	m	按设计图示长度以延米计算。扣除附属构筑物(检查井)所占的长度	1. 管道顶进 2. 管道接口 3. 中继间、工具管及附属设备安装拆除 4. 管内挖、运土及土方提升 5. 机械顶管设备调向 6. 纠偏、监测 7. 触变泥浆制作、注浆 8. 洞口止水 9. 管道检测及试验 10. 集中防腐运输 11. 泥浆、土方外运
040501013	土壤加固	1. 土壤类别 2. 加固填充材料 3. 加固方式	1. m 2. m³	1. 按设计图示加固段长度以延米计算 2. 按设计图示加固段体积以立方米计算	打孔、调浆、灌注
040501014	新旧管连接	1. 材质及规格 2. 连接方式 3. 带(不带)介质连接	处	按设计图示数量计算	1. 切管 2. 钻孔 3. 连接

续上表

项目编码	项目名称	项目特征	计量单位	工程量计算规则	工作内容
040501015	临时放水管线	1. 材质及规格 2. 铺设方式 3. 接口形式	m	按放水管线长度以延米计算,不扣除管件、阀门所占长度	管线铺设、拆除
040501016	砌筑方沟	1. 断面规格 2. 垫层、基础材质及厚度 3. 砌筑材料品种、规格、强度等级 4. 混凝土强度等级 5. 砂浆强度等级、配合比 6. 勾缝、抹面要求 7. 盖板材质及规格 8. 伸缩缝(沉降缝)要求 9. 防渗、防水要求 10. 混凝土构件运距		按设计图示尺寸以延米计算	1. 模板制作、安装、拆除 2. 混凝土拌和、运输、浇筑、养护 3. 砌筑 4. 勾缝、抹面 5. 盖板安装 6. 防水、止水 7. 混凝土构件运输
040501017	混凝土方沟	1. 断面规格 2. 垫层、基础材质及厚度 3. 混凝土强度等级 4. 伸缩缝(沉降缝)要求 5. 盖板材质、规格 6. 防渗、防水要求 7. 混凝土构件运距			1. 模板制作、安装、拆除 2. 混凝土拌和、运输、浇筑、养护 3. 盖板安装 4. 防水、止水 5. 混凝土构件运输
040501018	砌筑渠道	1. 断面规格 2. 垫层、基础材质及厚度 3. 砌筑材料品种、规格、强度等级 4. 混凝土强度等级 5. 砂浆强度等级、配合比 6. 勾缝、抹面要求 7. 伸缩缝(沉降缝)要求 8. 防渗、防水要求			1. 模板制作、安装、拆除 2. 混凝土拌和、运输、浇筑、养护 3. 渠道砌筑 4. 勾缝、抹面 5. 防水、止水
040501019	混凝土渠道	1. 断面规格 2. 垫层、基础材质及厚度 3. 混凝土强度等级 4. 伸缩缝(沉降缝)要求 5. 防渗、防水要求 6. 混凝土构件运距			1. 模板制作、安装、拆除 2. 混凝土拌和、运输、浇筑、养护 3. 防水、止水 4. 混凝土构件运输
040501020	警示(示踪)带铺设	规格		按铺设长度以延米计算	铺设

注:①管道架空跨越铺设的支架制作、安装及支架基础、垫层应按表3-29支架制作及安装相关清单项目编码列项。
②管道铺设项目中的做法如为标准设计,也可在项目特征中标注标准图集号。

二、管道铺设清单工程量计算实例

1. 管道铺设工程量计算方法

1)混凝土管清单工程量

计算公式:

$$工程量 = 图示长度 \ (m)$$

按设计图示中心线长度以延米计算。不扣除附属构筑物、管件及阀门等所占长度。

2)钢管、铸铁管、塑料管、直埋式预制保温管清单工程量

计算公式:

$$工程量 = 图示长度 \ (m)$$

管道铺设工程量计算

按设计图示中心线长度以延米计算。不扣除附属构筑物、管件及阀门等所占长度。

3）管道架空跨越清单工程量

计算公式：

$$工程量 = 图示长度 \quad (m)$$

按设计图示中心线长度以延米计算。不扣除管件及阀门等所占长度。

4）隧道（沟、管）内管道清单工程量

计算公式：

$$工程量 = 图示长度 \quad (m)$$

按设计图示中心线长度以延米计算。不扣除附属构筑物、管件及阀门等所占长度。

5）水平导向钻进、夯管、顶管清单工程量

计算公式：

$$工程量 = 图示长度 - 附属构筑物长度 \quad (m)$$

按设计图示长度以延米计算。扣除附属构筑物（检查井）所占长度。

6）顶（夯）管工作坑、预制混凝土工作坑清单工程量

计算公式：

$$工程量 = 图示数量 \quad (座)$$

按设计图示数量计算。

7）土壤加固清单工程量

（1）计算公式：

$$工程量 = 图示长度 \quad (m)$$

按设计图示加固段长度以延米计算。

（2）计算公式：

$$工程量 = 加固长度 \times 加固宽度 \times 加固厚度 \quad (m^3)$$

按设计图示加固段体积以立方米计算。

8）新旧管连接清单工程量

计算公式：

$$工程量 = 图示数量 \quad (处)$$

按设计图示数量计算。

9）临时放水管线清单工程量

计算公式：

$$工程量 = 图示长度 \quad (m)$$

按放水管线长度以延米计算，不扣除管件、阀门所占长度。

10）砌筑方沟、混凝土方沟、砌筑渠道、混凝土渠道清单工程量

计算公式：

$$工程量 = 图示长度 \quad (m)$$

按设计图示长度以延米计算。

11）警示（示踪）带铺设清单工程量

计算公式：

$$工程量 = 铺设长度 \quad (m)$$

按铺设长度以延米计算。

2. 管道铺设工程量计算举例

【例3-18】如图3-23所示，某管网工程采用钢管铺设，求钢管清单工程量。

【解】DN500钢管铺设的工程量：49（m）。

DN200钢管铺设的工程量：22 + 17 = 39（m）。

【例3-19】如图3-24所示，某城市中市政排水工程主干管长度为1 000 m，采用 ϕ600 mm混凝土管135°混凝

土基础,在主干管上设置雨水检查井 10 座,规格为 $\phi 1\,500$ mm,单室雨水井 25 座,雨水口接入管 $\phi 225$ mm UPVC 加筋管,共 9 道,每道 10 m。求混凝土管、塑料管铺设长度,以及检查井座数。

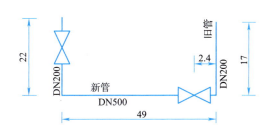

图 3-23 钢管管线布置图(单位:m)

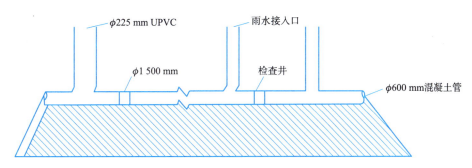

图 3-24 某市政排水工程主干管示意图

【解】清单工程量计算见表 3-26。

表 3-26 清单工程量计算表

项目编码	名称	项目特征描述	计量单位	工程量
040501001001	混凝土管	1. 垫层、基础材质及厚度:混凝土基础 135° 2. 管座材质:混凝土管 3. 规格:$\phi 600$ mm 4. 管道检验及试验要求:闭水试验	m	1 000
040501004001	塑料管	材质及规格:$\phi 225$ mm UPVC	m	90
040504001001	砌筑井	井盖、井圈材质及规格:$\phi 1\,500$ mm 雨水检查井	座	10
040504001002	砌筑井	井盖、井圈材质及规格:单室雨水井	座	25

思一思:

混凝土管清单工程量如何计算?

知识模块 2:管件、阀门及附件安装工程量计算

一、管件、阀门及附件安装清单工程量计算规则

管件、阀门及附件安装工程量清单项目设置、项目特征描述的内容,计量单位及工程量计算规则,应按表 3-27 的规定执行。

表 3-27 管件、阀门及附件安装（编码：040502）

项目编码	项目名称	项目特征	计量单位	工程量计算规则	工作内容
040502001	铸铁管管件	1. 种类 2. 材质及规格 3. 接口形式	个	按设计图示数量计算	安装
040502002	钢管管件制作、安装				制作、安装
040502003	塑料管管件	1. 种类 2. 材质及规格 3. 连接方式			安装
040502004	转换件	1. 材质及规格 2. 接口形式			
040502005	阀门	1. 种类 2. 材质及规格 3. 连接方式 4. 试验要求			
040502006	法兰	1. 材质、规格、结构形式 2. 连接方式 3. 焊接方式 4. 垫片材质			
040502007	盲堵板制作、安装	1. 材质及规格 2. 连接方式			制作、安装
040502008	套管制作、安装	1. 形式、材质及规格 2. 管内填料材质			制作、安装
040502009	水表	1. 规格 2. 安装方式			安装
040502010	消火栓	1. 规格 2. 安装部位、方式			
040502011	补偿器（波纹管）	1. 规格 2. 安装方式	套		
040502012	除污器组成、安装				组成、安装
040502013	凝水缸	1. 材料品种 2. 型号及规格 3. 连接方式			1. 制作 2. 安装
040502014	调压器	1. 规格 2. 型号 3. 连接方式	组		安装
040502015	过滤器				
040502016	分离器				
040502017	安全水封	规格			
040502018	检漏（水）管				

注：040502013 项目的凝水井应按表 3-30 管道附属构筑物相关清单项目编码列项。

二、管件、阀门及附件安装工程量计算实例

【例 3-20】如图 3-25 所示，城市某段市政给水管道，其中 DN300 为新建镀锌钢管，水泥砂浆做内防腐，新建圆形直筒式阀门井 2 座，井内径 1.3 m，井深 2.1 m。求清单工程量。

【解】
1）管道安装
DN200 钢管铺设的工程量：3.6（m）
DN300 钢管铺设的工程量：1 400 - 1.3 = 1 398.7（m）

2)管件安装

双承一插三通(DN200、DN300):1个

盘插短管(DN200):1个

盘插短管(DN300):1个

3)阀门安装

DN200:1个

DN300:1个

4)碰头

DN500:1处

5)砌筑井

新建圆形直筒式阀门井2座,井内径1.3 m,井深2.1 m。

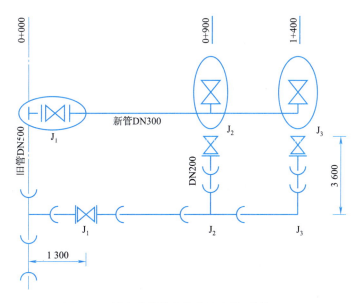

图3-25 城市某段给水管道示意图(单位:mm)

清单工程量计算见表3-28。

表3-28 清单工程量计算表

项目编码	名称	项目特征描述	计量单位	工程量
040501002001	钢管	1. 材质及规格:DN200钢管 2. 集中防腐运距:水泥砂浆做内防腐	m	3.6
040501002002	钢管	1. 材质及规格:DN300钢管 2. 集中防腐运距:水泥砂浆做内防腐	m	1 398.7
040502002001	钢管管件制作、安装	1. 材质及规格:DN200、DN300 2. 接口形式:双承一插三通	个	1
040502002002	钢管管件制作、安装	1. 材质及规格:DN200 2. 接口形式:盘插短管	个	1
040502002003	钢管管件制作、安装	1. 材质及规格:DN300 2. 接口形式:盘插短管	个	1
040502005001	阀门	材质及规格:DN200	个	1
040502005002	阀门	材质及规格:DN300	个	1
040504001001	砌筑井	井盖、井圈材质及规格:阀门井,井内径1.3 m,井深2.1 m	座	2

忆一忆：

管件、阀门及附件安装清单工程量如何计算？

知识模块3：支架制作及安装工程量计算

支架制作及安装工程量清单项目设置、项目特征描述的内容、计量单位及工程量计算规则，应按表3-29的规定执行。

表3-29 支架制作及安装（编码：040503）

项目编码	项目名称	项目特征	计量单位	工程量计算规则	工作内容
040503001	砌筑支墩	1. 垫层材质、厚度 2. 混凝土强度等级 3. 砌筑材料、规格、强度等级 4. 砂浆强度等级、配合比	m³	按设计图示尺寸以体积计算	1. 模板制作、安装、拆除 2. 混凝土拌和、运输、浇筑、养护 3. 砌筑 4. 勾缝、抹面
040503002	混凝土支墩	1. 垫层材质、厚度 2. 混凝土强度等级 3. 预制混凝土构件运距			1. 模板制作、安装、拆除 2. 混凝土拌和、运输、浇筑、养护 3. 预制混凝土支墩安装 4. 混凝土构件运输
040503003	金属支架制作、安装	1. 垫层、基础材质及厚度 2. 混凝土强度等级 3. 支架材质 4. 支架形式 5. 预埋件材质及规格	t	按设计图示质量计算	1. 模板制作、安装、拆除 2. 混凝土拌和、运输、浇筑、养护 3. 支架制作、安装
040503004	金属吊架制作、安装	1. 吊架形式 2. 吊架材质 3. 预埋件材质及规格			制作、安装

知识模块4：管道附属构筑物工程量计算

一、管道附属构筑物清单工程量计算规则

管道附属构筑物工程量清单项目设置、项目特征描述的内容、计量单位及工程量计算规则，应按表3-30的规定执行。

表 3-30 管道附属构筑物（编码：040504）

项目编码	项目名称	项目特征	计量单位	工程量计算规则	工作内容
040504001	砌筑井	1. 垫层、基础材质及厚度 2. 砌筑材料品种、规格、强度等级 3. 勾缝、抹面要求 4. 砂浆强度等级、配合比 5. 混凝土强度等级 6. 盖板材质、规格 7. 井盖、井圈材质及规格 8. 踏步材质、规格 9. 防渗、防水要求	座	按设计图示数量计算	1. 垫层铺筑 2. 模板制作、安装、拆除 3. 混凝土拌和、运输、浇筑、养护 4. 砌筑、勾缝、抹面 5. 井圈、井盖安装 6. 盖板安装 7. 踏步安装 8. 防水、止水
040504002	混凝土井	1. 垫层、基础材质及厚度 2. 混凝土强度等级 3. 盖板材质、规格 4. 井盖、井圈材质及规格 5. 踏步材质、规格 6. 防渗、防水要求	座	按设计图示数量计算	1. 垫层铺筑 2. 模板制作、安装、拆除 3. 混凝土拌和、运输、浇筑、养护 4. 井圈、井盖安装 5. 盖板安装 6. 踏步安装 7. 防水、止水
040504003	塑料检查井	1. 垫层、基础材质及厚度 2. 检查井材质、规格 3. 井筒、井盖、井圈材质及规格			1. 垫层铺筑 2. 模板制作、安装、拆除 3. 混凝土拌和、运输、浇筑、养护 4. 检查井安装 5. 井筒、井圈、井盖安装
040504004	砖砌井筒	1. 井筒规格 2. 砌筑材料品种、规格 3. 砌筑、勾缝、抹面要求 4. 砂浆强度等级、配合比 5. 踏步材质、规格 6. 防渗、防水要求	m	按设计图示尺寸以延米计算	1. 砌筑、勾缝、抹面 2. 踏步安装
040504005	预制混凝土井筒	1. 井筒规格 2. 踏步规格			1. 运输 2. 安装
040504006	砌体出水口	1. 垫层、基础材质及厚度 2. 砌筑材料品种、规格 3. 砌筑、勾缝、抹面要求 4. 砂浆强度等级及配合比			1. 垫层铺筑 2. 模板制作、安装、拆除 3. 混凝土拌和、运输、浇筑、养护 4. 砌筑、勾缝、抹面
040504007	混凝土出水口	1. 垫层、基础材质及厚度 2. 混凝土强度等级	座	按设计图示数量计算	1. 垫层铺筑 2. 模板制作、安装、拆除 3. 混凝土拌和、运输、浇筑、养护
040504008	整体化粪池	1. 材质 2. 型号、规格			安装
040504009	雨水口	1. 雨水箅子及圈口材质、型号、规格 2. 垫层、基础材质及厚度 3. 混凝土强度等级 4. 砌筑材料品种、规格 5. 砂浆强度等级及配合比			1. 垫层铺筑 2. 模板制作、安装、拆除 3. 混凝土拌和、运输、浇筑、养护 4. 砌筑、勾缝、抹面 5. 雨水箅子安装

注：管道附属构筑物为标准定型附属构筑物时，在项目特征中应标注标准图集编号及页码。

二、管道附属构筑物工程量计算实例

1. 管道附属构筑物工程量计算方法

1) 砌筑井、混凝土井、塑料检查井清单工程量

计算公式：

$$工程量 = 图示数量 \quad (座)$$

按设计图示数量计算。

2) 砖砌井筒、预制混凝土井筒清单工程量

计算公式：

$$工程量 = 图示高度 \quad (m)$$

按设计图示尺寸以延米计算。

3) 砌体出水口、混凝土出水口、整体化粪池、雨水口清单工程量

计算公式：

$$工程量 = 图示数量 \quad (座)$$

按设计图示数量以"座"计算。

2. 管道附属构筑物工程量计算举例

【例 3-21】某新建雨水管道工程，长 300 m，按标准设计。主管为 ϕ600 mm 钢筋混凝土管，支管采用 ϕ300 mm 钢筋混凝土管，支管总长 120 m，管道基础均为 180°平接式混凝土基础，采用水泥砂浆接口。ϕ1 000 mm 砖砌雨水检查井 5 座，平均深 2.3 m，砖砌雨水口进水井（680 mm × 380 mm）10 座，平均深 1.5 m。现场土质为二类土，原地面至管道基础底平均高度为主管 2.5 m，支管 1.3 m。余土弃置 7 km。试计算管道工程清单工程量。

【解】

1) 管道及基础铺设

ϕ600 mm 钢筋混凝土管 300 m。

ϕ300 mm 钢筋混凝土管 120 m。

2) 雨水检查井，雨水井数量

ϕ1 000 mm 砖砌圆形雨水检查井 5 座。

砖砌雨水口进水井 10 座。

清单工程量计算见表 3-31。

表 3-31　清单工程量计算表

序号	项目编码	项目名称	项目特征描述	计量单位	工程量
5	040501001001	混凝土管	180°平接式混凝土基础，接口为水泥砂浆接口，ϕ600 mm	m³	300
6	040501001002	混凝土管	180°平接式混凝土基础，接口为水泥砂浆接口，ϕ300 mm	m	120
7	040504001001	砌筑井	砖砌圆形雨水检查井，平均深 2.3 m，ϕ1 000 mm	座	5
8	040504009001	雨水口	砖砌雨水口进水井平均井深 1.5 m	座	10

💡 想一想：

砌筑井、混凝土井的清单工程量如何计算？

自 测 训 练

一、单选题

1. 《市政工程工程量计算规范》(GB 50857—2013)中规定,顶(夯)管工作坑按设计图示数量以(　　)计算。
   A. 座　　　　　　B. m　　　　　　C. m²　　　　　　D. m³

2. 《市政工程工程量计算规范》(GB 50857—2013)中规定,铸铁管管件按设计图示数量以(　　)计算。
   A. 组　　　　　　B. 处　　　　　　C. 套　　　　　　D. 个

3. 《市政工程工程量计算规范》(GB 50857—2013)中规定,金属支架制作、安装按设计图示质量以(　　)计算。
   A. 座　　　　　　B. m³　　　　　　C. kg　　　　　　D. t

4. 《市政工程工程量计算规范》(GB 50857—2013)中规定,砌筑井按设计图示数量以(　　)计算。
   A. 面积　　　　　B. 数量　　　　　C. 处　　　　　　D. 座

5. 《市政工程工程量计算规范》(GB 50857—2013)中规定,混凝土出水口项目特征包括垫层、基础材质及厚度,以及(　　)。
   A. 井筒规格　　　B. 踏步规格　　　C. 混凝土强度等级　　D. 防渗、防水要求

二、多选题

1. 《市政工程工程量计算规范》(GB 50857—2013)中规定,塑料管项目应描述的项目特征包括(　　)。
   A 垫层、基础材质及厚度　　　　B. 材质及规格　　　C. 连接形式
   D. 铺设深度　　　E. 管道检验及试验要求

2. 《市政工程工程量计算规范》(GB 50857—2013)中规定,管道架空跨越工作内容包括(　　)。
   A. 管道架设　　　B. 垫层铺筑及养护　　　C. 管道检验及试验　　　D. 管道铺设
   E. 集中防腐运输

三、判断题

1. 《市政工程工程量计算规范》(GB 50857—2013)中规定,混凝土管按设计图示中心线长度以延米计算。(　　)

2. 《市政工程工程量计算规范》(GB 50857—2013)中规定,新旧管连接按设计图示数量以"处"计算。(　　)

3. 《市政工程工程量计算规范》(GB 50857—2013)中规定,警示(示踪)带铺设按铺设长度以延米计算。(　　)

4. 《市政工程工程量计算规范》(GB 50857—2013)中规定,水平导向钻进按设计图示长度以延米计算,不扣除附属构筑物(检查井)所占的长度。(　　)

5. 《市政工程工程量计算规范》(GB 50857—2013)中规定,除污器组成、安装按设计图示数量以套计算。(　　)

6. 《市政工程工程量计算规范》(GB 50857—2013)中规定,塑料管项目应描述的项目特征包括材质、规格、结构形式、连接方式、焊接方式、垫片材质。(　　)

7. 《市政工程工程量计算规范》(GB 50857—2013)中规定,混凝土支墩按设计图示尺寸以体积计算。(　　)

8. 《市政工程工程量计算规范》(GB 50857—2013)中规定,砖砌井筒工作内容包括砌筑、勾缝、抹面、踏步安装。(　　)

9. 《市政工程工程量计算规范》(GB 50857—2013)中规定,顶管按设计图示长度以延米计算,不扣除附属构筑物(检查井)所占的长度。(　　)

10. 《市政工程工程量计算规范》(GB 50857—2013)中规定,过滤器按设计图示数量计算以组计算。(　　)

四、简答题

1. 简述混凝土井的工程量计算规则。
2. 简述砌筑支墩的工程量计算规则。
3. 简述钢管管件制作、安装的工程量计算规则。
4. 简述夯管的工程量计算规则。

任务 4 计划单

课程	市政工程预算		
学习情境三	清单工程量解析	学时	20
任务 4	管网工程清单工程量计算	学时	4
计划方式	小组讨论、团结协作共同制订计划		
序 号	实 施 步 骤	使用资源	
1			
2			
3			
4			
5			
6			
7			
8			
9			
制订计划说明			
计划评价	班级　　　　　第　组　　　组长签字 教师签字　　　　　　　　　日　期 评语：		

任务4 决策单

课程	市政工程预算		
学习情境三	清单工程量解析	学时	20
任务4	管网工程清单工程量计算	学时	4
方案对比	方案讨论				
	组号	方案合理性	实施可操作性	安全性	综合评价
	1				
	2				
	3				
	4				
	5				
	6				
	7				
	8				
	9				
	10				
方案评价	评语：				
班级		组长签字		教师签字		月　日

任务4 实施单

课程	市政工程预算		
学习情境三	清单工程量解析	学时	20
任务4	管网工程清单工程量计算	学时	2
实施方式	小组成员合作;动手实践		

序　号	实　施　步　骤	使用资源
1		
2		
3		
4		
5		
6		
7		
8		
9		
10		
11		
12		
13		
14		
15		
16		

实施说明：

班　级		第　　组		组长签字	
教师签字				日　　期	
评　语					

任务4 作业单

课程	市政工程预算		
学习情境三	清单工程量解析	学时	20
任务4	管网工程清单工程量计算	学时	4
实施方式	小组成员动手计算一个管网工程清单工程量,学生自己收集资料、计算		

班 级		第 组	组长签字	
教师签字		日 期		
评语				

任务 4　检查单

课程	市政工程预算			
学习情境三	清单工程量解析		学时	20
任务 4	管网工程清单工程量计算		学时	4
序　号	检查项目	检查标准	学生自查	教师检查
1				
2				
3				
4				
5				
6				
7				
8				
9				
10				
11				
12				
13				
14				
15				

检查评价	班　级		第　组		组长签字	
	教师签字		日　期			
	评语：					

任务4 评价单

1. 工作评价单

课程		市政工程预算			
学习情境三		清单工程量解析		学时	20
任务4		管网工程清单工程量计算		学时	4
评价类别	项目	子项目	个人评价	组内互评	教师评价
专业能力	资讯(10%)	搜集信息(5%)			
		引导问题回答(5%)			
	计划(5%)				
	实施(20%)				
	检查(10%)				
	过程(5%)				
	结果(10%)				
社会能力	团结协作(10%)				
	敬业精神(10%)				
方法能力	计划能力(10%)				
	决策能力(10%)				
评价	班级		姓名	学号	总评
	教师签字		第 组	组长签字	日期

2. 小组成员素质评价单

课程	市政工程预算		
学习情境三	清单工程量解析	学时	20
任务4	管网工程清单工程量计算	学时	4
班级		第 组	成员姓名
评分说明	每个小组成员评价分为自评和小组其他成员评价两部分,取平均值计算,作为该小组成员的任务评价个人分数。评价项目共设计五个,依据评分标准给予合理量化打分。小组成员自评分后,要找小组其他成员不记名方式打分,成员互评分为其他小组成员的平均分		

对象	评分项目	评分标准	评分
自评(100分)	核心价值观(20分)	是否有违背社会主义核心价值观的思想及行动	
	工作态度(20分)	是否按时完成负责的工作内容、遵守纪律,是否积极主动参与小组工作,是否全过程参与,是否吃苦耐劳,是否具有工匠精神	
	交流沟通(20分)	是否能良好地表达自己的观点,是否能倾听他人的观点	
	团队合作(20分)	是否与小组成员合作完成,做到相互协助、相互帮助、听从指挥	
	创新意识(20分)	看问题是否能独立思考,提出独到见解,是否能够创新思维解决遇到的问题	
成员互评(100分)	核心价值观(20分)	是否有违背社会主义核心价值观的思想及行动	
	工作态度(20分)	是否按时完成负责的工作内容、遵守纪律,是否积极主动参与小组工作,是否全过程参与,是否吃苦耐劳,是否具有工匠精神	
	交流沟通(20分)	是否能良好地表达自己的观点,是否能倾听他人的观点	
	团队合作(20分)	是否与小组成员合作完成,做到相互协助、相互帮助、听从指挥	
	创新意识(20分)	看问题是否能独立思考,提出独到见解,是否能够创新思维解决遇到的问题	
最终小组成员得分			
小组成员签字		评价时间	

任务4 教学反馈单

课程	市政工程预算		
学习情境三	清单工程量解析	学时	20
任务4	管网工程清单工程量计算	学时	4
序 号	调 查 内 容	是	否	理由陈述

序号	调查内容	是	否	理由陈述
1	你是否喜欢这种上课方式？			
2	与传统教学方式比较你认为哪种方式学到的知识更实用？			
3	针对每个学习任务你是否学会如何进行资讯？			
4	计划和决策感到困难吗？			
5	你认为学习任务对你将来的工作有帮助吗？			
6	通过本任务的学习,你学会管网工程清单工程量计算规则了吗？			
7	你能计算出管道铺设的清单工程量吗？			
8	你能计算出管道附属构筑物的清单工程量吗？			
9	通过几天来的工作和学习,你对自己的表现是否满意？			
10	你对小组成员之间的合作是否满意？			
11	你认为本情境还应学习哪些方面的内容？（请在下面空白处填写）			

你的意见对改进教学非常重要,请写出你的建议和意见：

被调查人签名　　　　　　　　　　　　　　　　调查时间

任务 5　其他工程及措施项目清单工程量计算

课程	市政工程预算		
学习情境三	清单工程量解析	学时	20
任务 5	其他工程及措施项目清单工程量计算	学时	4
布置任务			
任务目标	(1)掌握其他工程及措施项目清单计算规则； (2)掌握其他工程及措施项目工程量计算的方法； (3)学会计算其他工程及措施项目的清单工程量； (4)能够在完成任务过程中锻炼职业素养，做到工作程序严谨认真对待，完成任务能够吃苦耐劳主动承担，能够主动帮助小组落后的其他成员，有团队意识，诚实守信、不瞒骗，培养保证质量等建设优质工程的爱国情怀		
任务描述	计算某其他工程及措施项目相关的清单工程量。具体任务如下： (1)根据任务要求，收集路灯工程、钢筋工程、拆除工程、措施项目的清单工程量计算规则； (2)确定路灯工程、钢筋工程、拆除工程、措施项目的清单工程量计算方法； (3)计算路灯工程、钢筋工程、拆除工程、措施项目的清单工程量		
学时安排	资讯 / 计划 / 决策 / 实施 / 检查 / 评价		
	1学时　0.5学时　0.5学时　1学时　0.5学时　0.5学时		
对学生学习及成果的要求	(1)每名同学均能按照资讯思维导图自主学习，并完成知识模块中的自测训练； (2)严格遵守课堂纪律，学习态度认真、端正，能够正确评价自己和同学在本任务中的素质表现，积极参与小组工作任务讨论，严禁抄袭； (3)具备工程造价的基础知识；具备其他工程及措施项目的构造、结构、施工知识； (4)具备识图的能力；具备计算机知识和计算机操作能力； (5)小组讨论其他工程及措施项目工程量计算的方案，能够确定其他工程及措施项目工程量的计算规则，掌握其他工程及措施项目清单工程量的计算方法，能够正确计算其他工程及措施项目的清单工程量； (6)具备一定的实践动手能力、自学能力、数据计算能力、沟通协调能力、语言表达能力和团队意识； (7)严格遵守课堂纪律，不迟到、不早退；学习态度认真、端正；每位同学必须积极动手并参与小组讨论； (8)讲解其他工程及措施项目清单工程量的计算过程，接受教师与同学的点评，同时参与小组自评与互评		

资讯思维导图

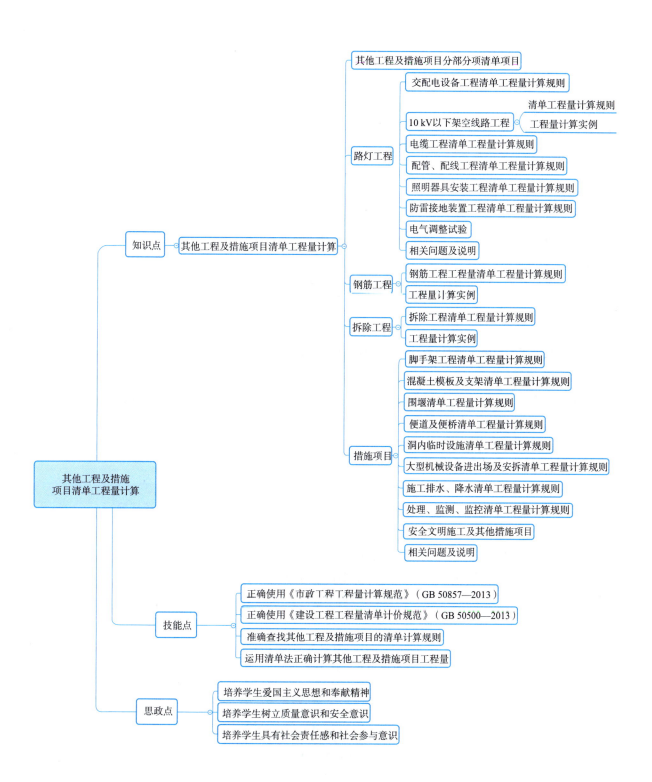

其他工程及措施项目分部分项清单项目

一、路灯工程

《市政工程工程量计算规范》(GB 50857—2013)附录 H 路灯工程中,设置了 7 个小节 63 个清单项目,7 个小节分别为:变配电设备工程,10 kV 以下架空线路工程,电缆工程,配管、配线工程,照明器具安装工程,防雷接地装置工程,电气调整试验。

1. 变配电设备工程

本节主要设置了 33 个清单项目:杆上变压器,地上变压器,组合型成套箱式变电站,高压成套配电柜,低压成套控制柜,落地式控制箱,杆上控制箱,杆上配电箱,悬挂嵌入式配电箱,落地式配电箱,控制屏,继电、信号屏,低压开关柜(配电屏),弱电控制返回屏,控制台,电力电容器,跌落式熔断器,避雷器,低压熔断器,隔离开关,负荷开关,真空断路器,限位开关,控制器,接触器,磁力启动器,分流器,小电器,照明开关,插座,线缆断线报警装置,铁构件制作、安装,其他电器。

2. 10 kV 以下架空线路工程

本节主要设置 3 个清单项目:电杆组立、横担组装、导线架设。

3. 电缆工程

本节主要设置了 7 个清单项目:电缆,电缆保护管,电缆排管,管道包封,电缆终端头,电缆中间头,铺砂、盖保护板(砖)。

4. 配管、配线工程

本节主要设置了 5 个清单项目:配管、配线、接线箱、接线盒、带形母线。

5. 照明器具安装工程

本节主要设置了 6 个清单项目:常规照明灯、中杆照明灯、高杆照明灯、景观照明灯、桥栏杆照明灯、地道涵洞照明灯。

6. 防雷接地装置工程

本节主要设置了 5 个清单项目:接地极、接地母线、避雷引下线、避雷针、降阻剂。

7. 电气调整试验

本节主要设置了 4 个清单项目:变压器系统调试、供电系统调试、接地装置调试、电缆试验。

二、钢筋工程

《市政工程工程量计算规范》(GB 50857—2013)附录 J 钢筋工程中,设置了 1 个小节 10 个清单项目,10 个清单项目分别为:现浇构件钢筋,预制构件钢筋,钢筋网片,钢筋笼,先张法预应力钢筋(钢丝、钢绞线),后张法预应力钢筋(钢丝束、钢绞线),型钢,植筋,预埋铁件,高强螺栓。

三、拆除工程

《市政工程工程量计算规范》(GB 50857—2013)附录 K 拆除工程中,设置了 1 个小节 11 个清单项目,11 个清单项目分别为:拆除路面,拆除人行道,拆除基层,铣刨路面,拆除侧、平(缘)石,拆除管道,拆除砖石结构,拆除混凝土结构,拆除井,拆除电杆,拆除管片。

四、措施项目

《市政工程工程量计算规范》(GB 50857—2013)附录 L 措施项目中,设置了 9 个小节 66 个清单项目,9 个小节分别为:脚手架工程,混凝土模板及支架,围堰,便道及便桥,洞内临时设施,大型机械设备进出场及安拆,施工排水、降水,处理、监测、监控,安全文明施工及其他措施项目。

1. 脚手架工程

本节主要设置了 5 个清单项目:墙面脚手架、柱面脚手架、仓面脚手架、沉井脚手架、井字架。

2. 混凝土模板及支架

本节主要设置了 40 个清单项目:垫层模板,基础模板,承台模板,墩(台)帽模板,墩(台)身模板,支撑梁及横梁模板,墩(台)盖梁模板,拱桥拱座模板,拱桥拱肋模板,拱上构件模板,箱梁模板,柱模板,梁模板,板模板,板梁模板,板拱模板,挡墙模板,压顶模板,防撞护栏模板,楼梯模板,小型构件模板,箱涵滑(底)板模板,箱涵侧墙模板,箱涵顶板模板,拱部衬砌模板,边墙衬砌模板,竖井衬砌模板,沉井井壁(隔墙)模板,沉井顶板模板,沉井底板模板,管(渠)道平基模板,管(渠)道管座模板,井顶(盖)板模板,池底模板,池壁(隔墙)模板,池盖模板,其他现浇构件模板,设备螺栓套,水平桩基础支架、平台,桥涵支架。

3. 围堰

本节主要设置了2个清单项目:围堰、筑岛。

4. 便道及便桥

本节主要设置了2个清单项目:便道、便桥。

5. 洞内临时设施

本节主要设置了5个清单项目:洞内通风设施、洞内供水设施、洞内供电及照明设施、洞内通信设施、洞内外轨道铺设。

6. 大型机械设备进出场及安拆

本节主要设置了1个清单项目:大型机械设备进出场及安拆。

7. 施工排水、降水

本节主要设置了2个清单项目:成井、排水降水。

8. 处理、监测、监控

本节主要设置了2个清单项目:地下管线交叉处理,施工监测、监控。

9. 安全文明施工及其他措施项目

本节主要设置了7个清单项目:安全文明施工,夜间施工,二次搬运,冬雨季施工,行车、行人干扰,地上、地下设施、建筑物的临时保护设施,已完工程及设备保护。

知识模块1:路灯工程工程量计算

一、变配电设备工程工程量计算

变配电设备工程工程量清单项目设置、项目特征描述的内容、计量单位及工程量计算规则,应按表3-32的规定执行。

表3-32 变配电设备工程(编码:040801)

项目编码	项目名称	项目特征	计量单位	工程量计算规则	工作内容
040801001	杆上变压器	1. 名称 2. 型号 3. 容量(kV·A) 4. 电压(kV) 5. 支架材质、规格 6. 网门、保护门材质、规格 7. 油过滤要求 8. 干燥要求	台	按设计图示数量计算	1. 支架制作、安装 2. 本体安装 3. 油过滤 4. 干燥 5. 网门、保护门制作、安装 6. 补刷(喷)油漆 7. 接地
040801002	地上变压器	1. 名称 2. 型号 3. 容量(kV·A) 4. 电压(kV) 5. 基础形式、材质、规格 6. 网门、保护门材质、规格 7. 油过滤要求 8. 干燥要求			1. 基础制作、安装 2. 本体安装 3. 油过滤 4. 干燥 5. 网门、保护门制作、安装 6. 补刷(喷)油漆 7. 接地

续上表

项目编码	项目名称	项目特征	计量单位	工程量计算规则	工作内容
040801003	组合型成套箱式变电站	1. 名称 2. 型号 3. 容量(kV·A) 4. 电压(kV) 5. 组合形式 6. 基础形式、材质、规格	台	按设计图示数量计算	1. 基础制作、安装 2. 本体安装 3. 进箱母线安装 4. 补刷(喷)油漆 5. 接地
040801004	高压成套配电柜	1. 名称 2. 型号 3. 规格 4. 母线配置方式 5. 种类 6. 基础形式、材质、规格	台	按设计图示数量计算	1. 基础制作、安装 2. 本体安装 3. 补刷(喷)油漆 4. 接地
040801005	低压成套控制柜	1. 名称 2. 型号 3. 规格 4. 种类 5. 基础形式、材质、规格 6. 接线端子材质、规格 7. 端子板外部接线材质、规格	台	按设计图示数量计算	1. 基础制作、安装 2. 本体安装 3. 附件安装 4. 焊、压接线端子 5. 端子接线 6. 补刷(喷)油漆 7. 接地
040801006	落地式控制箱	1. 名称 2. 型号 3. 规格 4. 基础形式、材质、规格 5. 回路 6. 附件种类、规格 7. 接线端子材质、规格 8. 端子板外部接线材质、规格	台	按设计图示数量计算	
040801007	杆上控制箱	1. 名称 2. 型号 3. 规格 4. 回路 5. 附件种类、规格 6. 支架材质、规格 7. 进出线管管架材质、规格、安装高度 8. 接线端子材质、规格 9. 端子板外部接线材质、规格	台	按设计图示数量计算	1. 支架制作、安装 2. 本体安装 3. 附件安装 4. 焊、压接线端子 5. 端子接线 6. 进出线管管架安装 7. 补刷(喷)油漆 8. 接地
040801008	杆上配电箱	1. 名称 2. 型号 3. 规格 4. 安装方式 5. 支架材质、规格 6. 接线端子材质、规格 7. 端子板外部接线材质、规格	台	按设计图示数量计算	1. 支架制作、安装 2. 本体安装 3. 焊、压接线端子 4. 端子接线 5. 补刷(喷)油漆 6. 接地
040801009	悬挂嵌入式配电箱				
040801010	落地式配电箱	1. 名称 2. 型号 3. 规格 4. 基础形式、材质、规格 5. 接线端子材质、规格 6. 端子板外部接线材质、规格	台	按设计图示数量计算	1. 基础制作、安装 2. 本体安装 3. 焊、压接线端子 4. 端子接线 5. 补刷(喷)油漆 6. 接地

续上表

项目编码	项目名称	项目特征	计量单位	工程量计算规则	工作内容
040801011	控制屏	1. 名称 2. 型号 3. 规格 4. 种类 5. 基础形式、材质、规格 6. 接线端子材质、规格 7. 端子板外部接线材质、规格 8. 小母线材质、规格 9. 屏边规格	台	按设计图示数量计算	1. 基础制作、安装 2. 本体安装 3. 端子板安装 4. 焊、压接线端子 5. 盘柜配线、端子接线 6. 小母线安装 7. 屏边安装 8. 补刷(喷)油漆 9. 接地
040801012	继电、信号屏				1. 基础制作、安装 2. 本体安装 3. 端子板安装 4. 焊、压接线端子 5. 盘柜配线、端子接线 6. 屏边安装 7. 补刷(喷)油漆 8. 接地
040801013	低压开关柜 (配电屏)				
040801014	弱电控制返回屏	1. 名称 2. 型号 3. 规格 4. 种类 5. 基础形式、材质、规格 6. 接线端子材质、规格 7. 端子板外部接线材质、规格 8. 小母线材质、规格 9. 屏边规格			1. 基础制作、安装 2. 本体安装 3. 端子板安装 4. 焊、压接线端子 5. 盘柜配线、端子接线 6. 小母线安装 7. 屏边安装 8. 补刷(喷)油漆 9. 接地
040801015	控制台	1. 名称 2. 型号 3. 规格 4. 种类 5. 基础形式、材质、规格 6. 接线端子材质、规格 7. 端子板外部接线材质、规格 8. 小母线材质、规格			1. 基础制作、安装 2. 本体安装 3. 端子板安装 4. 焊、压接线端子 5. 盘柜配线、端子接线 6. 小母线安装 7. 补刷(喷)油漆 8. 接地
040801016	电力电容器	1. 名称 2. 型号 3. 规格 4. 质量	个		1. 本体安装、调试 2. 接线 3. 接地
040801017	跌落式熔断器	1. 名称 2. 型号 3. 规格 4. 安装部位	组		
040801018	避雷器	1. 名称 2. 型号 3. 规格 4. 电压(kV) 5. 安装部位			1. 本体安装、调试 2. 接线 3. 补刷(喷)油漆 4. 接地
040801019	低压熔断器	1. 名称 2. 型号 3. 规格 4. 接线端子材质、规格	个		1. 本体安装 2. 焊、压接线端子 3. 接线

续上表

项目编码	项目名称	项目特征	计量单位	工程量计算规则	工作内容
040801020	隔离开关	1. 名称 2. 型号 3. 容量(A) 4. 电压(kV) 5. 安装条件 6. 操作机构名称、型号 7. 接线端子材质、规格	组	按设计图示数量计算	1. 本体安装、调试 2. 接线 3. 补刷(喷)油漆 4. 接地
040801021	负荷开关				
040801022	真空断路器		台		
040801023	限位开关	1. 名称 2. 型号 3. 规格 4. 接线端子材质、规格	个		
040801024	控制器		台		
040801025	接触器				
040801026	磁力启动器				
040801027	分流器	1. 名称 2. 型号 3. 规格 4. 容量(A) 5. 接线端子材质、规格	个		1. 本体安装 2. 焊、压接线端子 3. 接线
040801028	小电器	1. 名称 2. 型号 3. 规格 4. 接线端子材质、规格	个(套、台)		
040801029	照明开关	1. 名称 2. 材质 3. 规格 4. 安装方式	个		1. 本体安装 2. 接线
040801030	插座				
040801031	线缆断线报警装置	1. 名称 2. 型号 3. 规格 4. 参数	套		1. 本体安装、调试 2. 接线
040801032	铁构件制作、安装	1. 名称 2. 材质 3. 规格	kg	按设计图示尺寸以质量计算	1. 制作 2. 安装 3. 补刷(喷)油漆
040801033	其他电器	1. 名称 2. 型号 3. 规格 4. 安装方式	个(套、台)	按设计图示数量计算	1. 本体安装 2. 接线

注:①小电器包括按钮、测量表计、继电器、电磁锁、屏上辅助设备、辅助电压互感器、小型安全变压器等。

②其他电器安装指本节未列的电器项目,必须根据电器实际名称确定项目名称。明确描述项目特征、计量单位、工程量计算规则、工作内容。

③铁构件制作、安装适用于路灯工程的各种支架、铁构件的制作、安装。

④设备安装未包括地脚螺栓安装、浇筑(二次灌浆、抹面),如需安装应按现行国家标准《房屋建筑与装饰工程工程量计算规范》(GB 50854)中相关项目编码列项。

⑤盘、箱、柜的外部进出线预留长度见表3-41。

10 kV以下架空线路工程工程量计算

二、10 kV以下架空线路工程工程量计算

(一) 10 kV以下架空线路工程清单工程量计算规则

10 kV以下架空线路工程工程量清单项目设置、项目特征描述的内容、计量单位及工程量计算规则,应按表3-33的规定执行。

表 3-33　10 kV 以下架空线路工程（编码：040802）

项目编码	项目名称	项目特征	计量单位	工程量计算规则	工作内容
040802001	电杆组立	1. 名称 2. 规格 3. 材质 4. 类型 5. 地形 6. 土质 7. 底盘、拉盘、卡盘规格 8. 拉线材质、规格、类型 9. 引下线支架安装高度 10. 垫层、基础：厚度、材料品种、强度等级 11. 电杆防腐要求	根	按设计图示数量计算	1. 工地运输 2. 垫层、基础浇筑 3. 底盘、拉盘、卡盘安装 4. 电杆组立 5. 电杆防腐 6. 拉线制作、安装 7. 引下线支架安装
040802002	横担组装	1. 名称 2. 规格 3. 材质 4. 类型 5. 安装方式 6. 电压（kV） 7. 瓷瓶型号、规格 8. 金具型号、规格	组		1. 横担安装 2. 瓷瓶、金具组装
040802003	导线架设	1. 名称 2. 型号 3. 规格 4. 地形 5. 导线跨越类型	km	按设计图示尺寸另加预留量以单线长度计算	1. 工地运输 2. 导线架设 3. 导线跨越及进户线架设

注：导线架设预留长度见表 3-42。

（二）10 kV 以下架空线路工程工程量计算实例

【例 3-22】某段市区新建道路的部分路灯工程项目中，需要安装 42 根金属灯杆，其灯具为单臂悬挑抱箍式（单抱箍），臂长 2.5 m，灯杆材质为 φ200 mm 的镀锌钢管，杆高 14 m，其基础为 80 cm × 80 cm × 100 cm 的 C20 钢筋混凝土，每根灯杆旁设一电缆井。试计算其清单工程量。

【解】(1) 工程量计算见表 3-34。

表 3-34　工程量计算表

序　号	项目名称	单　位	计算公式	数　量
1	φ200 mm 的镀锌钢管	根		42
2	单臂悬挑抱箍式灯具	套		42
3	C20 钢筋混凝土基础制作	m³	0.8 × 0.8 × 1.0 × 42	26.88
4	电缆井	座		42

(2) 清单工程量计算见表 3-35。

表 3-35　清单工程量计算表

序　号	项目编码	项目名称	项目特征描述	单　位	数　量
1	040802001001	电杆组立	1. 材质：镀锌钢管 2. 规格：φ200 mm	根	42
2	040303002001	混凝土基础	混凝土强度等级：C20	m³	26.88
3	040805001001	常规照明灯	1. 金属杆，14 m 高 2. 单抱箍式，臂长 2.5 m	套	42
4	040504001001	砌筑井	1. 砖砌 2. 按规范 3. 使用砂浆 M7.5	座	42

三、电缆工程工程量计算

电缆工程工程量清单项目设置、项目特征描述的内容、计量单位及工程量计算规则,应按表3-36的规定执行。

表 3-36　电缆工程(编码:040803)

项目编码	项目名称	项目特征	计量单位	工程量计算规则	工作内容
040803001	电缆	1. 名称 2. 型号 3. 规格 4. 材质 5. 敷设方式、部位 6. 电压(kV) 7. 地形	m	按设计图示尺寸另加预留及附加量以长度计算	1. 揭(盖)盖板 2. 电缆敷设
040803002	电缆保护管	1. 名称 2. 型号 3. 规格 4. 材质 5. 敷设方式 6. 过路管加固要求	m	按设计图示尺寸以长度计算	1. 保护管敷设 2. 过路管加固
040803003	电缆排管	1. 名称 2. 型号 3. 规格 4. 材质 5. 垫层、基础:厚度、材料品种、强度等级 6. 排管排列形式			1. 垫层、基础浇筑 2. 排管敷设
040803004	管道包封	1. 名称 2. 规格 3. 混凝土强度等级			1. 灌注 2. 养护
040803005	电缆终端头	1. 名称 2. 型号 3. 规格 4. 材质、类型 5. 安装部位 6. 电压(kV)	个	按设计图示数量计算	1. 制作 2. 安装 3. 接地
040803006	电缆中间头	1. 名称 2. 型号 3. 规格 4. 材质、类型 5. 安装方式 6. 电压(kV)			
040803007	铺砂、盖保护板(砖)	1. 种类 2. 规格	m	按设计图示尺寸以长度计算	1. 铺砂 2. 盖保护板(砖)

注:①电缆穿刺线夹按电缆中间头编码列项。
　　②电缆保护管敷设方式清单项目特征描述时应区分直埋保护管、过路保护管。
　　③顶管敷设应按《市政工程工程量计算规范》(GB 50857—2013)附录 E.1"管道铺设"中相关项目编码列项。
　　④电缆井应按《市政工程工程量计算规范》(GB 50857—2013)附录 E.4"管道附属构筑物"中相关项目编码列项,如有防盗要求的应在项目特征中描述。
　　⑤电缆敷设预留量及附加长度见表 3-43。

四、配管、配线工程工程量计算

配管、配线工程工程量清单项目设置、项目特征描述的内容、计量单位及工程量计算规则,应按表 3-37 的规定执行。

表 3-37　配管、配线工程(编码:040804)

项目编码	项目名称	项目特征	计量单位	工程量计算规则	工作内容
040804001	配管	1. 名称 2. 材质 3. 规格 4. 配置形式 5. 钢索材质、规格 6. 接地要求	m	按设计图示尺寸以长度计算	1. 预留沟槽 2. 钢索架设(拉紧装置安装) 3. 电线管路敷设 4. 接地
040804002	配线	1. 名称 2. 配线形式 3. 型号 4. 规格 5. 材质 6. 配线部位 7. 配线线制 8. 钢索材质、规格		按设计图示尺寸另加预留量以单线长度计算	1. 钢索架设(拉紧装置安装) 2. 支持体(绝缘子等)安装 3. 配线
040804003	接线箱	1. 名称 2. 规格 3. 材质 4. 安装形式	个	按设计图示数量计算	本体安装
040804004	接线盒				
040804005	带形母线	1. 名称 2. 型号 3. 规格 4. 材质 5. 绝缘子类型、规格 6. 穿通板材质、规格 7. 引下线材质、规格 8. 伸缩节、过渡板材质、规格 9. 分相漆品种	m	按设计图示尺寸另加预留量以单相长度计算	1. 支持绝缘子安装及耐压试验 2. 穿通板制作、安装 3. 母线安装 4. 引下线安装 5. 伸缩节安装 6. 过渡板安装 7. 拉紧装置安装 8. 刷分相漆

注:①配管安装不扣除管路中间的接线箱(盒)、灯头盒、开关盒所占长度。
②配管名称指电线管、钢管、塑料管等。
③配管配置形式指明、暗配、钢结构支架、钢索配管、埋地敷设、水下敷设、砌筑沟内敷设等。
④配线名称指管内穿线、塑料护套配线等。
⑤配线形式指照明线路、木结构、砖、混凝土结构、沿钢索等。
⑥配线进入箱、柜、板的预留长度见表 3-44,母线配置安装的预留长度见表 3-45。

五、照明器具安装工程工程量计算

照明器具安装工程工程量清单项目设置、项目特征描述的内容、计量单位及工程量计算规则,应按表 3-38 的规定执行。

微　课
照明器具安装工程工程量计算

表 3-38 照明器具安装工程（编码：040805）

项目编码	项目名称	项目特征	计量单位	工程量计算规则	工作内容
040805001	常规照明灯	1. 名称 2. 型号 3. 灯杆材质、高度 4. 灯杆编号 5. 灯架形式及臂长 6. 光源数量 7. 附件配置 8. 垫层、基础：厚度、材料品种、强度等级 9. 杆座形式、材质、规格 10. 接线端子材质、规格 11. 编号要求 12. 接地要求	套	按设计图示数量计算	1. 垫层铺筑 2. 基础制作、安装 3. 立灯杆 4. 杆座制作、安装 5. 灯架制作、安装 6. 灯具附件安装 7. 焊、压接线端子 8. 接线 9. 补刷（喷）油漆 10. 灯杆编号 11. 接地 12. 试灯
040805002	中杆照明灯	^	^	^	^
040805003	高杆照明灯	^	^	^	1. 垫层铺筑 2. 基础制作、安装 3. 立灯杆 4. 杆座制作、安装 5. 灯架制作、安装 6. 灯具附件安装 7. 焊、压接线端子 8. 接线 9. 补刷（喷）油漆 10. 灯杆编号 11. 升降机构接线调试 12. 接地 13. 试灯
040805004	景观照明灯	1. 名称 2. 型号 3. 规格 4. 安装形式 5. 接地要求	1. 套 2. m	1. 以套计量，按设计图示数量计算 2. 以 m 计量，按设计图示尺寸以延米计算	1. 灯具安装 2. 焊、压接线端子 3. 接线 4. 补刷（喷）油漆 5. 接地 6. 试灯
040805005	桥栏杆照明灯	^	套	按设计图示数量计算	^
040805006	地道涵洞照明灯	^	^	^	^

注：① 常规照明灯是指安装在高度≤15 m 的灯杆上的照明器具。
② 中杆照明灯是指安装在高度≤19 m 的灯杆上的照明器具。
③ 高杆照明灯是指安装在高度>19 m 的灯杆上的照明器具。
④ 景观照明灯是指利用不同的造型、相异的光色与亮度来造景的照明器具。

六、防雷接地装置工程

防雷接地装置工程工程量清单项目设置、项目特征描述的内容、计量单位及工程量计算规则，应按表 3-39 的规定执行。

表 3-39 防雷接地装置工程（编码：040806）

项目编码	项目名称	项目特征	计量单位	工程量计算规则	工作内容
040806001	接地极	1. 名称 2. 材质 3. 规格 4. 土质 5. 基础接地形式	根（块）	按设计图示数量计算	1. 接地极（板、桩）制作、安装 2. 补刷（喷）油漆

续上表

项目编码	项目名称	项目特征	计量单位	工程量计算规则	工作内容
040806002	接地母线	1. 名称 2. 材质 3. 规格	m	按设计图示尺寸另加附加量以长度计算	1. 接地母线制作、安装 2. 补刷(喷)油漆
040806003	避雷引下线	1. 名称 2. 材质 3. 规格 4. 安装高度 5. 安装形式 6. 断接卡子、箱材质、规格			1. 避雷引下线制作、安装 2. 断接卡子、箱制作、安装 3. 补刷(喷)油漆
040806004	避雷针	1. 名称 2. 材质 3. 规格 4. 安装高度 5. 安装形式	套(基)	按设计图示数量计算	1. 本体安装 2. 跨接 3. 补刷(喷)油漆
040806005	降阻剂	名称	kg	按设计图示数量以质量计算	施放降阻剂

注:接地母线、引下线附加长度见表3-45。

七、电气调整试验

电气调整试验工程量清单项目设置、项目特征描述的内容、计量单位及工程量计算规则,应按表3-40的规定执行。

表3-40 电气调整试验(编码:040807)

项目编码	项目名称	项目特征	计量单位	工程量计算规则	工作内容
040807001	变压器系统调试	1. 名称 2. 型号 3. 容量(kV·A)	系统	按设计图示数量计算	系统调试
040807002	供电系统调试	1. 名称 2. 型号 3. 电压(kV)			
040807003	接地装置调试	1. 名称 2. 类别	系统(组)		接地电阻测试
040807004	电缆试验	1. 名称 2. 电压(kV)	次(根、点)		试验

八、相关问题及说明

(1)《路灯工程》清单项目工作内容中均未包括土石方开挖及回填、破除混凝土路面等,发生时应按《市政工程工程量计算规范》(GB 50857—2013)附录A土石方工程及附录K拆除工程中相关项目编码列项。

(2)《路灯工程》清单项目工作内容中均未包括除锈、刷漆(补刷漆除外),发生时应按现行国家标准《通用安装工程工程量计算规范》(GB 50856)中相关项目编码列项。

(3)《路灯工程》清单项目工作内容包含补漆的工序,可不进行特征描述,由投标人根据相关规范标准自行考虑报价。

(4)《路灯工程》中的母线、电线、电缆、架空导线等,按以下规定计算附加长度(波形长度或预留量)计入工程量中,见表3-41~表3-45。

表 3-41　盘、箱、柜的外部进出电线预留长度

序号	项目	预留长度/(m/根)	说明
1	各种箱、柜、盘、板、盒	高+宽	盘面尺寸
2	单独安装的铁壳开关、自动开关、刀开关、启动器、箱式电阻器、变阻器	0.5	从安装对象中心算起
3	继电器、控制开关、信号灯、按钮、熔断器等小电器	0.3	从安装对象中心算起
4	分支接头	0.2	分支线预留

表 3-42　架空导线预留长度

项目		预留长度/(m/根)
高压	转角	2.5
高压	分支、终端	2.0
低压	分支、终端	0.5
低压	交叉跳线转角	1.5
与设备连线		0.5
进户线		2.5

表 3-43　电缆敷设预留量及附加长度

序号	项目	预留(附加)长度/m	说明
1	电缆敷设弛度、波形弯度、交叉	2.5%	按电缆全长计算
2	电缆进入建筑物	2.0	规范规定最小值
3	电缆进入沟内或吊架时引上(下)预留	1.5	规范规定最小值
4	变电所进线、出线	1.5	规范规定最小值
5	电力电缆终端头	1.5	检修余量最小值
6	电缆中间接头盒	两端各留2.0	检修余量最小值
7	电缆进控制、保护屏及模拟盘等	高+宽	按盘面尺寸
8	高压开关柜及低压配电盘、箱	2.0	盘下进出线
9	电缆至电动机	0.5	从电动机接线盒算起
10	厂用变压器	3.0	从地坪算起
11	电缆绕过梁柱等增加长度	按实计算	按被绕物的断面情况计算增加长度

表 3-44　配线进入箱、柜、板的预留长度(每一根线)

序号	项目	预留长度/m	说明
1	各种开关箱、柜、板	高+宽	盘面尺寸
2	单独安装(无箱、盘)的铁壳开关、闸刀开关、启动器、线槽进出线盒等	0.3	从安装对象中心算起
3	由地面管子出口引至动力接线箱	1.0	从管口计算
4	电源与管内导线连接(管内穿线与软、硬母线接点)	1.5	从管口计算

表 3-45　母线配制安装预留长度

序号	项目	预留长度/m	说明
1	带形母线终端	0.3	从最后一个支持点算起
2	带形母线与分支线连接	0.5	分支线预留
3	带形母线与设备连接	0.5	从设备端子接口算起
4	接地母线、引下线附加长度	3.9%	按接地母线、引下线全长计算

思一思：

电缆工程清单工程量如何计算？

知识模块 2：钢筋工程工程量计算

一、钢筋工程清单工程量计算规则

钢筋工程工程量清单项目设置、项目特征描述的内容、计量单位及工程量计算规则,应按表 3-46 的规定执行。

表 3-46 钢筋工程(编码:040901)

项目编码	项目名称	项目特征	计量单位	工程量计算规则	工作内容
040901001	现浇构件钢筋	1. 钢筋种类 2. 钢筋规格	t	按设计图示尺寸以质量计算	1. 制作 2. 运输 3. 安装
040901002	预制构件钢筋				
040901003	钢筋网片				
040901004	钢筋笼				
040901005	先张法预应力钢筋(钢丝、钢绞线)	1. 部位 2. 预应力筋种类 3. 预应力筋规格			1. 张拉台座制作、安装、拆除 2. 预应力筋制作、张拉
040901006	后张法预应力钢筋(钢丝束、钢绞线)	1. 部位 2. 预应力筋种类 3. 预应力筋规格 4. 锚具种类、规格 5. 砂浆强度等级 6. 压浆管材质、规格			1. 预应力筋孔道制作、安装 2. 锚具安装 3. 预应力筋制作、张拉 4. 安装压浆管道 5. 孔道压浆
040901007	型钢	1. 材料种类 2. 材料规格			1. 制作 2. 运输 3. 安装、定位
040901008	植筋	1. 材料种类 2. 材料规格 3. 植入深度 4. 植筋胶品种	根	按设计图示数量计算	1. 定位、钻孔、清孔 2. 钢筋加工成形 3. 注胶、植筋 4. 抗拔试验 5. 养护
040901009	预埋铁件	1. 材料种类 2. 材料规格	t	按设计图示尺寸以质量计算	1. 制作 2. 运输 3. 安装
040901010	高强螺栓		1. t 2. 套	1. 按设计图示尺寸以质量计算 2. 按设计图示数量计算	

注：①现浇构件中伸出构件的锚固钢筋、预制构件的吊钩和固定位置的支撑钢筋等,应并入钢筋工程量内。除设计标明的搭接外,其他施工搭接不计算工程量,由投标人在报价中综合考虑。
②钢筋工程所列"型钢"是指劲性骨架的型钢部分。
③凡型钢与钢筋组合(除预埋铁件外)的钢格栅,应分别列项。

二、钢筋工程工程量计算实例

【例 3-23】某桥梁工程需要制作弯起筋,如图 3-26 所示,其中 $\phi=18$ mm、$H=0.5$ m,直线长为 4 m,α 角为 30°,试计算钢筋的长度及质量。

【解】钢筋长度 = 直线长度 + 弯钩长度

1. 清单工程量

由 α 角为 30° 得 $S=2H=1.0$ m,$\phi 18$ mm 弯起筋长度 $=4+2H+6.25d=(4+1+6.25\times0.018)$,得 $L=5.113$ m,$\phi 18$ mm 筋的质量 $=1.999\times5.113=10.22$ (kg)。

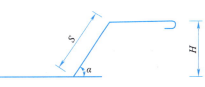

图 3-26 某桥梁工程弯起筋示意图

2. 清单工程量计算（见表3-47）

表3-47 清单工程量计算表

序号	项目编码	项目名称	项目特征描述	单位	数量
1	040901001001	现浇构件钢筋	1. 钢筋级别、直径：$\phi 18$ mm 2. 弯起	t	0.010

忆一忆：

现浇构件钢筋清单工程量如何计算？

拆除工程工程量计算

知识模块3：拆除工程工程量定额计算

一、拆除工程清单工程量计算规则

拆除工程工程量清单项目设置、项目特征描述的内容、计量单位及工程量计算规则，应按表3-48的规定执行。

表3-48 拆除工程（编码：041001）

项目编码	项目名称	项目特征	计量单位	工程量计算规则	工作内容
041001001	拆除路面	1. 材质 2. 厚度	m²	按拆除部位以面积计算	1. 拆除、清理 2. 运输
041001002	拆除人行道	1. 材质 2. 厚度	m²	按拆除部位以面积计算	
041001003	拆除基层	1. 材质 2. 厚度 3. 部位	m²	按拆除部位以面积计算	
041001004	铣刨路面	1. 材质 2. 结构形式 3. 厚度	m²	按拆除部位以面积计算	
041001005	拆除侧、平（缘）石	材质	m	按拆除部位以延米计算	
041001006	拆除管道	1. 材质 2. 管径	m	按拆除部位以延米计算	
041001007	拆除砖石结构	1. 结构形式 2. 强度等级	m³	按拆除部位以体积计算	
041001008	拆除混凝土结构	1. 结构形式 2. 强度等级	m³	按拆除部位以体积计算	
041001009	拆除井	1. 结构形式 2. 规格尺寸 3. 强度等级	座	按拆除部位以数量计算	
041001010	拆除电杆	1. 结构形式 2. 规格尺寸	根	按拆除部位以数量计算	
041001011	拆除管片	1. 材质 2. 部位	处		

注：①拆除路面、人行道及管道清单项目的工作内容中均不包括基础及垫层拆除，发生时按本章相应清单项目编码列项。
②伐树、挖树蔸应按现行国家标准《园林绿化工程工程量计算规范》（GB 50858—2013）中相应清单项目编码列项。

二、拆除工程工程量计算实例

【例3-24】某市政水池如图3-27所示，长为7 m，宽5 m，240砖砌体的维护高度为900 mm，水池底层是C10混凝土垫层100 mm，试计算该水池拆除工程量。

【解】

1. 清单工程量

拆除水池砖砌体工程量 = (7 - 0.24 + 5 - 0.24) × 2 × 0.24 × 0.9 = 4.98(m³)

拆除水池 C10 混凝土垫层的工程量 = (7 - 0.24 × 2) × (5 - 0.24 × 2) × 0.1 = 2.95(m³)

拆除水池砖砌体,残渣外运工程量 = 4.98(m³)

拆除水池 C10 混凝土垫层,残渣外运工程量 = 2.95(m³)

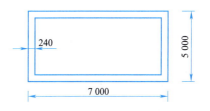

图 3-27 某市政水池平面图
(单位:mm)

2. 清单工程量计算(见表 3-49)

表 3-49 清单工程量计算表

序号	项目编码	项目名称	项目特征描述	单位	数量
1	041001007001	拆除砖石结构	砖砌水池	m³	4.98
2	041001008001	拆除混凝土结构	C10 混凝土垫层	m³	2.95

想一想:

拆除管道的清单工程量如何计算?

知识模块 4:措施项目工程工程量计算

一、脚手架工程

脚手架工程工程量清单项目设置、项目特征描述的内容、计量单位及工程量计算规则,应按表 3-50 的规定执行。

表 3-50 脚手架工程(编码:041101)

项目编码	项目名称	项目特征	计量单位	工程量计算规则	工作内容
041101001	墙面脚手架	墙高	m²	按墙面水平边线长度乘以墙面砌筑高度计算	1. 清理场地 2. 搭设、拆除脚手架、安全网 3. 材料场内外运输
041101002	柱面脚手架	1. 柱高 2. 柱结构外围周长	m²	按柱结构外围周长乘以柱砌筑高度计算	
041101003	仓面脚手架	1. 搭设方式 2. 搭设高度	m²	按仓面水平面积计算	
041101004	沉井脚手架	沉井高度	m²	按井壁中心线周长乘以井高计算	
041101005	井字架	井深	座	按设计图示数量计算	1. 清理场地 2. 搭设、拆除井字架 3. 材料场内外运输

注:各类井的井深按井底基础以上至井盖顶的高度计算。

二、混凝土模板及支架

混凝土模板及支架工程量清单项目设置、项目特征描述的内容、计量单位及工程量计算规则,应按表 3-51 的规定执行。

表 3-51　混凝土模板及支架（编码：041102）

项目编码	项目名称	项目特征	计量单位	工程量计算规则	工作内容
041102001	垫层模板	构件类型			
041102002	基础模板				
041102003	承台模板				
041102004	墩(台)帽模板	1. 构件类型 2. 支模高度			
041102005	墩(台)身模板				
041102006	支撑梁及横梁模板				
041102007	墩(台)盖梁模板				
041102008	拱桥拱座模板				
041102009	拱桥拱肋模板				
041102010	拱上构件模板				
041102011	箱梁模板				
041102012	柱模板				
041102013	梁模板				
041102014	板模板				
041102015	板梁模板				
041102016	板拱模板				
041102017	挡墙模板				
041102018	压顶模板	构件类型	m^2	按混凝土与模板接触面的面积计算	1. 模板制作、安装、拆除、整理、堆放 2. 模板黏结物及模内杂物清理、刷隔离剂 3. 模板场内外运输及维修
041102019	防撞护栏模板				
041102020	楼梯模板				
041102021	小型构件模板				
041102022	箱涵滑(底)板模板	1. 构件类型 2. 支模高度			
041102023	箱涵侧墙模板				
041102024	箱涵顶板模板				
041102025	拱部衬砌模板	1. 构件类型 2. 衬砌厚度 3. 拱跨径			
041102026	边墙衬砌模板				
041102027	竖井衬砌模板	1. 构件类型 2. 壁厚			
041102028	沉井井壁(隔墙)模板	1. 构件类型 2. 支模高度			
041102029	沉井顶板模板				
041102030	沉井底板模板				
041102031	管(渠)道平基模板	构件类型			
041102032	管(渠)道管座模板				
041102033	井顶(盖)板模板				
041102034	池底模板				
041102035	池壁(隔墙)模板	1. 构件类型 2. 支模高度			
041102036	池盖模板				
041102037	其他现浇构件模板	构件类型			
041102038	设备螺栓套	螺栓套孔深度	个	按设计图示数量计算	

续上表

项目编码	项目名称	项目特征	计量单位	工程量计算规则	工作内容
041102039	水上桩基础支架、平台	1. 位置 2. 材质 3. 桩类型	m²	按支架、平台搭设的面积计算	1. 支架、平台基础处理 2. 支架、平台的搭设、使用及拆除 3. 材料场内外运输
041102040	桥涵支架	1. 部位 2. 材质 3. 支架类型	m³	按支架搭设的空间体积计算	1. 支架地基处理 2. 支架的搭设、使用及拆除 3. 支架预压 4. 材料场内外运输

注：原槽浇灌的混凝土基础、垫层不计算模板。

三、围堰

围堰工程量清单项目设置、项目特征描述的内容、计量单位及工程量计算规则，应按表3-52的规定执行。

表3-52 围堰（编码：041103）

项目编码	项目名称	项目特征	计量单位	工程量计算规则	工作内容
041103001	围堰	1. 围堰类型 2. 围堰顶宽及底宽 3. 围堰高度 4. 填心材料	1. m³ 2. m	1. 以 m³ 计量，按设计图示围堰体积计算 2. 以 m 计量，按设计图示围堰中心线长度计算	1. 清理基底 2. 打、拔工具桩 3. 堆筑、填心、夯实 4. 拆除清理 5. 材料场内外运输
041103002	筑岛	1. 筑岛类型 2. 筑岛高度 3. 填心材料	m³	按设计图示筑岛体积计算	1. 清理基底 2. 堆筑、填心、夯实 3. 拆除清理

四、便道及便桥

便道及便桥工程量清单项目设置、项目特征描述的内容、计量单位及工程量计算规则，应按表3-53的规定执行。

表3-53 便道及便桥（编码：041104）

项目编码	项目名称	项目特征	计量单位	工程量计算规则	工作内容
041104001	便道	1. 结构类型 2. 材料种类 3. 宽度	m²	按设计图示尺寸以面积计算	1. 平整场地 2. 材料运输、铺设、夯实 3. 拆除、清理
041104002	便桥	1. 结构类型 2. 材料种类 3. 跨径 4. 宽度	座	按设计图示数量计算	1. 清理基底 2. 材料运输、便桥搭设 3. 拆除、清理

五、洞内临时设施

洞内临时设施工程量清单项目设置、项目特征描述的内容、计量单位及工程量计算规则，应按表3-54的规定执行。

表 3-54　洞内临时设施（编码：041105）

项目编码	项目名称	项目特征	计量单位	工程量计算规则	工作内容
041105001	洞内通风设施	1. 单孔隧道长度 2. 隧道断面尺寸 3. 使用时间 4. 设备要求	m	按设计图示隧道长度以延米计算	1. 管道铺设 2. 线路架设 3. 设备安装 4. 保养维护 5. 拆除、清理 6. 材料场内外运输
041105002	洞内供水设施				
041105003	洞内供电及照明设施				
041105004	洞内通信设施				
041105005	洞内外轨道铺设	1. 单孔隧道长度 2. 隧道断面尺寸 3. 使用时间 4. 轨道要求		按设计图示轨道铺设长度以延米计算	1. 轨道及基础铺设 2. 保养维护 3. 拆除、清理 4. 材料场内外运输

注：设计注明轨道铺设长度的，按设计图示尺寸计算；设计未注明时可按设计图示隧道长度以延米计算，并注明洞外轨道铺设长度由投标人根据施工组织设计自定。

六、大型机械设备进出场及安拆

大型机械设备进出场及安拆工程量清单项目设置、项目特征描述的内容、计量单位及工程量计算规则，应按表 3-55 的规定执行。

表 3-55　大型机械设备进出场及安拆（编码：041106）

项目编码	项目名称	项目特征	计量单位	工程量计算规则	工作内容
041106001	大型机械设备进出场及安拆	1. 机械设备名称 2. 机械设备规格型号	台·次	按使用机械设备的数量计算	1. 安拆费包括施工机械、设备在现场进行安装拆卸所需人工、材料、机械和试运转费用以及机械辅助设施的折旧、搭设、拆除等费用 2. 进出场费包括施工机械、设备整体或分体自停放地点运至施工现场或由一施工地点运至另一施工地点所发生的运输、装卸、辅助材料等费用

七、施工排水、降水

施工排水、降水工程量清单项目设置、项目特征描述的内容、计量单位及工程量计算规则，应按表 3-56 的规定执行。

表 3-56　施工排水、降水（编码：041107）

项目编码	项目名称	项目特征	计量单位	工程量计算规则	工作内容
041107001	成井	1. 成井方式 2. 地层情况 3. 成井直径 4. 井（滤）管类型、直径	m	按设计图示尺寸以钻孔深度计算	1. 准备钻孔机械、埋设护筒、钻机就位；泥浆制作、固壁；成孔、出渣、清孔等 2. 对接上、下井管（滤管），焊接，安放，下滤料，洗井，连接试抽等
041107002	排水降水	1. 机械规格型号 2. 降排水管规格	昼夜	按排、降水日历天数计算	1. 管道安装、拆除，场内搬运等 2. 抽水、值班、降水设备维修等

注：相应专项设计不具备时，可按暂估量计算。

八、处理、监测、监控

处理、监测、监控工程量清单项目设置、工作内容及包含范围，应按表 3-57 的规定执行。

表 3-57　处理、监测、监控（编码：041108）

项目编码	项目名称	工作内容及包含范围
041108001	地下管线交叉处理	1. 悬吊 2. 加固 3. 其他处理措施
041108002	施工监测、监控	1. 对隧道洞内施工时可能存在的危害因素进行检测 2. 对明挖法、暗挖法、盾构法施工的区域等进行周边环境监测 3. 对明挖基坑围护结构体系进行监测 4. 对隧道的围岩和支护进行监测 5. 盾构法施工进行监控测量

注：地下管线交叉处理指施工过程中对现有施工场地范围内各种地下交叉管线进行加固及处理所发生的费用，但不包括地下管线或设施改、移发生的费用。

九、安全文明施工及其他措施项目

安全文明施工及其他措施项目工程量清单项目设置、工作内容及包含范围，应按表 3-58 的规定执行。

表 3-58　安全文明施工及其他措施项目（041109）

项目编码	项目名称	工作内容及包含范围
041109001	安全文明施工	1. 环境保护：施工现场为达到环保部门要求所需要的各项措施。包括施工现场为保持工地清洁、控制扬尘、废弃物与材料运输的防护、保证排水设施通畅、设置密闭式垃圾站、实现施工垃圾与生活垃圾分类存放等环保措施；其他环境保护措施 2. 文明施工：根据相关规定在施工现场设置企业标志、工程项目简介牌、工程项目责任人员姓名牌、安全六大纪律牌、安全生产记数牌、十项安全技术措施牌、防火须知牌、卫生须知牌及工地施工总平面布置图、安全警示标志牌，施工现场围挡以及为符合场容场貌、材料堆放、现场防火等要求采取的相应措施；其他文明施工措施 3. 安全施工：根据相关规定设置安全防护设施、现场物料提升架与卸料平台的安全防护设施、垂直交叉作业与高空作业安全防护设施、现场设置安防监控系统设施、现场机械设备（包括电动工具）的安全保护与作业场所和临时安全疏散通道的安全照明与警示设施等；其他安全防护措施 4. 临时设施：施工现场临时宿舍、文化福利及公用事业房屋与构筑物、仓库、办公室、加工厂、工地实验室以及规定范围内的道路、水、电、管线等临时设施和小型临时设施等的搭设、维修、拆除、周转；其他临时设施搭设、维修、拆除
041109002	夜间施工	1. 夜间固定照明灯具和临时可移动照明灯具的设置、拆除 2. 夜间施工时，施工现场交通标志、安全标牌、警示灯等的设置、移动、拆除 3. 夜间照明设备及照明用电、施工人员夜班补助、夜间施工劳动效率降低等
041109003	二次搬运	由于施工场地条件限制而发生的材料、成品、半成品一次运输不能到达堆积地点，必须进行的二次或多次搬运
041109004	冬雨季施工	1. 冬雨季施工时增加的临时设施（防寒保温、防雨设施）的搭设、拆除 2. 冬雨季施工时对砌体、混凝土等采用的特殊加温、保温和养护措施 3. 冬雨季施工时施工现场的防滑处理、对影响施工的雨雪的清除 4. 冬雨季施工时增加的临时设施、施工人员的劳动保护用品、冬雨季施工劳动效率降低等
041109005	行车、行人干扰	1. 由于施工受行车、行人干扰的影响，导致人工、机械效率降低而增加的措施 2. 为保证行车、行人的安全，现场增设维护交通与疏导人员而增加的措施
041109006	地上、地下设施、建筑物的临时保护设施	在工程施工过程中，对已建成的地上、地下设施和建筑物进行的遮盖、封闭、隔离等必要保护措施所发生的人工和材料
041109007	已完工程及设备保护	对已完工程及设备采取的覆盖、包裹、封闭、隔离等必要保护措施所发生的人工和材料

注：本表所列项目应根据工程实际情况计算措施项目费用，需分摊的应合理计算摊销费用。

十、相关问题及说明

编制工程量清单时,若设计图纸中有措施项目的专项设计方案时,应按措施项目清单中有关规定描述其项目特征,并根据工程量计算规则计算工程量;若无相关设计方案,其工程数量可为暂估量,在办理结算时,按经批准的施工组织设计方案计算。

查一查:

混凝土模板及支架清单工程量如何计算?

自测训练

一、单选题

1.《市政工程工程量计算规范》(GB 50857—2013)中规定,杆上变压器是以(　　)为单位计算。
　　A. 台　　　　B. 个　　　　C. 组　　　　D. 座

2.《市政工程工程量计算规范》(GB 50857—2013)中规定,照明开关项目的工作内容包括本体安装和(　　)。
　　A. 制作　　　B. 接地　　　C. 接线　　　D. 焊、压接线端子

3.《市政工程工程量计算规范》(GB 50857—2013)中规定,电杆组立是按(　　)为单位计算。
　　A. km　　　　B. 根　　　　C. m　　　　D. 组

4.《市政工程工程量计算规范》(GB 50857—2013)中规定,带形母线按设计图示尺寸另加预留量以(　　)计算。
　　A. 长度　　　B. 单相长度　　C. 单线长度　　D. 面积

5.《市政工程工程量计算规范》(GB 50857—2013)中规定,常规照明灯是指安装在高度(　　)的灯杆上的照明器具。
　　A. ≤18 m　　B. ≤19 m　　C. ≤15 m　　D. ≤17 m

6.《市政工程工程量计算规范》(GB 50857—2013)中规定,变压器系统调试按设计图示数量计算以(　　)为计量单位。
　　A. mm　　　B. 系统(组)　　C. 系统　　　D. 次(根、点)

7.《市政工程工程量计算规范》(GB 50857—2013)中规定,围堰以(　　)计量。
　　A. 套　　　　B. 延米　　　C. 立方米　　　D. 平方米

二、多选题

1.《市政工程工程量计算规范》(GB 50857—2013)中规定,小电器包括按钮、测量表计、(　　)。
　　A. 继电器　　B. 电磁锁　　C. 屏上辅助设备　　D. 辅助电压互感器
　　E. 小型安全变压器

2.《市政工程工程量计算规范》(GB 50857—2013)中规定,电力电容器项目特征包括(　　)按设计图示个数计算。
　　A. 名称　　　B. 型号　　　C. 规格　　　D. 安装部位
　　E. 质量

3.《市政工程工程量计算规范》(GB 50857—2013)中规定,配管配置形式指(　　)等。
　　A. 明、暗配　　B. 钢结构支架　　C. 钢索配管　　D. 埋地敷设
　　E. 砌筑沟内敷设

三、判断题

1.《市政工程工程量计算规范》(GB 50857—2013)中规定,铁构件制作、安装适用于路灯工程的各种支架、铁构件的制作、安装。　　　　　　　　　　　　　　　　　　　　　　　　　　　　(　　)

2.《市政工程工程量计算规范》(GB 50857—2013)中规定,电缆保护管敷设方式清单项目特征描述时应区分直埋保护管、过路保护管。( )

3.《市政工程工程量计算规范》(GB 50857—2013)中规定,配管安装扣除管路中间的接线箱(盒)、灯头盒、开关盒所占长度。( )

4.《市政工程工程量计算规范》(GB 50857—2013)中规定,中杆照明灯是指安装在高度≤19 m的灯杆上的照明器具。( )

5.《市政工程工程量计算规范》(GB 50857—2013)中规定,景观照明灯是指利用不同的造型、相异的光色与亮度来造景的照明器具。( )

6.《市政工程工程量计算规范》(GB 50857—2013)中规定,钢筋工程所列"型钢"是指劲性骨架的型钢部分。( )

7.《市政工程工程量计算规范》(GB 50857—2013)中规定,脚手架工程中各类井的井深按井底基础以上至井盖顶的高度计算。( )

8.《市政工程工程量计算规范》(GB 50857—2013)中规定,原槽浇灌的混凝土基础、垫层计算模板。( )

9.《市政工程工程量计算规范》(GB 50857—2013)中规定,拆除路面、人行道及管道清单项目的工作内容中均包括基础及垫层拆除。( )

10.《市政工程工程量计算规范》(GB 50857—2013)中规定,承台模板工程量按混凝土与模板接触面的面积计算。( )

四、简答题

1. 简述脚手架工程的工程量计算规则。
2. 简述拆除工程的工程量计算规则。
3. 简述现浇构件钢筋的工程量计算规则。
4. 简述配线进入箱、柜、板的预留长度的规定。

文 档

参考答案

任务 5 计划单

课程	市政工程预算		
学习情境三	清单工程量解析	学时	20
任务 5	其他工程及措施项目清单工程量计算	学时	4
计划方式	小组讨论、团结协作共同制订计划		
序号	实施步骤		使用资源
1			
2			
3			
4			
5			
6			
7			
8			
9			
制订计划说明			
计划评价	班级: 第 组 组长签字 教师签字: 日 期 评语:		

任务5 决策单

课程	市政工程预算		
学习情境三	清单工程量解析	学时	20
任务5	其他工程及措施项目清单工程量计算	学时	4

<table>
<tr><td colspan="6" align="center">方案讨论</td></tr>
<tr><td rowspan="11">方案对比</td><td>组号</td><td>方案合理性</td><td>实施可操作性</td><td>安全性</td><td>综合评价</td></tr>
<tr><td>1</td><td></td><td></td><td></td><td></td></tr>
<tr><td>2</td><td></td><td></td><td></td><td></td></tr>
<tr><td>3</td><td></td><td></td><td></td><td></td></tr>
<tr><td>4</td><td></td><td></td><td></td><td></td></tr>
<tr><td>5</td><td></td><td></td><td></td><td></td></tr>
<tr><td>6</td><td></td><td></td><td></td><td></td></tr>
<tr><td>7</td><td></td><td></td><td></td><td></td></tr>
<tr><td>8</td><td></td><td></td><td></td><td></td></tr>
<tr><td>9</td><td></td><td></td><td></td><td></td></tr>
<tr><td>10</td><td></td><td></td><td></td><td></td></tr>
<tr><td>方案评价</td><td colspan="5">评语：</td></tr>
<tr><td>班级</td><td colspan="2">组长签字</td><td colspan="2">教师签字</td><td>月　日</td></tr>
</table>

任务 5　实施单

课程	市政工程预算		
学习情境三	清单工程量解析	学时	20
任务 5	其他工程及措施项目清单工程量计算	学时	4
实施方式	小组成员合作；动手实践		
序　号	实　施　步　骤	使用资源	
1			
2			
3			
4			
5			
6			
7			
8			
9			
10			
11			
12			
13			
14			
15			
16			

实施说明：

班　级		第　组	组长签字	
教师签字			日　期	
评　语				

任务 5 作业单

课程	市政工程预算		
学习情境三	清单工程量解析	学时	20
任务 5	其他工程及措施项目清单工程量计算	学时	4
实施方式	小组成员动手计算一个其他工程及措施项目的清单工程量,学生自己收集资料、计算		
班　级		第　　组　组长签字	
教师签字		日　期	
评语			

任务5 检查单

课程	市政工程预算		
学习情境三	清单工程量解析	学时	20
任务5	其他工程及措施项目清单工程量计算	学时	4
序　号	检查项目	检查标准	学生自查	教师检查
1				
2				
3				
4				
5				
6				
7				
8				
9				
10				
11				
12				
13				
14				
15				
检查评价	班　级		第　组	组长签字	
	教师签字		日　期		
	评语：				

任务5 评价单

1. 工作评价单

课程		市政工程预算			
学习情境三		清单工程量解析		学时	20
任务5		其他工程及措施项目清单工程量计算		学时	4
评价类别	项目	子项目	个人评价	组内互评	教师评价
专业能力	资讯(10%)	搜集信息(5%)			
		引导问题回答(5%)			
	计划(5%)				
	实施(20%)				
	检查(10%)				
	过程(5%)				
	结果(10%)				
社会能力	团结协作(10%)				
	敬业精神(10%)				
方法能力	计划能力(10%)				
	决策能力(10%)				
评 价	班级		姓名	学号	总评
	教师签字		第 组	组长签字	日期

2. 小组成员素质评价单

课程	市政工程预算		
学习情境三	清单工程量解析	学时	20
任务5	其他工程及措施项目清单工程量计算	学时	4
班级		第 组	成员姓名
评分说明	每个小组成员评价分为自评和小组其他成员评价两部分,取平均值计算,作为该小组成员的任务评价个人分数。评价项目共设计五个,依据评分标准给予合理量化打分。小组成员自评分后,要找小组其他成员不记名方式打分,成员互评分为其他小组成员的平均分		
对象	评分项目	评分标准	评分
自评 (100分)	核心价值观(20分)	是否有违背社会主义核心价值观的思想及行动	
	工作态度(20分)	是否按时完成负责的工作内容、遵守纪律,是否积极主动参与小组工作,是否全过程参与,是否吃苦耐劳,是否具有工匠精神	
	交流沟通(20分)	是否能良好地表达自己的观点,是否能倾听他人的观点	
	团队合作(20分)	是否与小组成员合作完成,做到相互协助、相互帮助、听从指挥	
	创新意识(20分)	看问题是否能独立思考,提出独到见解,是否能够创新思维解决遇到的问题	
成员互评 (100分)	核心价值观(20分)	是否有违背社会主义核心价值观的思想及行动	
	工作态度(20分)	是否按时完成负责的工作内容、遵守纪律,是否积极主动参与小组工作,是否全过程参与,是否吃苦耐劳,是否具有工匠精神	
	交流沟通(20分)	是否能良好地表达自己的观点,是否能倾听他人的观点	
	团队合作(20分)	是否与小组成员合作完成,做到相互协助、相互帮助、听从指挥	
	创新意识(20分)	看问题是否能独立思考,提出独到见解,是否能够创新思维解决遇到的问题	
最终小组成员得分			
小组成员签字		评价时间	

任务 5　教学反馈单

课程	市政工程预算		
学习情境三	清单工程量解析	学时	20
任务 5	其他工程及措施项目清单工程量计算	学时	4

序号	调查内容	是	否	理由陈述
1	你是否喜欢这种上课方式？			
2	与传统教学方式比较你认为哪种方式学到的知识更实用？			
3	针对每个学习任务你是否学会如何进行资讯？			
4	计划和决策感到困难吗？			
5	你认为学习任务对你将来的工作有帮助吗？			
6	通过本任务的学习，你学会措施项目的清单工程量计算规则了吗？			
7	你能计算路灯工程的清单工程量吗？			
8	你能计算出钢筋工程的清单工程量吗？			
9	通过几天来的工作和学习，你对自己的表现是否满意？			
10	你对小组成员之间的合作是否满意？			
11	你认为本情境还应学习哪些方面的内容？（请在下面空白处填写）			
你的意见对改进教学非常重要，请写出你的建议和意见：				
被调查人签名		调查时间		

学习情境四 市政工程造价文件编制

学习指南

【学习情境描述】

本学习情境是根据学生的就业岗位造价员的工作职责和职业要求创设的第四个学习情境,主要要求学生能够运用定额计价程序和清单计价程序编制市政工程造价文件。以定额计价法、清单计价法编制市政工程造价文件2个工作任务为载体,采用任务驱动的教学做一体化教学模式,学生分成小组在教师的引导下通过资讯、计划、决策、实施、检查和评价六个环节完成工作任务,进而达到本学习情境设定的学习目标。

【学习目标】

1. 知识目标

(1)掌握建筑安装工程费用定额;

(2)应用定额计价程序编制市政工程造价文件;

(3)掌握建设工程工程量清单计价规范;

(4)应用清单计价程序编制市政工程造价文件。

2. 能力目标

(1)能够正确使用《建筑安装工程费用定额》(HLJD-FY—2019);

(2)能够正确使用《建设工程工程量清单计价规范》(GB 50500—2013);

(3)能够运用定额计价程序和清单计价程序编制市政工程造价文件;

(4)具备造价员应知应会的知识,能够独立完成完整的造价工作。

3. 素质目标

(1)培养爱国情怀及民族自豪感,增强团队协作意识和与人沟通的能力;

(2)具有精益求精的工匠精神,在学习中不断提升职业素质,树立起严谨认真、吃苦耐劳、诚实守信的工作作风。

【工作任务】

1. 定额计价法市政工程造价文件编制;

2. 清单计价法市政工程造价文件编制。

任务1　定额计价法市政工程造价文件编制

任 务 单

课　　程	市政工程预算		
学习情境四	市政工程造价文件编制	学时	8
任务1	定额计价法市政工程造价文件编制	学时	4
布　置　任　务			
任务目标	(1)掌握应用软件计算定额计价法分部分项工程费的方法； (2)结合地方定额及文件规定学习掌握定额计价法市政工程造价的计算方法； (3)熟悉定额计价法、清单计价法市政工程造价文件报表的具体内容； (4)能够在完成任务过程中锻炼职业素养，做到工作程序严谨认真对待，完成任务能够吃苦耐劳主动承担，能够主动帮助小组落后的其他成员，有团队意识，诚实守信、不瞒骗，培养保证质量等建设优质工程的爱国情怀		
任务描述	编制定额计价法市政工程造价文件。具体任务如下： (1)使用计算机定额计价法计算市政工程各项费用； (2)学习定额计价法市政工程各项费用计算方法； (3)市政工程造价报表输出		

学时安排	资讯	计划	决策	实施	检查	评价
	1学时	0.5学时	0.5学时	1学时	0.5学时	0.5学

| 对学生学习及成果的要求 | (1)每名同学均能按照资讯思维导图自主学习，并完成知识模块中的自测训练；
(2)严格遵守课堂纪律，学习态度认真、端正，能够正确评价自己和同学在本任务中的素质表现，积极参与小组工作任务讨论，严禁抄袭；
(3)具备工程造价的基础知识；具备编制定额计价法市政工程造价文件的知识；
(4)具备计算机知识和计算机操作能力；
(5)小组讨论编制定额计价法市政工程造价文件的方案，能够确定定额计价法市政工程造价文件编制，掌握编制定额计价法市政工程造价文件的方法，能够正确编制定额计价法市政工程造价文件；
(6)具备一定的实践动手能力、自学能力、数据计算能力、沟通协调能力、语言表达能力和团队意识；
(7)严格遵守课堂纪律，不迟到、不早退；学习态度认真、端正；每位同学必须积极动手并参与小组讨论；
(8)讲解定额计价法市政工程造价文件的编制过程，接受教师与同学的点评，同时参与小组自评与互评 |

资讯思维导图

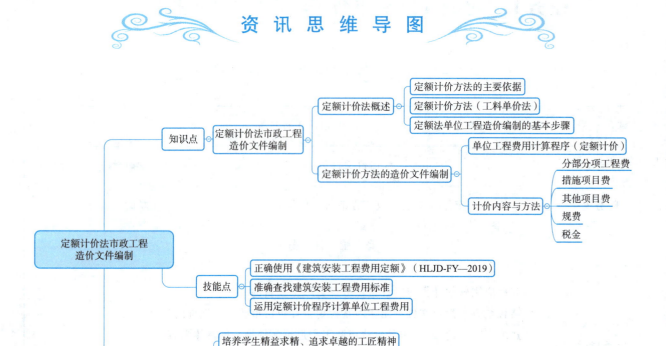

知识模块 1：定额计价法概述

所谓工程造价计价依据，是用以计算工程造价的基础资料的总称。包括：工程定额、人工、材料、机械台班及设备单价，工程量清单、工程造价指数、工程量计算规则，以及政府主管部门发布的有关工程造价的经济法规、政策等。根据工程造价计价依据的不同，我国处于定额计价与清单计价两种模式并存的状态。

一、定额计价方法的主要依据——定额（HLJD-SZ—2019）

1. 定额的概念

指在正常的生产条件下，完成单位合格建筑产品所必须消耗的人工、材料、机械台班及费用的数量标准。它与一定时期的工人操作水平，机械化程度，新材料、新技术的应用，企业生产经营管理水平等有关，是随着生产力的发展而变化的，但在一定时期内是相对稳定的。

2. 定额的产生与发展

19 世纪末 20 世纪初，美国学者泰罗从理论上和实际的科学试验中对操作方法、工具及设备的选用、材料的消耗等进行细致的研究，进行科学的分析、测定，实行了标准化计件工资。

20 世纪 40 年代中期，定额已成为管理科学发展初期的产物，是企业管理科学化的基础和必备条件。

我国唐代就已有夯筑城台的用工定额，北宋时期土木建筑家编著了 34 卷《营造法式》，明代的《工程做法》、清代的《工程做法则例》都是在一定范围内适用的定额。新中国成立后，定额逐步建立完善并发展起来。

1950—1952 年，我国东北地区出台了劳动定额、工料消耗定额。1953—1957 年，我国出台了《建筑安装工程统一劳动定额》。

3. 建设工程定额的性质

1）科学性

定额是用科学的方法确定的，它利用现代科学管理的科学理论、方法和手段，对工程的建筑过程，进行严密的测定、统计与分析而制定的。考虑客观施工生产技术和管理方面的条件，表现在其内容、范围、体系和水平都是经过了科学的测定、统计和分析。

2）系统性

工程建设定额是相对独立的系统。它是由多种定额结合而成的有机的整体。它的结构复杂、层次鲜明、目标明确。

3）统一性

工程建设定额的统一性，主要是由国家对经济发展的有计划的宏观调控职能决定的。为了使国民经济按照既定的目标发展，就需要借助于某些标准、定额、参数等，对工程建设进行规划、组织、调节、控制。

工程建设定额的统一性按照其影响力和执行范围来看，有全国统一定额、地区统一定额和行业统一定额等；按照定额的制定、颁布和贯彻使用来看，有统一的程序、统一的原则、统一的要求和统一的用途。

4）指导性

随着我国建设市场的不断成熟和规范，工程建设定额尤其是统一定额原具备的法令性特点逐渐弱化，转而成为对整个建设市场和具体建设产品交易的指导作用。

5）先进合理性

正常施工条件下大多数生产者能够达到、部分生产者能超过、少数生产者能够接近的定额水平。若定额偏高，所有人都达不到，则挫伤积极性。若定额偏低、不能促进生产发展。

6）稳定性与时效性

工程建设定额中的任何一种都是一定时期技术发展和管理水平的反应，因而在一段时间内表现出稳定状态。由于社会水平的变化，定额随之而变化。

4. 建设工程定额的作用

1）编制计划的基础

在组织管理施工中，需要编制进度与作业计划，其中应考虑施工过程中的人力、材料、机械的需用量，这些是以定额为依据计算的。

2）确定建设工程造价的依据

根据设计规定的工程标准、数量及其相应的定额确定人工、材料、机械的消耗数量及单位预算价值和各种费用标准确定工程造价。

3）定额是推行经济责任制的重要依据

建筑企业在全面推行投资包干制和以招投标为核心的经济责任制中，签订投资包干的协议，计算招标标底和投标报价，签订总包和分包合同协议等，都以建设工程定额为编制依据。

4）企业降低工程成本的重要依据

以定额为标准，分析比较成本的消耗。通过比较分析找出薄弱环节，提出改革措施，降低人工、材料、机械等费用在建筑产品中的消耗，从而降低工程成本，取得更好的经济效益。

5）提高劳动生产率，总结先进生产方法的重要手段

企业根据定额把提高劳动生产率的指标和措施，具体落实到每个工人或班组；工人为完成或超额完成定额，将努力提高技术水平、使用新方法、新工艺。改善劳动组织、降低消耗、提高劳动生产率。同时定额又是在一定条件下，通过对生产过程的调查、观测和分析等过程制定的。它科学地反映了生产技术和劳动组织的先进合理程度。因此，我们以定额标定的方法为手段，对同一建筑产品在同一施工操作条件下的不同生产方式进行观察、分析和总结，从而得到一套比较完整的先进生产方法，在施工生产中推广应用。

5. 编制原则

（1）平均先进性原则；

（2）简明适用性原则；

（3）以专家为主编制定额的原则；

（4）独立自主的原则；

（5）保密原则；

（6）时效性原则。

6. 建设工程定额的分类

1）按生产要素分

生产的三要素为劳动者、劳动对象和劳动工具，所以相应定额分别为劳动定额、材料消耗定额和机械台班消耗定额。

（1）劳动消耗定额简称劳动定额，又称人工定额，是指完成一定数量的合格产品（工程实体或劳务）规定活劳动消耗的数量标准。为了便于综合和核算，劳动定额采用工作时消耗量来计算劳动消耗数量。劳动定额的主要表现形式是时间定额；但同时也表现为产量定额。时间定额与产量定额互为倒数。

（2）材料消耗定额简称材料定额，是指完成一定数量的合格产品所需消耗材料的数量标准。材料是工程建设中使用的原材料、成品、半成品、构配件、燃料以及水、电等动力资源的统称。材料作为劳动对象构成工程的实体，需用数量很大，种类很多。所以材料消耗多少，消耗是否合理，不仅关系到资源的有效利用，影响市场供求状况，而且对建设的项目投资、建筑产品的成本控制都起着决定性的影响。

（3）机械消耗定额，机械消耗定额是以一台机械一个工作班为计量单位，所以又称机械台班定额。机械消耗定额是指为完成一定数量的合格产品（工程实体或劳务）所规定的施工机械消耗的数量标准。机械消耗定额的主要表现形式是机械时间定额，同时也以产量定额表现。

2）按编制程序和用途分

可以把工程建设定额分为施工定额、预算定额、概算定额、概算指标、投资估算指标。

（1）施工定额，是以同一性质的施工过程即工序，作为研究对象，表示生产产品数量与时间消耗综合关系编制的定额。施工定额是施工企业（建筑安装企业）组织生产和加强管理，在企业内部使用的一种定额，属于企业定额的性质。为了适应组织生产和管理的需要，施工定额的项目划分很细，是工程建设定额中分项最细、定额子目最多的一种定额，也是工程建设定额中的基础性定额。

施工定额本身由劳动定额、材料定额和机械定额三个相对独立的部分组成，主要用于工程的直接施工管理，以及作为编制工程施工设计、施工预算、施工作业计划、签发施工任务单、限额领料及结算计件工资或计量奖励工资的依据，它同时是编制预算定额的基础。

（2）预算定额，是以分部分项工程和结构构件为对象编制的定额。其内容包括劳动定额、材料消耗定额、机械台班定额三个基本部分，是一种计价性定额。从编制程序上看，预算定额是以施工定额为基础综合扩大编制的，同时也是编制概算定额的基础。

预算定额是在编制施工图预算阶段，计算工程造价和计算工程中的劳动、机械台班、材料需要量时使用，它是调整工程预算和工程造价的重要基础，也可以作为编制施工组织设计、施工技术财务计划的参考。

（3）概算定额，是以扩大分项工程或扩大结构构件为对象编制的，计算和确定劳动、机械台班、材料消耗量所使用的定额，也是一种计价性定额。概算定额是编制扩大初步设计概算、确定建设项目投资额的依据。概算定额的项目划分粗细，与扩大初步设计的深度相适应，一般是在预算定额的基础上综合扩大而成的，每一综合分项概算定额都包含了数项预算定额。

（4）概算指标，是概算定额的扩大与合并，它是以整个建筑物和构筑物为对象，以更为扩大的计量单位来编制的。概算指标的内容包括劳动、机械台班、材料定额三个基本部分；同时还列出了各结构分部的工程量及单位建筑工程（以体积计和面积计）的造价，是一种计价定额；为了增加概算指标的适用性，也以房屋或构筑物扩大的分部工程或结构构件为对象编制，称为扩大结构定额。

概算指标的设定和初步设计的深度相适应，一般是在概算定额和预算定额的基础上编制，比概算定额更加综合扩大。它是设计单位编制工程概算或建设单位编制年度任务计划、施工准备期间编制材料和机械设备供应计划的依据，也可供国家编制年度建设计划参考。

（5）投资估算指标，是在项目建议书和可行性研究阶段编制投资估算、计算投资需要量时使用的一种定额。它非常概略，往往以独立的单项工程或完整的工程项目为计算对象，编制内容是所有项目费用之和。它的概略程度与可行性研究阶段相适应。投资估算指标往往根据历史的预、决算资料和价格变动等资料编制，但其编制基础仍然离不开预算定额、概算定额。上述各种定额的相互联系见表4-1。

表 4-1 各种定额间的关系比较

定额分类	施工定额	预算定额	概算定额	概算指标	投资估算指标
对　　象	工序	分项工程	扩大的分项工程	整个建筑物或构筑物	独立的单项工程
用　　途	编制施工预算	编制施工图预算	编制设计概算	编制初步设计概算	编制投资估算
项目划分	最细	细	较粗	粗	很粗
定额水平	平均先进	平均	平均	平均	平均
定额性质	生产性定额	计价性定额			

3) 按专业性质划分

工程建设定额分为全国通用定额、行业通用定额和专业专用定额三种。全国通用定额是指在部门间和地区间都可以使用的定额；行业通用定额是指具有专业特点在行业部门内可以通用的定额；专业专用定额是特殊专业的定额，只能在指定的范围内使用。

4) 按主编单位和管理权限分类

工程建设定额可以分为全国统一定额、行业统一定额、地区统一定额、企业定额、补充定额五种。

(1) 全国统一定额，是由国家建设行政主管部门综合全国工程建设中技术和施工组织管理的情况编制，并在全国范围内执行的定额。

(2) 行业统一定额，是考虑到各行业部门专业工程技术特点，以及施工生产和管理水平编制的。一般是只在本行业和相同专业性质的范围内使用。

(3) 地区统一定额，包括省、自治区、直辖市定额。地区统一定额主要是考虑地区性特点和全国统一定额水平作适当调整和补充编制的。

(4) 企业定额，是由施工企业考虑本企业具体情况，参照国家、部门或地区定额的水平制定的定额。企业定额只在企业内部使用，是企业素质的一个标志。企业定额水平一般应高于国家现行定额，才能满足生产技术发展、企业管理和市场竞争的需要。在工程量清单方式下，企业定额正发挥着越来越大的作用。

(5) 补充定额，是指随着设计、施工技术的发展，现行定额不能满足需要的情况下，为了补充缺陷所编制的定额。补充定额只能在指定的范围内使用，可以作为以后修订定额的基础。

上述各种定额虽然适用于不同的情况和用途，但是它们是一个互相联系的、有机的整体，在实际工作中配合使用。

二、定额计价方法(工料单价法)

编制建设工程造价最基本的过程有两个：工程量计算和工程计价。为统一口径，工程量的计算均按照统一的项目划分和工程量计算规则计算。工程量确定以后，就可以按照一定的方法确定出工程的成本及盈利，最终就可以确定出工程预算造价(或投标报价)。定额计价方法的特点就是量与价的结合。概预算的单位价格的形成过程，就是依据概预算定额所确定的消耗量乘以定额单价或市场价，经过不同层次的计算达到量与价的最优结合过程。

直接费单价只包括人工费、材料费和机械台班使用费，它是分部分项工程的不完全价格。我国现行有两种计价方式：一种是单位估价法，它是运用定额单价计算的，即首先计算工程量，然后查定额单价(基价)，与相对应的分项工程量相乘，得出各分项工程的人工费、材料费、机械费，再将各分项工程的上述费用相加，得出分部、分项工程的直接费；另一种实物估价法，它首先计算工程量，然后套基础定额，计算人工、材料和机械台班消耗量，所有分部、分项工程资源消耗量进行归类汇总，再根据当时、当地的人工、材料、机械单价计算并汇总人工费、材料费、机械使用费，得出分部、分项工程直接费。在此基础上再计算措施费、企业管理费、利润、其他费用、规费和税金，将直接费与上述费用相加，即可得出单位工程造价。

三、定额法单位工程造价编制的基本步骤

单位工程造价，有招标控制价、投标报价、工程结算价，招标控制价、投标报价是工程预算，常采用施工图预算。

1. 收集资料、熟悉图纸、了解施工现场情况

在编制预算之前，必须充分熟悉施工图纸，了解设计意图和工程全貌，对施工图中的问题、疑难和建议要同

设计单位协商,做到妥善解决,一般按以下顺序进行:

1)搜集有关编制预算的依据资料

主要搜集预算定额、单位价格表、费用定额、概算文件、定型图集及工程合同等资料。

2)熟悉图纸

(1)整理施工图纸。图纸应按图纸目录的顺序排列。一般为全局性图纸在前,局部性图纸在后;先施工的在前,后施工的在后;重要图纸在前,次要图纸在后。整理完后把目录放在首页,一并装订成册。

(2)按图纸目录核对施工图纸是否齐全。

(3)注意阅读和审核施工图。

①该单项工程与建筑总平面图、各种图纸,图纸与说明等相互间有无矛盾和错误。

②各分项工程(或结构构件)的构造、尺寸和规定的材料、品种、规格以及它们相互之间的关系是否相符。

③混凝土构件表与图示的规格、数量是否相符。

④详图、说明、尺寸、符号是否齐全。

⑤图纸中结构、构造上是否有逻辑性错误。例如,对于同一部位,在节点图、剖面图或立面图中所示的作法不一致等。

⑥施工图上是否有标注不够清楚的地方。如尺寸标高不清、使用材料不清、施工作法不清等。

(4)设计交底和图纸会审。施工单位在熟悉和自审图纸的基础上,参加由建设单位、组织设计单位和施工单位共同进行设计交底的图纸会审会议,预算人员参加图纸会审,可将阅读施工图过程中所发现图纸中的问题,或不清楚之处,请设计单位及时解决,并了解有无设计变更的内容等。同时还能更加了解工程的特点和施工要求,这将有助于预算的编制。特别是对了解施工图中超出定额范围的一些项目内容实质和掌握编制补充定额的有关资料是非常必要的。工程预算人员参加图纸会审时应注意:①认真听取别人提出的问题,仔细分析这些问题与预算编制的关系;②认真做好记录。要重点记录与编制预算有关的事项,同时也要记录会审中悬而未决的问题。

3)了解施工现场情况

要编制出符合施工实际的施工图预算,还必须了解施工现场情况。例如,自然地面标高与设计标高是正差还是负差;工程地质及水文地质的现场勘探情况;水源、电源、交通运输情况等。凡是属于建设单位责任范围内而未能及时解决的,并且建设单位委托施工单位代处理的,施工单位应单独编制预算,或办理经济签证,据此向建设单位结算费用。

4)了解工程承包合同的有关条款

主要了解工程承包范围、承包方式、结算方式和方法、材料供应方式、材料价差计算内容和方法等。对于建设单位及造价审查单位,还应了解施工企业的性质、级别。

2. 熟悉施工组织设计或施工方案的有关内容

在编制预算时,应熟悉并了解和掌握施工组织设计中影响工程预算造价的有关内容,如施工方法和施工机械的选择、构(配)件的加工和运输方式等。这些内容是正确计算工程量和选套预算定额的重要依据。

如果施工图预算与施工组织设计或施工方案同时进行编制时,可将预算方面需要解决的问题,提请有关部门先行确定。若某些工程没有编制施工组织设计或施工方案,应把预算方面需要解决的问题向有关人员了解清楚,使预算反映工程实际,从而提高预算编制质量。

3. 工程量计算及汇总

1)确定工程量计算项目

在熟悉了编制施工图预算基础资料的基础上,根据施工图纸和施工组织设计所规定的施工方法以及预算定额所规定的工程内容,确定工程量计算项目。确定项目时,要注意内容必须与预算定额规定的内容一致;项目的排列顺序、定额编号和计量单位也要与定额相一致,当设计项目与预算定额不同,或预算定额中无此项目时,则应用标记注明,以便将来换算或编制补充定额。

2)计算各项目的工程量(详见本教材其他章节的计算方法)

工程量计算完毕,并经复核无误后,即可选套预算定额或单位价格表,计算各个分部分项工程的直接工程费与定额措施费。应采用表格按下列步骤和方法进行计算:

(1)当计算项目的工程内容与定额的内容一致或定额不允许换算时,可直接选套定额基价。

①填写工程预算表中的序号和表头。表头中的工程编号名称一般按施工图中所标注的填写,工程预算表后面的括号内一般按施工图专业名称填写,如土石方、道路、桥涵等,其表示见表4-2。

表4-2 分部分项工程投标报价表

工程名称:市政工程

序号	定额编号	分部分项工程名称	工程量		价值		其中(元)					
							人工费		材料费		机械费	
			计量单位	数量	定额基价	总价	单价	金额	单价	金额	单价	金额
		合计	元									

②把计算项目名称、定额编号、计量单位及相应的工程量填入工程计价预算表内。

③把计算项目的相应定额基价及其中的人工费、材料费和机械费单价填入工程计价表内。

上述内容填写完毕后,即可进行分部分项工程费(定额措施费)的计算。

(2)当计算项目的工程内容与定额的内容不完全一致,而定额规定允许换算时,应按照规定的换算方法,进行定额基价换算。然后把换算后的定额编号、定额基价及其中人工费、材料费和机械费填入工程计价表内,以此计算分部分项工程费(定额措施费)。

(3)当计算项目无相应定额时,则需要编制补充定额或补充单位价格表,并应报请当地造价主管部门批准后,作为一次性定额纳入预算文件,并注明"补充"二字。为了便于进行经济分析,在计算各个分项工程直接费的基础上,还应按照每一分部工程进行小计。

4. 工料分析

工料分析是确定完成单位工程所需的各种人工和各种规格、类型的材料数量的基础资料。

1)工料分析的作用

(1)是施工企业计划部门和劳动工资部门编制单位工程生产计划及劳动力计划的依据。

(2)是施工企业材料部门编制材料计划、备料和组织材料进入施工现场的依据。

(3)是施工队向工人班(组)下达施工任务、限额领料和考核人工、材料消耗情况,以及班(组)经济核算的依据。

(4)是施工图预算和施工预算进行对比分析的依据。

(5)是施工企业制定降低成本措施计划和财务部门进行成本分析的依据。

(6)是预算和结算进行材料价差计算的依据。

(7)对于建设单位供应的材料,是甲乙双方进行材料核销或结算的依据。

2)工料分析的编制方法

工料分析一般分两步进行,首先分析各分部分项工程的人工、材料消耗量;然后分析汇总整个单位工程的各种人工、材料的总消耗量。

(1)分部分项工程的工料分析。分部分项工程的人工、材料消耗量,可采用工料分析表进行计算。

编制工料分析表通常按下列步骤和方法进行:

①按照工程预算表的排列顺序,将各分项工程的定额编号、项目名称、定额单位、工程量等抄写到工料分析表中的相应栏内。

②套预算定额工料消耗指标。从预算定额中查出有关分项工程所需各种人工、材料的定额单位用量,抄到工料分析表中的相应栏内。

③计算分项工程的人工、材料消耗量,将其填入到工料分析表的相应栏内。

$$分项工程人工消耗量 = 分项工程量 \times 定额人工用量$$

$$分项工程材料消耗量 = 分项工程量 \times 定额材料用量$$

④计算分部工程的人工、材料消耗量,即按照工种、材料种类和规格不同分别进行汇总,填入相应栏内,即为分部工程的各种人工、材料的消耗量。

(2)单位工程工料分析汇总表的编制。各个分部分项工程的工料分析完成之后,为统计和汇总单位工程所需的主要劳动力及材料的总消耗量,因此要编制单位工程工料分析汇总表。

3)工料分析应注意事项

(1)半成品材料的分析。对某些分项工程工料分析时,某些省市在定额中只能查到砂浆、混凝土等半成品材料的定额消耗量,为了求出其各种配合比的单项材料用量,必须对半成品材料进行二次分析。二次分析所得到的各种材料数量要进行汇总,并将汇总数加到材料汇总表内。现在有些地区编制的预算定额,其混凝土和砂浆所需的各种单项材料直接编列到定额的项目中,这样就可直接进行单项材料消耗量的计算,不必进行材料二次分析。

(2)各种构件、制品的材料分析。对于构件厂制作的,施工现场进行安装的门(窗)、钢筋混凝土等构(配)件,其工料分析应分别按制作、安装单独列表计算。

(3)对于现浇混凝土构件和构件厂生产的预制混凝土构件,如果采用的混凝土强度等级、石子种类和粒径都相同时,也应在材料分析表中分别计算,而不能将其混凝土的消耗量汇总在一起,以便进行成本核算和结算三材指标。

(4)凡是预算定额进行价格换算的项目,则工料分析时对定额中相应工料消耗数量也要进行换算。

5. 计算各项费用确定工程总造价及单位造价

单位工程的分部分项工程(定额措施项目)费用确定后,还需根据本地区颁布的建筑安装工程费用定额及有关费用文件的规定,计算通用措施费、管理费、利润、其他费、安全措施费、规费、税金等费用,最后汇总确定单位工程造价。

各项费用的具体内容和计算方法,详见本情境任务1所述。

6. 写编制说明

施工图预算的编制说明,没有统一格式,但一般应包括下列内容:

(1)工程概况。说明工程名称及编号、预算造价、建筑面积和简要说明工程的建筑、结构的特点等。

(2)编制依据。所采用施工图设计的名称、编号和设计单位;采用各种标准图集的名称及编号;采用的预算定额或单位价格表;取费标准所依据的各项费用定额和其他有关费用计算的文件名称及文件;施工组织设计或施工方案;有关材料调价的依据及文件;承包方式和结算方式及甲乙双方所协商的有关事宜;编制补充定额的依据及基础资料;进口设备、材料或加工订货单价来源。

(3)其他有关说明。例如,某些项目是否考虑设计修改或图纸会审记录;在取费标准中有哪些费用暂未考虑或依实际情况有所变化,在预算中是如何处理的;对采用的各类构配件标准图集中,是否有变更情况;钢筋、铁件是按定额列入还是按图纸计算的,是否已进行调整;遗留项目或暂估项目有哪些,并说明原因;对土方工程的挖运机具、运距及各种构配件的运输方式、运距等,若在施工组织设计中未明确规定时是如何处理的;某些项目还存在哪些问题及以后的处理办法;其他需要说明的事项等。

7. 审核装订

(1)预算编完后,企业负责人要组织有关人员进行自审预算,以提高预算的准确性和合理性。

(2)装订工程预算书的封面没有统一格式,但一般应包括以下内容:工程编号和工程名称;建设单位和施工单位名称;建筑结构和建筑面积;工程造价和单位造价;编制单位、负责人、编制人和编制日期;审核单位、负责人和审核人。最后把预算书封面、编制说明、工程造价汇总表、工程预算表、工料分析汇总表、设计变更通知单及工程量计算书等按顺序装订成册。

有的地区由于工程量计算表和工料分析表的内容繁多,一般不列于工程预算书内,均由预算人员单独保存,以便查用。但现在也有些地区规定工程量计算表和工料分析表一并装订在工程预算书内。

思一思:

什么是工料单价法?

知识模块2：定额计价方法的造价文件编制

一、单位工程费用计算程序（定额计价）

以现行的黑龙江省建设工程计价依据《建筑安装工程费用定额》（HLJD-FY—2019）为依据计算建筑安装工程造价，见表4-3。

表4-3　建筑安装工程造价

序　号	费用名称	计算方法
（一）	分部分项工程费	按计价定额实体项目计算的基价之和
（A）	其中：计费人工费	$\sum$ 工日消耗量 × 计费人工单价
（二）	措施项目费	(1) + (2)
(1)	单价措施项目费	① + ② + ③ + ④ + ⑤ + ⑥
（B）	其中：计费人工费	$\sum$ 工日消耗量 × 计费人工单价
①	打拔工具桩	措施项目工程量 × 相应单价
②	围堰工程	措施项目工程量 × 相应单价
③	支撑工程	措施项目工程量 × 相应单价
④	脚手架工程	措施项目工程量 × 相应单价
⑤	井点降水	措施项目工程量 × 相应单价
⑥	临时便道	措施项目工程量 × 相应单价
(2)	总价措施项目费	⑦ + ⑧ + ⑨
⑦	安全文明施工费	[（一）+（三）+（四）+(1)+(7)+(8)+(9) - 工程设备金额] × 费率
⑧	其他措施项目费	[（A）+（B）] × 费率
⑨	专业工程措施项目费	根据工程情况确定
（C）	其中：计费人工费	
（三）	企业管理费	[（A）+（B）] × 费率
（四）	利润	[（A）+（B）] × 费率
（五）	其他项目费	(3) + (4) + (5) + (6) + (7) + (8) + (9)
(3)	暂列金额	[（一）- 工程设备金额] × 费率（投标报价时按发包人给出的金额计列）
(4)	专业工程暂估价	根据工程情况确定（投标报价时按发包人给出的金额计列）
(5)	计日工	根据工程情况确定
(6)	总承包服务费	供应材料费、设备安装费用或发包人发包的专业工程费 × 费率
(7)	人工费价差	[合同约定或省建设行政主管部门发布的人工单价 - 人工单价] × $\sum$ 工日消耗量
(8)	材料费价差	$\sum$ [材料价格差价（±） × 材料消耗量]
(9)	机械费价差	⑩ + ⑪
⑩	机械工价差	$\sum$ [（合同约定或省建设行政主管部门发布的机械工单价 - 机械工单价）（±） × 机具消耗量]
⑪	机具燃料动力费价差	$\sum$ [机具燃料动力价格差价（±） × 机具消耗量]
（六）	规费	[（A）+（B）+（C）+(7)] × 费率
（七）	税金	[（一）+（二）+（三）+（四）+（五）+（六）-(3)-(4)- 甲供材料费] × 税率
（八）	含税工程造价	（一）+（二）+（三）+（四）+（五）+（六）+（七）- 甲供材料费

注：①甲供材料费计入造价中，计取安全文明施工费、暂列金额，并在税前扣除甲供材料费。
②采用一般计税方法时，各项费用中不包括可抵扣的进项税额；采用简易计税方法时，各项费用中包括可抵扣的进项税额。

二、计价内容与方法

1. 分部分项工程费

可根据工程量和相应单价计算,其计算方法见下式:

$$分项工程费 = 分部分项工程量 \times 计费人工单价$$

$$单位工程分部分项工程费 = \sum(分部分项工程量 \times 计费人工单价)$$

1)人工费

可按下式计算:

$$分部分项工程人工费 = 工日消耗 \times 计费人工单价(或分项工程量 \times 计费人工单价)$$

$$单位工程人工费 = \sum(工日消耗 \times 计费人工单价)$$

人工费价差,是指在施工合同中约定或施工实施期间省建设行政主管部门发布的人工单价与本《费用定额》规定标准的差价。

$$人工费价差 = (合同约定或省建设行政主管部门发布的人工单价 - 计费人工单价) \times \sum 工日消耗量$$

计费人工单价 单位:元/工日

项 目		建筑装饰工程、安装工程、市政工程	园林绿化工程、城市轨道交通工程
计费人工单价	普工	95	97
	技工	122	

2)材料费

可按下式计算:

$$分部分项工程材料费 = \sum(各类材料消耗量 \times 相应材料单价)$$

$$单位工程材料费 = \sum 分部分项工程材料费 = \sum(材料消耗量 \times 相应材料单价)$$

或

$$= \sum(分项工程量 \times 定额材料费基价)$$

材料价差,是指在施工实施期间材料实际价格(或信息价格、价差系数)与材料预算价格的差价。

$$材料费价差 = \sum[材料价格差价(\pm) \times 材料消耗量]$$

3)施工机械使用费

可按下式计算:

$$分部分项工程机械费 = \sum(各类机械台班消耗量 \times 相应机械台班基价)$$

或 $分部分项工程机械费 = 分项工程量 \times (单位产品定额机械台班用量 \times 机械台班基价)$

$$单位工程施工机械使用费 = \sum(分部分项工程机械费)$$

机械费价差,包括机械工价差和机具燃料动力费价差。

(1)机械工价差 $= \sum[(合同约定或省建设行政主管部门发布的机械工单价 - 机械工单价) \times 机具消耗量]$

(2)机具燃料动力费价差 $= \sum[机具燃料动力价格差价(\pm) \times 机具消耗量]$

机械工单价 单位:元/工日

项 目	各类工程
机械工单价	115

4)企业管理费

$$企业管理费 = \sum(人工费 \times 相应费率)$$

企业管理费费率的标准,见表4-4。

表 4-4　企业管理费费率　　　　　　　　　　　　　　　　　　　　　　单位:%

工程项目	建筑装饰工程	安装工程	市政工程	园林绿化工程	城市轨道交通工程	单独承包装饰工程
计算基础	计费人工费					
企业管理费	10~14	10~14	8~12	6~9	8~12	7~10

5)利润

$$利润 = 人工费 \times 利润率$$

利润可以浮动,其具体浮动范围标准,承发包双方必须在合同中约定。

利润的费率标准,见表4-5。

表 4-5　利润费率　　　　　　　　　　　　　　　　　　　　　　单位:%

工程项目	各类工程
计算基础	计费人工费
利润	10~22

定额计价法　单位工程分部分项工程费 = $\sum$(计费人工单价×分项工程量)

计费人工单价:按招标文件或合同约定的预算定额选取。

按选用定额项目的内容、单位和工程量计算规则进行计算的结果。

2. 措施项目费

黑龙江省现行计价程序中此项费用中包括:单价措施项目费和总价措施项目费。

1)单价措施项目费

单价措施项目费是指预算定额中不构成工程实体,是为完成工程项目施工所发生的费用。

(1)单价措施项目费的组成:

a. 打拔工具桩;b. 围堰工程;c. 支撑工程;d. 脚手架工程;e. 井点降水;f. 临时便道;g. 专业工程措施。

(2)单价措施项目费的计算方法:

定额措施费可根据工程量和计费人工单价计算,也可按上述的人工费、材料费、施工机械使用费之和计算。其计算方法同分部分项工程费。

2)总价措施项目费

总价措施项目费包括安全文明施工费、其他措施项目费、专业工程措施项目费。

(1)安全文明施工费:

①安全文明施工费的组成:环境保护费、文明施工费、安全施工费、临时设施费、工程质量管理标准化费用。

②安全文明施工费的计算,费率为工程结算时按评价、核定的标准计算。建设工程造价管理部门安全监督管理机构组织安全检查、动态评价,由工程造价管理部门核定。

③安全文明施工费有关费率标准,见表4-6。

表 4-6　安全文明施工费费率　　　　　　　　　　　　　　　　　　　　　　单位:%

工程项目	建筑装饰工程	安装工程	市政工程	园林绿化工程	城市轨道交通工程	单独承包装饰工程
计算基础	工程量清单计价的工程:分部分项工程费 + 单价措施项目费 - 工程设备金额 定额计价的工程:分部分项工程费 + 单价措施项目费 + 企业管理费 + 利润 + 人、材、机价差 - 工程设备金额					
安全文明施工费	3.12	2.54	2.54	2.19	2.75	2.47

注:执行2019年《黑龙江省建设工程计价依据》的工程项目,安全文明施工费按照2019年《建筑安装工程费用定额》规定的费率计取;工程造价在200万元以内的工程项目,也按照2019年《建筑安装工程费用定额》规定的费率计取,不再按50%计取。

（2）其他措施项目费是指为完成工程项目施工定额中不包括：非工程实体项目所发生的费用。

其他措施项目费与定额措施费的主要区别是定额措施费可以在具体的分项工程中计算，而其他措施项目费不能在具体的分项工程中计算，而是以整个单位工程为对象的共同费用。

①其他措施项目费的组成：

a. 夜间施工费。b. 二次搬运费。c. 雨季施工费，包括防雨措施、排除雨水、工效降低等费用，但不包括特殊工程采取的大型雨棚施工所增加的费用。d. 冬季施工费，包括原材料加热、构件保温、门窗洞口封闭、人工室外作业临时取暖（包括炉具设施）、人工和机械生产效率降低补偿增加的人工、材料、燃料、器具及设备摊销等费用，不包括电加热法养护混凝土、混凝土蒸气养护法、暖棚法施工而增加及越冬工程基础的维护、保护费，发生时另行计算。冬季施工期，北纬48°以北：10月20日至下年4月20日；北纬46°以北：10月30日至下年4月5日；北纬46°以南：11月5日至下年3月31日。e. 已完工程及设备保护费。f. 工程定位复测费。g. 非夜间施工照明费。h. 地上、地下设施，建筑物的临时保护设施费。

②其他措施项目费的计算：

$$\text{其他措施项目费} = \sum（\text{人工费} \times \text{相应费率}）$$

对于冬季施工费，应以冬季实际完成的人工费为计算基数。

③其他措施项目费费率标准，见表4-7。

表4-7　其他措施项目费率　　　　　　　　　　　　　　　　　　　　　　　　　　　　单位:%

工程项目	建筑装饰工程	安装工程	市政工程	园林绿化工程	城市轨道交通工程	单独承包装饰工程
计算基础	计费人工费					
夜间施工费	0.12					
二次搬运费	0.12					
冬季施工增加费	5[计费基础:冬季施工工程的计费人工费+机具费(不含差价)]					
雨季施工增加费	0.11					
已完工程及设备保护费	0.11					
工程定位复测费	0.08					

（3）专业工程措施项目费。

3. 其他项目费

其他费用是指承包建筑安装工程中发生的并根据合同条款和规定计算的费用。

1）其他项目费组成

（1）暂列金额，是指发包人暂定并包括在合同价款中的一笔款项。用于施工合同签订时尚未确定或不可预见的所需材料、设备、服务的采购，施工中可能发生的工程变更、合同约定调整因素出现时的工程价款调整以及发生的索赔、现场签证确认等费用。

（2）暂估价，是指发包人提供的用于支付必然发生但暂时不能确定价格的材料单价以及专业工程的金额。

（3）计日工，是指承包人在施工过程中，完成发包人提出的施工图纸以外的零星工作项目或工作所需的费用。

（4）总承包服务费，是指总承包人为配合协调发包人进行的工程分包、自行采购的设备、材料等进行管理、服务（如分包人使用总承包人的脚手架、垂直运输、临时设施、水电接驳等）以及施工现场管理、竣工资料汇总整理等服务所需的费用。

2）计算方法

（1）暂列金额 = （分部分项工程费 - 工程设备金额）× 费率（投标报价时按发包人给出的金额计列）。

（2）专业暂估价 = 根据实际情况确定。（投标报价时按发包人给出的金额计列）

（3）计日工 = 根据实际情况确定。

（4）总承包服务费 = 供应材料费用、设备安装费用或发包人发包的专业工程费 × 费率。

3）暂列金额费率标准（见表 4-8）

表 4-8　暂列金额费率　　　　　　　　　　　　　　　　　　　　　　　　　　　单位：%

工 程 项 目	各 类 工 程
计算基础	分部分项工程费 - 工程设备金额
暂列金额	10 ~ 15

总承包服务费费率标准见表 4-9。

表 4-9　总承包服务费费率　　　　　　　　　　　　　　　　　　　　　　　　　单位：%

费 用 项 目	计 算 基 础	各 类 工 程
发包人供应材料	供应材料费用	2
发包人采购设备	设备安装费用	2
总承包人对发包人发包的专业工程管理和协调	工程量清单计价的工程：发包人发包的专业工程费 （分部分项工程费 + 措施项目费 - 工程设备金额）	1.5
总承包人对发包人发包的专业工程管理和协调并提供配合服务	定额计价的工程：发包人发包的专业工程费 （分部分项工程费 + 措施项目费 + 企业管理费 + 利润 + 人材机差价 - 工程设备金额）	3 ~ 5

4. 规费

1）规费的组成

养老保险费；医疗保险费；失业保险费；工伤保险费；生育保险费；住房公积金；环境保护税。

2）规费的计算方法

$$规费 = （计费人工费 + 人工费价差） \times 费率$$

3）规费费率标准（见表 4-10）

表 4-10　规费费率　　　　　　　　　　　　　　　　　　　　　　　　　　　　　单位：%

工 程 项 目	各 类 工 程
计算基础	计费人工费 + 人工费价差
养老保险费	16
医疗保险费	7.5
失业保险费	0.5
工伤保险费	1
生育保险费	0.6
住房公积金	5
环境保护税	按实际发生计算

5. 税金

（1）税金：是指国家税法规定应计入工程造价内的增值税。

（2）计算方法：包括一般计税方法和简易计税方法。采用一般计税方法时，材料费、施工机具费中不包括可抵扣的进项税额；采用简易计税方法时，材料费、施工机具费中包括可抵扣的进项税额。

$$税金 = 税前工程造价 \times 税率$$

（3）税金费率标准，见表 4-11。

表 4-11　税金费率　　　　　　　　　　　　　　　　　　　　　　　　　　　　　单位：%

工 程 项 目	各 类 工 程
计算基础	税前工程造价
税率	9（或 3）

忆一忆：

如何计算增值税？

自学自测

一、填空题

1. 定额指在正常生产条件下,完成单位合格建筑产品所必须消耗的_____、_____、_____的数量标准。
2. 定额计价法又称_____。
3. 措施项目费包括_____、_____。
4. 劳动定额的主要表现形式是时间定额；但同时也表现为_____。时间定额与_____互为倒数。
5. 机械消耗定额的主要表现形式是机械时间定额,同时也以_____表现。

二、多选题

1. 建设工程定额按生产要素的分类为( )。
   A. 劳动定额　　B. 人工定额　　C. 材料定额　　D. 机械台班定额
2. 建设工程定额按编制程序和用途分为( )。
   A. 施工定额　　B. 预算定额　　C. 概算定额　　D. 概算指标　　E. 投资估算指标
3. 直接费单价包括( )。
   A. 人工费　　B. 材料费　　C. 机械台班使用费　　D. 材料消耗量
4. 我国现行定额计价有( )计价方式。
   A. 单位估价法　　B. 工料单价法　　C. 实物估价法　　D. 综合单价法
5. 定额计价程序包括费用( )、其他项目费、规费、税金。
   A. 分部分项工程费　　　　B. 措施项目费
   C. 企业管理费　　　　　　D. 利润

三、简答题

1. 简述施工定额。
2. 简述预算定额的概念。
3. 简述预算定额的作用。
4. 简述投资估算指标的作用。
5. 简述企业定额。

参考答案

任务1　计划单

课程	市政工程预算		
学习情境四	市政工程造价文件编制	学时	8
任务1	定额计价法市政工程造价文件编制	学时	4
计划方式	小组讨论、团结协作共同制订计划		
序号	实施步骤		使用资源
1			
2			
3			
4			
5			
6			
7			
8			
9			
制订计划说明			
计划评价	班级： 　　第　组　　组长签字：		
	教师签字： 　　日期：		
	评语：		

任务1　决策单

课程	市政工程预算		
学习情境四	市政工程造价文件编制	学时	8
任务1	定额计价法市政工程造价文件编制	学时	4
方案讨论			

	组号	方案合理性	实施可操作性	安全性	综合评价
方案对比	1				
	2				
	3				
	4				
	5				
	6				
	7				
	8				
	9				
	10				
方案评价	评语：				

| 班级 | | 组长签字 | | 教师签字 | | 月　　日 |

任务1 实施单

课程	市政工程预算		
学习情境四	市政工程造价文件编制	学时	8
任务1	定额计价法市政工程造价文件编制	学时	4
实施方式	小组成员合作；动手实践		
序号	实施步骤		使用资源
1			
2			
3			
4			
5			
6			
7			
8			
9			
10			
11			
12			
13			
14			
15			
16			

实施说明：

班级		第 组	组长签字	
教师签字			日期	
评语				

任务1 作业单

课程	市政工程预算		
学习情境四	市政工程造价文件编制	学时	8
任务1	定额计价法市政工程造价文件编制	学时	4
实施方式	小组成员共同用定额计价法编制市政工程造价文件,学生自己收集资料、编制		

班　级		第　　组	组长签字	
教师签字			日　　期	
评　语				

任务1 检查单

课　程	市政工程预算			
学习情境四	市政工程造价文件编制		学时	8
任务1	定额计价法市政工程造价文件编制		学时	4
序　号	检查项目	检查标准	学生自查	教师检查
1				
2				
3				
4				
5				
6				
7				
8				
9				
10				
11				
12				
13				
14				
15				
检查评价	班　级		第　组	组长签字	
	教师签字		日　期		
	评语：				

任务1 评价单

1. 工作评价单

课程	市政工程预算				
学习情境四	市政工程造价文件编制			学　时	8
任务1	定额计价法市政工程造价文件编制			学　时	4
评价类别	项目	子项目	个人评价	组内互评	教师评价
专业能力	资讯（10%）	搜集信息（5%）			
		引导问题回答（5%）			
	计划（5%）				
	实施（20%）				
	检查（10%）				
	过程（5%）				
	结果（10%）				
社会能力	团结协作（10%）				
	敬业精神（10%）				
方法能力	计划能力（10%）				
	决策能力（10%）				
评　价	班级		姓名	学号	总评
	教师签字		第　　组	组长签字	日期

2. 小组成员素质评价单

课程		市政工程预算			
学习情境四		市政工程造价文件编制		学时	8
任务1		定额计价法市政工程造价文件编制		学时	4
班 级			第 组	成员姓名	
评分说明	每个小组成员评价分为自评和小组其他成员评价两部分，取平均值计算，作为该小组成员的任务评价个人分数。评价项目共设计五个，依据评分标准给予合理量化打分。小组成员自评分后，要找小组其他成员不记名方式打分，成员互评分为其他小组成员的平均分。				
对 象	评分项目	评 分 标 准			评 分
自评(100分)	核心价值观(20分)	是否有违背社会主义核心价值观的思想及行动			
	工作态度(20分)	是否按时完成负责的工作内容、遵守纪律，是否积极主动参与小组工作，是否全过程参与，是否吃苦耐劳，是否具有工匠精神			
	交流沟通(20分)	是否能良好地表达自己的观点，是否能倾听他人的观点			
	团队合作(20分)	是否与小组成员合作完成，做到相互协助、相互帮助、听从指挥			
	创新意识(20分)	看问题是否能独立思考，提出独到见解，是否能够创新思维解决遇到的问题			
成员互评(100分)	核心价值观(20分)	是否有违背社会主义核心价值观的思想及行动			
	工作态度(20分)	是否按时完成负责的工作内容、遵守纪律，是否积极主动参与小组工作，是否全过程参与，是否吃苦耐劳，是否具有工匠精神			
	交流沟通(20分)	是否能良好地表达自己的观点，是否能倾听他人的观点			
	团队合作(20分)	是否与小组成员合作完成，做到相互协助、相互帮助、听从指挥			
	创新意识(20分)	看问题是否能独立思考，提出独到见解，是否能够创新思维解决遇到的问题			
最终小组成员得分					
小组成员签字				评价时间	

任务1　教学反馈单

课程	市政工程预算		
学习情境四	市政工程造价文件编制	学时	8
任务1	定额计价法市政工程造价文件编制	学时	4
序号	调查内容	是	否	理由陈述
1	你是否喜欢这种上课方式？			
2	与传统教学方式比较你认为哪种方式学到的知识更实用？			
3	针对每个学习任务你是否学会如何进行资讯？			
4	计划和决策感到困难吗？			
5	你认为学习任务对你将来的工作有帮助吗？			
6	通过本任务的学习，你学会如何确定定额人工费了吗？			
7	你能计算出分部分项工程费吗？			
8	你知道措施项目作用吗？			
9	通过几天来的工作和学习，你对自己的表现是否满意？			
10	你对小组成员之间的合作是否满意？			
11	你认为本情境还应学习哪些方面的内容？（请在下面空白处填写）			

你的意见对改进教学非常重要，请写出你的建议和意见：

被调查人签名　　　　　　　　　　　　　　调查时间

任务 2　　清单计价法市政工程造价文件编制

任 务 单

课　程	市政工程预算					
学习情境四	市政工程造价文件编制			学时		8
任务 2	清单计价法市政工程造价文件编制			学时		4
布置任务						
任务目标	(1)掌握应用软件计算清单计价法分部分项工程费的方法； (2)结合清单计价规范学习,掌握清单计价法市政工程造价的计算方法； (3)熟悉清单计价法、清单计价法市政工程造价文件报表的具体内容； (4)能够在完成任务过程中锻炼职业素养,做到工作程序严谨认真对待,完成任务能够吃苦耐劳主动承担,能够主动帮助小组落后的其他成员,有团队意识,诚实守信、不瞒骗,培养保证质量等建设优质工程的爱国情怀					
任务描述	编制清单计价法市政工程造价文件。具体任务如下： (1)使用计算机清单计价法计算市政工程各项费用； (2)学习清单计价法市政工程各项费用计算方法； (3)市政工程造价报表输出					
学时安排	资讯	计划	决策	实施	检查	评价
	1 学时	0.5 学时	0.5 学时	1 学时	0.5 学时	0.5 学时
对学生学习及成果的要求	(1)每名同学均能按照资讯思维导图自主学习,并完成知识模块中的自测训练； (2)严格遵守课堂纪律,学习态度认真、端正,能够正确评价自己和同学在本任务中的素质表现,积极参与小组工作任务讨论,严禁抄袭； (3)具备工程造价的基础知识;具备编制清单计价法市政工程造价文件的知识； (4)具备计算机知识和计算机操作能力； (5)小组讨论编制清单计价法市政工程造价文件的方案,能够确定清单计价法市政工程造价文件编制,掌握编制清单计价法市政工程造价文件的方法,能够正确编制清单计价法市政工程造价文件； (6)具备一定的实践动手能力、自学能力、数据计算能力、沟通协调能力、语言表达能力和团队意识； (7)严格遵守课堂纪律,不迟到、不早退;学习态度认真、端正;每位同学必须积极动手并参与小组讨论； (8)讲解清单计价法市政工程造价文件的编制过程,接受教师与同学的点评,同时参与小组自评与互评					

资讯思维导图

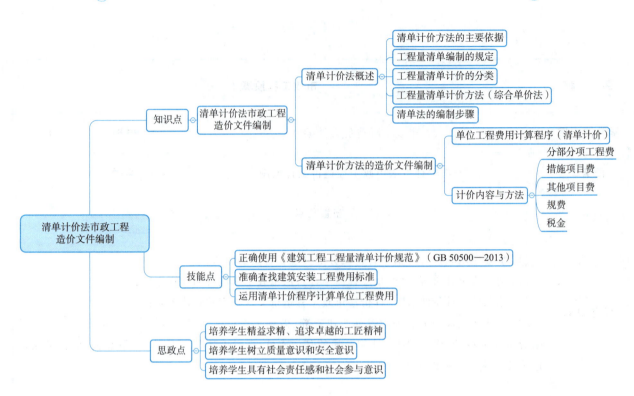

知识模块1：清单计价法概述

一、清单计价方法的主要依据

清单计价法概述

2012年12月25日，住房城乡建设部发布第1567、1568、1571、1569、1576、1575、1570、1572、1573、1574号公告，批准《建设工程工程量清单计价规范》(GB 50500—2013)以及《房屋建筑与装饰工程工程量计算规范》(GB 50854—2013)、《仿古建筑工程工程量计算规范》(GB 50855—2013)、《通用安装工程工程量计算规范》(GB 50856—2013)、《市政工程工程量计算规范》(GB 50857—2013)、《园林绿化工程工程量计算规范》(GB 50858—2013)、《矿山工程工程量计算规范》(GB 50859—2013)、《构筑物工程工程量计算规范》(GB 50860—2013)、《城市轨道交通工程工程量计算规范》(GB 50861—2013)、《爆破工程工程量计算规范》(GB 50862—2013)(以下简称"13规范")为国家标准，自2013年7月1日起实施。

"13规范"是以《建设工程工程量清单计价规范》(GB 50500—2008)为基础，通过认真总结我国推行工程量清单计价，实施"03规范""08规范"的实践经验，广泛深入征求意见，反复讨论修改而形成。与"03规范""08规范"不同，"13规范"是以《建设工程工程量清单计价规范》(GB 50500—2013)为母规范，各专业工程工程量计算规范与其配套使用的工程计价、计量标准体系。该标准体系将为深入推行工程量清单计价，建立市场形成工程造价机制奠定坚实基础，并对维护建设市场秩序，规范建设工程发承包双方的计价行为，促进建设市场健康发展发挥重要作用。

1. 工程量清单的概念

载明建设工程分部分项工程项目、措施项目、其他项目的名称和相应数量以及规费、税金项目等内容的明细清单。

2. 工程量清单计价规范的特点

(1) 强制性：按照计价规范规定，全部使用国有资金投资或国有资金投资为主的大中型建设工程必须采用工程量清单计价方式；其他依法招标的建设工程，应采用工程量清单计价方式。

(2) 统一性：五统一，即项目编码统一、项目名称统一、项目特征统一、计量单位统一、工程量计算规则统一。

(3)竞争性：工程量清单中的人工、材料、机械的消耗量和单价由企业根据企业定额和市场价格信息，参照建设主管部门发布的社会平均消耗量定额进行报价。

(4)实用性：计价规范中，项目名称明确清晰，工程量计算规则简洁明了，列有项目特征与工程内容，便于确定工程造价。

(5)通用性：与国际惯例接轨，符合工程量计算方法标准化、工程量计算规则统一化、工程造价确定市场化的要求。

3. 工程量清单计价规范编制的指导思想

(1)政府宏观调控，企业自主报价，市场竞争形成价格。

(2)与现行预算定额既有机结合又有所区别的原则。

(3)既考虑我国工程造价管理的现状，又尽可能与国际惯例接轨的原则。

4. 工程量清单计价规范编制的依据和原则

工程量清单计价规范是根据《中华人民共和国建筑法》《中华人民共和国合同法》《中华人民共和国招标投标法》，按照我国工程造价管理改革的需要，本着国家宏观调控、市场竞争形成价格的原则制定的。

5. 工程量清单计价规范的作用

(1)编制工程量清单的依据；

(2)编制招标标的、招标限价、投标报价的依据；

(3)签订工程合同，进行工程管理的依据；

(4)工程拨款、工程结算的依据。

二、工程量清单编制的规定

工程量清单是指建设工程的分部分项项目、措施项目、其他项目、规费项目和税金项目的名称和相应数量等的明细清单。工程量清单应由具有编制能力的招标人或受其委托，具有相应资质的工程造价咨询人依据《建设工程工程量清单计价规范》(GB 50500—2013)系列，国家或省级、行业建设主管部门颁发的计价依据和办法，招标文件的有关要求，设计文件，与建设工程项目有关的标准、规范、技术资料和施工现场实际情况等进行编制。采用工程量清单方式招标，工程量清单必须作为招标文件的组成部分，其准确性和完整性由招标人负责。工程量清单是工程量清单计价的基础，应作为编制招标控制价、投标报价、计算工程量、支付工程款、调整合同价款、办理竣工结算以及工程索赔等的依据之一。

工程量清单应由分部分项工程量清单，措施项目清单，其他项目清单，规费、税金项目清单组成。

（一）分部分项工程量清单

1. 分部分项工程量清单包括的内容

分部分项工程量清单应包括项目编码、项目名称、项目特征、计量单位和工程量。

1）项目编码

分部分项工程量清单项目编码以五级编码设置，用12位阿拉伯数字表示。一、二、三、四级编码为全国统一；第五级编码应根据拟建工程的工程量清单项目名称设置。各级编码代表的含义如下：

(1)第一级表示工程分类顺序码(分两位)，房屋建筑与装饰工程为01、仿古工程为02、通用安装工程为03、市政工程为04、园林绿化工程为05、矿山工程为06、构筑物工程为为07、城市轨道交通工程为08、爆破工程为09。

(2)第二级表示专业工程顺序码(分两位)。

(3)第三级表示分部工程顺序码(分两位)。

(4)第四级表示分项工程项目名称顺序码(分三位)。

(5)第五级表示工程量清单项目名称顺序码(分三位)。

项目编码结构如图4-1所示。

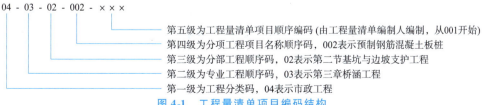

图4-1 工程量清单项目编码结构

当同一标段(或合同段)的一份工程量清单中含有多个单位工程且工程量清单是以单一工程为编制对象时,应特别注意对项目编码十至十二位的设置不得有重号的规定。

2)项目名称

分部分项工程量清单的项目名称应按计价规范附录的项目名称结合拟建工程的实际确定。计价规范附录表中的"项目名称"为分项工程项目名称,是形成分部分项工程量清单项目名称的基础,在编制分部分项工程量清单时可予以适当调整或细化,例如"墙面一般抹灰"这一分项工程在形成工程量清单项目名称时可以细化为"外墙面抹灰""内墙面抹灰"等。清单项目名称应表达详细、准确。计价规范中的分项工程项目名称如有缺陷,招标人可作补充,并报当地工程造价管理机构(省级)备案。

3)项目特征

项目特征是对项目的准确描述,是确定一个清单项目综合单价不可缺少的重要依据,是区分清单项目的依据,是履行合同义务的基础。分部分项工程量清单的项目特征应按清单计价规范"附录"中规定的项目特征,结合技术规范、标准图集、施工图纸,按照工程结构、使用材质及规格或安装位置等,予以详细而准确的表述和说明。凡项目特征中未描述到的其他独有特征,由清单编制人视项目具体情况确定,以准确描述清单项目为准。

在计价规范附录中还有关于各清单项目"工程内容"的描述。工程内容是指完成清单项目可能发生的具体工作和操作程序,但应注意的是,在编制分部分项工程量清单时,工程内容通常无须描述,因为在计价规范中,工程量清单项目与工程量计算规则、工程内容有一一对应关系,当采用计价规范这一标准时,工程内容均有规定。例如,计价规范在"实心砖墙"的"项目特征"及"工程内容"栏内均包含"勾缝",但两者的性质完全不同。"项目特征"栏的勾缝体现的是实心砖墙的实体特征,是个名词,体现的是用什么材料勾缝。而"工程内容"栏内的勾缝表述的是操作工序或称操作行为,在此处是个动词,体现的是怎么做。因此,如果需要勾缝,就必需在项目特征描述,而不能以工程内容中有而不描述,否则,将视为清单项目漏项,而可能在施工中引起索赔。

4)计量单位

计量单位应采用基本单位,除各专业另有特殊规定外均按以下单位计量:

(1)以重量计算的项目——吨或千克(t 或 kg);

(2)以体积计算的项目——立方米(m^3);

(3)以面积计算的项目——平方米(m^2);

(4)以长度计算的项目——米(m);

(5)以自然计量单位计算的项目——个、套、块、樘、组、台;

(6)没有具体数量的项目——宗、项等。

各专业有特殊计量单位的,另外加以说明,当计量单位有两个或两个以上时,应根据所编工程量清单项目的特征要求,选择最适宜表现该项目特征并方便计量的单位。

5)工程数量的计算

工程数量主要通过工程量计算规则计算得到。工程量计算规则是指对清单项目工程量的计算规定。除另有说明外,所有清单项目的工程量应以实体工程量为准,并以完成后的净值计算;投标人投标报价时,应在单价中考虑施工中的各种损耗和需要增加的工程量。

2. 分部分项工程量清单的标准格式

分部分项工程量清单是指表示拟建工程分项实体工程项目名称和相应数量的明细清单,应包括项目编码、项目名称、项目特征、计量单位和工程量五个部分的要件。其格式见表4-12,在分部分项工程量清单的编制过程中,由招标人负责前六项内容填列,金额部分在编制招标控制价或投标报价时填列。

表4-12 分部分项工程量清单与计价表

工程名称: 标段: 第 页 共 页

序号	项目编码	项目名称	项目特征描述	计量单位	工程量	金额/元		
						综合单价	合价	其中:暂估价

分部分项工程量清单的编制应注意以下问题:

(1)分部分项工程量清单应根据附录规定的项目编码、项目名称、项目特征、计量单位和工程量计算规则进行编制。

(2)分部分项工程量清单的项目编码,应采用12位阿拉伯数字表示。1~9位应按附录的规定设置,10~12位为清单项目编码,应根据拟建工程的工程量清单项目名称设置,不得有重号。这三位清单项目编码由招标人针对招标工程项目具体编制,并应自001起顺序编制。

(3)分部分项工程量清单的项目名称应按附录的项目名称结合拟建工程的项目实际确定。分部分项工程量清单编制时,以附录中的分项工程项目名称为基础,考虑该项目的规格、型号、材质等特征要求,结合拟建工程的实际情况,使其工程量清单项目名称具体、细化,能够反映影响工程造价的主要因素。

(4)分部分项工程量清单中所列工程量应按附录中规定的工程量计算规则计算。

(5)分部分项工程量清单的计量单位的有效位数应遵守下列规定:

①以"吨"为单位,应保留三位小数,第四位小数四舍五入;

②以"立方米""平方米""米""千克"为单位,应保留两位小数,第三位小数四舍五入;

③以"个""项"等为单位,应取整数。

附录中有两个或两个以上计量单位的,应结合拟建工程项目的实际选择其中一个确定。

(6)分部分项工程量清单项目特征应按附录中规定的项目特征,结合拟建工程项目的实际予以描述,满足确定综合单价的需要。在进行项目特征描述时,可掌握以下要点:

①必须描述的内容:

- 涉及正确计量的内容:如门窗洞口尺寸或框外围尺寸;
- 涉及结构要求的内容:如混凝土构件的混凝土的强度等级;
- 涉及材质要求的内容:如油漆的品种、管材的材质等;
- 涉及安装方式的内容:如管道工程中的钢管的连接方式。

②可不描述的内容:

- 对计量计价没有实质影响的内容:如对现浇混凝土柱的高度,断面大小等特征可以不描述;
- 应由投标人根据施工方案确定的内容:如对石方的预裂爆破的单孔深度及装药量特征规定;
- 应由投标人根据当地材料和施工要求确定的内容:如对混凝土构件中的混凝土拌和料使用的石子种类及粒径、砂的种类的特征规定;
- 应由施工措施解决的内容:如对现浇混凝土板、梁的标高的特征规定。

③可不详细描述的内容:

- 无法准确描述的内容:如土壤类别,可考虑将土壤类别描述为综合,注明由投标人根据地勘资料自行确定土壤类别,决定报价;
- 施工图纸、标准图集标注明确的:对这些项目可描述为见××图集××页号及节点大样等;
- 清单编制人在项目特征描述中应注明由投标人自定的:如土方工程中的"取土运距"等。

(7)编制工程量清单出现附录中未包括的项目,编制人应作补充,并报省级或行业工程造价管理机构备案,省级或行业工程造价管理机构应汇总报住房和城乡建设部标准定额研究所。补充项目的编码由附录的顺序码与B和三位阿拉伯数字组成,并应从B001起顺序编制,不得重号。工程量清单中需附有补充项目的名称、项目特征、计量单位、工程量计算规则、工作内容。

(二)措施项目清单

1. 措施项目清单的标准格式

1)措施项目清单的类别

措施项目费用的发生与使用时间、施工方法或者两个以上的工序相关,并大都与实际完成的实体工程量的大小关系不大,如大中型机械进出场及安拆、安全文明施工和安全防护、临时设施等,但是有些非实体项目则是可以计算工程量的项目,典型的是混凝土浇筑的模板工程,与完成的工程实体具有直接关系,并且是可以精确计量的项目,用分部分项工程量清单的方式采用综合单价,更有利于措施费的确定和调整。措施项目中可以计算工程量的项目清单宜采用分部分项工程量清单的方式编制,列出项目编码、项目名称、项目特征、计量单位和工程量计算规则(见表4-13);不能计算工程量的项目清单,以"项"为计量单位进行编制(见表4-14)。

表 4-13 措施项目清单与计价表（一）

工程名称：　　　　　　　　　　标段：　　　　　　　　　　　　　　　　第 页 共 页

序 号	项目编码	项目名称	项目特征描述	计量单位	工程量	金额/元		
						综合单价	合价	其中：暂估价

注：本表适用于以综合单价形式计价的措施项目。

表 4-14 总价措施项目清单与计价表（二）

工程名称：　　　　　　　　　　标段：　　　　　　　　　　　　　　　　第 页 共 页

序号	项目编码	项目名称	计算基础	费率/%	金额/元	调整费率	调整后金额	备注
		安全文明施工费						
		夜间施工增加费						
		二次搬运费						
		冬雨季施工增加费						
		已完工程及设备保护费						

注：本表适用于以"项"计价的措施项目；"计算基础"中安全文明施工费可以为"定额基价"、"定额人工费"或"定额人工费+定额机械费"，其他项目可为"定额人工费"或"定额人工费+定额机械费"。

2）措施项目清单的编制

措施项目清单的编制需考虑多种因素，除工程本身的因素外，还涉及水文、气象、环境、安全等因素。措施项目清单应根据拟建工程的实际情况列项。若出现清单计价规范中未列的项目，可根据工程实际情况补充。

（1）措施项目清单的编制依据：

①拟建工程的施工组织设计；

②拟建工程的施工技术方案；

③与拟建工程相关的工程施工规范和工程验收规范；

④招标文件；

⑤设计文件。

（2）措施项目清单设置时应注意的问题：

①参考拟建工程的施工组织设计，以确定环境保护、安全文明施工、材料的二次搬运等项目；

②参阅施工技术方案，以确定夜间施工、大型机械设备进出场及安拆、混凝土模板与支架、脚手架、施工排水、施工降水、垂直运输机械等项目；

③参阅相关的施工规范与工程验收规范，以确定施工技术方案没有表述，但是为了实现施工规范与工程验收规范要求而必须发生的技术措施；

④确定招标文件中提出的某些必须通过一定的技术措施才能实现的要求；

⑤确定设计文件中一些不足以写进技术方案，但是要通过一定的技术措施才能实现的内容。

（三）其他项目清单

其他项目清单是指分部分项工程量清单、措施项目清单所包含的内容以外，因招标人的特殊要求而发生的与拟建工程有关的其他费用项目和相应数量的清单。工程建设标准的高低、工程的复杂程度、工程的工期长短、工程的组成内容、发包人对工程管理要求等都直接影响其他项目清单的具体内容，其他项目清单宜按照表 4-15 的格式编制，出现未包含在表格中内容的项目，可根据工程实际情况补充。

（1）暂列金额是指招标人暂定并包括在合同中的一笔款项。不管采用何种合同形式，其理想的标准是，一份合同的价格就是其最终的竣工结算价格，或者至少两者应尽可能接近。我国规定对政府投资工程实行概算管理，经项目审批部门批复的设计概算是工程投资控制的刚性指标，即使商业性开发项目也有成本的预先控制问题，否则，无法相对准确预测投资的收益和科学合理地进行投资控制。但工程建设自身的特性决定了工程的设计需要根据工程进展不断地进行优化和调整，业主需求可能会随工程建设进展出现变化，工程建设过程还会存在一些不能预见、不能确定的因素。消化这些因素必然会影响合同价格的调整，暂列金额正是因这类不可避免的价格调整而设立，以便达到合理确定和有效控制工程造价的目标。设立暂列金额并不能保证合同结算价格就不会再出现超过合同价格的情况,是否超出合同价格完全取决于工程量清单编制人对暂列金额预测的准确性,以及工程建设过程是否出现了其他事先未预测到的事件。暂列金额可按照表4-16的格式列示。

表4-15 其他项目清单与计价汇总表

序　号	项目名称	计量单位	金额/元	备　注
1	暂列金额			
2	暂估价			
2.1	材料暂估价			
2.2	专业工程暂估价			
3	计日工			
4	总承包服务费			
	合计			

注：材料暂估价进入清单项目综合单价,此处不汇总。

表4-16 暂列金额明细表

工程名称：　　　　　　　　　　　标段：　　　　　　　　　　　　　　　　　　第　页 共　页

序　号	项目名称	计量单位	暂定金额/元	备　注
	合计			

注：此表由招标人填写,如不能详列,也可只列暂定金额总额,投标人应将上述暂列金额计入投标总价中。

(2)暂估价是指招标阶段直至签订合同协议时,招标人在招标文件中提供的用于支付必然要发生但暂时不能确定价格的材料以及专业工程的金额,包括材料暂估单价、专业工程暂估价;暂估价是在招标阶段预见肯定要发生,只是因为标准不明确或者需要由专业承包人完成,暂时无法确定价格。暂估价数量和拟用项目应当结合工程量清单中的"暂估价表"予以补充说明。为方便合同管理,需要纳入分部分项工程量清单项目综合单价中的暂估价应只是材料费,以方便投标人组价。专业工程的暂估价一般应是综合暂估价,应当包括除规费和税金以外的管理费、利润等费用。总承包招标时,专业工程设计深度往往是不够的,一般需要交由专业设计人设计。国际上,出于提高可建造性考虑,一般由专业承包人负责设计,以发挥其专业技能和专业施工经验的优势。这类专业工程交由专业分包人完成是国际工程的良好实践,目前在我国工程建设领域也已经比较普遍。公开透明地合理确定这类暂估价的实际开支金额的最佳途径就是通过施工总承包人与工程建设项目招标人共同组织的招标。暂估价可按照表4-17和表4-18的格式列示。

表4-17 材料(工程设备)暂估单价及调整表

工程名称：　　　　　　　　　　　标段：　　　　　　　　　　　　　　　　　　第　页 共　页

序　号	材料(工程设备)名称、规格、型号	计量单位	数量		暂估/元		确认/元		差额±/元		备　注
			暂估	确认	单价	合价	单价	合价	单价	合价	
1											
2											

注：此表由招标人填写"暂估单价",并在备注栏说明暂估价的材料、工程设备拟用在哪些清单项目上,投标人应将上述材料、工程设备暂估单价计入工程量清单综合单价报价中。

表4-18 专业工程暂估价及结算价表

工程名称：　　　　　　　　　　　标段：　　　　　　　　　　　　　　　　　　第　页 共　页

序　号	工程名称	工程内容	暂估金额/元	结算金额/元	差额±/元	备　注
1						
	合计					

(3)计日工是为了解决现场发生的零星工作的计价而设立的。国际上常见的标准合同条款中,大多数都设立了计日工(Daywork)计价机制。计日工对完成零星工作所消耗的人工工时、材料数量、施工机械台班进行计

量,并按照计日工表中填报的适用项目的单价进行计价支付。计日工适用的所谓零星工作一般是指合同约定之外的或者因变更而产生的、工程量清单中没有相应项目的额外工作,尤其是那些难以事先商定价格的额外工作。计日工可按照表 4-19 的格式列示。

表 4-19 计日工表

工程名称:　　　　　　　　　标段:　　　　　　　　　　　　　　　　　　　　第 页 共 页

序 号	项目名称	单位	暂定数量	实际数量	综合单价	合价/元	
						暂定	实际
一	人工						
1							
人工小计							
二	材料						
1							
材料小计							
三	施工机械						
1							
施工机械小计							
四、企业管理费和利润							
总　计							

注:此表项目名称、暂定数量由招标人填写,编制招标控制价时,单价由招标人按有关计价规定确定;投标时,单价由投标人自主报价,按暂定数量计算合价计入投标总价中。结算时,按发承包双方确认的实际数量计算合价。

(4)总承包服务费是为了解决招标人在法律、法规允许的条件下进行专业工程发包以及自行供应材料、设备,并需要总承包人对发包的专业工程提供协调和配合服务,对供应的材料、设备提供收发和保管服务以及进行施工现场管理时发生并向总承包人支付的费用。招标人应预计该项费用并按投标人的投标报价向投标人支付该项费用。总承包服务费按照表 4-20 的格式列示。

表 4-20 总承包服务费计价表

工程名称:　　　　　　　　　标段:　　　　　　　　　　　　　　　　　　　　第 页 共 页

序 号	项目名称	项目价值/元	服务内容	计算基础	费率/%	金额/元
1	发包人发包专业工程					
2	发包人供应材料					
合　计						

注:此表项目名称、服务内容由招标人填写,编制招标控制价时,费率及金额由招标人按有关计价规定确定;投标时,费率及金额由投标人自主报价,计入投标总价中。

(四)规费、税金项目清单

规费项目清单应按照下列内容列项:工程排污费;社会保障费,包括养老保险费、失业保险金、医疗保险费;住房公积金;危险作业意外伤害保险。出现未包含在上述规范中的项目,应根据省级政府或省级有关权力部门的规定列项。

税金项目清单应包括以下内容:营业税、城市建设维护税、教育费附加。如国家税法发生变化,税务部门依据职权增加了税种,应对税金项目清单进行补充。规费、税金项目清单与计价见表 4-21。

三、工程量清单计价的分类

规范除将清单计价分为招标控制价、投标报价、竣工结算价外,还对工程合同价款的约定、工程计量与价款支付、索赔与现场签证、工程计价争议处理和工程价款调整等作出明确规定。在清单计价中应按其执行。

(一)招标控制价

规范规定国有资金投资的工程建设项目应实行工程量清单招标,并应编制招标控制价。招标控制价超过批准的概算时,招标人应将其报原概算部门审核。投标人的投标报价高于招标控制价的,其投标应予以拒绝。

表 4-21 规费、税金项目计价表

工程名称：　　　　　　　　　　　　标段：　　　　　　　　　　　　　　　　　　　　　第 页 共 页

序　号	项目名称	计算基础	费率/%	金额/元
1	规费	定额人工费		
1.1	社会保险费	定额人工费		
（1）	养老保险费	定额人工费		
（2）	失业保险费	定额人工费		
（3）	医疗保险费	定额人工费		
（4）	工伤保险费	定额人工费		
（5）	生育保险费	定额人工费		
1.2	住房公积金	定额人工费		
1.3	工程排污费	按工程所在地环境保护部门收取标准，按时计入		
2	税金	分部分项工程费＋措施项目费＋其他项目费＋规费－按规定不计税的工程设备金额		
合　　计				

招标控制价应由具有编制能力的招标人，或受其委托具有相应资质的工程造价咨询人编制。

（1）招标控制价的编制依据：

①工程量清单计价规范；

②国家或省级、行业建设主管部门颁发的计价定额和计价办法；

③建设工程设计文件及相关资料；

④招标文件中的工程量清单及有关要求；

⑤与建设项目相关的标准、规范、技术资料；

⑥工程造价管理机构发布的工程造价信息；工程造价信息没有发布的参照市场价；

⑦其他相关资料。

（2）招标控制价的分部分项工程费应根据招标文件中的分部分项工程量清单项目的特征描述及有关要求和以上依据的规定确定综合单价计算。综合单价中应包括招标文件中要求投标人承担的风险费用。招标文件提供了暂估单价的材料，按暂估的单价计入综合单价。

（3）招标控制价的措施项目费应根据招标文件中的措施项目清单及以上依据和拟建工程的施工组织设计，措施项目清单按分部分项工程量清单的方式采用综合单价计价；其余措施项目可以"项"为单位的方式计价，应包括除规费、税金外的全部费用。

措施项目清单中的安全文明施工费应按照国家或省级、行业建设主管部门的规定计价，不得作为竞争性费用。

（4）招标控制价的其他项目费应按下列规定计价：

①暂列金额应根据工程特点，按有关计价规定估算；

②暂估价中的材料单价应根据工程造价信息或参照市场价格估算；暂估价中的专业工程金额应分不同专业，按有关计价规定估算；

③计日工应根据工程特点和有关计价依据计算；

④总承包服务费应根据招标文件列出的内容和要求估算。

（5）招标控制价的规费和税金应按国家或省级、行业建设主管部门的规定计算，不得作为竞争性费用。

（6）招标控制价应在招标时公布，不应上调或下浮，招标人应将招标控制价及有关资料报送工程所在地工程造价管理机构备查。

（7）投标人经复核认为招标人公布的招标控制价未按照本规范的规定编制的，应在开标前5天向招投标监督机构或工程造价管理机构投诉。招投标监督机构应会同工程造价管理机构对投诉进行处理，发现有错误的，应责成招标人修改。

(二)投标价

除规范强制性规定外,投标价由投标人自主确定,但不得低于成本。投标价应由投标人或受其委托具有相应资质的工程造价咨询人编制。

投标人应按招标人提供的工程量清单填报价格。填写的项目编码、项目名称、项目特征、计量单位、工程量必须与招标人提供的一致。

(1)投标报价应根据下列依据编制:

①工程量清单计价规范;

②国家或省级、行业建设主管部门颁发的计价办法;

③企业定额,国家或省级、行业建设主管部门颁发的计价定额;

④招标文件、工程量清单及其补充通知、答疑纪要;

⑤建设工程设计文件及相关资料;

⑥施工现场情况、工程特点及拟定的投标施工组织设计或施工方案;

⑦与建设项目相关的标准、规范等技术资料;

⑧市场价格信息或工程造价管理机构发布的工程造价信息;

⑨其他相关资料。

(2)投标报价的分部分项工程费按招标文件中分部分项工程量清单项目的特征描述确定综合单价计算。综合单价的组成内容是指完成一个规定计量单位的分部分项工程量清单项目或措施清单项目所需的人工费、材料费、施工机械使用费和企业管理费与利润,以及一定范围内的风险费用。

综合单价中应考虑招标文件中要求投标人承担的风险费用。招标文件中提供了暂估单价的材料,按暂估的单价计入综合单价。

(3)投标报价的措施项目费应根据招标文件中的措施项目清单及投标时拟定的施工组织设计或施工方案。措施项目清单按分部分项工程量清单的方式采用综合单价计价;其余的措施项目可以"项"为单位的方式计价,应包括除规费、税金外的全部费用。

投标人可根据工程实际情况结合施工组织设计,对招标人所列的措施项目进行增补。

安全文明施工费应按照国家或省级、行业建设主管部门的规定计价,不得作为竞争性费用。

(4)投标报价的其他项目费应按下列规定报价:

①暂列金额应按招标人在其他项目清单中列出的金额填写;

②材料暂估价应按招标人在其他项目清单中列出的单价计入综合单价;专业工程暂估价应按招标人在其他项目清单中列出的金额填写;

③计日工按招标人在其他项目清单中列出的项目和数量,自主确定综合单价并计算计日工费用;

④总承包服务费根据招标文件中列出的内容和提出的要求自主确定。

(5)投标报价的规费和税金应按国家或省级、行业建设主管部门的规定计算,不得作为竞争性费用。

(6)投标总价应当与分部分项工程费、措施项目费、其他项目费和规费、税金的合计金额一致。

(三)竣工结算价

工程完工后,发、承包双方应在合同约定时间内办理工程竣工结算。工程竣工结算由承包人或受其委托具有相应资质的工程造价咨询人编制,由发包人或受其委托具有相应资质的工程造价咨询人核对。

(1)工程竣工结算应依据:

①工程量清单计价规范;

②施工合同;

③工程竣工图纸及资料;

④双方确认的工程量;

⑤双方确认追加(减)的工程价款;

⑥双方确认的索赔、现场签证事项及价款;

⑦投标文件;

⑧招标文件;

⑨其他依据。

（2）分部分项工程量费应依据双方确认的工程量、合同约定的综合单价计算；如发生调整时，以发、承包双方确认调整的综合单价计算。

（3）措施项目费应依据合同约定的项目和金额计算；如发生调整时，以发、承包双方确认调整的金额计算，其中安全文明施工费应按照国家或省级、行业建设主管部门的规定计价，不得作为竞争性费用。

（4）其他项目费用应按下列规定计算：

①计日工应按发包人实际签证确认的事项计算；

②暂估价中的材料单价应按发、承包双方最终确认价在综合单价中调整；专业工程暂估价应按中标价或发包人、承包人与分包人最终确认价计算；

③总承包服务费应依据合同约定金额计算，如发生调整时，以发、承包双方确认调整的金额计算；

④索赔费用应依据发、承包双方确认的索赔事项和金额计算；

⑤现场签证费用应依据发、承包双方签证资料确认的金额计算；

⑥暂列金额应减去工程价款调整与索赔、现场签证金额计算，如有余额归发包人。

（5）规费和税金应按国家或省级、行业建设主管部门的规定计算，不得作为竞争性费用。

（6）承包人应在合同约定时间内编制完成竣工结算书，并在提交竣工验收报告的同时递交给发包人。

（四）工程合同价款的约定

1. 合同价款的约定方式

实行招标的工程合同价款应在中标通知书发出之日起30天内，由发、承包人双方依据招标文件和中标人的投标文件在书面合同中约定。不实行招标的工程合同价款，在发、承包人双方认可的工程价款基础上，由发、承包人双方在合同中约定。

实行招标的工程，合同约定不得违背招、投标文件中关于工期、造价、质量等方面的实质性内容。招标文件与中标人投标文件不一致的地方，以投标文件为准。

实行工程量清单计价的工程，宜采用单价合同。

2. 合同价款的约定内容

（1）预付工程款的数额、支付时间及抵扣方式；

（2）工程计量与支付工程进度款的方式、数额及时间；

（3）工程价款的调整因素、方法、程序、支付及时间；

（4）索赔与现场签证的程序、金额确认与支付时间；

（5）发生工程价款争议的解决方法及时间；

（6）承担风险的内容、范围以及超出约定内容、范围的调整办法；

（7）工程竣工价款结算编制与核对、支付及时间；

（8）工程质量保证（保修）金的数额、预扣方式及时间；

（9）与履行合同、支付价款有关的其他事项等。

发、承包人双方应在合同条款中对上述事项进行约定；合同中没有约定或约定不明的，由双方协商确定；协商不能达成一致的按规范执行。

（五）工程计量与价款支付

1. 价款支付要求

（1）发包人应按照合同约定支付工程预付款，预付款按合同约定在工程进度中抵扣。

（2）发包人支付工程进度款，应按照合同约定计量和支付，支付周期同计量周期。

2. 价款支付程序及违约责任

（1）承包人应在每个付款周期末，向发包人递交进度款支付申请，并附相应的证明文件。除合同另有约定外，进度款支付申请应包括下列内容：

①本周期已完成工程的价款；

②累计已完成的工程价款；

③累计已支付的工程价款；

④本周期已完成计日工金额；

⑤应增加和扣减的变更金额；

⑥应增加和扣减的索赔金额；

⑦应抵扣的工程预付款；

⑧应扣减的质量保证金；

⑨根据合同应增加和扣减的其他金额；

⑩本付款周期实际应支付的工程价款。

(2)发包人在收到承包人递交的工程进度款支付申请及相应的证明文件后，发包人应在合同约定时间内核对和支付工程进度款。发包人应收回的工程预付款，与工程进度款同期结算抵扣。

(3)发包人未在合同约定时间内支付工程进度款，承包人应及时向发包人发出要求付款的通知，发包人收到承包人通知后仍不按要求付款，可与承包人协商签订延期付款协议，经承包人同意后延期支付。协议应明确延期支付的时间和从付款申请生效后按同期银行贷款利率计算应付款的利息。

(4)发包人不按合同约定支付工程进度款，双方又未达成延期付款协议，导致施工无法进行时，承包人可停止施工，由发包人承担违约责任。

3. 工程计量要求

承包人应按照合同约定，向发包人递交已完工程量报告。发包人应在接到报告后按合同约定进行核对。

工程计量时，若发现工程量清单中出现漏项、工程量计算偏差，以及工程变更引起工程量的增减，应按承包人在履行合同义务过程中实际完成的工程量计算。

（六）索赔与现场签证

1. 索赔

合同一方向另一方提出索赔，应有正当的索赔理由和有效证据，并应符合合同的相关约定。

若承包人认为非承包人原因发生的事件造成了承包人的经济损失，承包人应在确认该事件发生后，按合同约定向发包人发出索赔通知。

2. 索赔的程序

1）承包人索赔

(1)承包人在合同约定的时间内向发包人递交费用索赔意向通知书；

(2)发包人指定专人收集与索赔有关的资料；

(3)承包人在合同约定的时间内向发包人递交费用索赔申请表；

(4)发包人指定的专人初步审查费用索赔申请表，有正当的索赔理由和有效证据，并符合合同的相关约定时予以受理；

(5)发包人指定的专人进行费用索赔核对，经造价工程师复核索赔金额后，与承包人协商确定并由发包人批准；

(6)发包人指定的专人应在合同约定的时间内签署费用索赔审批表，或发出要求承包人提交有关索赔的进一步详细资料的通知，待收到承包人提交的详细资料后，按(4)(5)的程序进行。

2）发包人索赔

(1)发包人认为由于承包人的原因造成额外损失，发包人应在确认引起索赔的事件后，按合同约定向承包人发出索赔通知。

(2)承包人在收到发包人索赔通知后并在合同约定时间内，未向发包人作出答复，视为该项索赔已经认可。

3. 索赔处理

(1)若承包人的费用索赔与工程延期索赔要求相关联时，发包人在作出费用索赔的批准决定时，应结合工程延期的批准，综合作出费用索赔与工程延期的决定。

(2)承包人应发包人要求完成合同以外的零星工作或非承包人责任事件发生时，承包人应按合同约定及时向发包人提出现场签证。

(3)发、承包人双方确认的索赔与现场签证费用与工程进度款同期支付。

（七）工程价款调整

1. 价款调整的条件与方法

(1)因分部分项工程量清单漏项或非承包人原因的工程变更,造成增加新的工程量清单项目,其对应的综合单价按下列方法确定:

①合同中已有适用的综合单价,按合同中已有的综合单价确定;

②合同中有类似的综合单价,参照类似的综合单价确定;

③合同中没有适用或类似的综合单价,由承包人提出综合单价,经发包人确认后执行。

(2)因分部分项工程量清单漏项或非承包人原因的工程变更,引起措施项目发生变化,造成施工组织设计或施工方案变更,原措施费中已有的措施项目,按原有措施费的组价方法调整;原措施费中没有的措施项目,由承包人根据措施项目变更情况,提出适当的措施费变更,经发包人确认后调整。

(3)因非承包人原因引起的工程量增减,该项工程量变化在合同约定幅度以内的,应执行原有的综合单价;该项工程量变化在合同约定幅度以外的,其综合单价及措施费应予以调整。

(4)若施工期内市场价格波动超出一定幅度时,应按合同约定调整工程价款;合同没有约定或约定不明确的,应按省级或行业建设主管部门或其授权的工程造价管理机构的规定调整。

(5)因不可抗力事件导致的费用,发、承包双方应按以下原则分别承担并调整工程价款。

①工程本身的损害、因工程损害导致第三方人员伤亡和财产损失以及运至施工现场用于施工的材料和待安装的设备的损害,由发包人承担;

②发包人、承包人人员伤亡由其所在单位负责,并承担相应费用;

③承包人的施工机械设备的损坏及停工损失,由承包人承担;

④停工期间,承包人应发包人要求留在施工现场的必要的管理人员及保卫人员的工费用,由发包人承担;

⑤工程所需清理、修复费用,由发包人承担。

(6)招标工程以投标截止日前28天,非招标工程以合同签订前28天为基准日,其后国家的法律、法规、规章和政策发生变化影响工程造价的,应按省级或行业建设主管部门或其授权的工程造价管理机构发布的规定调整合同价款。

(7)若施工中出现施工图纸(含设计变更)与工程量清单项目特征描述不符的,发、承包双方应按新的项目特征确定相应工程量清单的综合单价。

2. 价款调整的程序

(1)工程价款调整报告应由受益方在合同约定时间内向合同的另一方提出,经对方确认后调整合同价款。受益方未在合同约定时间内提出工程价款调整报告的,视为不涉及合同价款的调整。

(2)收到工程价款调整报告的一方应在合同约定时间内确认或提出协商意见,否则视为工程价款调整报告已经确认。

(3)经发、承包双方确定调整的工程价款,作为追加(减)合同价款与工程进度款同期支付。

（八）工程计价争议处理

(1)在工程计价中,对工程造价计价依据、办法以及相关政策规定发生争议事项的,由工程造价管理机构负责解释。

(2)发包人以对工程质量有异议,拒绝办理工程竣工结算的,已竣工验收或已竣工未验收但实际投入使用的工程,其质量争议按该工程保修合同执行,竣工结算按合同约定办理;已竣工未验收且未实际投入使用的工程以及停工、停建工程的质量争议,双方应就有争议的部分委托有资质的检测鉴定机构进行检测,根据检测结果确定解决方案,或按工程质量监督机构的处理决定执行后办理竣工结算,无争议部分的竣工结算按合同约定办理。

(3)承、发包双方发生工程造价合同纠纷时,应通过下列办法解决:

①双方协商;

②提请调解,工程造价管理机构负责调解工程造价问题;

③按合同约定向仲裁机构申请仲裁或向人民法院起诉。

(4)在合同纠纷案件处理中,需作工程造价鉴定的,应委托具有相应资质的工程造价咨询人进行。

(九)计价格式

以上不同用途的计价过程与方法应按规范规定要求的格式进行计算与填写。

四、工程量清单计价方法(综合单价法)

综合单价法:指分部分项工程量的单价,既包括分部分项工程直接费、管理费和利润,也包括合同约定的所有工料价格变化风险等一切费用,它是一种完全价格形式。工程量清单计价法是一种国际上通行的计价方式,所采用的就是分部分项工程的完全单价。我国按照《建筑工程施工发包与承包计价管理办法》(住房和城乡建设部第16号令)的规定,综合单价是由分部、分项工程的直接费、管理费、利润和风险费用等组成,而直接费是以人工、材料、机械的消耗量及相应价格确定的。

综合单价的产生是使用工程量清单计价方法的关键。投标报价中使用的综合单价应由企业定额产生。由于在每个分项工程上确定利润和税金比较困难,故可以编制含有直接费和间接费的综合单价,在求出单位工程总的直接费和间接费后,再统一计算单位工程的利润和税金,汇总得出单位工程的造价。

利用有限的工程造价信息准确估算所需要的工程造价,是工程造价计价工作中的一项非常重要的工作。

五、清单法的编制步骤

工程量清单计价的基本过程可以描述为:在统一的工程量计算规则的基础上,制定工程量清单项目设置规则,根据具体工程的施工图纸计算出各个清单项目的工程量,再根据各种渠道所获得的工程造价信息和经验数据计算得到工程造价。这一计算过程如图 4-2 所示。

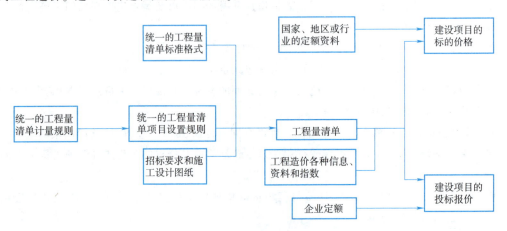

图 4-2 工程量清单计价过程示意

从图 4-2 中可以看出,其编制过程可以分为两个阶段:工程量清单格式的编制和利用工程量清单编制投标报价。投标报价是在业主提供的工程量计算结果的基础上,根据企业自身所掌握的各种信息、资料,结合企业定额编制得出的。

以黑龙江省投标报价为例,具体步骤如下:

(1)研究招标文件,熟悉图纸。

①熟悉工程量清单。工程量清单是计算工程造价最重要的依据,在计价时必须全面了解每个清单项目的特征描述,熟悉其所包括的工程内容,以便在计价时不漏项,不重复计算。

②研究招标文件。工程招标文件及合同条件的有关条款和要求是计算工程造价的重要依据。在招标文件及合同条件中对有关承发包工程范围、内容、期限、工程材料、设备采购供应办法等都有具体规定,只有在计价时按规定进行,才能保证计价的有效性。因此,投标单位拿到招标文件后,根据招标文件的要求,要对照图纸,对招标文件提供的工程量清单进行复查或复核,其内容主要有以下几部分:

a. 分专业对施工图进行工程量的数量审查。一般招标文件上要求投标单位核查工程量清单,如果投标单位不审查,则不能发现清单编制中存在的问题,也就不能充分利用招标单位给予投标单位澄清问题的机会,则由此产生的后果由投标单位自行负责。

b. 根据图纸说明和选用的技术规范对工程量清单项目进行审查。这主要是指根据规范和技术要求,审查清单项目是否漏项,例如电气设备中有许多调试工作(母线系统调试、低压供电系统调试等),应审查是否在工程量清单中有漏项。

c. 根据技术要求和招标文件的具体要求,对工程需要增加的内容进行审查。认真研究招标文件是投标单位争取中标的第一要素。表面上看,各招标文件基本相同,但每个项目都有自己的特殊要求,这些要求一定会在招标文件中反映出来,这需要投标人仔细研究。有的工程量清单上要求增加的内容与技术要求和招标文件上的要求不统一,只有通过审查和澄清才能统一起来。

③熟悉施工图纸。全面、系统地阅读图纸,是准确计算工程造价的重要工作。阅读图纸时应注意以下几点:
• 按设计要求,收集图纸选用的标准图、大样图。
• 认真阅读设计说明,掌握安装构件的部位和尺寸、安装施工要求及特点。
• 了解本专业施工与其他专业施工工序之间的关系。
• 对图纸中的错、漏及表示不清楚的地方予以记录,以便在招标答疑会上询问解决。

④熟悉工程量计算规则。当分部分项工程的综合单价采用定额进行单价分析时,对定额工程量计算规则的熟悉和掌握是快速、准确地进行单价分析的重要保证。

⑤了解施工组织设计。施工组织设计或施工方案是施工单位的技术部门针对具体工程编制的施工作业的指导性文件,其中对施工技术措施、安全措施、施工机械配置、是否增加辅助项目等,都应在工程计价的过程中予以注意。施工组织设计所涉及的图纸以外的费用主要属于措施项目费。

⑥熟悉加工订货的有关情况。明确建设、施工单位双方在加工订货方面的分工;对需要进行委托加工订货的设备、材料生产厂或供应商询价,并落实厂家或供应商对产品交货及产品到工地交货价格的承诺。

⑦明确主材和设备的来源情况。主材和设备的型号、规格、质量、材质、品牌等对工程造价影响很大,因此主材和设备的范围及有关内容需要发包人予以明确,必要时注明产地和厂家。对于大宗材料和设备价格,必须考虑交货期和从交通运输线至工地现场的运输条件。

(2)清单计价的工程量计算。主要有两部分内容:一是核算工程量清单所提供清单项目工程量是否准确;二是计算每一个清单项目所组合的工程项目(子项)的工程量,以便进行单价分析。在计算工程量时,应注意清单计价和定额计价时的计算方法不同。清单计价时,是辅助项目随主项计算,将不同的工程内容组合在一起,计算出清单项目的综合单价;而定额计价时,是按相同的工程内容合并汇总,然后套用定额,计算出该项目的分部分项工程费。

(3)分部分项工程量清单计价分两个步骤。第一步是按招标文件给定的工程量清单项目逐个进行综合单价分析。在分析计算依据采用方面,可采用企业定额,也可采用各地现行的安装工程综合定额。第二步,按分部分项工程量清单计价格式,将每个清单项目的工程数量分别乘以对应的综合单价计算出各项合价,再将各项合价汇总。各地方规定了标准格式,以黑龙江 2010 费用定额为例,具体格式见计价案例。

①分部分项工程量清单综合单价分析表。
②分部分项工程量清单计价表。分部分项工程量清单计价表是根据招标人提供的工程量清单填写单价与合价得到的。
③投标人所报的人工、材料、机械价格,应以市场价格为基础确定,内容还应包括管理费、利润、风险,其报价一旦被招标人所接受,所报单价不得调整。所谓市场价格是指:人工单价是企业分工种对外借工单价或参照当地劳务市场相应工种的价格;材料价格是以施工现场为交货地的工地结算价;机械台班价格为企业对外租用机械台班价格,或当地施工机械租赁企业的机械台班价格,需外地租赁时还需考虑机械运输费、回程费。

(4)措施项目清单计价。措施项目清单是完成项目施工必须采取的措施所需的工程内容,一般在招标文件中提供。如提供的项目与拟建工程情况不完全相符时,投标人可做增减。费用的计算可参照计价办法中措施项目指引的计算方法进行,也可按施工方案和施工组织设计中相应项目要求进行人工、材料、机械分析计算。每项措施项目费,均应以"项"或"宗"为单位计算其综合单价,其价格应包括管理费、价差、利润。措施项目费分析表应根据招标人提出要求后填写,或以地方费用定额给定的格式填写。

(5)其他项目费的计算。可按各地规定计算,其他项目清单计价表中的序号、名称必须按照招标人提供的其他项目清单中的相应内容填写,招标人部分的金额必须按招标人提出的数额填写。对于其他项目费中的计日工项目费报价按以下方法处理。

①暂列金额报价明细表,投标人按招标人提供的项目金额计入投标报价中。

②材料暂估单价明细表,投标人按招标人提供的材料单价计入相应工程量清单综合单价报价中。

③专业工程暂估价明细表,投标人按招标人提供的专业工程暂估价计入投标报价中。

④计日工报价明细表,计日工项目,按招标文件中所列的工作项目和暂估工程量为依据。单价由投标人自主报价,计入投标报价。

⑤总承包服务费报价明细表,投标人按招标人提供的服务项目内容,自行确定费用标准计入投标报价中。

⑥其他项目清单报价表,将以上①~⑤表的内容汇总到此表中。

⑦补充工程量清单项目及计算规则表。

(6)规费、税金的计算。可按各地规定计算。

(7)计算单位工程费,填写单位工程费汇总表。根据分部分项工程量清单计价表、措施项目清单计价表、其他项目清单计价表的合计金额以及根据有关规定计算出的规费和税金合计填写。

(8)确定单项工程的造价。单项工程费汇总表按单位工程费汇总表的合计金额填写。

(9)计算工程项目造价。工程项目总价表按单项工程费汇总表的合计金额填写。

(10)写编制说明。同定额计价法。

(11)投标总价。投标报价按工程项目总价表合计金额填写。

(12)填写封面。

思一思:

综合单价包括哪些内容?

知识模块 2:清单计价方法的造价文件编制

一、单位工程费用计算程序(清单计价)

以现行的黑龙江省建设工程计价依据《建筑安装工程费用定额》(HLJD-FY—2019)为依据计算建筑安装工程造价,见表 4-22。

表 4-22 建筑安装工程造价

序 号	费 用 名 称	计 算 方 法
(一)	分部分项工程费	∑(分部分项工程量×相应综合单价)
(A)	其中:计费人工费	∑(工日消耗量×计费人工单价)
(二)	措施项目费	(1)+(2)
(1)	单价措施项目费	①+②+③+④+⑤+⑥
(B)	其中:计费人工费	∑(工日消耗量×计费人工单价)
①	打拔工具桩	措施项目工程量×相应综合单价
②	围堰工程	措施项目工程量×相应综合单价
③	支撑工程	措施项目工程量×相应综合单价
④	脚手架工程	措施项目工程量×相应综合单价
⑤	井点降水	措施项目工程量×相应综合单价
⑥	临时便道	措施项目工程量×相应综合单价
(2)	总价措施项目费	⑦+⑧+⑨
⑦	安全文明施工费	[(一)+(1)−工程设备金额]×费率
⑧	其他措施项目费	[(A)+(B)]×费率
⑨	专业工程措施项目费	根据工程情况确定
(C)	其中:计费人工费	
(三)	其他项目费	(3)+(4)+(5)+(6)

续上表

序号	费用名称	计算方法
（3）	暂列金额	[（一）-工程设备金额]×费率（投标报价时按招标工程量清单中列出的金额计列）
（4）	专业工程暂估价	根据工程情况确定（投标报价时按招标工程量清单中列出的金额计列）
（5）	计日工	根据工程情况确定
（6）	总承包服务费	供应材料费、设备安装费用或发包人发包的专业工程费×费率
（四）	规费	[（A）+（B）+（C）+人工费价差]×费率
（五）	税金	[（一）+（二）+（三）+（四）-（3）-（4）-甲供材料费]×税率
（六）	工程造价	（一）+（二）+（三）+（四）+（五）-甲供材料费

注：①甲供材料费计入造价中，计取安全文明施工费、暂列金额，并在税前扣除甲供材料费。
②采用一般计税方法时，各项费用中不包括可抵扣的进项税额；采用简易计税方法时，各项费用中包括可抵扣的进项税额。

二、计价内容与方法

（一）分部分项工程费

$$分部分项工程费 = \sum（分部分项工程量×相应综合单价）$$

式中，综合单价包括人工费、材料费、施工机具使用费、企业管理费和利润以及一定范围的风险费用。

综合单价，承包人根据发包人提供的工程量清单的内容描述，结合企业能力自主进行组价，见表4-23。

表4-23　分部分项工程费

序号	费用名称	计算式
（1）	计费人工费	$\sum$（工日消耗量×计费人工单价）
（2）	人工费差价	$\sum$[工日消耗量×（合同约定或省建设行政主管部门发布的人工单价-计费人工单价）（±）]
（3）	材料费	$\sum$[材料消耗量×材料单价（含材料价格风险）]
（4）	材料费价差	$\sum$[材料价格差价（±）×材料消耗量]
（5）	机具费	$\sum$[机械消耗量×台班单价（含施工机具价格风险）]
（6）	机械工价差	$\sum$[（合同约定或省建设行政主管部门发布的机械工单价-机械工单价）（±）×机具消耗量]
（7）	机具燃料动力费价差	$\sum$[机具燃料动力价格差价（±）×机具消耗量]
（8）	企业管理费	（1）×费率
（9）	利润	（1）×费率
（10）	综合单价	（1）+（2）+（3）+（4）+（5）+（6）+（7）+（8）+（9）

1. 人工费

人工费计算方法：

$$人工费 = \sum（工日消耗量×计费人工单价）$$

工程造价管理机构确定日工资单价应通过市场调查、根据工程项目的技术要求，参考实物工程量人工单价综合分析确定。

2. 材料费

材料费计算方法：

$$材料费 = \sum[材料消耗量×材料单价（含材料价格风险）]$$

$$材料单价 = [（材料原价+运杂费）×[1+运输损耗率(\%)]]$$

3. 施工机具使用费

施工机具使用费计算方法：

$$施工机械使用费 = \sum[机械消耗量×台班单价（含施工机具价格风险）]$$

施工机械台班单价 = 折旧费+检修费+维护费+安拆费及场外运费+机械工费+机具燃料动力费+

$$其他费仪器仪表使用费 = 折旧费 + 维护费 + 校验费 + 动力费$$

注:工程造价管理机构在确定计价定额中的施工机械使用费时,应根据《建筑施工机械台班费用计算规则》结合市场调查编制施工机械台班单价。施工企业可以参考工程造价管理机构发布的台班单价,自主确定施工机械使用费的报价,如租赁施工机械,公式为:

$$施工机械使用费 = \sum(施工机械台班消耗量 \times 机械台班租赁单价)$$

4. 人工费差价

是指在施工合同中约定或施工实施期间省建设行政主管部门发布的人工单价与本《费用定额》规定标准的差价。

$$人工费价差 = \sum 工日消耗量 \times (合同约定或省建设行政主管部门发布的人工单价 - 计费人工单价) \pm$$

5. 材料费价差

是指在施工实施期间材料实际价格(或信息价格、价差系数)与省定额中材料价格的差价。

$$材料费价差 = \sum[材料价格差价(\pm) \times 材料消耗量]$$

6. 机械工价差

是指施工实施期间省建设行政主管部门发布的机械费价格与计价定额中机械费价格的差价。

$$机械工价差 = \sum[(合同约定或省建设行政主管部门发布的机械工单价 - 机械工单价)(\pm) \times 机具消耗量]$$

7. 机具燃料动力费价差

$$机具燃料动力费价差 = \sum[机具燃料动力价格差价(\pm) \times 机具消耗量]$$

8. 企业管理费

$$企业管理费 = 计费人工费 \times 企业管理费费率(费率见定额计价法)$$

9. 利润

$$利润 = 计费人工费 \times 利润率(费率见定额计价法)$$

(二)措施项目费

是指为完成建设工程施工,发生于该工程施工前和施工过程中的技术、生活、安全、环境保护等方面的费用。黑龙江省现行计价程序中此项费用中内容包括单价措施项目费和总价措施项目费。

1. 单价措施项目费

(1)单价措施项目费的组成:打拔工具桩、围堰工程、支撑工程、脚手架工程、井点降水、临时便道。

(2)单价措施项目费的计算公式为:

$$措施项目费 = \sum(措施项目工程量 \times 相应综合单价)$$

2. 总价措施项目费

总价措施项目费的组成:安全文明施工费、其他措施项目费、专业工程措施项目费。

(1)安全文明施工费:环境保护费、文明施工费、安全施工费、临时设施费、工程质量管理标准化费用。

$$安全文明施工费 = (分部分项工程费 + 单价措施项目费 - 工程设备金额) \times$$
$$安全文明施工费费率(\%)(费率见定额计价法)$$

(2)其他措施项目费:夜间施工增加费、二次搬运费、冬季施工增加费、雨季施工增加费、已完工程及设备保护费、工程定位复测费。

$$其他措施项目费 = 计费人工费 \times 其他措施项目费费率(\%)(费率见定额计价法)$$

(3)专业工程措施项目费:根据工程情况确定。

(三)其他项目费

(1)其他项目费的组成:暂列金额、专业工程暂估价、计日工、总承包服务费。

(2)其他项目费的计算:

① 暂列金额 = [分部分项工程费 - 工程设备金额] × 费率(费率见定额计价表)

② 专业工程暂估价 = 根据工程情况确定

③计日工＝根据工程情况确定
④总承包服务费＝供应材料费、设备安装费用或发包人发包的专业工程费×费率
（费率见定额计价法）

（四）规费

(1) 规费的组成：社会保险费（养老保险费、失业保险费、医疗保险费、生育保险费、工伤保险费）、住房公积金、环境保护税等。

(2) 规费的计算：

$$规费 = (计费人工费 + 人工费价差) \times 费率（费率见定额计价法）$$

（五）税金（扣除不列入计税范围的工程设备金额）

(1) 自2019年4月1日起，采用一般计税方法的工程，增值税税率为9%，工程造价计算公式调整为：

$$工程造价 = 税前工程造价 \times (1 + 9\%)，其中9\%为建筑业增值税税率。$$

(2) 采用增值税简易计税方法的工程，税前工程造价的各个构成要素均包含进项税额，（税金包括增值税简易计税应纳税额、城市维护建设税、教育费附加及地方教育附加）。

$$税金 = 不含税工程费用 \times 税率（税率见定额计价法）$$

忆一忆：

如何计算规费？

自 测 训 练

一、填空题

1. 工程量清单包括建设工程_____项目、_____项目、_____项目以及_____、_____项目等内容的明细清单。

2. 工程量清单计价统一性，即_____统一、_____统一、_____统一、_____统一、_____统一。

3. 分部分项工程量清单项目编码以_____编码设置，用_____位阿拉伯数字表示。_____级编码为全国统一，第_____级编码应根据拟建工程的工程量清单项目名称设置。

4. 分部分项工程量清单是指表示_____工程项目名称和_____的明细清单。

5. 分部分项工程量清单的项目编码，应采用_____位阿拉伯数字表示。_____位应按附录的规定设置，_____位为清单项目编码，应根据拟建工程的工程量清单项目名称设置，_____重号。这_____清单项目编码由招标人针对招标工程项目具体编制，并应自_____起顺序编制。

6. 综合单价包括_____、_____、_____、_____和_____以及一定范围的风险费用。

7. 分部分项工程量清单项目编码：

①第一级表示_____顺序码_____位，房屋建筑与装饰工程为_____、通用安装工程为_____、市政工程为_____。

②第二级表示_____顺序码_____位。

③第三级表示_____顺序码_____位。

④第四级表示_____名称顺序码_____位。

⑤第五级表示_____名称顺序码_____位。

二、多选题

1. 项目特征是( )。

A. 对项目的准确描述　　　　　　　B. 确定一个清单项目综合单价不可缺少的重要依据

C. 区分清单项目的依据　　　　　　D. 履行合同义务的基础

2. 分部分项工程量清单,应包括( )。
   A. 项目编码   B. 项目名称   C. 项目特征   D. 计量单位   E. 工程量
3. 清单计价单位工程费用包括( )。
   A. 分部分项工程费   B. 措施项目费
   C. 其他项目费   D. 规费   E. 税金
4. 总价措施项目费包括( )。
   A. 安全文明施工费   B. 其他措施项目费
   C. 专业工程措施项目费   D. 规费
5. 综合单价中的风险费用包括( )。
   A. 人工费差价   B. 材料费价差   C. 机械工价差   D. 机具燃料动力费价差
6. 其他项目费的组成( )。
   A. 暂列金额   B. 专业工程暂估价   C. 计日工   D. 总承包服务费
7. 规费的组成( )。
   A. 社会保险费   B. 环境保护税   C. 排污费   D. 住房公积金
8. 社会保险费包括( )。
   A. 养老保险费   B. 失业保险费   C. 医疗保险费   D. 生育保险费   E. 工伤保险费

三、简述题

1. 简述项目特征。
2. 简述清单项目中的工作内容。
3. 分部分项工程量清单的标准格式包括的内容。
4. 简述项目特征中必须描述的内容。

任务 2　计划单

课程	市政工程预算		
学习情境四	市政工程造价文件编制	学时	8
任务 2	清单计价法市政工程造价文件编制	学时	4
计划方式	小组讨论、团结协作共同制订计划		
序　号	实　施　步　骤	使用资源	
1			
2			
3			
4			
5			
6			
7			
8			
9			
制订计划说明			
计划评价	班　级：　　　　　　第　组　　组长签字： 教师签字：　　　　　　　　　　　日　期： 评语：		

任务2 决策单

课程	市政工程预算		
学习情境四	市政工程造价文件编制	学时	8
任务2	清单计价法市政工程造价文件编制	学时	4
方案讨论			

	组号	方案合理性	实施可操作性	安全性	综合评价
方案对比	1				
	2				
	3				
	4				
	5				
	6				
	7				
	8				
	9				
	10				
方案评价	评语：				

班级		组长签字		教师签字		月 日

任务 2 实施单

课程	市政工程预算		
学习情境四	市政工程造价文件编制	学时	8
任务 2	清单计价法市政工程造价文件编制	学时	4
实施方式	小组成员合作；动手实践		
序　号	实　施　步　骤	使用资源	
1			
2			
3			
4			
5			
6			
7			
8			
9			
10			
11			
12			
13			
14			
15			
16			
实施说明：			
班　级		第　　组	组长签字
教师签字		日　　期	
评　语			

任务2 作业单

课程	市政工程预算		
学习情境四	市政工程造价文件编制	学时	8
任务2	清单计价法市政工程造价文件编制	学时	4
实施方式	小组成员共同用清单计价法编制市政工程造价文件,学生自己收集资料、编制		

班 级		第 组		组长签字	
教师签字				日 期	
评 语					

任务 2 检查单

课程	市政工程预算			
学习情境四	市政工程造价文件编制		学时	8
任务 2	清单计价法市政工程造价文件编制		学时	4
序号	检查项目	检查标准	学生自查	教师检查
1				
2				
3				
4				
5				
6				
7				
8				
9				
10				
11				
12				
13				
14				
15				
检查评价	班级：		第 组	组长签字
	教师签字		日 期	
	评语：			

任务2　评价单

1. 工作评价单

课程	市政工程预算				
学习情境四	市政工程造价文件编制		学时	8	
任务2	清单计价法市政工程造价文件编制		学时	4	
评价类别	项目	子项目	个人评价	组内互评	教师评价
专业能力	资讯(10%)	搜集信息(5%)			
		引导问题回答(5%)			
	计划(5%)				
	实施(20%)				
	检查(10%)				
	过程(5%)				
	结果(10%)				
社会能力	团结协作(10%)				
	敬业精神(10%)				
方法能力	计划能力(10%)				
	决策能力(10%)				
评价	班级		姓名	学号	总评
	教师签字		第　组	组长签字	日期

2. 小组成员素质评价单

课程	市政工程预算		
学习情境四	市政工程造价文件编制	学时	8
任务2	清单计价法市政工程造价文件编制	学时	4
班级		第　组	成员姓名

评分说明	每个小组成员评价分为自评和小组其他成员评价两部分,取平均值计算,作为该小组成员的任务评价个人分数。评价项目共设计五个,依据评分标准给予合理量化打分。小组成员自评分后,要找小组其他成员不记名方式打分,成员互评分为其他小组成员的平均分。

对　象	评分项目	评分标准	评分
自评 (100分)	核心价值观(20分)	是否有违背社会主义核心价值观的思想及行动	
	工作态度(20分)	是否按时完成负责的工作内容、遵守纪律,是否积极主动参与小组工作,是否全过程参与,是否吃苦耐劳,是否具有工匠精神	
	交流沟通(20分)	是否能良好地表达自己的观点,是否能倾听他人的观点	
	团队合作(20分)	是否与小组成员合作完成,做到相互协助、相互帮助、听从指挥	
	创新意识(20分)	看问题是否能独立思考,提出独到见解,是否能够创新思维解决遇到的问题	
成员互评 (100分)	核心价值观(20分)	是否有违背社会主义核心价值观的思想及行动	
	工作态度(20分)	是否按时完成负责的工作内容、遵守纪律,是否积极主动参与小组工作,是否全过程参与,是否吃苦耐劳,是否具有工匠精神	
	交流沟通(20分)	是否能良好地表达自己的观点,是否能倾听他人的观点	
	团队合作(20分)	是否与小组成员合作完成,做到相互协助、相互帮助、听从指挥	
	创新意识(20分)	看问题是否能独立思考,提出独到见解,是否能够创新思维解决遇到的问题	
最终小组成员得分			
小组成员签字		评价时间	

任务2　教学反馈单

课程	市政工程预算		
学习情境四	市政工程造价文件编制	学时	8
任务2	清单计价法市政工程造价文件编制	学时	4

序　号	调　查　内　容	是	否	理由陈述
1	你是否喜欢这种上课方式？			
2	与传统教学方式比较你认为哪种方式学到的知识更实用？			
3	针对每个学习任务你是否学会如何进行资讯？			
4	计划和决策感到困难吗？			
5	你认为学习任务对你将来的工作有帮助吗？			
6	通过本任务的学习，你学会如何确定综合单价了吗？			
7	你能计算出措施项目费吗？			
8	你知道增值税怎么计算吗？			
9	通过几天来的工作和学习，你对自己的表现是否满意？			
10	你对小组成员之间的合作是否满意？			
11	你认为本情境还应学习那些方面的内容？（请在下面空白处填写）			

你的意见对改进教学非常重要，请写出你的建议和意见：

被调查人签名		调查时间	

附录 螺栓用量表

说明:附录中螺栓用量以一副法兰为计量单位,当单片安装(如法兰与阀门或与设备连接)时,执行法兰安装定额乘以系数 0.61,螺栓数量不变。

表 A-1　0.6 MPa 平焊法兰安装用螺栓用量表　　　　　　　　　　　　　　　　　　　单位:副

公称直径/mm	规格	套	质量/kg	公称直径/mm	规格	套	质量/kg
50	M12×50	4	0.319	350	M20×75	16	3.906
65	M12×50	4	0.319	400	M20×80	16	5.420
80	M16×55	8	0.635	450	M20×80	20	5.420
100	M16×55	8	0.635	500	M20×85	20	5.840
125	M16×60	8	1.338	600	M22×85	20	8.890
150	M16×60	8	1.338	700	M22×90	24	10.668
200	M16×65	12	1.404	800	M27×95	24	18.960
250	M16×70	12	2.208	900	M27×100	28	19.962
300	M20×70	16	3.747	1000	M27×105	28	24.633

表 A-2　1.0 MPa 平焊法兰安装用螺栓用量表　　　　　　　　　　　　　　　　　　　单位:副

公称直径/mm	规格	套	质量/kg	公称直径/mm	规格	套	质量/kg
50	M16×55	4	0.635	250	M20×75	12	3.906
65	M16×55	4	0.669	300	M20×80	12	4.065
80	M16×60	4	0.669	350	M20×80	16	5.420
100	M16×65	8	1.404	400	M20×85	16	7.112
125	M16×70	8	1.472	450	M22×85	20	8.890
150	M20×70	8	2.498	500	M22×90	20	8.890
200	M20×70	8	2.498	600	M27×105	20	17.595

表 A-3　1.6 MPa 平焊法兰安装用螺栓用量表　　　　　　　　　　　　　　　　　　　单位:副

公称直径/mm	规格	套	质量/kg	公称直径/mm	规格	套	质量/kg
50	M16×55	4	0.702	250	M22×90	12	5.334
65	M16×70	4	0.736	300	M22×90	12	5.334
80	M16×70	8	1.472	350	M22×95	16	7.620
100	M16×70	8	1.472	400	M27×105	16	14.076
125	M16×75	8	1.540	450	M27×115	20	18.560
150	M20×80	8	2.710	500	M30×130	20	24.930
200	M20×85	12	4.380	600	M30×140	20	26.120

表 A-4　0.6 MPa 对焊法兰安装用螺栓用量表　　　　　　　　　　　　　　　　　　单位：副

公称直径/mm	规格	套	质量/kg	公称直径/mm	规格	套	质量/kg
50	M12×50	4	0.319	300	M20×75	16	3.906
65	M12×50	4	0.319	350	M20×75	16	3.906
80	M16×55	8	0.669	400	M20×75	16	5.208
100	M16×55	8	0.669	450	M20×75	20	5.208
125	M16×60	8	1.404	500	M20×80	20	5.420
150	M16×60	8	1.404	600	M22×80	20	8.250
200	M16×65	8	1.472	700	M22×80	24	9.900
250	M16×70	12	2.310	800	M27×85	24	18.804

表 A-5　1.0 MPa 对焊法兰安装用螺栓用量表　　　　　　　　　　　　　　　　　　单位：副

公称直径/mm	规格	套	质量/kg	公称直径/mm	规格	套	质量/kg
50	M16×60	4	0.669	300	M20×85	16	4.380
65	M16×65	4	0.702	350	M20×85	16	5.840
80	M16×65	4	0.702	400	M22×85	16	7.112
100	M16×70	8	1.472	450	M22×90	20	8.890
125	M16×75	8	1.540	500	M22×90	20	8.890
150	M20×75	8	2.604	600	M27×95	20	16.635
200	M20×75	8	2.604	700	M27×100	24	19.962
250	M20×80	12	4.065	800	M30×110	24	27.072

表 A-6　1.6 MPa 对焊法兰安装用螺栓用量表　　　　　　　　　　　　　　　　　　单位：副

公称直径/mm	规格	套	质量/kg	公称直径/mm	规格	套	质量/kg
50	M16×60	4	0.669	300	M22×90	12	5.334
65	M16×65	4	0.702	350	M22×100	16	7.620
80	M16×70	8	1.472	400	M27×115	16	14.848
100	M16×70	8	1.472	450	M27×120	20	18.560
125	M16×80	8	1.608	500	M30×130	20	24.930
150	M20×80	8	2.710	600	M36×140	20	39.740
200	M20×80	12	4.065	700	M36×140	24	47.688
250	M22×85	12	5.334	800	M36×150	24	49.740

参 考 文 献

[1] 中华人民共和国住房和城乡建设部,中华人民共和国国家质量监督检验检疫总局. 建设工程工程量清单计价规范:GB 50500—2013[S]. 北京:中国计划出版社,2013.
[2] 中华人民共和国住房和城乡建设部. 市政工程工程量计算规范:GB 50857—2013[S]. 北京:中国计划出版社,2014.
[3] 黑龙江省住房和城乡建设厅. 市政工程消耗量定额:HLJD-SZ—2019[S]. 北京:中国建材工业出版社,2019.
[4] 肖明和,简红,关永冰. 建筑工程计量与计价[M]. 3版. 北京:北京大学出版社,2015.
[5] 郭良娟. 市政工程计量与计价[M]. 3版. 北京:北京大学出版社,2017.
[6] 时永亮,张忠孝. 市政工程造价员培训教材[M]. 2版. 北京:中国建材工业出版社,2014.
[7] 袁建新. 市政工程计量与计价[M]. 4版. 北京:中国建筑工业出版社,2018.
[8] 张国栋,曾凡强. 市政工程清单算量典型实例图解[M]. 北京:中国建筑工业出版社,2014.
[9] 张雷. 市政工程造价员手工算量与实例精析[M]. 北京:中国建筑工业出版社,2015.
[10] 高宗峰. 市政工程工程量清单计价细节解析与实例详解[M]. 武汉:华中科技大学出版社,2014.